大学物理实验

主　编　张守超
副主编　刘枝朋　朱飞
主　审　杨广武

天津大学出版社
TIANJIN UNIVERSITY PRESS

图书在版编目(CIP)数据

大学物理实验 / 张守超主编 ; 刘枝朋, 朱飞副主编.
-- 天津 : 天津大学出版社, 2023.6（2024.11重印）
ISBN 978-7-5618-7468-4

Ⅰ. ①大… Ⅱ. ①张… ②刘… ③朱… Ⅲ. ①物理学
－实验－高等学校－教学参考资料 Ⅳ. ①O4-33

中国国家版本馆CIP数据核字(2023)第076212号

大学物理实验 | DAXUE WULI SHIYAN

出版发行	天津大学出版社
地　　址	天津市卫津路92号天津大学内（邮编:300072）
电　　话	发行部:022-27403647
网　　址	www.tjupress.com.cn
印　　刷	廊坊市瑞德印刷有限公司
经　　销	全国各地新华书店
开　　本	787mm×1092mm　1/16
印　　张	18.25
字　　数	472千
版　　次	2023年6月第1版
印　　次	2024年11月第2次
定　　价	43.00元

前　言

本教材根据教育部高等学校物理学与天文学教学指导委员会、物理基础课程教学指导分委员会颁布的《理工科类大学物理课程教学基本要求 理工科类大学物理实验课程教学基本要求(2010年版)》的精神,在天津城建大学物理实验中心多年教学经验和物理实验教学改革成果基础之上,借鉴全国大学物理实验教学领域改革成果及经验编撰而成。教材充分考虑理工类专业人才的培养目标,重点培养学生的物理实验基本知识及基本技能,在此基础上,侧重创新型人才实验创新思维的培养,兼顾其他门类专业学生的共性。本教材可作为大学本、专科学生的大学物理实验教材或参考书使用。

全书包括绪论、第1~6章和附录。绪论主要介绍物理实验和大学物理实验课程的基本情况,使学生对本课程有一个整体性认识。第1、2章概括论述了有关物理实验的基本理论知识、实验方法和常用仪器,其中,第1章介绍了测量、误差以及不确定度的基础知识,并系统介绍了有效数字和实验数据处理方法。第2章介绍了常用实验方法、基本物理量及实验中常用的基本实验仪器。教材遴选了42个分组实验项目进行分类设计,具体分为基础性、综合性、设计性和研究性四个层次。第3章为基础性实验,包括14个项目。第4章为综合性实验,包括20个项目。第5章为设计性实验,包括8个项目。根据实验教学的实际需要和发展趋势,第6章为仿真实验,详细介绍了仿真实验系统,并遴选5个典型仿真实验项目进行了详细介绍。附录列出常用的物理参数,以便读者查阅和使用。

本教材为天津城建大学"十四五"校级规划教材建设项目首批规

划建设教材之一，由天津城建大学物理实验中心教师集体编撰，具体分工如下：张守超任主编，负责编写绪论，第1~2章及附录，并负责全书统稿；刘枝朋任副主编，负责编写实验3.3，4.6，4.9，5.5，5.7及全书校稿；朱飞任副主编，负责编写实验4.8，4.11，5.2，5.3，6.1，6.4及全书校稿；王翠红负责编写实验3.1，3.2，4.7，4.10，5.1；金光浩负责编写实验3.8，3.10，4.5，4.14，4.15，5.6；石飞飞负责编写实验3.14，4.18~4.20，6.6；叶丹负责编写实验3.4，3.5，5.8，6.5；冯志辉负责编写实验3.7，3.11，3.12，4.2，4.12；刘立娟负责编写实验3.6，4.4，4.13，4.17，5.4；江越负责编写实验3.9，3.13，4.1，4.16，6.3；姜荣云负责编写实验6.2；李琦负责编写实验4.3；全书由天津中德应用技术大学杨广武教授担任主审。在本教材的编撰过程中，作者参考了本校和兄弟院校的讲义和教材，也得到了广大同人的无私协助。天津城建大学教务处、理学院等有关部门对编撰工作给予了指导和大力支持，在此一并致谢。

由于编者水平有限，疏漏、错误之处难免，恳请读者批评指正。

编者

2023年6月

目　　录

绪　论

物理学是一门以实验为基础的科学,物理实验是物理学理论的建立基础和检验手段,无数个成功的物理实验推动了人类文明的进步和科学技术的发展,这些实验凝聚了物理学家丰富的思想、巧妙的方法、有效的手段、扎实的理论知识和精准的操作技术。物理实验课就是通过实验教学,使学生领会实验思想、学会实验方法、掌握实验手段、发挥聪明才智,把理论知识创造性地应用到实践中,培养和提高创新实践能力。

1. 物理实验课的地位和作用

学生知识、能力、素质的协调发展是高等学校教育教学的共同目标。2017 年,教育部启动了新工科建设,其主要目的是培养造就一大批多样化、创新型卓越工程科技人才,为我国产业发展和国际竞争提供智力和人才支撑。党的二十大报告指出,教育、科技、人才是全面建设社会主义现代化国家的基础性、战略性支撑。在这样的大环境下,高等院校各专业,尤其是理工类专业,对学生应用技能和创新能力的培养显得尤为重要。

物理学教育是理工类专业培养的重要组成部分,作为一门独立开设的公共基础课程,实验课在物理学教育中具有非常重要的地位和作用。首先,物理实验是培养学生科学思维和实验技能的重要途径,它可以帮助学生深入理解物理学理论知识。通过实验,学生可以亲身体验物理现象,加深对物理学理论知识的理解,帮助学生发现物理学理论知识中的不足,促进学生对物理学理论知识的深入思考和探究。其次,物理实验课可以提高学生的实验技能、培养学生的科学思维。通过实验,学生可以提高动手能力和操作技能。实验需要学生进行观察、分析、推理、实验设计等一系列科学思维活动,从而提升科学素养。最后,物理实验通常需要分组进行,学生通过相互协作、分工合作,提升沟通能力,培养团队合作精神。

物理实验课是目前理工类专业受益面最广的实践课之一,它在内容上覆盖了物理学中的力学、热学、电磁学、光学和近代物理等各领域。通过一系列蕴含丰富思想、巧妙方法和高超手段的实验项目,物理实验课实现了学生在知识、能力、素质等方面的培养目标,尤其是在培养学生严谨的学习态度、活跃的创新意识、理论联系实际和适应科技发展的综合应用能力等方面具有不可替代的作用。

2. 物理实验课的任务

物理实验课的具体任务如下。

(1)培养学生的基本科学实验技能,提高学生的科学实验基本素质,使学生初步掌握实验科学的思想和方法;培养学生的科学思维和创新意识,使学生掌握实验研究的基本方法,提高学生的科学分析能力和创新能力。

(2)提高学生的科学素养,培养实事求是的科学态度、认真细致的工作作风、良好的科学素质和积极主动的探索精神,以及遵守纪律、团结协作、爱护公共财产的优良品德。

3. 物理实验课的教学内容

(1)实验内容:在学生所做的有限的物理实验中,普通物理(力学、热学、电磁学、光学)实验和近代物理实验数目应合理并均衡分配,保证知识传授和能力培养的全面性。

(2)数据处理方法:学生要学会读取和记录数据,采用列表法、作图法、逐差法、最小二乘法等处理数据,利用计算机处理数据、估算误差,利用不确定度评价实验结果。

(3)基本物理量测量:选择合适的仪器和技术对长度、质量、时间、温度、压强、电流、电压、电阻、磁感应强度、折射率、电子电荷、普朗克常量等常用物理量及物理参数进行精确测量,包括运用数字技术和计算机编程技术。

(4)实验方法:掌握比较法、转换法、放大法、模拟法、补偿法、平衡法基本原理和应用技巧,对不断涌现的新方法应及时了解和运用。

(5)实验仪器:掌握常用仪器的结构原理和性能,并能熟练使用。这些仪器包括长度测量器具、计时仪器、测温仪器、变阻器、电表、电桥、示波器、信号发生器、分光仪、常用电源和光源等,在有条件的情况下应逐步引入现代技术和设备,如激光技术、传感器技术、微弱信号检测技术、光电子技术、仿真模拟等。

(6)实验操作技术:实验中会用到零位调整、水平/铅直调整、光路的等高共轴调整、消除视差调整、逐次逼近调整、按图(或设计)连接电路、电路故障排除等基本操作技术,这些技术要在反复应用中熟练掌握。

(7)了解一些经典、著名实验,尤其是获得诺贝尔物理学奖的实验的背景知识,以期从中得到启迪。

4. 物理实验课的教学形式

1)统一排课和自主选课

物理实验课的排课方式可分为两种:一种是统一排课,即实验课表由教务主管部门或授课单位统一编排,一个班的全体或部分学生同时按指定的时间、地点上指定题目的实验课;另一种是自主选课,即实验授课单位在教务主管部门安排下,在指定时间开放指定实验室,学生在选课规则限制下提前预约实验题目和上课时间,按预约上课。

2)分层次教学

物理实验课实行分层次教学,即将实验题目根据难易程度及每个实验的特点分为基础性、综合性、设计性和研究性四个层次,在教学中遵循实验内容由浅入深、实验方法由简到繁、实验仪器由易到难、实验过程由被动到主动的原则合理、有序地安排实验题目。一般实验题目采取分轮次给出的形式,即将物理实验课的教学过程分为几个轮次,第一轮次是最基本、最简单的实验,其后每一轮次实验的难度逐渐提高。下面对基础性、综合性、设计性和研究性实验分别加以介绍。

(1)基础性实验主要使学生学习和掌握基本物理量的测量、基本实验仪器的使用等基本实验技能和基本测量方法、误差与不确定度及数据处理的理论与方法等。

(2)综合性实验是指在同一个实验中涉及力学、热学、电磁学、光学、近代物理等多个知识领域,综合应用多种方法和技术的实验。此类实验的目的是使学生巩固基础性实验阶段的学习成果、开阔眼界和思路,提高对实验方法和实验技术的综合运用能力。

(3)设计性实验是根据给定的实验题目、要求和实验条件,由学生自己设计方案,经教师审核并反复修改后，学生自行搭建实验装置、设计实验过程和方法，独立完成的实验。

（4）研究性实验是教师提出或学生自拟实验课题，学生以个体或团队的形式，以科研方式进行的实验。

设计性实验和研究性实验的目的是使学生了解科学实验的全过程，逐步掌握科学思想和科学方法，培养学生独立实验的能力和运用所学知识解决给定问题的能力。

5. 物理实验课教学

物理实验是在教师指导下进行的以学生独立操作为主的实践教学活动，主要程序及要求如下。

（1）课前预习。实验前应认真预习，撰写预习报告或设计性实验实施方案，明确实验目的和要求，了解实验的步骤、方法和基本原理，熟悉实验设备、仪器的构造、性能和操作规程，条件允许的情况下可到实验室预习。

（2）课堂教学过程及注意事项。

①进入实验室对号入座，向指导教师递交预习报告并签到；检查仪器和实验材料，若有缺失或损坏应向教师报告解决，不得擅自动用非本组器材，更不能自行拆卸任何仪器设备。

②实验中应服从教师指导，严格按规定和程序进行实验，如实记录实验数据，不得编造和抄袭他人的实验结果。

③实验过程中要注意安全，节约水、电及其他材料。凡因违反操作规程或擅自动用其他仪器设备而导致损坏者，必须按规定进行严肃处理。若仪器设备发生故障和损坏，应主动停止实验，并立即向指导教师报告。

④遵守实验守则。在电学实验中，必须经过教师检查线路，得到允许后才能接通电源。光学元件要轻拿轻放、仔细安装、避免碰撞，不许用手触摸光学元件的光学表面，只准触及周边棱或棱镜的上下底面，应在教师指导下擦拭光学元件。使用激光作为光源时要避免激光束直射眼睛。

⑤实验完毕，经教师认可并在数据记录表格上签字后，关闭水和电源，将仪器还原，填写有关记录，经教师允许后方可离开实验室；实验结果不合格者必须重做。

（3）按要求认真独立完成实验报告并及时上交，对教师批阅完的实验报告要做好总结和分析。

（4）因故补做或重做实验，学生要事先预约，并在指导教师或实验技术人员的指导下进行实验。

6. 实验报告

实验报告作为每个实验最后的总结，是学生科研素质培养的重要手段，也是整个实验的完成情况、学生实验技能和数据处理能力的集中表现，是评定实验课成绩的依据之一。学生应规范地撰写实验报告。

（1）实验报告必须采用专用的实验报告纸撰写。

（2）为了保证实验数据的真实性，报告的所有文字内容，包括表格和数据、图的标题等都必须用钢笔、中性笔或圆珠笔书写；所有图都可以用铅笔画，画直线必须用直尺。

（3）实验报告不要完全照抄教材或指导书，应该简明扼要地进行提炼。

一份完整的实验报告包括以下几个部分。

（1）各种信息，具体如下。

①实验信息：实验题目编号和名称。

②实验者信息：姓名、学号、班级等。

③实验条件信息：实验时间，实验地点，天气，温度，湿度，气压等。

④分组信息：分组号，多人合作的同组人，指导教师姓名。

（2）实验名称：每一个物理实验有一定的命名规则，要求规范地书写，不得有任何改动。

（3）实验目的：说明所做实验的目的和要求。

（4）实验仪器：写全实验所需的各种仪器和工具，明确实验仪器的名称、型号、测量范围及仪器误差，掌握读数规则。

（5）实验原理：包括实验中采用的仪器设备的工作原理以及实验方法、相关理论等。在理解的基础上用精练的语言对教材或指导书的内容加以总结和概括，必要时可以补充一些教材以外的内容。与实验操作和数据处理相关的、必要的原理图和公式不可缺少。

（6）实验内容与步骤：在掌握概念的基础上，按操作顺序书写实验内容，不得有遗漏。

（7）数据记录与处理：将原始数据记录到给定或自拟的数据表格中并请指导教师认可签字，实验结束后按要求处理数据（包括计算中间结果，评定不确定度，画出图表，写出最终结果）。

（8）思考题：对实验结果进行分析，讨论影响实验结果的因素，并提出改进建议，完成课后思考题。

预习报告要求写好（1）至（6）项，并画好数据记录空白表格，实验前交指导教师检查。实验完成后，数据表格要经教师确认签字。实验报告不准打印或复印，书写字迹要工整，报告不合格者将予以退回，并取消当次实验资格。实验完成后要尽快处理数据并及时上交。

第 1 章　测量、误差与数据处理

物理实验的基本任务是培养学生的科学实验技能，完成这一任务的主要途径就是对各种物理量使用不同的方法进行测量和分析。对每一个物理量的测量，实质上也是对未知客观世界的一次主观探索，所得到的结果与客观实际或多或少会有差距，这就是误差。随着测量技术的不断提高，人们一直在努力减小误差，以获得较满意的测量结果，一般用不确定度来评价测量结果。

1.1　测量及其分类

测量是物理实验的主要内容和基本手段，是获得实验数据的必要途径。所谓测量，就是将被测的未知物理量与事先选作计量标准的同类已知物理量进行比较，得出其倍数的过程。倍数值即为被测量的数值，而所选的计量标准称为单位。一个物理量测量结果的完整表示应该包括数值、单位以及测量不确定度，有的还要标明测量条件。

测量的分类方法很多，下面介绍其中两种。

1. 按测量值获取方式分类

按测量值获取方式，测量分为直接测量和间接测量。

直接测量是指直接从仪器或量具上就能够读出待测物理量数值和单位的测量。相应的物理量称为直接测量量。例如，用米尺测长度，用秒表测时间，用天平称质量，用电表测电流和电压等都属于直接测量。

间接测量是根据已知的函数关系，先测得若干个直接测量量，再由这些直接测量量通过运算后间接得到待测物理量。最终得到的物理量称为间接测量量。例如，先测量金属圆柱的高 h、直径 d 和质量 m，然后由关系式 $\rho=4m/(\pi d^2 h)$ 计算出该金属圆柱的密度 ρ，其中 m、d 和 h 是直接测量量，而 ρ 则是间接测量量。

某一物理量是直接测量量还是间接测量量不是绝对的，随着技术的更新和仪器的改进，很多原来不能直接测量的物理量现在已经可以直接测量，如用密度计测液体密度、用多普勒原理测速度等。

2. 按测量条件是否相同分类

按测量条件是否相同，测量分为等精度测量和不等精度测量。

在每次测量条件都相同的情况下，对某一物理量进行多次重复的一系列测量称为等精度测量。例如，同一个实验者，使用同一台（套）仪器，采用同一种方法，在相同环境条件（温度、湿度、气压、光照等）下，对同一待测量进行多次重复测量，没有任何依据用来判断某一次测量一定比另一次更准确，即每次测量的可靠程度都相同，这一组测量就可认为是等精度测量，这样的一组测量值称为一个测量列。需要强调的是，这里所说的重复测量不仅是重复读数,而是重复整个测量操作过程。

在对某一物理量进行的多次重复测量中,只要有一个测量条件改变,这一组测量就称为不等精度测量。实验者、仪器、实验方法以及某些对该物理量有影响的环境因素(如室温等)中任何一项的改变,都属测量条件的改变,这样的测量都属不等精度测量。

在实际物理实验教学过程中,很难保证多次测量过程中测量条件绝对相同,但如果测量条件的变化对测量结果影响不大,可以把这样的测量视为等精度测量。大学物理实验中一般都是等精度测量,本书中若无特殊说明,一律认为是等精度测量。

1.2 误差

1.2.1 误差的定义

在确定条件下,待测物理量实际具有的量值称为真值。测量的主观愿望是获得物理量的真值,但由于受到测量仪器、测量方法、测量条件以及观测者水平等因素的限制,任何测量值都不可能绝对精确地与真值完全一致,客观上只能获得该物理量的近似值,这个近似值与真值之间总是存在一个差值,这个差值称为测量误差,简称误差,记为

$$\Delta x = x - X$$

式中:x 表示测量值,X 表示被测物理量的真值。

由于 Δx 可正可负,反映的是测量值偏离真值的大小和方向,因此也称之为绝对误差。绝对误差是一个有量纲的数值,单位与测量值、真值相同,一般保留 1 位有效数字。

以百分数表示的误差与真值之比称为相对误差,记为

$$E(x) = \left|\frac{\Delta x}{X}\right| \times 100\%$$

相对误差是一个无量纲量,通常也称百分误差,一般保留 1 或 2 位有效数字。

真值是客观存在的,但它必须通过完备的测量才能得到,而严格完备的测量是根本做不到的,所以说真值仅是一个理想的概念,不可能确切获得。在一些具体问题中,一般把约定真值看作真值。所谓约定真值,就是与真值非常接近,在一定条件下能代替真值的给定值或公认值。如上所述,真值本身难以得到,而误差是通过真值计算得来的,所以误差也是一个估计值,难以定量操作,只有理论上的意义。现在很多情况下不用误差来评定实验结果的优劣,而改用不确定度。不确定度将在本书 1.3 节中加以介绍。

误差客观地存在于一切实验和测量过程中,并将最终传递给实验结果。正常测量的误差是不可避免的,应该对其进行客观估计。在实验中应该从实验的设计、仪器的精度、测量者的水平、环境条件以及数据处理过程等各方面着手,尽可能减小对实验结果的影响,因此误差分析或不确定度的评定也是物理实验中必不可少的一项内容。

1.2.2 误差的分类

正常测量的误差按照其产生的原因以及基本性质,可分为系统误差和随机误差。另外,由于实验者操作不当或粗心大意等造成的粗大误差,属于非正常测量的范畴,应该严格

避免。

1. 系统误差

在相同条件下多次测量同一物理量时，误差的大小恒定、方向一致；或当测量条件改变时，误差按照某一规律变化，具有此类特征的误差称为系统误差。系统误差的来源主要有以下几方面。

(1)仪器因素：由于仪器本身的固有缺陷、校正不完善或使用不当引起的误差。

(2)方法因素：由于测量方法本身的不完善或计算公式的近似造成的误差，如用三线摆测量刚体的转动惯量时，公式 $I_0=\dfrac{m_0gRr}{4\pi^2H}T_0^2$ 成立的条件应该是摆角趋于零而且摆线不发生形变，但实际做不到，只能是近似处理。

(3)环境因素：由于环境影响或没有按规定的环境使用仪器引起的误差，如标准电池未在规定的温度下使用且未进行修正。

(4)人员因素：由于实验者本人生理或心理特点造成的误差，如按秒表时总是超前或滞后等。

2. 随机误差

随机误差也称偶然误差，指在多次测量同一物理量时，大小、方向以不可预知的方式变化的误差。产生随机误差的因素主要有：

(1)实验仪器的灵敏度和稳定性有限；

(2)测量者感觉器官灵敏度的起伏；

(3)实验条件和环境，如温度、湿度、气流、电源电压的起伏；

(4)其他不能预料的原因。

3. 粗大误差

粗大误差也称过失误差，是由于实验者在操作、读数、记录和运算过程中出现失误使测量结果明显歪曲远离真值而造成的误差，其特点是测量值大大地偏离真值，数据的结构显著地偏离正常规律，该测量值可作为坏值，在数据处理时应按一定的原则判别并将其剔除。粗大误差严重影响实验效果时，实验要重做。实验者应该通过主观努力，加强责任心，实验前充分预习，操作和记录时集中精力等，尽力避免粗大误差的出现。

1.2.3　测量的精密度、正确度和准确度

精密度、正确度和准确度都是评价测量结果优劣的术语，但在实验应用时三个术语的界定不太一致，下面只介绍一种应用较多的界定方法。

(1)精密度指对同一物理量进行多次重复测量时，各次测量值之间彼此的接近程度。精密度反映的是随机误差的大小，精密度越高，各次测量值越接近，随机误差越小。

(2)正确度指被测值的总体平均值与真值的接近程度。正确度反映的是系统误差的大小，正确度越高，测量值的平均值越接近真值，系统误差越小。

(3)准确度又称精确度，指各测量值之间的接近程度和测量值总体平均值与真值的接

近程度的综合表现。准确度反映的是系统误差与随机误差大小的综合程度。

为了形象地理解精密度、正确度和准确度的意义及它们之间的关系，我们可以把测量结果的分布比作打靶时弹着点的位置，如表 1.2-1 所示。

表 1.2-1 精密度、正确度和准确度

精密度	低	低	高	高
正确度	低	高	低	高
准确度	低	—	—	高
打靶的弹着点位置	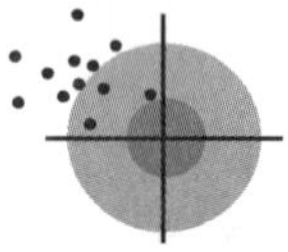	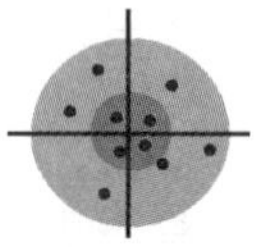	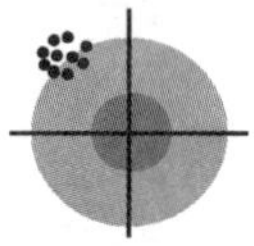	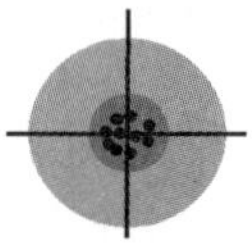
正态分布曲线	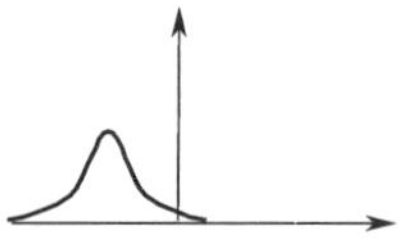	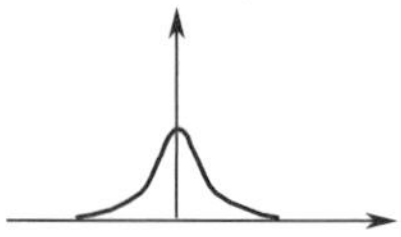	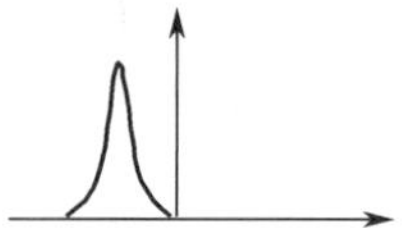	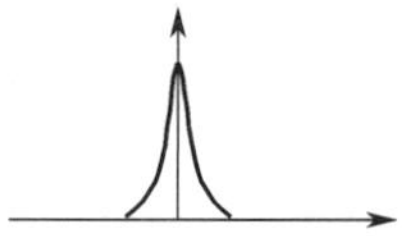

1.2.4 系统误差的发现与消减

系统误差是测量误差的重要组成部分，它的分析和消减比较复杂。实验者应该在实验前、实验过程中和实验后对可能产生系统误差的环节进行分析，并通过校准测量仪器、改进实验装置方案、对测量结果进行修正等方法消除或尽可能减小系统误差。

1. 系统误差的发现方法

（1）理论分析：分析实验条件是否满足运用的公式、使用的仪器所要求的条件，有无对条件的忽略和近似处理。

（2）实验对比：采用不同的测量原理、实验方法或实验仪器重复测量，通过改变某项实验条件、实验参数等对实验结果进行对比。若各种方法所得实验结果差异比较明显，说明实验中存在系统误差。

（3）数据分析：对实验数据进行分析，如果按测量顺序排列的绝对误差不是随机变化而是表现出一定的规律性，如线性增大或减小、周期性变化等，则说明实验中存在系统误差。

2. 系统误差的消减或修正

发现系统误差的目的是将其消除或减小对实验结果的影响，因此要对实验的各个环节进行全面分析，确定系统误差的来源并找到产生的原因，并进行科学的处理。

（1）对公式进行修正：如用落球法测量液体黏滞系数的实验，在公式中引入与液面面积和液体深度有关的修正项，对实验条件不理想引入的系统误差进行消减。

（2）改进测量方法，主要有交换法、替代法和对称法等。

①交换法：根据系统误差产生原因，在一次测量之后，把某些测量条件交换一下再次测量。如用天平称量质量时，为了消除天平不等臂造成的系统误差，可以把被测物和砝码交换位置进行两次测量，设两次测量的质量分别为 m_1 和 m_2，则物体的质量为 $m=\sqrt{m_1 m_2}$。

②替代法：在测量条件不变的情况下，先测得未知量，然后用已知标准量取代被测量，使指示值保持不变，被测量就与该标准量相等。如用单臂电桥测电阻时，为了消除桥臂电阻不准确引进的系统误差，先接入被测电阻，使电桥平衡，然后用标准电阻取代被测电阻，使电桥再次平衡，此时标准电阻的阻值就是被测电阻的阻值。

③对称法（倒号法）：改变测量中的电流方向、磁场方向、运动方向等，多次测量取平均值作为测量结果。如霍尔效应实验中，为消除各种副效应引进的附加电压，对应磁场方向的正负和电场方向的正负的组合，分别取四种测量状态进行测量，最后取平均值。

还有其他根据实际情况采用的有效消减系统误差的方法，如在金属杨氏模量的测量实验中，初始状态钢丝的弯曲会引入系统误差，这时可以采用增加起始载荷的方法进行消减。

（3）通过数据处理进行消减：如通过实验曲线的内插、外推和补偿，将系统误差随机化处理，通过改变测量条件使系统误差的分布时正时负、时大时小，这样在计算平均值时就会抵偿部分系统误差。

在实验教学以及工程测量过程中，系统误差的消减是一项复杂而困难的工作，它涉及的知识面广，需要具有一定的理论基础，并在长期实践中不断积累经验，不断探索新的方法和途径。

1.2.5　随机误差的分布规律与处理方法

1. 随机误差的分布规律

对某一物理量进行的单次测量所得到的测量值，它的随机误差是没有规律的，其大小和方向都是不可预见的。但当对同一物理量进行多次测量时，就会发现随机误差的分布服从某种统计规律。随机误差的分布规律有很多种，但无论哪一种分布，一般都有两个重要参数：平均值和标准偏差。理论和实践证明，当测量次数 n 很大时，测量值的随机误差一般都服从正态分布，本书主要介绍正态分布。

正态分布是一种最典型的、经典误差理论中最常讨论的随机误差分布形式，也称高斯分布。正态分布具有两个参数：总体分布的均值（统计学中称为数学期望）和总体方差。在物理实验中，以 $\bar{x}$ 表示测量次数 $n\to+\infty$ 的均值（若不考虑系统误差，它就是真值），以 σ^2 表示方差，则某一物理量测量值的正态分布的概率密度函数可表示为

$$f(x)=\frac{1}{\sigma\sqrt{2\pi}}\mathrm{e}^{-\frac{(x-\bar{x})^2}{2\sigma^2}} \tag{1.2-1}$$

式中：$\bar{x}=\lim\limits_{n\to+\infty}\frac{\sum\limits_{i=1}^{n}x_i}{n}$ 是测量值的总体平均值，即均值，其中 n 是测量次数。

正态分布概率密度函数曲线如图 1.2-1 所示，位于 x 轴上方，且是中间高两边低的钟形曲线，其中横坐标 x 表示所测物理量的测量值，纵坐标 $f(x)$ 是测量值的概率密度。图中，概率密度最大值对应的横坐标 $\bar{x}$ 就是被测量的平均值；横坐标上任一点 x_i 到 $\bar{x}$ 的距离 $(x_i-\bar{x})$ 就是第 i 个测量值的随机误差，记为 $\Delta x_i=x_i-\bar{x}$；$\bar{x}-\sigma$ 和 $\bar{x}+\sigma$ 为曲线拐点的横坐标；曲线与 x 轴之间的面积表示测量值或随机误差在某一范围内的概率，以 $P(x)$ 表示，且有

$$P(x)=\int_{x_1}^{x_2} f(x)\mathrm{d}x$$

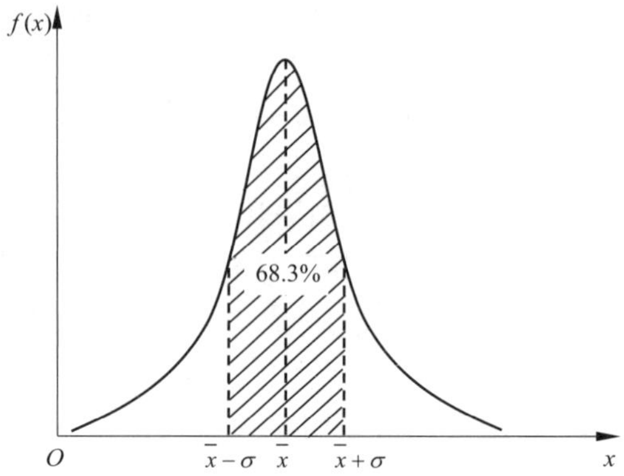

图 1.2-1　测量值正态分布曲线

按照概率理论,测量值出现在($-\infty$, $+\infty$)范围内是必然的,即概率为 100%,所以图中曲线与 x 轴所包围面积应恒等于 1,即

$$\int_{-\infty}^{+\infty} f(x)\mathrm{d}x=1$$

多次测量值的随机误差服从正态分布,且具有如下特点。

(1)单峰性:曲线只在 $x=\bar{x}$ 处有一个极大值,对应测量值的均值。x 取邻近 $\bar{x}$ 的值的概率大,取远离 $\bar{x}$ 的值的概率小。对于误差来说,绝对值小的误差出现的概率大,绝对值大的误差出现的概率小。

(2)对称性:曲线关于 $x=\bar{x}$ 对称,均值 $\bar{x}$ 的误差为零,在均值两侧,绝对值相等而正、负反号的误差出现的概率相等。

(3)有界性:在一定的测量条件下,测量值误差的绝对值有一个上限,即绝对值很大的误差出现的概率趋于零。

(4)抵偿性:正负误差相互抵偿,随机误差的算术平均值随着测量次数 n 的增加而趋于零,即

$$\lim \frac{1}{n}\sum_{i=1}^{n}\Delta x_i=\lim_{n\to+\infty}\frac{1}{n}\sum_{i=1}^{n}(x_i-\bar{x})=0$$

2. 正态分布的标准偏差与置信概率

式(1.2-1)中,方差 σ^2 的定义式为

$$\sigma^2(x)=\int_{-\infty}^{+\infty}(x_i-\bar{x})^2 f(x)\mathrm{d}x$$

或

$$\sigma^2(x)=\lim_{n\to+\infty}\frac{\sum_{i=1}^{n}(x_i-\bar{x})^2}{n}$$

方差的平方根

$$\sigma(x)=\sqrt{\sigma^2(x)}=\sqrt{\frac{\sum_{i=1}^{n}(x_i-\bar{x})^2}{n}}\quad (n\to+\infty) \tag{1.2-2}$$

称为正态分布的标准偏差，是表征测量值分散程度的重要参数，由定积分可以计算得出，测量值落入区间[$\bar{x}-\sigma$, $\bar{x}+\sigma$]的概率为

$$P[\bar{x}-\sigma\leqslant x\leqslant\bar{x}+\sigma]=\int_{\bar{x}-\sigma}^{\bar{x}+\sigma}f(x)\mathrm{d}x=0.683=68.3\%$$

这个结果的含义为在一定条件下对某一物理量进行的任何一次测量，其值落入区间[$\bar{x}-\sigma$, $\bar{x}+\sigma$]的可能性为 68.3%（如图 1.2-1 阴影面积所示），或者说测量值 x 落在区间[$\bar{x}-\sigma$, $\bar{x}+\sigma$]内的概率为 68.3%。区间[$\bar{x}-\sigma$, $\bar{x}+\sigma$]称为置信区间，该区间包含真值的概率（ $P=68.3\%$ ）称为置信概率。

若把置信区间扩大到 2 倍，则测量值 x 落在区间[$\bar{x}-2\sigma$, $\bar{x}+2\sigma$]内的置信概率为 95.4%；若把置信区间扩大到 3 倍，则测量值 x 落在区间[$\bar{x}-3\sigma$, $\bar{x}+3\sigma$]内的置信概率为 99.7%，即对某一物理量进行 1 000 次测量，仅有 3 次测量值落在[$\bar{x}-3\sigma$, $\bar{x}+3\sigma$]以外，因此把 3σ 称为极限误差。

3. 单次测量值的标准偏差

式（1.2-2）给出了测量次数无限多时测量值的总体标准偏差，但在实验中测量次数总是有限的（物理实验中一般为 5~12 次），所以不能使用总体标准偏差 $\sigma(x)$，而是用实验标准偏差 $S(x)$ 作为 $\sigma(x)$ 的最佳估计值来描述随机误差的分布，即贝塞尔公式：

$$S(x)=\sqrt{\frac{\sum_{i=1}^{n}(x_i-\bar{x})^2}{n-1}} \tag{1.2-3}$$

$S(x)$ 表征的是在有限的 n 次测量中，测量结果的分散程度。它并不是严格意义上的标准偏差，只是标准偏差的最佳估计值，置信区间[$\bar{x}-S$, $\bar{x}+S$]的置信概率也不等于 68.3%，而是小于并接近 68.3%。

4. 算术平均值的标准偏差

对同一待测量进行一组 n 次等精度测量，获得 n 个测量值，我们把这一组 n 个测量值构成的集合称为一个测量列或样本。可以证明，样本的算术平均值

$$\bar{x}=\frac{x_1+x_2+\cdots+x_n}{n}=\frac{1}{n}\sum_{i=1}^{n}x_i \tag{1.2-4}$$

作为被测量的最佳估计值，如果对该被测量进行若干组重复测量，就可获得若干个算术平均值 $\overline{x_1}$, $\overline{x_2}$, …，而这些 $\overline{x_i}$ 仍是随机变量，服从正态分布，也有一定的分散性，所以也要用平均值的标准偏差 $S(\bar{x})$ 来表征这一分散性：

$$S(\bar{x})=\frac{S(x)}{\sqrt{n}}=\sqrt{\frac{\sum_{i=1}^{n}(x_i-\bar{x})^2}{n(n-1)}} \tag{1.2-5}$$

可以看出，算术平均值的标准偏差 $S(\bar{x})$ 要比单次测量的标准偏差 $S(x)$ 小得多，这

是因为算术平均值已经对单次测量的随机误差有一定的抵消，因而平均值会更接近真值。

1.3 测量的不确定度

1.3.1 不确定度的表示与分类

测量结果的误差是客观存在的，但用误差来评定结果的优劣是不科学的。因为，误差公式

$$\Delta x = x - X$$

中的 X 是被测量的真值，其是客观存在但不可能准确知道的，所以误差 Δx 也就不可能准确算出，即是不确定的，所以不应该将任何一个确定的已知数值称作误差。为了对测量结果的准确程度给出一个量化的表述，引入“不确定度”这一概念。

不确定度可以对测量结果的可靠程度做出科学合理的评价。不确定度越小，表示测量结果越靠近真值；反之，不确定度越大，表示测量结果越远离真值。

在《测量不确定度评定与表示》（JJF 1059.1—2012）中将不确定度定义为“根据所用到的信息，表征赋予被测量值分散性的非负参数”。具体来说，测量不确定度是测量结果必须具有的、表征测量结果分散程度的一个参数，它表示由于测量误差的存在而使测量值偏离真值的不确定程度。不确定度给出了一个取值范围，而被测量的真值将以一定的概率（如 P=68.3%）被包含在这一范围内。

不确定度的表示方法有多种，为了与误差符号进行区别，本书采用不确定度的英文 uncertainty 开头字母 u 来表示。例如，对某一物理量 x，它的不确定度表示为 $u(x)$。

参照相对误差的定义，将相对不确定度定义为

$$u_r(x) = \frac{u(x)}{\bar{x}} \times 100\% \tag{1.3-1}$$

测量不确定度的来源较复杂，一般包含多个分量。按照数值评定的方法，可将其分为以下两类。

（1）A 类不确定度：采用统计分析方法评定的不确定度分量，用 $u_A(x)$ 表示。

（2）B 类不确定度：采用其他（非统计分析）方法评定的不确定度分量，用 $u_B(x)$ 表示。

1.3.2 直接测量不确定度的评定

1. 直接测量的不确定度评定

1）A 类不确定度 $u_A(x)$

对于多次重复测量，用平均值 $\bar{x}$ 表示测量结果，则用平均值的标准偏差来表征测量的 A 类不确定度，即

$$u_A(x) = S(\bar{x}) = \sqrt{\frac{\sum_{i=1}^{n}(x_i - \bar{x})^2}{n(n-1)}} \tag{1.3-2}$$

在实际测量中，有时不能保证测量次数足够多，如平均值标准偏差满足测量次数为 5~12 次，这样 $S(\bar{x})$ 对测量结果的评定就会有一定的偏离，置信区间[$\bar{x}-S(\bar{x})$, $\bar{x}+S(\bar{x})$]的置信概率不再是 P，就需要进行必要的修正。根据误差理论，统计量 $\dfrac{\bar{x}-X}{S(\bar{x})}$ 服从 t 分布，该分布提供一个系数 t_P，称为 t 因子，用 t 因子乘以平均值的标准偏差 $S(\bar{x})$，得到一个新的置信区间 $x=\bar{x}\pm t_P S(\bar{x})$，这样能保证置信区间[$\bar{x}-t_P S(\bar{x})$, $\bar{x}+t_P S(\bar{x})$]的置信概率仍为 P，则多次测量的 A 类不确定度表示为

$$u_A(x)=t_P S(\bar{x})=t_P\sqrt{\frac{\sum_{i=1}^{n}(x_i-\bar{x})^2}{n(n-1)}} \qquad (1.3\text{-}3)$$

表 1.3-1 列出了不同置信概率和测量次数对应的 t 因子的值。

表 1.3-1　t 因子表

n	3	4	5	6	7	8	9	10	11
$t_{0.683}$	1.32	1.20	1.14	1.11	1.09	1.08	1.07	1.06	1.05
$t_{0.954}$	4.30	3.18	2.78	2.57	2.45	2.36	2.31	2.26	2.23
$t_{0.997}$	9.92	5.84	4.60	4.03	3.71	3.50	3.36	3.25	3.17

从表 1.3-1 可以看出，当测量次数为 5 次以上时，对应置信概率为 68.3%的 t 因子 $t_{0.683}\approx 1$。在物理实验测量中，如果无特殊说明或测量次数不是很少，一般认为 $t_{0.683}=1$，因此在不确定度的评定中不出现 t 因子这一项，即常用的是式(1.3-2)。

2)B 类不确定度 $u_B(x)$

Ⅰ. 与 B 类不确定度有关的仪器指标

Ⅰ)测量范围

测量仪器误差处理规定极限内的一组被测量值称为测量范围。测量范围不一定等于仪器的示值范围，两者相等的如游标卡尺、螺旋测微器等；有些仪器的测量范围只占示值范围的一部分，如对于一般的非自动秤，国家标准规定了“最小称量”，这是为了避免使用秤衡量小质量时产生较大的相对误差。

Ⅱ)允许误差限

由于仪器自身的原理、结构、工艺上的不完善和测量环境的影响，测量过程中因仪器而产生的误差是客观存在的。每次测量的仪器误差不可能确切获知，但在一定条件下所做的多次等精度测量，其仪器误差不会超过一定的限值，即误差的有界性。仪器的允许误差限是指在规定(计量检定)条件下，仪器所具有的允许误差范围，用 $\Delta_{仪}$表示。仪器误差限是物理实验教学中的一种简化的表示，一般取仪表、量具的示值误差或允许误差，可以参照国家标准规定的计量仪表、器具的准确度等级或允许误差范围得出，或者由生产厂家标定，有的由实验者(指导教师)根据实验的具体情况进行约定。表 1.3-2 给出了物理实验中一些常用仪器的允许误差限和示值误差限。

表 1.3-2 物理实验中常用仪器的允许误差限和示值误差限

仪器名称	误差限	备注(参数或等级)
游标卡尺	0.1 mm	分度值 0.1 mm
	0.05 mm	分度值 0.05 mm
	0.02 mm	分度值 0.02 mm
螺旋测微器	0.004 mm	一级,0~25 mm
秒表(机械/电子)	0.2 s	
水银温度计	最小分度值	
指针式电流表/电压表	$A_m \cdot a\%$	A_m 表示量程;a 表示准确度等级
数字电表	$a\%N_x + b\% N_m$ 或 $a\%N_x + n$	a 表示准确度等级;N_x 表示显示的读数;b 表示仪器误差固定项系数(常数);N_m 表示仪表的满程;n 表示仪器固定误差,即最小读数单位的倍数

Ⅲ)灵敏阈

仪器的灵敏阈是指足以引起仪器示值可察觉变化的被测量最小变化值。被测量的改变量如果小于该阈值,将不会引起仪器读数的改变。对于指针式仪表,一般认为人能感觉到的最小改变量是分度值的五分之一,于是把五分之一分度值所代表的量作为指针式仪表的灵敏阈;对于数字式仪表,一般把显示屏上最末一位数所代表的量作为数字式仪表的灵敏阈。一般来说,仪器的灵敏阈小于示值误差限,而示值误差限小于或等于仪器的最小分度值。但也有个别情况,如在固体线膨胀系数测量的实验中,用钢卷尺测量标尺到光杠杆镜面的距离时,由于钢卷尺的弯曲等因素的影响,实际的测量误差要远大于仪器的最小分度值(1 mm),所以仪器误差限的取值要视具体情况而定。

Ⅱ.B 类不确定度的评定

引起 B 类不确定度的原因很多,结合实际情况,在物理实验教学中只考虑仪器误差这一因素。定义测量的 B 类不确定度为

$$u_{\mathrm{B}}(x)=\frac{\Delta_{仪}}{C} \tag{1.3-4}$$

式中:$\Delta_{仪}$ 为仪器误差限;C 称为置信系数,与置信概率和仪器误差的分布特性有关。

当置信概率 $P=68.3\%$时,对应的仪器误差服从正态分布、均匀分布和三角分布,C 分别取 3、$\sqrt{3}$ 和 $\sqrt{6}$。在掌握的仪器信息不充分的情况下,对于大多数物理实验中的测量,可以认为仪器误差服从均匀分布,即取 $C=\sqrt{3}$。于是,若无特殊说明,对于多次直接测量的 B 类不确定度,一般取

$$u_{\mathrm{B}}(x)=\frac{\Delta_{仪}}{\sqrt{3}} \tag{1.3-5}$$

2. 单次直接测量的不确定度评定

在物理实验中,一般取多次测量的平均值作为约定真值,但当多次测量的偏差与仪器的误差限相比很小时,就不必进行多次测量,而以单次测量值作为测量结果。对于单次测量,不能用统计方法求 A 类不确定度,而只有 B 类不确定度,且 B 类不确定度即取仪器误差限

$\Delta_{仪}$，也就是说，对于单次测量，有

$$u = u_B(x) = \Delta_{仪} \tag{1.3-6}$$

3. 直接测量标准不确定度的合成与结果表示

通过上述方法得到的 A 类和 B 类不确定度分量，采用"方-和-根"的方式合成，由于其中 A 类分量是用标准偏差表示的，所以称为合成标准不确定度，简称标准不确定度，有

$$u(x) = \sqrt{u_A^2(x) + u_B^2(x)} \tag{1.3-7}$$

标准不确定度的置信概率为 68.3%，在某些情况下可能需要用高置信概率的扩展不确定度表达测量结果，扩展不确定度 U 在有些资料中也称展伸不确定度，用标准不确定度 u 乘以包含因子 K 表示，即 $U = Ku$，其中 K 取值为 2~3，当取 2 和 3 时对应的置信概率分别约为 95%和 99%。

若无特殊说明，本书提到的不确定度均指标准不确定度，一般不涉及扩展不确定度。

一般地，一个直接测量结果的完整表达方式如下：

[测量结果=平均值 ±（合成标准）不确定度]　[单位]　[置信概率（P=68.3%）]

$$x = \bar{x} \pm u \text{ [单位]}（P=68.3\%） \tag{1.3-8}$$

上述表述方法也适用于最终实验结果的表达。

1.3.3　间接测量不确定度的评定

大学物理实验课程中很多实验结果不是直接测得的，而要对直接测量量进行必要的函数运算才能得到，这样的结果称为间接测量结果。由于直接测量误差和不确定度的存在，伴随着运算过程的进行，间接测量结果必然存在误差和不确定度，这一过程称为误差或不确定度的传递。

设间接测量量 F 是 n 个独立的直接测量量 $x, y, z, \cdots$ 的函数，函数关系为

$$F = f(x, y, z, \cdots)$$

式中：$x, y, z, \cdots$ 的不确定度分别为 $u(x)$，$u(y)$，$u(z)$，$\cdots$，与测量值相比，不确定度是微小量，类似于数学中的"增量"，所以间接测量结果的不确定度评定方法可参照数学中的全微分公式，并且用不确定度 $u(x)$，$u(y)$，$u(z)$，$\cdots$代替 $\mathrm{d}x$，$\mathrm{d}y$，$\mathrm{d}z$，$\cdots$。于是，经过推导和简化可得到间接测量量 F 的不确定度为

$$u(F) = \sqrt{\left(\frac{\partial F}{\partial x}\right)^2 \cdot u^2(x) + \left(\frac{\partial F}{\partial y}\right)^2 \cdot u^2(y) + \left(\frac{\partial F}{\partial z}\right)^2 \cdot u^2(z) + \cdots} \tag{1.3-9}$$

其中，直接测量量的不确定度 $u(x)$，$u(y)$，$u(z)$，$\cdots$由各自的 A 类和 B 类不确定度按"方-和-根"（式（1.3-7））合成得到。间接测量量 F 对各直接测量量的偏导数 $\left(\frac{\partial F}{\partial x}\right)$，$\left(\frac{\partial F}{\partial y}\right)$，$\left(\frac{\partial F}{\partial z}\right)$，$\cdots$称为不确定度的传递系数。

当 $F = f(x, y, z, \cdots)$ 为简单的加、减法时，可以用式（1.3-9）估算出其间接不确定度。但当 $F = f(x, y, z, \cdots)$ 为乘除或方幂的函数时，采用相对不确定度可以大大简化运算过程，具体方法是先取对数再做方差和合成，相对不确定度公式为

$$u_{\mathrm{r}}(F)=\frac{u(F)}{F}=\sqrt{\left(\frac{\partial \ln F}{\partial x}\right)^2\cdot u^2(x)+\left(\frac{\partial \ln F}{\partial y}\right)^2\cdot u^2(y)+\left(\frac{\partial \ln F}{\partial z}\right)^2\cdot u^2(z)+\cdots} \quad (1.3\text{-}10)$$

（绝对）不确定度为

$$u(F)=\frac{u(F)}{F}\cdot F=u_{\mathrm{r}}(F)\cdot F$$

利用式（1.3-9）或式（1.3-10），可以算得常用函数形式的不确定度传递和合成公式，见表 1.3-3。

表 1.3-3　常用函数形式的不确定度传递和合成公式

函数表达式	不确定度的传递和合成公式
$F=x\pm y$	$u(F)=\sqrt{u^2(x)+u^2(y)}$
$F=xy$ 或 $F=\frac{x}{y}$	$\frac{u(F)}{F}=\sqrt{\left(\frac{u(x)}{x}\right)^2+\left(\frac{u(y)}{y}\right)^2}$
$F=kx$（k 为常数）	$u(F)=ku(x)$，$u_{\mathrm{r}}(F)=\frac{u(F)}{F}=\frac{u(x)}{x}=u_{\mathrm{r}}(x)$
$F=\frac{x^k y^m}{z^n}$	$\frac{u(F)}{F}=\sqrt{k^2\left(\frac{u(x)}{x}\right)^2+m^2\left(\frac{u(y)}{y}\right)^2+n^2\left(\frac{u(z)}{z}\right)^2}$
$F=\sqrt[k]{x}$	$\frac{u(F)}{F}=\frac{1}{k}\frac{u(x)}{x}$
$F=\sin x$	$u(F)=u(x)\lvert\cos x\rvert$
$F=\ln x$	$u(F)=\frac{u(x)}{x}$

1.3.4　不确定度评定步骤和测量结果表述

1. 不确定度评定步骤

（1）查看并记录仪器型号、量程、最小分度值、示值误差和灵敏阈，确定仪器误差限，进而根据测量次数（单次还是多次）确定直接测量量的 B 类不确定度，参照式（1.3-5）或（1.3-6）。

（2）对于多次测量，按式（1.3-2）评定直接测量量的 A 类不确定度。

（3）对于多次测量，按式（1.3-7）合成直接测量量的标准不确定度；单次测量标准不确定度直接用 $u(x)=\Delta_{仪}$。

（4）按式（1.3-9）或式（1.3-10）逐级评定间接测量量的不确定度，直至得出最终实验结果。

（5）按式（1.3-8）格式表示实验结果。

（6）按式（1.3-1）评定并表示相对不确定度。

注意：测量数据和不确定度有效数字的保留位数及舍入准则请参照本书 1.4 内容。

2. 实验结果的最终表述

实验数据处理应根据每个实验的具体要求进行，有的用误差，有的用不确定度来评价实验结果。当评定不确定度时,应注意以下几点。

(1)最终结果的不确定度可用 1 位或 2 位有效数字表示,本书一律取 1 位;最终结果的相对不确定度一律用 2 位有效数字的百分数表示。

(2)为了避免造成截尾误差的积累,作为间接测量量的中间结果的不确定度位数可以取 2 位。

(3)不确定度尾数截断时一律采用"只进不舍"的原则,以保证其置信概率水平。如计算得到不确定度为 0.314,截取 1 位为 0.4。

(4)测量结果的最末位应与不确定度的末位对齐,测量结果的尾数截断采用"四舍六入五凑偶"的原则。

(5)在测量结果后用括号注明置信概率的近似值(标准不确定度为默认值 P=68.3%,可以省略)。

注意:关于有效数字和数据截尾的知识请参照本书 1.4 节相关内容。

1.4　实验数据处理规则

1.4.1　有效数字

1. 有效数字的基本概念

任何仪器或量具都有最小分度值,一般读数时只读到最小分度值是不够的,还应尽量估读出最小分度值的下一位数。这样,测量的原始数据就包括两部分:一部分是由仪器刻度准确读出来的数字,即最小分度值以前的数字,称为可靠数字;另一部分是估读得到的数据末位,一般也是仪器误差或相应的仪器不确定度所在的一位数字,它的值会因测量者或测量次数的不同而不同,这一位数字称为可疑数字。

由测量值计算得出的间接或最终实验结果,也由可靠数字和可疑数字组成。本书约定:直接测量和最终实验结果一律只保留 1 位可疑数字,为了避免数字截断后在中间运算过程中舍入误差的累积,中间计算结果要保留 2 位可疑数字,但只有第一位计入有效数字的位数。

通过上述方法得到的能够正确而有效地表示测量值和实验结果的数字称为有效数字,它包括测量结果中所有可靠数字和末尾的 1 位可疑数字。有效数字位数计算应该从数据的左边第一个不为零的数字算起直至第一位可疑数字为止(因为中间计算结果要保留 2 位可疑数字)。

2. 数值的科学计数法表示

当测量结果使用不同的单位表示时,有效数字的前面或后面会多出若干个"0"。例如,用天平称某物体的质量为 8.32 g,有 3 位有效数字;若改用 kg 为单位,结果应表示为 0.008 32 kg,前面加的"0"不计,有效数字仍为 3 位,没有变化;若改用 mg 为单位,结果应表示为 8 320 mg,就会出现错误,即原来的有效数字后面多一个"0",有效数字由 3 位增加为 4 位,可靠数字也就由原来的 2 位增加为 3 位。

同一次测量,不应该因为单位的不同而出现不同的有效数字位数。产生这些错误的原因是表达方式不合理,原数值后面不得任意扩展位数。为了解决这一问题,通常采用科学计数法,即用有效数字乘以 10 的幂指数的形式来表示,形如 $a \times 10^n$,其中 a 的取值范围一般为 [1,10),n 是不为零的整数。

如上面的 8.32 g 可表示为 8.32×10^3 mg 或 8.32×10^{-3} kg,单位变换,但有效数字不变。

科学计数法在表示特别大的或特别小的数字时非常方便。例如,真空中的光速的公认值为 299 792 458 m/s,若保留三位有效数字,应为 3.00×10^8 m/s; He-Ne 激光器的波长为 632.8 nm,若以米为单位,则应表示为 6.328×10^{-7} m。

3. 有效数字的特点

1)有效数字的位数与仪器的精度(最小分度值)有关

测量同一物理量,使用仪器的精度越高,最小分度值越小,估读的位数就越靠后,得到的有效数字位数就越多。使用不同的量具测量某一物体的长度,得到的测量结果见表 1.4-1。

表 1.4-1 使用不同量具测量某一物体长度的数据记录

量具	最小分度值/mm	仪器误差限 $\Delta_{仪}$ /mm	测量结果/mm	数字位数		
				可靠	可疑	有效
米尺	1	1	$10.\underline{2}$	2	1	3
游标卡尺	0.02	0.02	$10.2\underline{2}$	3	1	4
螺旋测微器	0.01	0.004	$10.21\underline{7}$	4	1	5

注:游标卡尺的读数没有估读。本书约定,在可疑数字下加下画线以区别于可靠数字。

2)有效数字的位数与被测量的大小有关

使用的仪器一旦确定,测量结果有效数字的尾数位置就相应确定,但其首位位置会随被测量的大小而改变,有效数字的位数也相应地增加或减少,即被测量越大,有效数字的位数越多。

3)有效数字的位数与小数点的位置无关

根据有效数字的理论,当变换单位时,数据的小数点向左移动,即在数据左端加“0”不影响有效数字的位数;而小数点向右移动时应该到有效数字的最末一位为止,不可以在右端加“0”,否则会改变有效数字的位数。所以,当数据的左端出现太多的“0”或者右端出现“0”时,必须采用科学计数法计数。

4)有效数字与不确定度的关系

根据有效数字的定义,有效数字的末位是可疑数字,存在不确定性。而同时也规定不确定度的有效数字只取一位,那么测量结果和实验结果的有效数字最后一位都应与不确定度所在位对齐。

根据有效数字的末位与不确定度的上述关系,一组按有效数字和不确定度相关规则规范表述的实验数据,既能表达实验值的大小,又能在一定程度上反映出它的不确定度以及误差限值。

1.4.2　有效数字的修约规则

1. 数值的截尾舍入规则

直接测量量的有效数字位数，可以根据仪器或量具的最小分度值或误差限确定。间接实验结果的有效数字位数，可以根据其不确定度确定，对于有效数字后面的多余数字要进行截断。数据截断时要对后面的数值进行舍入，这一舍入过程势必会影响到计算结果的大小，因此要遵循统一的舍入规则，以减小数值计算产生的偏差。

日常生活中应用较多的是“四舍五入”规则，但这一规则会因 1~9 中进的数多于舍的数而造成计算结果偏大。本书执行当前在工程技术和实验教学中应用较广的一种规则，即“四舍六入五凑偶”，具体如下：

（1）要舍弃的数字的最左一位小于 5 时，直接舍去；

（2）要舍弃的数字的最左一位大于 5（包括该位等于 5 且其后尚有非零的数）时，进 1；

（3）要舍弃的数字的最左一位等于 5，同时 5 后面没有数字或者数字全是 0 时，若所保留的末位为奇数则舍 5 进 1 凑成偶数，若所保留的末位为偶数，则舍 5 不进；

（4）负数修约时先取绝对值按上述规则修约，然后再在修约值前加负号。

按上述规则，将下列数值保留三位有效数字。

1.234 99：要舍弃的数字“499”最左一位小于 5，舍去，结果为 1.23。

1.235 01：要舍弃的数字“501”最左一位等于 5，且后面有非零的数，进 1，结果为 1.24。

1.235 00：要舍弃的数字“500”第一位等于 5 且后面全是 0，保留的末位为奇数，进 1 凑偶，结果为 1.24。

1.245 00：要舍弃的数字“500”第一位等于 5 且后面全是 0，保留的末位为偶数，直接舍去凑偶，结果为 1.24。

从统计学的角度来看，“四舍六入五凑偶”比“四舍五入”更科学，它使 5 舍入后前一位有的增大，有的减小，而增减的概率均等。例如：

$$2.35+2.45+2.55+2.65=10.00$$

若按“四舍五入”计算：

$$2.4+2.5+2.6+2.7=10.2$$

结果比无舍入的结果偏大 0.2。

若按“四舍六入五凑偶”计算：

$$2.4+2.4+2.6+2.6=10.0$$

则舍入后的结果更能反映实际结果。

2. 有效数字的一般运算规则

在有效数字的运算过程中，除遵循数学运算法则外，还必须遵循其自身的约定规则：可靠数字与可靠数字的运算结果仍为可靠数字；可疑数字与任何数字的运算结果都为可疑数字；最终运算结果只保留一位可疑数字。上述只是一般规则，实际运算过程中还有不确定度对有效数字的限制和中间结果保留位数的需要等因素，请参照后面的相关内容。

1）加减法——尾数对齐

几个有效数字相加减时，审查小数点后数字的位数，以最少的为准，运算结果小数点后所保留的位数应与参与运算的各数中小数点后位数最少的相同,即与尾数最短的对齐,故称尾数对齐。

例 1.4-1 计算 1.25+14.452+0.124 4。

$$
\begin{array}{r}
1.2\underline{5} \\
14.45\underline{2} \\
+\quad 0.124\underline{4} \\
\hline
15.8\underline{264}
\end{array}
\quad \rightarrow \text{结果}:15.8\underline{3}
$$

参与运算各数值中小数点后位数最少的是 1.25,只有 2 位,所以应以此位数为准,运算结果中小数点后只保留 2 位且第二位是可疑数字,其后的数字根据舍入规则截断。

2)乘除法——位数对齐

多个数值相乘的结果应以有效数字位数最少的为准,即位数对齐,与小数点的位置无关。

例 1.4-2 计算 12.42×0.046。

$$
\begin{array}{r}
12.4\underline{2} \\
\times \quad 0.04\underline{6} \\
\hline
\underline{7452} \\
496\underline{8} \\
\hline
0.5\underline{7132}
\end{array}
\quad \rightarrow \text{结果}:0.5\underline{7}
$$

参与运算各数值中有效数字位数最少的是 0.046,只有 2 位,所以应以此位数为准,运算结果中有效数字只保留 2 位且第二位是可疑数字,其后的数字根据舍入规则舍去。在竖式的运算过程中,“可靠数字与可靠数字的运算结果仍为可靠数字,可疑数字与任何数字的运算结果都为可疑数字”的规则也得到了验证和体现。

(1)乘方、立方、开方运算结果的有效数字应与原数值的有效数字相同。

(2)指数、对数、三角函数运算结果的有效数字位数一般可由改变量确定。

例 1.4-3 计算 $\sin 33°41'$。

$$\sin 33°41' = \sin 33.68°$$

计算得:$\sin 33.68° = 0.554\,553\,9\cdots$

将原数末位改变一个数再计算得:$\sin 33.69° = 0.554\,699\,2\cdots$

两个计算结果在小数点后第四位产生了差别,即可疑数字出现在小数点后第四位,所以有效数字应该保留到这一位,即取 $\sin 33.68° = 0.554\underline{6}\cdots$

上述方法只是一般方法,但会有一位的出入,所以准确的方法应以不确定度来确定其位数。

3)常数

对于 π, e, $\sqrt{2}$ 等常数,它们自身的有效数字位数是无限的,运算时一般根据需要比其他参与运算的数值中位数最少的多取一位有效数字。

3. 不确定度对有效数字位数的限制

每一个实验数据的有效数字都要与它的不确定度相对应，即末位与不确定度末位对齐。因此，当不确定度所在位高于按上述规则算得的结果时，应根据不确定度对原结果进行进一步的截断和舍入。除中间结果需多保留一位外，运算结果末位要与不确定度所在位对齐。

4. 中间运算结果的特殊处理

一般规则以最终结果的运算保留一位可疑数字为主，但运算过程中为了避免误差累积，运算的中间结果可视具体情况暂时多保留一位可疑数字，运算仍遵循上述一般规则，最终结果将多余的一位数字截去。

1.5 实验数据处理的基本方法

数据处理是物理实验的基本任务之一，是物理实验重要的组成部分。数据处理主要包括数据记录、整理、运算，误差分析，不确定度评定，实验结果的完整表达。实验数据处理的方法很多，下面只介绍几种常用的方法。

1.5.1 列表法

物理实验中一般要对多个物理量进行多次测量，数据量较大，但是数据分类比较清晰，很多情况下是对每个物理量记录多次测量值然后求平均值，或者一个量随另一量变化的一一对应关系，这些数据用二维的表格记录和处理比较方便。列表法是物理实验中最常用的也是最基本的一种方法，它的优点在于能够使大量的数据表达清晰醒目、有条理，便于分析和发现数据的规律性，易于核查和发现问题，避免出差错。

1.5.2 作图法

作图法就是在坐标纸上通过描点、连线等方式，将实验数据之间的关系与趋势直观地表示出来，作图法也是常用的数据处理方法之一。

1. 作图步骤与规则

1）确定坐标轴

一般以横坐标（x 轴）表示自变量，以纵坐标（y 轴）表示因变量，根据数值的范围即坐标轴的长短确定坐标纸的使用方向。

2）确定坐标分度

根据确定的坐标轴，每隔一定距离用整齐的数字均匀地标注格线对应的数值，即坐标分度。坐标分度的标注应使每个实验点的坐标值都能迅速、正确、方便地找到。当不能使最小分格与最末一位可靠数字对应时，一般以便于计算为原则确定分格与数值的关系，如用 1 个大格（10 mm）代表 1、2、5、10 个单位，或用 1、2、5、10 个小格代表 1 个单位，而不用 3，6，7，9 等数字。分度的数值太大或太小可采用科学计数法，将数量级写在单位中，如 $I/\times10^{-10}$ A。

3）描点

根据实验数据，在坐标系内准确、清晰地标出各对应的数据点。为了便于识别，数据点一般不用“·”标注，而用“×”。当在一个坐标系中要画多个数据系列的几条曲线时，则可以分别选用“+”“⊙”“△”或“▲”等来标注数据点，数据点的大小要与物理量的不确定度相当。

4)连线

根据实验数据点的分布趋势用直尺或曲线板作光滑、连续的直线、曲线或折线(校准曲线)。由于测量不确定度的存在，图线不一定通过所有的点，但应使所有数据点均匀地分布于图线两侧，与图线距离尽可能小。

5)标题和说明

在每幅图的坐标系下边或上部空白处要标明图线的编号、名称和简单的说明(如实验条件、数据来源、图注等)。每个实验可能要做一个或几个图，可能用到一张或几张坐标纸，每张坐标纸上都要在明显位置标明实验项目编号、实验名称、实验者、实验时间等。

2. 应用图线求解实验参数(图解法)

根据已作好的实验图线，运用解析几何的知识求解图线的各种参数，得到曲线方程(即经验公式)的方法，称为图解法。图解法在图线为直线的情况下应用较多，一般用来求直线的斜率或截距。

3. 曲线改直

直线作图容易，可以很方便地求得斜率和截距，在数据处理中便于应用。但在实际测量中这种线性关系并不多，必须经过适当的数学变换才能作出直线图，即把曲线改成直线，这种方法称为曲线改直。曲线改直可给数据处理带来很大方便，在很多实验中会用到，常用的曲线改直变换方法见表 1.5-1。

表 1.5-1 常用的曲线改直变换方法

原非线性关系式	转换方程(或方法)	转换后线性关系式	线性关系量	斜率	截距
$xy=C$	$z=\frac{1}{x}$	$y=Cz$	$y\sim\frac{1}{x}$	C	0
$x=C\sqrt{y}$	$z=x^2$	$y=\frac{1}{C^2}z$	$y\sim x^2$	$\frac{1}{C^2}$	0
$y=ax^b$	两边取对数	$\lg y=\lg a+b\lg x$	$\lg y\sim\lg x$	b	$\lg a$
$y=ae^{bx}$	两边取自然对数	$\ln y=\ln a+bx$	$\ln y\sim x$	b	$\ln a$
$y=ab^x$	两边取对数	$\lg y=\lg a+x\lg b$	$\lg y\sim x$	$\lg b$	$\lg a$
$\frac{1}{y}=\frac{a}{x}+b$			$\frac{1}{y}\sim\frac{1}{x}$	a	b

注：C、a 和 b 均为常数。

1.5.3 逐差法

所谓逐差法，就是把实验测量数据分成高、低两组实行对应相减，然后求解参数的方法。逐差法适用于自变量 x 等间距变化，具有 $y=kx+b$ 的线性关系或可写成自变量 x 的多项式形式的数据组。

设数据组(x_i,y_i)满足上述适用条件，把数据分成以下两组：

$$\begin{cases} x_1, x_2, \cdots, x_n \\ y_1, y_2, \cdots, y_n \end{cases}$$

$$\begin{cases} x_{n+1}, x_{n+2}, \cdots, x_{2n} \\ y_{n+1}, y_{n+2}, \cdots, y_{2n} \end{cases}$$

相隔 n 项进行等间距逐对求差：

$$x_{n+1}-x_1, y_{n+1}-y_1$$
$$x_{n+2}-x_2, y_{n+2}-y_2$$
$$\cdots$$
$$x_{n+i}-x_i, y_{n+i}-y_i$$
$$\cdots$$
$$x_{2n}-x_n, y_{2n}-y_n$$

利用 $y=kx+b$ 的关系求斜率值：

$$k_1=(y_{n+1}-y_1)/(x_{n+1}-x_1)$$
$$k_2=(y_{n+2}-y_2)/(x_{n+2}-x_2)$$
$$\cdots$$
$$k_i=(y_{n+i}-y_i)/(x_{n+i}-x_i)$$
$$\cdots$$
$$k_n=(y_{2n}-y_n)/(x_{2n}-x_n)$$

取平均值：

$$\bar{k}=\frac{1}{n}\sum_{i=1}^{n}\frac{y_{n+i}-y_i}{x_{n+i}-x_i} \tag{1.5-1}$$

由于自变量 x_i 等间距变化，所以

$$x_{n+i}-x_i=n\Delta x$$

式中：Δx 为自变量的变化间距；n 为逐差间隔数，即为测量次数的 $\frac{1}{2}$，于是有

$$\bar{k}=\frac{1}{n\cdot n\Delta x}\sum_{i=1}^{n}(y_{n+i}-y_i) \tag{1.5-2}$$

逐差法相当于利用等间距的数据点连了 n 条直线并分别求出其斜率，直线斜率的最终结果是这 n 个斜率的平均值，采集到的数据得到了充分的利用，所以这种方法比作图法更加精确合理，降低了作图法的随意性，而且计算量不是很大。

1.5.4　最小二乘法

对于存在线性关系的数据，用作图法处理数据虽然能够直观简便地求出斜率、截距并获得实验方程，但由于在作图过程中存在一定的主观随意性，往往会引入附加误差，使实验结果明显地因人而异。相比之下，如果运用数学解析的方法，从一组数据计算出直线的斜率和截距，这样得到的实验方程会更为精确。这个过程称为方程的回归，本书主要介绍物理实验

中最常用的一种回归方法——最小二乘法。

1. 最小二乘法的原理

最小二乘法的基本原理是在所有拟合直线中，各测量点与最佳拟合直线上对应点距离的平方和最小。实际上，就是各测量点到直线上对应点距离的绝对值之和最小。

设两个物理量之间存在线性关系，回归方程形式为

$$y = kx + b \tag{1.5-3}$$

实验测得一组数据(x_i, y_i)(i=1, 2, ⋯, n)，要求根据所测数据确定式(1.5-3)中的斜率 k 和截距 b。

最小二乘法的应用有很多种情况，这里只考虑最简单的一种，即所有测量都是等精度的，而且 x_i 的测量误差远小于 y_i 的误差，可以忽略，只考虑 y_i 的测量误差 $\varDelta_i$。在数据处理过程中，可根据误差的大小对 x_i 与 y_i 进行必要的选择或互换。

图 1.5-1 是从某图线中任取的一部分，点(x_i, y_i)是所取的一个测量点，由图可知，点(x_i, y_i)与直线上对应点(x_i,y)在 y 方向的距离为

$$\varDelta_i = y_i - y = y_i - (kx_i + b) = y_i - kx_i - b$$

则距离的平方和为

$$\varDelta = \sum_{i=1}^{n} \varDelta_i = \sum_{i=1}^{n} (y_i - kx_i - b)^2$$

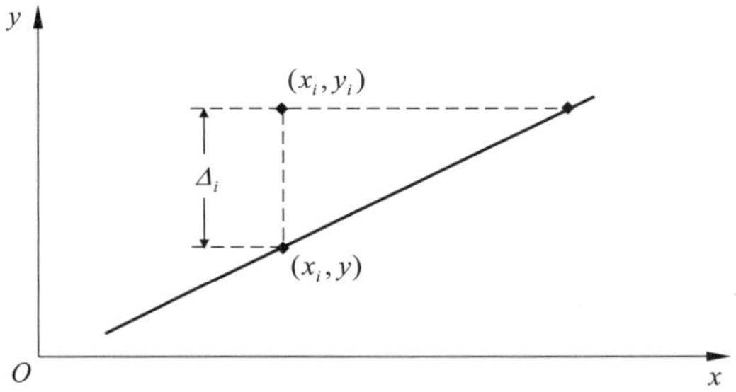

图 1.5-1 最小二乘法图示

根据最小二乘法原理及相关数学知识，使 $\varDelta$ 为最小的条件是

$$\frac{\partial \varDelta}{\partial k} = 0\,, \quad \frac{\partial \varDelta}{\partial b} = 0\,, \quad \frac{\partial^2 \varDelta}{\partial k^2} > 0\,, \quad \frac{\partial^2 \varDelta}{\partial b^2} > 0$$

根据前两式可得

$$\begin{cases} \dfrac{\partial \varDelta}{\partial k} = -2\displaystyle\sum_{i=1}^{n}\left[(y_i - kx_i - b)x_i\right] = 0 \\ \dfrac{\partial \varDelta}{\partial b} = -2\displaystyle\sum_{i=1}^{n}(y_i - kx_i - b) = 0 \end{cases}$$

解得

$$\begin{cases} k = \dfrac{n\sum\limits_{i=1}^{n}(x_i y_i) - \sum\limits_{i=1}^{n} x_i \sum\limits_{i=1}^{n} y_i}{n\sum\limits_{i=1}^{n} x_i^2 - \left(\sum\limits_{i=1}^{n} x_i\right)^2} \\ b = \dfrac{\sum\limits_{i=1}^{n} y_i}{n} - k\dfrac{\sum\limits_{i=1}^{n} x_i}{n} \end{cases} \tag{1.5-4}$$

引入各量的平均值公式：

$$\bar{x} = \frac{1}{n}\sum_{i=1}^{n} x_i$$

$$\bar{y} = \frac{1}{n}\sum_{i=1}^{n} y_i$$

$$\bar{x}^2 = \left(\frac{1}{n}\sum_{i=1}^{n} x_i\right)^2$$

$$\overline{x^2} = \frac{1}{n}\sum_{i=1}^{n} x_i^2$$

$$\overline{xy} = \frac{1}{n}\sum_{i=1}^{n}(x_i y_i)$$

代入式(1.5-4)中，得

$$\begin{cases} k = \dfrac{\overline{xy} - \bar{x}\,\bar{y}}{\overline{x^2} - \bar{x}^2} \\ b = \bar{y} - k\bar{x} \end{cases} \tag{1.5-5}$$

式(1.5-5)同样满足二阶微商大于零的条件，证明从略。因此，利用式(1.5-5)求得的 k 和 b，就是拟合直线 $y = kx + b$ 的斜率和截距的最佳估计值，从而确定了直线的回归方程。

2. 相关系数和相关检验

上述最小二乘法是在被测量之间的函数关系已知的前提下确定相应的系数。然而，在实际测量中，被测量之间的关系往往是未知的，只能根据数据进行分析，是否符合所求得的回归方程要经过必要的检验和判断。对于用最小二乘法求得的直线方程，可用相关系数 r 进行检验，即相关检验。一元线性回归的相关系数 r 定义为

$$r = \frac{\overline{xy} - \bar{x}\,\bar{y}}{\sqrt{\left(\overline{x^2} - \bar{x}^2\right)\left(\overline{y^2} - \bar{y}^2\right)}} \tag{1.5-6}$$

可以证明，$-1 \leqslant r \leqslant 1$，从 r 的取值可以判断物理量线性关系的显著程度。

(1) $r > 0$ 表示 y 随 x 增加而增加，$r < 0$ 表示 y 随 x 增加而减小。

(2) $|r|$越接近 1，各数据点越接近拟合直线，说明用此方法进行线性回归越合适。

(3) 若 $r = \pm 1$，表示变量 x,y 完全线性相关，拟合直线通过所有实验数据点。

(4) $|r|$越小，y 与 x 的线性关系越差，各数据点越分散，离拟合直线越远，说明线性回归越不合适。

（5）$|r|$远小于 1 而接近于零，说明两个变量的线性关系很差，不适合用直线方程拟合，应采用其他函数或方法进行拟合。

（6）线性相关有一个起码值 r_0，当 $|r|\geqslant r_0$ 时，可认为两个物理量之间线性关系显著，适合作直线拟合，物理实验中一般取 $r_0=0.9$。

采用最小二乘法作线性拟合，计算量比较大，一般用计算机或具备二维统计功能的计算器来处理数据。

1.5.5 实验数据处理实例

下面以具体实验为例对实验数据进行处理，由于实验仪器、测量条件的不同，计算方法及所得数据可能不同，而且这里只取实验数据处理的一部分，表格样式与实验中也不一样，所以本部分内容仅供参考，实际方法与参考结果以实验室给定或指导教师要求为准。

例 1.5-1 分别用列表法、作图法、最小二乘法处理固体线膨胀系数的测定实验数据。

（1）列表法处理数据。原始数据的记录和表格中计算结果的填写都属于列表法处理。

例如，表 1.5-2 上方的内容和表内第 3、4 行（n_i 和 n_i'）的内容为原始数据记录内容，应在实验操作过程中认真记录，注意读数的有效数字位数。实验结束后请指导教师检查并签字。

根据原始数据进行计算，填写表格所有内容，注意单位、科学计数法、有效数字的舍入等。

（2）求标准偏差及表述实验结果。

根据表 1.5-2 中数据可得

$$\overline{\alpha}\text{ 的标准偏差 } S(\overline{\alpha})=\sqrt{\frac{\sum_{i=1}^{8}(\alpha_i-\overline{\alpha})}{8(8-1)}}=0.02\times10^{-5}/℃$$

$$\text{测量结果表达式 } \alpha=\overline{\alpha}\pm S(\overline{\alpha})=(1.64\pm0.02)\times10^{-5}/℃$$

（3）作图法处理实验数据。

①手动描点作图（参照 1.5.2 内容，步骤略）。如图 1.5-2 所示，在图上取两点 P_1（35，1.10）和 P_2（63，2.00），计算得

$$k=\frac{2.00-1.10}{63-35}=0.0321$$

$$\alpha=\frac{kb}{2DL_{\mathrm{r}}}=1.61\times10^{-5}/℃$$

②可以用办公软件 Microsoft Excel 进行作图处理数据。基本步骤是先将数据按行列输入 Excel 表格中，然后插入图表并选择合适的图表类型，设置合适的图表参数，从而得到实验曲线。关于软件的具体操作步骤，请读者查阅相关书籍或资料自学。应用计算机作图可以减少手动作图时人为主观因素的影响，还可以自动进行有关计算。本例用 Excel 作图（图 1.5-2），得到的直线公式为

$$y=0.0317x$$

则 $k=0.0317$，计算得

$$\alpha=\frac{kb}{2DL_{\mathrm{r}}}=1.62\times10^{-5}/℃$$

表 1.5-2　固体线膨胀系数的测定数据记录及处理

$L_r = 50.00$ cm，$t_r = 28$ ℃，$n_r = 7.82$ cm，$D = 160.0$ cm，$b = 8.20$ cm

序号 i	1	2	3	4	5	6	7	8	平均值	说明（本列不属于数据表格内容）
温度 t_i/℃	60.0	65.0	70.0	75.0	80.0	85.0	90.0	95.0	—	原始数据，分度值后估读 1 位。因本实验结果与长度单位的选择无关，所以不必将便于读数的 cm 单位换算成 m。其他实验注意与国际标准单位之间的换算
升温读数 n_i/cm	6.68	6.52	6.40	6.25	6.10	5.96	5.82	5.69	—	
降温读数 n_i'/cm	6.81	6.70	6.52	6.40	6.25	6.10	5.92	5.80	—	
$\overline{n_i}=\frac{1}{2}(n_i+n_i')$ /cm	6.745	6.610	6.460	6.325	6.175	6.030	5.870	5.745	—	中间结果有效数字多保留一位，下同
$x_i=t_i-t_r$ /℃	32.0	37.0	42.0	47.0	52.0	57.0	62.0	67.0	49.5	平均值用于最小二乘法计算
x_i^2	1 024	1 369	1 764	2 209	2 704	3 249	3 844	4 489	2 581.5	用于最小二乘法计算
$y_i=\lvert\overline{n_i}-n_r\rvert$ /cm	1.075	1.210	1.360	1.495	1.645	1.790	1.950	2.075	1.575	平均值用于最小二乘法计算
x_iy_i /(cm·℃)	34.40	44.77	57.12	70.27	85.54	102.03	120.90	139.03	81.76	用于最小二乘法计算
y_i^2	1.156	1.464	1.850	2.235	2.706	3.204	3.803	4.306	2.590	用于最小二乘法计算相关系数
$\alpha_i=\frac{y_ib}{2DL_rx_i}$ /(10^{-5} /℃)	1.722	1.676	1.660	1.630	1.621	1.609	1.612	1.587	1.640	中间结果有效数字多保留一位，结果表达时截掉
$\alpha_i-\overline{\alpha}$ /(10^{-5} /℃)	0.082	0.036	0.020	−0.010	−0.019	−0.031	−0.028	0.053	—	只用于估算标准偏差，用计算器或计算机直接计算时，这两行可略去
$(\alpha_i-\overline{\alpha})^2$ /(10^{-14} /℃)	67.2	13.0	4.0	1.0	3.6	9.6	7.8	28.1	—	

班级：*****　姓名：***　****年*月*日

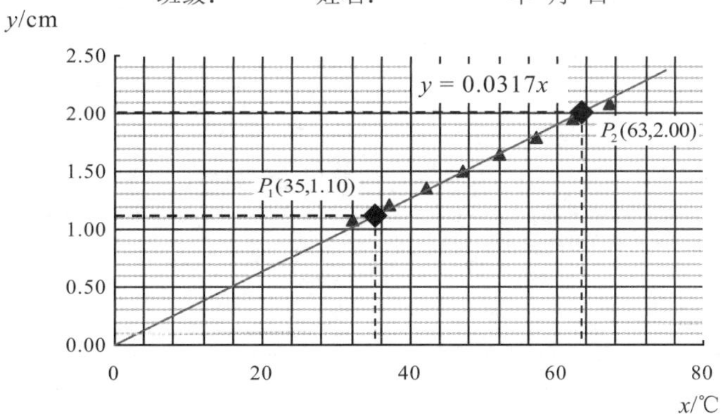

图 1.5-2　作图法求固体线膨胀系数

（4）用最小二乘法计算结果。

根据表 1.5-2 的中间结果，利用式（1.5-5）计算。

直线斜率：$k'=\dfrac{\overline{xy}-\bar{x}\,\bar{y}}{\overline{x^2}-\bar{x}^2}=0.028\,9$

膨胀系数：$\alpha'=\dfrac{k'b}{2DL_{\mathrm{r}}}=1.45\times10^{-5}\,/\,℃$

相关系数：$r=\dfrac{\overline{xy}-\bar{x}\,\bar{y}}{\sqrt{\left(\overline{x^2}-\bar{x}^2\right)\left(\overline{y^2}-\bar{y}^2\right)}}$ =0.999 8=1.00

说明 x 和 y 完全线性相关，直线拟合合理。

例 1.5-2 根据转动惯量的测定实验数据，评定下圆盘转动惯量的不确定度。

解 本实验内容较多，这里只评定下圆盘转动惯量的不确定度，与其无关的内容做了删减。

（1）实验数据记录，见表 1.5-3 和表 1.5-4。

表 1.5-3 下圆盘转动惯量测量数据记录表

<table>
<tr><td></td><td></td><td>20 个周期
20T/s</td><td>上盘悬孔
间距 a/cm</td><td>下盘悬孔
间距 b/cm</td><td>说明</td></tr>
<tr><td rowspan="9">直接测量结果</td><td>1</td><td>28.468</td><td>6.50</td><td>12.50</td><td rowspan="6">毫秒计不估读，钢直尺估读到 0.5 mm，20T 作为中间结果可多保留一位，其他两个量下一位是 0 可不多保留</td></tr>
<tr><td>2</td><td>28.471</td><td>6.55</td><td>12.40</td></tr>
<tr><td>3</td><td>28.456</td><td>6.50</td><td>12.40</td></tr>
<tr><td>4</td><td>28.492</td><td>6.55</td><td>12.35</td></tr>
<tr><td>5</td><td>28.472</td><td>6.50</td><td>12.50</td></tr>
<tr><td>平均</td><td>28.471 8</td><td>6.52</td><td>12.43</td></tr>
<tr><td>u_{A}</td><td>0.005 8</td><td>0.013</td><td>0.03</td><td>A 类不确定度根据式（1.3-2）计算</td></tr>
<tr><td>u_{B}</td><td>0.001</td><td>0.1</td><td>0.1</td><td>B 类不确定度取最小分度值</td></tr>
<tr><td>u</td><td>0.005 9</td><td>0.11</td><td>0.11</td><td>总不确定度根据式（1.3-7）计算</td></tr>
<tr><td rowspan="2">中间结果</td><td>物理量</td><td>$\bar{T}=1.423\,6$</td><td>$\bar{r}=3.764$</td><td>$\bar{R}=7.176$</td><td>中间结果多保留一位</td></tr>
<tr><td>u</td><td>0.000 30</td><td>0.059</td><td>0.061</td><td>传递公式按表 1.3-3 内容，对中间结果多保留一位，只进不舍</td></tr>
</table>

表 1.5-4 单次长度测量与给定质量记录表

<table>
<tr><td>物理量</td><td>上、下圆盘间距 H/cm</td><td>下圆盘质量 m_0/g</td><td>说明</td></tr>
<tr><td>测量值</td><td>50.50</td><td>467</td><td rowspan="2">单次测量只有 B 类不确定度，取仪器分度值，按式（1.3-6）计算</td></tr>
<tr><td>不确定度 u</td><td>0.1</td><td>1</td></tr>
</table>

（2）不确定度的评定（方括号中的内容为对过程的解释说明）。

①计算下圆盘的转动惯量：

$$I_0=\frac{m_0gRr}{4\pi^2H}T_0^2=1.257\times10^{-3}\ \text{kg}\cdot\text{m}^2$$ [暂时多保留，再根据不确定度截取]

②根据式(1.3-10)可得，转动惯量 I_0 的相对不确定度为

$$u_r(I_0)=\sqrt{\left(\frac{u(m_0)}{m_0}\right)^2+\left(\frac{u(\overline{R})}{\overline{R}}\right)^2+\left(\frac{u(\overline{r})}{\overline{r}}\right)^2+4\left(\frac{u(\overline{T_0})}{\overline{T_0}}\right)^2+\left(\frac{u(H)}{H}\right)^2}=0.870\%$$

[中间结果多保留一位，只进不舍。注意，计算时将所有数据的单位换算成国际标准单位]

不确定度为

$$u(I_0)=I_0u_r(I_0)=0.02\times10^{-3}\text{kg}\cdot\text{m}^2$$ [只保留一位有效数字，只进不舍]

③实验结果：

$$I_0=(1.26\pm0.02)\times10^{-3}\text{kg}\cdot\text{m}^2(P=68.3\%)$$ [根据不确定度截断，科学计数法表示]

相对不确定度：

$$u_r(I_0)=2.1\%(P=68.3\%)$$ [保留两位有效数字，无特殊说明时默认为标准不确定度，括号中的置信概率可以省略]

第 2 章　基本测量方法与常用仪器介绍

测量是物理实验的主要内容之一，一套巧妙、成熟的测量方法往往是一代或者几代科学家和实验工作者智慧的结晶。方法本身可以使我们更加容易、准确地获得测量值，而测量方法的发明和完善过程更给我们以启迪，值得学习和借鉴。

测量方法的分类，按被测量取得方法可分为直接测量法、间接测量法和组合测量法；按测量过程是否随时间变化可分为静态测量法和动态测量法；按测量数据能否通过对基本量的测量而得到可分为绝对测量和相对测量；按测量技术可分为比较测量法，放大测量法，模拟测量法，平衡测量法，补偿测量法，转换测量法，干涉、衍射测量法等。本章只对按测量技术分类的几种方法进行概括介绍。

2.1　基本测量方法

2.1.1　比较测量法

比较测量法是将待测物理量与已知该物理量的标准量具（仪器）进行比较，从而测出其量值的方法。比较测量法是最普遍、最基本、最常用的测量方法。根据测量过程中是否对物理量进行转换，可分为直接比较法和间接比较法两种。

1. 直接比较法

直接比较法是将待测物理量与经过校准的属于同类物理量的标准量具直接进行比较进而得出测量值的方法，它所测量的物理量一般为基本量。例如，用米尺、游标卡尺和螺旋测微器测量长度；用秒表和数字毫秒计测量时间；用伏特表测量电压等。仪表刻度预先用标准量具进行分度和校准，在测量过程中，除将其指示值乘以测量仪器的常数或倍率外，无须作附加的操作或计算，其测量过程简单方便，在物理量测量中广泛应用。

直接比较法具有以下特点。

（1）同量纲：被测量与标准量的量纲相同。

（2）同时性：被测量与标准量是同时发生的，没有时间的超前或滞后。

（3）直接可比：被测量与标准量直接比较而得到被测量的值。

2. 间接比较法

当待测物理量难以与标准量直接比较时，可以通过物理量之间的函数关系，将该量与标准量进行间接比较，从而测出其大小，这就是间接比较法。例如，利用李萨如图形测量信号频率等。

2.1.2　放大测量法

物理实验中经常会遇到一些微小的物理量，这些量无法被实验者或仪器直接感觉和反映，或者直接用给定的仪器测量会产生很大的误差。这时可以设计相应的装置或采用相应的手段将待测量放大后再进行测量，即放大法，常用的有累积放大法、机械放大法、光学放大法和电学放大法等。

1. 累积放大法

很多物理量若进行单次测量可能会产生较大的误差，如测量纸张的厚度、单摆或三线摆的周期、等厚干涉相邻条纹的间距等，此时可用累积放大法进行测量。累积放大法也称累计放大法或叠加放大法，是对于某些可简单重叠的物理量展延若干倍后再进行测量取平均值的方法。以用秒表测量三线摆的周期为例，人操作秒表的平均反应时间为 $\Delta T = 0.2\ \text{s}$，设单摆的周期为 T=2.0 s，则单次测量周期的相对误差为 $\Delta T / T = 10\%$；若将测量单摆的周期改为测量 50 个周期，因人的反应时间而引入的相对误差会降低到 $\Delta T / 50T = 0.2\%$。累积放大法的优点是对被测物理量进行简单重叠，不改变测量性质，但可以明显减小测量的相对误差，增加测量结果的有效数字位数。

2. 机械放大法

利用机械部件之间的几何关系，使标准单位量在测量过程中得到放大的方法称为机械放大法。游标卡尺与螺旋测微器是利用机械放大法进行精密测量的典型例子，迈克耳孙干涉仪、读数显微镜的机械部分也属此类。以螺旋测微器为例，套在螺杆上的微分筒被均分成 50 格，微分筒每转动一圈，螺杆移动 0.5 mm，每转动一格，螺杆移动 0.01 mm。如果微分筒的周长为 50 mm，微分筒上每一格的弧长相当于 1 mm，这相当于螺杆移动 0.01 mm 时，在微分筒上却变化了 1 mm，即放大了 100 倍。物理天平也是机械放大法的典型例子，单靠眼睛判断天平的横梁是否水平很困难，通过一个固定于横梁且与横梁垂直的长指针，就可以将横梁微小的倾斜放大为较大的可精确观测的长度量。

3. 光学放大法

光学放大法可分为视角放大和微小变化量放大两种。

1）视角放大

由于人眼分辨率的限制，当视角小于某一量值时，人眼将不能分辨物体的细节，只能借助放大镜、显微镜、望远镜等光学放大仪器分辨细节。这类仪器只是在观察时放大了视角，没有对待测量的实际尺寸进行放大，因此测量时不会增加误差。许多精密仪器为了提高测量的精度，一般都会在仪器的读数装置上安装视角放大器。例如，光学仪器中的测微目镜、读数显微镜等，实际上就是机械放大与光学视角放大的组合仪器。

2）微小变化量放大

微小变化量放大的主要形式是光杠杆，其原理是应用光的反射定律，把变化角度成倍放大，并利用光线构成一个很长的指针来指示长度的变化。光杠杆的应用参见本书“3.4　用静态拉伸法测金属杨氏模量”和“3.5　固体线膨胀系数的测定”实验。

4. 电学放大法

电学量的放大是物理实验中最常用的技术之一,包括电压放大、电流放大、功率放大等。三极管能够实现对微小电流的放大,示波器中也包含电压放大电路。

电学量放大技术成熟且易于实现,常将其他非电量转换为电量并放大后再进行测量。例如,在光电效应实验中,就是将微弱的光信号转换为电信号,再放大后进行测量;声速测量实验中,接收超声波的压电换能器是将声波的压力信号转换为电信号,再放大后进行测量。对电信号的放大通常会伴随着对噪声的等效放大,信噪比没有改善甚至会有所降低,因此电信号放大技术通常与提高信号信噪比技术结合使用。

2.1.3 模拟测量法

模拟测量法是依据相似性理论,对一些特殊的研究对象(如难以观测、过于庞大或微小、十分危险或缓慢的物理现象)人为地制造类似的模型进行实验。模拟测量法能方便地再现自然现象,将抽象的理论具体化,还可以进行单因素或多因素的交叉实验,从而加速或减缓物理过程。利用模拟法可以节省时间和物力,提高实验效率,达到实际测量无法达到的效果。

模拟测量法可分为物理模拟法、数学模拟法和计算机模拟法三类。

1. 物理模拟法

物理模拟法是指在模拟的过程中保持物理本质不变,人为制造的"模型"与原型的物理过程和几何形状相同或相似的模拟方法。例如,对河流、水坝、建筑群体的模拟,研究飞行器的风洞实验等。

2. 数学模拟法

数学模拟法是指模型和原型在物理本质方面可以完全不同,但它们却遵循相同的数学规律,通过研究模型可以得到与原型类似性质的方法。静电场的描绘一般采用典型的数学模拟法,使用稳定电流场来模拟静电场。

3. 计算机模拟法

计算机模拟法是通过一系列观察和推理,用计算机建立实验模型,模拟实验的操作、测量和数据处理过程。这种方法形象逼真、直观性强,等同真实实验的效果,不但节约实验器材,而且效率更高,并能避免进行某些真实实验所具有的危险性和不可能性,如原子核试验和对宇航员进行的模拟外太空环境的实验等。随着计算机的迅速发展和广泛使用,计算机模拟已发展成为物理学的一个分支——计算物理学。

2.1.4 平衡测量法

平衡测量法利用物理学中平衡态的概念,将物理量之间的差异逐步减小到零的状态,判断测量系统是否达到平衡态来实现测量。在平衡测量法中,并不研究被测物理量本身,而是与一个已知物理量或相对参考量进行比较,当两个物理量差值为零时,用已知量或相对参考量描述待测物理量。利用平衡测量法,可将许多复杂的物理现象用简单的形式来描述,可以使一些复杂的物理关系简明化。例如,利用等臂物理天平称物体质量,天平达到力矩平衡时,待测物体的质量和作为参考量的砝码的质量相等;用于测电阻的惠斯登电桥是一种典型的桥式电路,可根据电流、电压等电学量之间的平衡原理来测量电阻、电感、介电常数、磁导率等电磁学参数。

2.1.5　补偿测量法

补偿测量法就是在测量中通过一个标准的物理量产生与待测物理量等量或相同的效应,用于补偿(或抵消)待测物理量的作用,使测量系统处于平衡状态,从而得到待测量与标准量之间的确定关系。补偿测量法通常与平衡测量法、比较测量法结合使用。根据作用不同,补偿测量法可分为补偿法测量和补偿法消除系统误差两个方面。

1. 补偿法测量

补偿测量系统通常包含补偿装置和指零装置两部分。补偿装置产生补偿效应,并获得设计规定的测量精度。指零装置是一个比较系统,用于显示待测量与补偿量的比较结果。例如,电位差计就是利用电压补偿原理测量电压,详见“5.7　用电位差计测电动势”实验。

2. 补偿法消除系统误差

在测量中由于各种条件的限制,有些系统误差无法消除,故可以利用补偿法引入相同的效应来补偿那些无法消除的系统误差。例如,迈克耳孙干涉仪上的补偿板就是为了补偿光在分束镜上引入的光程差。

2.1.6　转换测量法

能量守恒及相互转换规律在自然界中普遍存在,转换测量法就是依据这些规律,将某些因条件所限而无法直接用仪器测量或者无法达到测量精度要求的物理量,转换成为另一种形式的物理量进行测量的方法。转换测量法通常可分为参量转换法和能量转换法两类。

1. 参量转换法

参量转换法是利用各种参量的变换及其变换的定量函数关系,间接测量某一物理量的方法。间接比较法一般都属此类,如液体温度计就是利用测温物质的体积与温度的线性关系,将温度测量转换为长度测量。众所周知的“曹冲称象”,实际上是把不可直接测量的大象的质量转换为可测的石块的质量。

2. 能量转换法

能量转换法是将某种形式的物理量,通过能量转换装置,转换为另一种与之存在特定函数关系的物理量来进行测量和计算的方法。用作能量转换的器件称为传感器,随着各种新型功能材料的问世,传感器的应用范围越来越广。电学量具有应用面广、测量方便和仪表的通用性强、易于生产等优点,将很多物理量转换成电学量来测量和计算更为便捷,如光电转换、压电转换和热电转换等。

2.1.7　干涉、衍射测量法

光的波长短,通过干涉或衍射图案,能够观测被测物体的微小位移或线度,所以干涉、衍射测量法常用于微小长度的精密测量实验中。

根据等厚干涉的原理,可利用牛顿环干涉测量透镜的曲率半径,劈尖干涉测量微小夹角,干涉条纹的变形检测表面的平整度。观测迈克耳孙干涉仪的干涉条纹,可精确地测定光的波长、透明介质的折射率、薄膜的厚度、微小的位移等物理量。衍射法主要应用于对微小物体和晶格常数的测量,如单缝衍射法测细丝直径、微波的布拉格衍射实验等。

2.2 基本物理量及其常用测量仪器

国际单位制中的 7 个基本物理量分别是长度、质量、时间、电流、热力学温度、物质的量和发光强度,基本单位见表 2.2-1。国际单位制(International System of Units, SI)是由国际计量大会所采用和推荐的一贯单位制。我国法定计量单位是在 SI 基础上建立的计量制度,所有 SI 的基本单位、导出单位和倍数单位都是我国法定计量单位的组成部分。

表 2.2-1 国际单位制中的 7 个基本物理量和基本单位

基本物理量	基本单位名称	基本单位符号
长度	米	m
质量	千克	kg
时间	秒	s
电流	安[培]	A
热力学温度	开[尔文]	K
物质的量	摩[尔]	mol
发光强度	坎[德拉]	cd

本节介绍长度、质量、时间、温度、电流等物理实验中常用的几个基本物理量及其测量方法以及物理实验中常用的基本仪器。

2.2.1 长度及其测量仪器

长度是最基本的物理量,是构成空间的最基本要素。在国际单位制中,长度的基准是“米(m)”,一旦确切定义了米的长度,其他长度单位就可以用米来表示。1889 年第一届国际计量大会(CGPM)确定“米原器”为国际长度基准,规定 1 m 就是米原器在 0 ℃时两端的两条刻线间的距离,其精度可以达到 0.1 μm。随着人们对客观世界认识的不断深入,这种长度基准已无法满足科技飞速发展的需求。在 1960 年召开的第十一届国际计量大会上,各国代表一致通过决议,重新定义了米的标准:1 m 的长度等于 Kr_{86} 原子的 $2P_{10}$ 至 $5d_1$ 能级之间跃迁,光辐射在真空中波长的 1 650 763.73 倍。用光当尺既方便又准确,其精确度可以达到 10^{-9} m。激光出现后, 1983 年第十七届国际计量大会正式把光在真空中 1/299 792 458 s 内的行程定义为 1 m。2019 年第二十六届国际计量大会对上面文本的定义进行了修订,从 2019 年 5 月 20 日起将米的定义更新为当真空中光速 c 以 m/s 为单位表达时, 1 米等于光在真空中于 1/299 792 458 s 的时间内所经过的路线的长度,其中秒是由铯的频率 $\Delta\nu_{Cs}$ 来定义的。

长度的测量是最基本的物理量的测量。熟练地使用长度测量仪器以及测量方法是物理实验的最基本的技能之一。物理实验中常用的长度测量仪器有米尺（包括钢卷尺、钢板尺等）、游标卡尺、螺旋测微器、测微目镜、读数显微镜等，不同仪器有不同的规格（包括量程和分度值），根据被测物的线度和测量精度选择合适的测量仪器。

1. 米尺

米尺是一种最简单的测长工具，其最小分度值一般为 1 mm。实验中读取的数据最后一位应该是读数随机误差所在的位，这是仪器读数的一般规律。米尺的仪器误差取最小分度值的一半或最小分度值。

2. 游标卡尺

游标卡尺是一种测量长度、内外径、深度的量具。游标卡尺由主尺和附在主尺上可滑动的游标两部分构成。主尺一般以毫米为单位，游标上有 10、20 或 50 个分格，根据分格的不同，游标卡尺可分为十分度、二十分度和五十分度游标卡尺等，总长度分别为 9 mm、19 mm、49 mm。游标卡尺的主尺和游标上有两副活动量爪，分别是内测量爪和外测量爪，内测量爪通常用来测量内径，外测量爪通常用来测量长度和外径。

3. 螺旋测微器

螺旋测微器又称千分尺、螺旋测微仪、分厘卡，是比游标卡尺更精密的测量长度的工具，用它测量长度可以准确到 0.01 mm，测量范围为几个厘米。其中，螺距为 0.5 mm 的螺杆在固定套管中转动，可前进或后退，活动套管和螺杆连成一体，套管的周边等分成 50 个分格。螺杆转动的整圈数由固定套管上间隔 0.5 mm 的刻线测量，不足一圈的部分由活动套管周边的刻线测量，最终测量结果需要估读一位小数。

游标卡尺、螺旋测微器的结构、原理及使用方法，详见“3.1　长度的测量”实验。

4. 测微目镜

1）测微目镜的结构

测微目镜一般作为光学精密计量仪器的附件使用，如读数显微镜、调焦望远镜以及各种测长仪等都装有这种目镜，也可以单独使用，其量程较小，只有 8 mm，但精确度较高，结构如图 2.2-1 所示。在靠近目镜焦平面的固定分划板上刻有量程 8 mm 的玻璃标尺，其分度值为 1 mm，与它相距 0.1 mm 处平行放置一块玻璃的活动分划板，其上刻有十字准线和竖直双线。当眼睛贴近目镜筒观察时，即可在明视距离处看到玻璃尺上放大的刻线及与其相叠的叉丝像，如图 2.2-2 所示。活动分划板的框架与测微鼓轮丝杆相连，故测微鼓轮旋转时，丝杆就会推动分划板左右移动，这时目镜中的竖直双线和叉丝将沿垂直目镜光轴的平面横向移动。测微鼓轮每旋转一圈，活动分划板就移动 1 mm；由于鼓轮上分有 100 个小格，因此每转过一个小格，分划板移动 0.01 mm。

2）测微目镜的读数方法

测微目镜的竖直双线和叉丝交点位置的毫米数从固定分划板上读出，毫米以下的数值由测微鼓轮读出，两数之和即为被测点所在的位置。图 2.2-2 所示的读数为 3.432 mm。

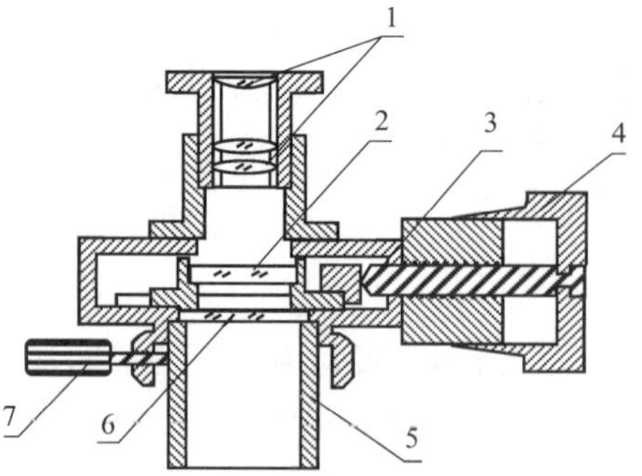

图 2.2-1 测微目镜结构

1—复合目镜；2—分划板；3—螺杆；4—测微鼓轮；5—接管；6—防尘玻璃；7—接管固定螺钉

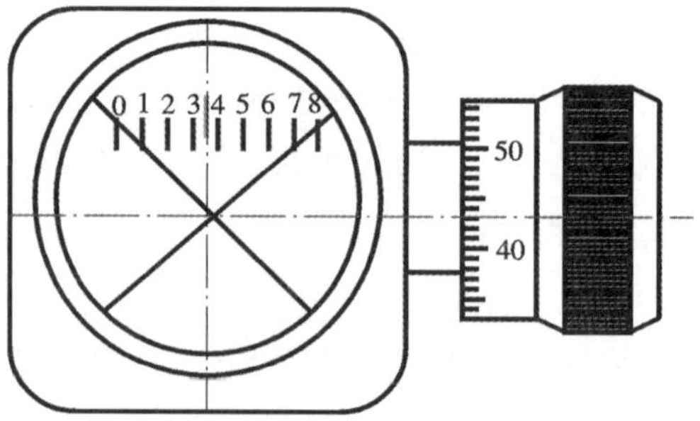

图 2.2-2 测微目镜视场内的标尺和叉丝

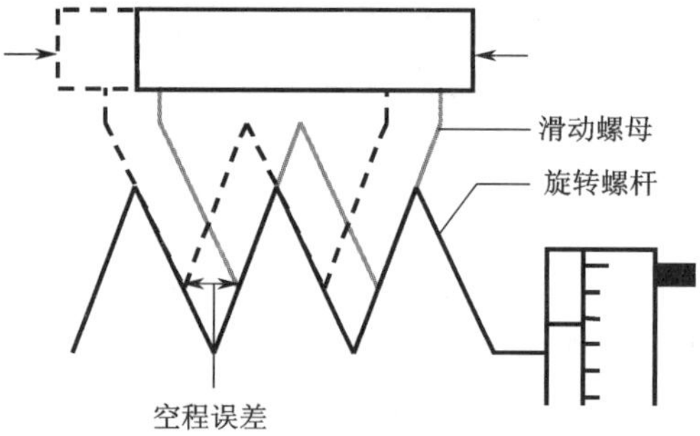

图 2.2-3 空程误差

3）空程误差

所谓空程，是指螺旋测微机构正转途中突然反转时，滑动部件并不立即随之反向移动的现象。如图 2.2-3 所示，螺旋测微机构主要由旋转螺杆和滑动螺母构成，当两者螺纹在某一方向耦合时，在相反方向就会存在间隙。若螺杆反向转动，则在一定范围内滑动螺母不会随螺杆移动，这就导致滑动螺母的同一位置可能会出现不同转动方向上的两个甚至多个读数，我们把距离最远的两个读数之间的距离称作空程误差或回程误差。

通过下述方法可以测量测微目镜存在的空程误差：先往某个方向旋转测微鼓轮，待测微目镜的滑动部件移动到某一位置 x_1 时，再反向旋转测微鼓轮，记录滑动部件刚要反向移动时的读数 x_2，两读数之差 $|x_1-x_2|$ 即为仪器的空程误差。采用机械螺旋放大方法的仪器，如螺旋测微器、测微目镜、读数显微镜、迈克耳孙干涉仪等，都存在空程误差，使用时注意消除。消除空程误差的方法是在测微螺旋往某个方向的某次转动过程中逐个读出所有相关联的数据，不可反转，若转动超过读数点，则整组数据需要重新测量。

5. 读数显微镜

1）读数显微镜的结构

读数显微镜又称移测显微镜，它是一种利用螺旋测微机构控制镜筒（或工作台）移动测量长度的精密仪器，可分为测量架和底座两大部分，如图 2.2-4 所示。其中，测量架上装有显微镜筒和移动镜筒的螺旋测微装置，显微镜的目镜用锁紧圈和锁紧螺钉紧固于镜筒内，物镜用螺纹与镜筒连接。显微镜筒可用调焦手轮调焦，其能够沿导轨横向移动，初、末两位置之差即所测长度。测微鼓轮每旋转一周，显微镜筒移动 1 mm。测微鼓轮圆周均分为 100 个刻度，即测微鼓轮每转一格，显微镜筒移动 0.01 mm。测量架的横杆插入立柱的十字孔中，立柱可在底座内移动和升降，用旋转手柄紧固。

2）读数显微镜的使用方法

使用前先调整目镜 1，分划板（叉丝）聚焦清晰后，再转动调焦手轮 3，同时从目镜观察，使被观测物成像清晰、无视差；然后转动测微鼓轮 6 移动镜筒位置，两位置之差即为所测长度。为了测量准确，必须使待测长度与显微镜筒移动方向平行。还要注意，应使镜筒单向移动到起止点读数，以清除空程误差。若以毫米为单位，镜筒位置读数的整数部分从附在导轨上的 50 mm 标尺读出，小数部分从测微鼓轮读出。如图 2.2-5 所示，读数为 27.415 mm。

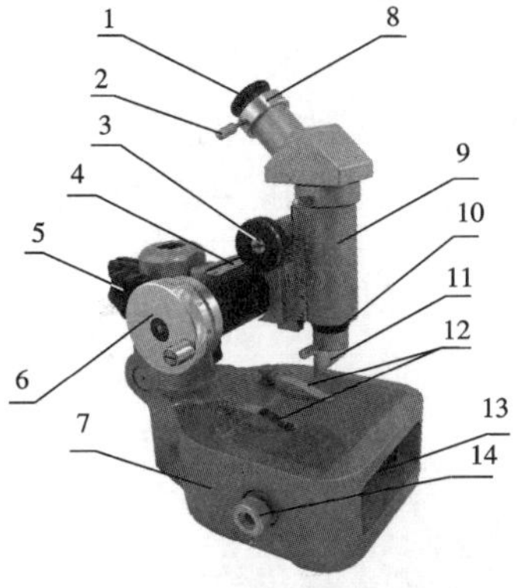

图 2.2-4　读数显微镜结构

1—目镜；2—锁紧螺钉；3—调焦手轮；4—标尺；5—旋转手柄；6—测微鼓轮；7—底座；8—锁紧圈；9—镜筒支架；10—物镜；11—反射镜；12—压片；13—反光镜；14—反光镜小手轮

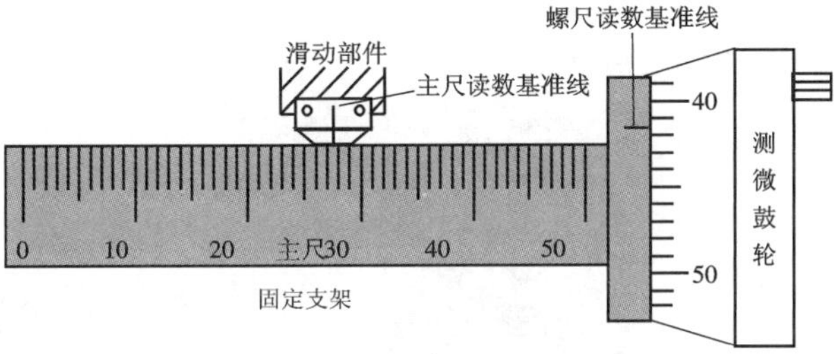

图 2.2-5　读数显微镜的读数

2.2.2　质量及其测量仪器

质量是物质的一个基本性质，千克是质量的 SI 基本单位名称，其国际符号为“kg”。1883 年，法国用 90%的铂和 10%的铱所组成的铂铱合金制成了底面直径和高度均为 39 mm 的圆柱体千克原器，并于 1889 年被第一届国际计量大会所承认，在 1901 年第三届国际计量大会上被正式定义。该原器 100 多年来一直保存在国际计量局。在原子物理中，还常用一种同位素碳-12（^{12}C）原子质量的 1/12 作为质量单位，称之为原子质量单位（u），且有

$$1\ u=1.660\ 540\ 2\times 10^{-27}\ kg$$

我国在日常生活和贸易中，习惯把质量称为重量。过去，在物理学中，常常把重量和重力混在一起，把质量和力相混淆。在国际单位制中，重量是指质量，是标量；而重力是力，是矢量，力不仅有大小，还有方向和作用点。因此，在表示力的场合，一定要用重力而不是重量，千万不能混淆。质量（重量）的单位为千克（kg），重力的单位为牛顿（N）。

测量质量一般使用天平，实验室常用的天平有物理天平（见“5.1　质量与密度的测量”实验）和电子天平两种。

2.2.3　时间及其测量仪器

时间与空间同为物质存在的基本形式。时间是人类用以描述物质运动过程或事件发生过程的一个参数，时间的测量依据不受外界影响的物质周期变化的规律，例如月球绕地球旋转周期、地球绕太阳旋转周期、地球自转周期、原子振荡周期等。

秒是时间的 SI 基本单位名称，其国际符号为“s”。秒的定义是“铯-133 原子基态的两

个超精细能级之间跃迁相对应辐射的 9 192 631 770 个周期的持续时间”。

测量时间的方法很多，测时器具通常是基于物理机械、电磁或原子等运动的周期性而设计的。在物理实验中常用的计时仪器有机械秒表、电子秒表（图 2.2-6）和数字毫秒计（图 2.2-7）等。

数字毫秒计的基本原理是利用一个频率很高的石英振荡器作为时间信号发生器，不断产生标准时基信号。在实验中，它通过光电元件和一系列电子元件所组成的控制电路来控制时基信号进行计时，并在数码管中显示出被测定的时间间隔。数字毫秒计的型号很多，图 2.2-7 是其中一例，具体使用方法参见“3.6　用三线摆测刚体转动惯量”和“4.2　气体比热容比的测定”实验等。

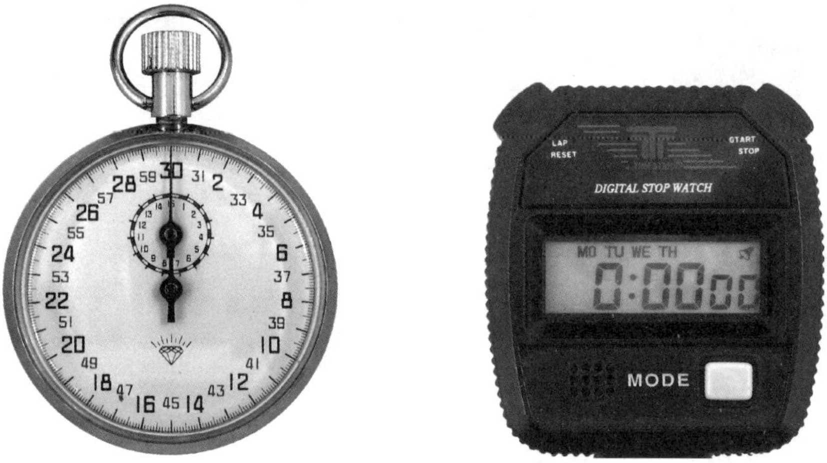

图 2.2-6　机械秒表和电子秒表

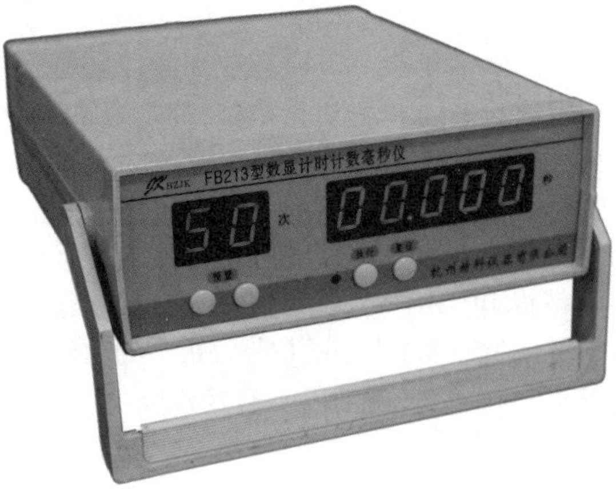

图 2.2-7　数字毫秒计

2.2.4　温度及其测量仪器

热力学中的基本物理量是温度，温度是表征物质分子热运动剧烈程度的物理量，它描述了物体的冷热程度。热力学温度是国际基本物理量之一的温度标准，开尔文是热力学温度的 SI 基本单位名称，其国际符号为“K”。它的定义是“开尔文是水三相点热力学温度的 1/273.16”。水的三相点是指水的固态、液态和气态三相间平衡时所具有的温度。水的三相点温度为 0.01 ℃。热力学温度单位开尔文是在 1954 年第十届国际计量大会上正式定义的，当时叫“开氏度”（ °K ），1967 年第十三届国际计量大会上决定改为开尔文（ K ）。

摄氏温标由瑞士天文学家摄尔修斯（ A. Celsius ）在 1742 年提出，他的方案是以水的沸点为 0 ℃，冰点为 100 ℃，每一格为 1 ℃。1743 年，法国人克里斯丁（ J.P. Christin ）把两个标度倒过来，便成了现在通用的摄氏温标。摄氏温度的单位摄氏度（ ℃ ）广泛使用于日常生活，由于其会出现 0 ℃以下的负温，英国物理学家开尔文（ W. Thomson，Lord Kelvin ）于 1948 年提出了热力学温标。由于摄氏度是以水的冰点为 0 ℃，它等于 273.15 K，故摄氏温度（ t ）与热力学温度（ T ）之间的关系为 $t = T - T_0 (T_0 = 273.15\ \mathrm{K})$，从而当摄氏温度出现负值温度时，而热力学温度仍是正值。

物理实验中常用的测量温度的基本仪器有液体温度计、气体温度计、电阻温度计和热电偶等。下面只介绍常用的液体温度计和热电偶。

1. 液体温度计

若测温物质为某种液体，则将其装在细而均匀的毛细玻璃管中，当受到冷热变化时，其体积发生变化，事先定标后就可以测量待测物体的温度，这就是液体温度计。液体温度计常用的测温物质有水银、酒精等。水银温度计具有不黏着玻璃、水银膨胀系数变化小、测量范围广（ −30~300 ℃ ）、读数方便和迅速等优点，因此被广泛应用。

不同等级的温度计分度值不同，普通水银温度计测温范围有 0~50 ℃，0~100 ℃，0~150 ℃等，分度值一般为 1 ℃，示值误差限等于分度值。

2. 热电偶

热电偶是温度测量仪表中常用的测温元件，它直接探测温度，并把温度信号转换成热电动势信号，再通过电气仪表转换成被测介质的温度显示出来。各种热电偶的基本结构大致相同，通常由热电极、绝缘套保护管和接线盒等主要部分组成，通常和显示仪表、记录仪表及电子调节器配套使用。

热电偶测温的基本原理：由两种不同成分的材质导体组成闭合回路，当两端存在温度梯度时，回路中就会有电流通过，此时两端之间就存在电动势-热电动势，这种现象称为塞贝克效应。两种不同成分的均质导体为热电极，温度较高的一端为工作端，温度较低的一端为自由端，自由端通常处于某个恒定的温度下。根据热电动势与温度的函数关系，制成热电偶分度表；分度表是自由端温度在 0 ℃条件下得到的，不同的热电偶具有不同的分度表。热电偶测量温度时要求其冷端的温度保持不变，其热电动势大小才与测量温度呈一定的比例关系。若测量时冷端的（ 环境 ）温度变化，将严重影响测量的准确性，需在冷端采取一定措施进行补偿。

与其他测温器件相比，热电偶具有以下优点：

（ 1 ）装配简单、更换方便；

（ 2 ）抗震性能好、测量精度高；

（ 3 ）测量范围大、热响应时间短；

（4）力学强度高、耐压性能好；

（5）耐高温（有的可达 2 800 ℃）、使用寿命长。

2.2.5 电学量及电学实验常用仪器

安培是电流的 SI 基本单位名称，其国际符号为“A”。安培的定义是“在真空中，截面面积可忽略的两根相距 1 m 的无限长平行圆直导线内通以等量恒定电流时，若导线间相互作用力在每米长度上为 2×10^{-7} N，则每根导线中的电流为 1 A”。现在使用的安培定义是一个理论上的定义。在实际中要用这个定义来复现安培，会遇到难以克服的难题，所以目前用约瑟夫森效应保持电压伏特基准（不确定度为 10^{-13}），用霍尔效应（或称克里青效应）保持电阻欧姆基准（不确定度为 10^{-10}），再利用欧姆定律实现电流基准。

电磁测量是现代生产和科学研究中应用很广的一种测量方法和技术，除测量电磁量外，它还可以通过换能器把非电量转换为电量后，再进行测量。电磁学实验的目的是学习电磁学中常用的典型测量方法（如伏安法、电桥法、补偿法、模拟法等），通过学习这些方法进行实验技能的训练，培养读电路图、正确连接线路和分析判断实验故障的能力；同时通过实验的观测，深入认识和掌握电磁学理论的基本规律。电磁学实验中的一些基本仪器经常用到，掌握其性能和用法对顺利进行各项实验有重要意义，因此有必要在实验前进行介绍。

1. 电源

电源是日常生产、生活、科研、教学中常用的设备。根据输出不同，电源可分为直流电源和交流电源两大类，物理实验中交流电源应用极少，而且可直接从电网提供的 220 V/50 Hz 市电通过变压器、稳压器获得，所以这里不做介绍。

直流电源是物理实验中普遍使用的供电装置，它通过一系列电路和元件将电网的 220 V/50 Hz 交流电经变压、整流、滤波及稳压后以直流电压形式输出。根据功能的不同，直流电源可分为直流稳压电源、直流稳流电源和直流稳压稳流电源三种。稳压即通过调节控制电源，输出使用者需要的稳定的电压；稳流即通过调节控制电源，输出使用者需要的稳定的电流。

图 2.2-8 所示为数字显示直流稳压稳流电源，其中图（a）为单路输出型，图（b）为双路输出型。电源的操作面板一般有开关、电压调节钮及显示屏、电流调节钮及显示屏、接线柱、指示灯等，要在教师指导下循序渐进地学会使用，并注意安全，认真阅读说明书，严格按操作规程操作。

2. 变阻器和电阻箱

滑线变阻器和转盘式电阻箱是电学实验中常用的仪器，下面分别介绍。

1）滑线变阻器

滑线变阻器的结构及简图如图 2.2-9 所示。电阻丝密绕在绝缘瓷管上，两端与固定在瓷管上的接线柱 A、B 连接。电阻丝外部涂有绝缘材料，使线圈之间彼此绝缘。瓷管上方装有一根金属棒，一端与接线柱 C 相连，且棒上套有滑动接触器，其触头紧压在电阻丝上，接触处电阻丝的绝缘层被剥掉，所以调节滑动头即可改变 A 与 C、B 与 C 间的电阻。滑线变阻器的主要参数是全电阻和额定电流。全电阻就是 A 与 B 间的电阻值，一般以 R_0 表示。额定电流是变阻器允许通过的最大电流。滑线变阻器在电学实验中应用较广，可作为连续可调电阻来控制电路中的电压和电流。

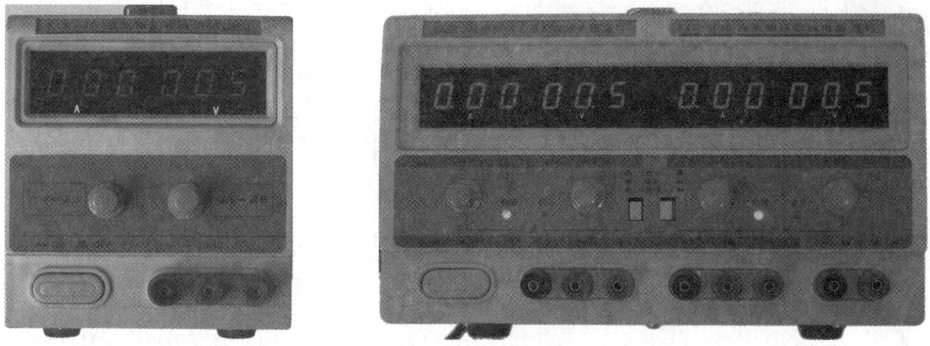

（a）　（b）

图 2.2-8　数字显示直流稳压稳流电源

（a）单路输出型　（b）双路输出型

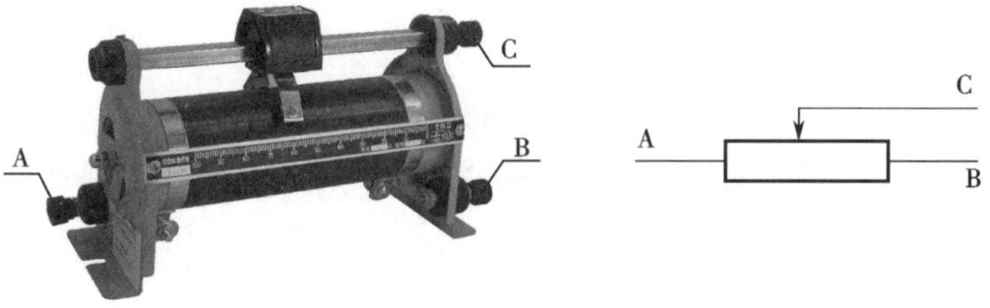

图 2.2-9　滑线变阻器及其简图

2）电阻箱

常用的电阻箱是转盘式的，它是由若干个电阻元件按一定的组合方式连接而成，旋转电阻箱上的旋钮可以得到不同的电阻值。以 Zx21 型转盘式电阻箱（图 2.2-10）为例，箱面上有 0 Ω、0.9 Ω、9.9 Ω、99 999.9 Ω4 个接线柱和 6 个旋转盘，“0 Ω”分别与其他 3 个接线柱两两组合构成所使用的电阻箱的三种不同调节范围。每个转盘都有 0~9 共 10 个数字，转盘下方有一个小三角形箭头，并注有“×0.1”“×1”“×10”……字样，称作倍率。使用时，可根据需要选择其中一种，电阻值由转盘读出，具体方法是各转盘箭头所指读数乘以箭头下面的倍率，然后全部相加。在使用阻值较小的电阻时，为了减小系统误差，需要接 0.9 Ω 或 9.9 Ω 两个接线柱。从内部线路图可以看出，分别只接入一个或两个转盘，可减少多余旋钮触点所带来的误差。

电阻箱的规格主要由以下参数确定。

（1）总电阻：即最大电阻，如 Zx21 型电阻箱的总电阻为 99 999.9 Ω。

（2）额定功率：指电阻箱每个电阻的功率额定值。通常电阻的额定功率为 0.25 W。由 $I=\sqrt{P/R}$ 可计算出通过阻值为 R 的串联电阻的额定电流。显然，阻值越大的挡，允许的额定电流越小。电流过大会使电阻发热，导致阻值不准，甚至烧毁电阻箱。

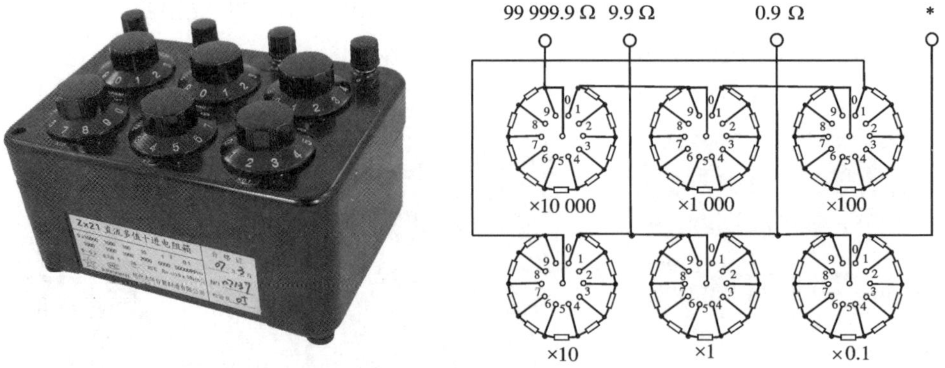

图 2.2-10 Zx21 型转盘式电阻箱及其电路图

(3)等级:电阻箱根据其标称误差的大小分为若干等级,一般分为 0.02、0.05、0.1、0.2 等,它表示电阻值的百分误差。例如 0.1 级电阻箱,表示电阻值的百分误差为 0.1%。电阻箱的级别不同,允许的接触电阻的标准也不同。例如对于 0.1 级电阻箱,规定每个旋钮的接触电阻不得大于 0.002 Ω。当电阻较大时,它带来的误差很小;当电阻较小时,误差就非常大。电阻箱的仪器误差计算公式为

$$\Delta_{仪R} = \sum_i a_i\% \cdot R_i + R_0$$

式中:a_i 为电阻箱示值盘的准确度等级;R_i 为各示值盘的示值;R_0 为残余电阻。

电阻箱应经常擦洗,否则其接触电阻会远远超过允许值;使用前应来回旋转一下各旋钮,使电刷接触可靠。

3. 电学仪表

目前常用的电学仪表有磁电式和数字式两大类,实验室用得较多的是磁电式仪表,随着数字技术的普及,数字式电表也越来越多,但磁电式电表仍然是基本、常用的,具有不可替代的作用,所以这里主要介绍磁电式电表。

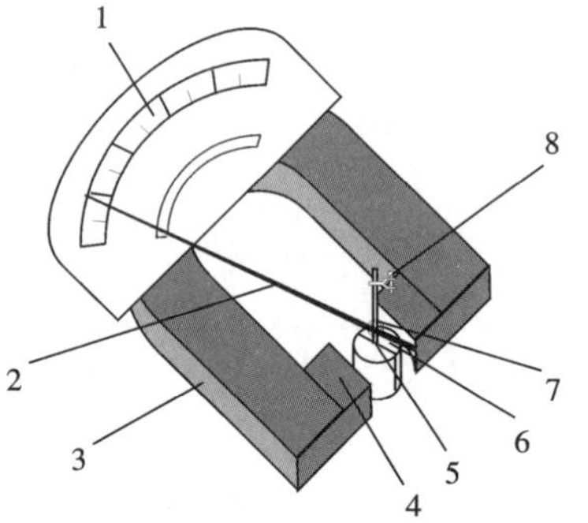

图 2.2-11 磁电式电表内部构造

1—刻度盘;2—指针;3—永久磁铁;4—极掌;5—线圈;6—软铁芯;7—游丝;8—调零器

磁电式电表主要有直流电流表、电压表、检流计等。磁电式电表的核心部件是表头,用符号Ⓖ表示,其内部构造如图 2.2-11 所示。在永久磁铁的两极上连着两个半圆筒形的极掌,极掌之间装有圆柱形软铁芯,它的作用是使极掌和软铁芯间的空隙中的磁场加强,并且使磁力线以圆柱的轴为中心呈均匀辐射状。在圆柱形软铁芯和极掌间有一个长方形线圈,线圈的转轴上固定着指针和"游丝"。"游丝"的另一端固定在仪表内部的支架上。当有电流通过线圈时,线圈就受电磁力矩作用而偏转,同时"游丝"因形变而产生反扭力矩,当电磁力矩与游丝的反扭力矩平衡时,线圈达到一定的偏转角。这个偏转角的大小与所通入的电流成正比,电流方向不同,偏转方向就不同,这是磁电式电表的基本特征。

表头流过的电流实际上既流经线圈又流经游丝,线圈和游丝的串联电阻就是表头的内

阻 R_g。表头指针偏转格数 n 与流过的电流大小 I 之比称为电流灵敏度，记作 S_I，即 $S_I=\frac{n}{I}$。

量程和准确度等级是电表的两个主要参数，电流表量程从几安培到 10 A 甚至更大。根据国家标准（GB/T 7676.2—2017），各种电表分为 11 个准确度等级，分别为 0.05、0.1、0.2、0.3、0.5、1.0、1.5、2.0、2.5、3.0、5.0，若电表准确度等级为 a，则示值误差为

$$\Delta m=\text{量程}\times a\%$$

例如，0.5 级的电流表当量程选 300 mA 时，它的示值误差为

$$\Delta m=300\times0.5\%=1.5\ \text{mA}$$

电学仪表的类型、准确度等级、使用条件等许多参数都标注于表盘的适当位置，表 2.2-2 列出了常用电学仪表的标识符号和意义。

表 2.2-2　常用电学仪表的标识符号及意义

符　号	名　称	符　号	名　称
A	安培表	∩	磁电仪表
mA	毫安表	=	静电仪表
μA	微安表	-	直流
V	伏特表	~	交流
mV	毫伏表	≃	交直流两用
Ω	欧姆表	0.5	准确度等级 0.5
+	正端钮	⊥	垂直使用
-	负端钮	⊓	水平使用
*	公共端钮	☆2	绝缘强度（试验电压 2 kV）

1）直流电流表

电流表是给表头并联一个与 R_g 相比较小的分流电阻，让电流大部分从分流电阻流过，小部分流经表头，从而扩大电流的量程，如图 2.2-12 所示。

2）直流电压表

将表头串联一个阻值较大的分压电阻，让分压电阻承担大部分电压，流经表头的电流与表头两端电压、总电压均成正比，根据比例将表头的刻度改成相应电压值，就构成电压表，如图 2.2-13 所示。

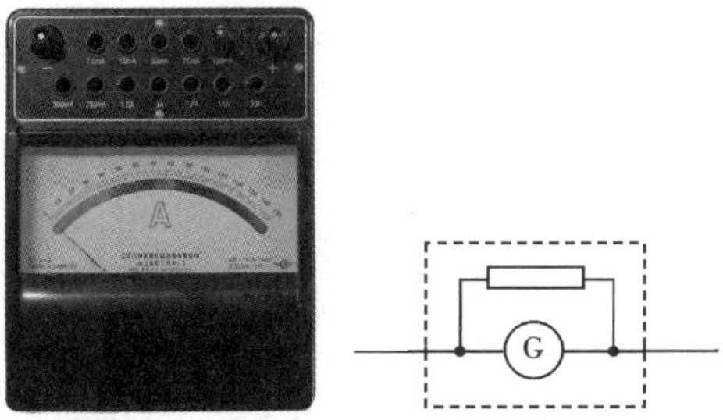

图 2.2-12　直流电流表及其电路图

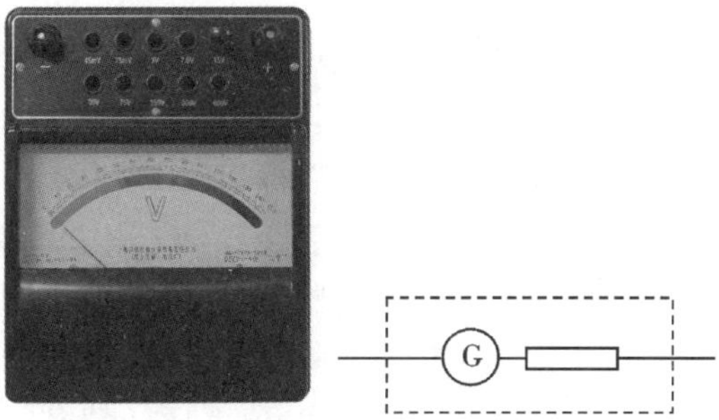

图 2.2-13　直流电压表及其电路图

电压表的内阻是指表头内阻加上扩程而串联的电阻。对于多量程电压表,各量程的内阻不同。但是,对同一个电表来说,表头的满偏电流 I_g 是相同的,而 $\frac{1}{I_g}=R/U$,所以同一个电压表的各个量程的欧姆每伏数相同,用 Ω/V 表示。这样电压表中某一量程的内阻可由下式计算:

内阻=$R/U\times$ 量程

用电压表测量时,势必会有一小部分电流流经电压表,从而影响原来电路中的电流和电压分布。电压表内阻越大,流过的电流越小,对原电路影响越小,所以内阻越大越好。大内阻的电压表无法测量较小电压,可选择量程较小的毫伏表。

3)检流计

检流计指针位于表盘中央,可检测电路中有无电流通过及其极性,还可用作高灵敏度电流表使用。

实验室常用的检流计是由放大器配以大表面表头构成的,外观和原理如图 2.2-14 所示。其中,直流电流经电流取样电阻(即内阻)后,电流量转换成电压值,经低通滤波后,输至放大器,信号增益由电流取样电阻和放大器增益共同确定,当每挡电流值满量程时,放大器输出为 300 mV,经限流电阻加在大表面表头,指针偏移显示所测电流大小和极性。

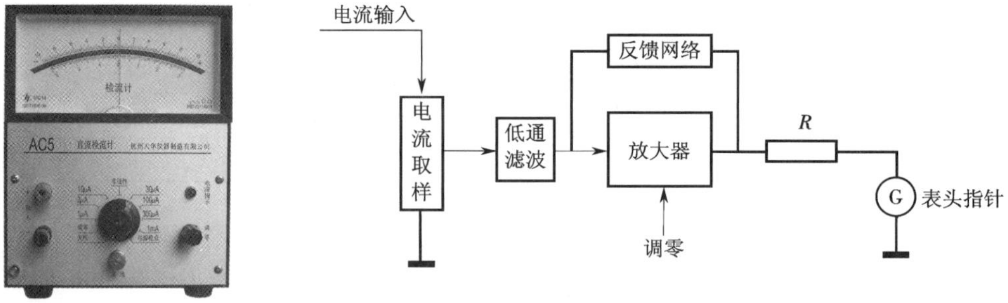

图 2.2-14 检流计及其原理图

4)万用表

万用表是实际生活中电气测量最常用的仪表之一,在物理实验中也会经常用到,它集中了电流表、电压表、欧姆表等多种电表的功能,有的还可以测量频率、晶体管参数、电感、电容、温度等,它的优点是功能全、携带方便。

2.2.6 发光强度及光源

发光强度是光度学中的基本物理量, 1979 年第十六届国际计量大会通过决议,定义发光强度 1 坎德拉(cd)是一个单色光源在给定方向上单位立体面内发生的发光强度,该发光强度发出频率为 540×10^{12}Hz 的单色辐射。

坎德拉是国际单位制中沿指定方向发光强度的单位,国际符号为 cd。当频率为 540×10^{12} Hz 的单色辐射的光视效能 K_{cd} 以单位 lm/W 即 cd·sr/W 或 cd·sr·s^3/(kg·m^2)表示时,取其固定数值为 683 来定义坎德拉,其中千克、米、秒分别用 h,c 和 $\Delta\nu_{Cs}$ 定义。

光学实验中使用的实验仪器比较精密,在相关实验中都有具体介绍,下面介绍几种在多个实验中通用的光源。

1. 白炽灯

白炽灯是热辐射光源，可作为白光光源和一般照明用。白炽灯以高熔点的钨丝作为发光体，通电后温度约 2 500 K 达到白炽发光。玻璃泡内抽成真空，充进惰性气体以减少钨的蒸发。白炽灯发出的光的光谱为连续光谱。在白炽灯泡内充入微量的碘或溴，就可制成碘钨灯或溴钨灯，统称金属卤素灯，可以增加工作电流、提高发光效率，并能延长使用寿命。

2. 钠灯和汞灯

钠灯和汞灯是物理实验常用的单色和复色光源，低压钠灯和汞灯的工作原理相似，电源镇流器和灯泡接口一般是相同的，两者的区别在于安装的灯泡不同，其外形如图 2.2-15 所示。

图 2.2-15　低压钠灯和汞灯

钠灯能够发出比较强的黄光，是实验室常用的单色光源之一。钠光谱中有 589.0 nm 和 589.6 nm 两条波长很接近的特征谱线，通常取其平均值，以 589.3 nm 作为测量折射率等物理量的单色光。低压钠灯与低压汞灯的工作原理相似。充有金属钠和辅助气体的玻璃泡是用抗钠玻璃吹制的，通电后先是氖放电呈现红光，待钠受热蒸发产生低压蒸气，很快取代氖放电，经过几分钟以后发光稳定，发出强烈黄光。

汞灯是一种气体放电光源。常用的低压汞灯的玻璃管胆内汞蒸气压低，发光效率低，属于小强度的弧光放电光源，可用它产生汞元素的特征光谱线。GP20 型低压汞灯的电源电压为 220 V，工作电压为 20 V，工作电流为 1.3 A。高压汞灯也是常用的光源，它的玻璃管胆内的汞蒸气压较高，发光效率也较高，属于中高强度的弧光放电灯。该灯用于需要较强光源的实验，加上适当的滤光片可得到一定波长的单色光。汞灯工作时必须串接适当的镇流器，否则会烧毁灯丝。为了保护眼睛，不要直接注视强光源。正常工作的灯泡如遇临时断电或电压有较大波动而熄灭，必须等待灯泡逐渐冷却，汞蒸气压降到适当程度之后才可以重新发光。

3. 激光器

激光最初的中文名是“镭射”，取英文名称 laser 的音译，其英文全称为 Light Amplification by Stimulated Emission of Radiation，意思是“通过受激发射的光扩大”。激光器是由工作物质受激发射而发光的光源，具有单色性好、方向性强、相干性好等优点。实验室中常用的有氦氖激光器和半导体激光器。

1）氦氖激光器

氦氖激光器发出的激光单色性好、亮度高、方向性好、空间相干性高，其发出的光为波长 632.8 nm 的红光，图 2.2-16 所示是一款 He-Ne 激光器。

使用激光器时，要注意人身安全，不要触及电极；激光器关闭后，也不能触及电极，以免电源内的电容器高压放电伤人。由于激光束的能量高度集中，应注意保护眼睛，不可直接对着激光束观察。

2)半导体激光器

随着半导体物理学的迅速发展,半导体激光器已经得到相当广泛的应用。它具有体积小、质量轻、可靠性高、转换功率高、功耗低、驱动电源简单、价格低廉、使用安全等诸多优点。受半导体材料和制作工艺等影响,不同的半导体激光器发出不同的波长,覆盖了从紫外到红外的相当大的波长范围。实验室常用的半导体激光器如图 2.2-17 所示。

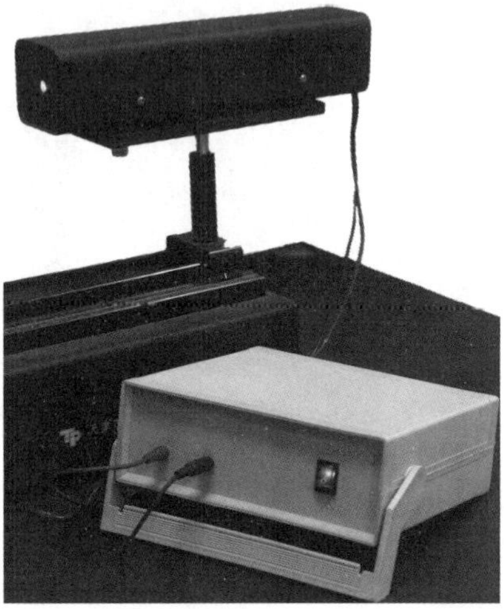

图 2.2-16 He-Ne 激光器

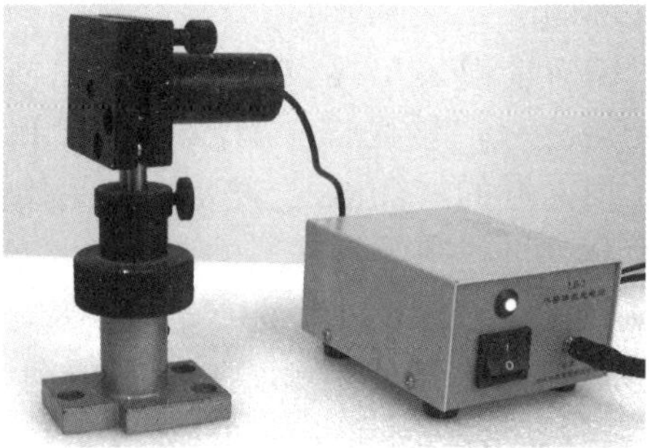

图 2.2-17 半导体激光器

习题

1. 物理量的测量值、公认值和真值三者之间有何区别与联系?

2. 测量结果的误差、偏差和不确定度三者之间有何区别与联系?

3. 判断下列情况各属于哪类误差:

(1)钢尺因降温而收缩;

(2)游标卡尺零点读数不准;

(3)水银温度计毛细管不均匀;

(4)天平零点不准;

(5)检流计零点漂移;

(6)电表的接入误差;

(7)电压起伏引进的电表读数波动;

(8)用毫秒计测三线摆周期时,由于圆盘的摆轴不稳造成挡光杆不完全挡光,测得周期数加倍。

4. 直接测量的有效数字位数由哪些因素决定?

5. 若某物理量测量不确定度的 A 类分量明显大于 B 类分量,说明什么问题? 如果情况相反又说明什么问题? 针对这两种情况我们应该采取怎样的措施?

6. 指出下列各量有几位有效数字：

（1）9.80；（2）0.000 2；（3）1.000 4；（4）2.40×10^{-9}；（5）3.141 59。

7. 五位同学用 50 分度的游标卡尺测量一圆柱的直径，每人测一次，请判断下列读数的正误：

（1）6.800 cm；（2）6.805 cm；（3）6.801 cm；（4）6.800 2 cm；（5）6.80 cm。

8. 试比较下列测量值的优劣：

（1）9.768 ± 0.002 cm；（2）9.768 1 ± 0.000 4 cm；（3）9.76 ± 0.05 cm。

9. 根据有效数字运算规则计算下列实验数据最终结果（要求写出详细计算过程）：

（1）46.703+1.2；（2）12.966 × 2.00；（3）27.658 ÷ 0.03；（4）$6.73^2\cdot\pi$。

10. 试推导下列间接测量量的不确定度传递公式：

（1）$f=\dfrac{l^2-e^2}{4l}$；（2）$\eta=\dfrac{(\rho-\rho_0)d^2g}{18v}$。

11. 光电效应实验测定截止电压与入射光频率关系数据见下表：

波长 λ/nm	365	405	436	546	577
频率 $\nu/\times10^{14}$ Hz	8.214	7.408	6.879	5.490	5.196
截止电压$\lvert U_a\rvert$/V	1.826	1.358	1.202	0.609	0.568

试根据表中数据分别用作图法和最小二乘法求普朗克常数（计算公式参见“4.15　用光电效应法测普朗克常数”实验）。

第3章　基础性实验

3.1　长度的测量

游标卡尺和螺旋测微器是物理实验中最常用的器具。然而，往往越是看似简单的仪器，在实际使用中越容易出错，越需要规范操作。本实验作为大学物理实验课程的预备性实验，可训练学生规范、熟练使用上述两种器具测量物体的长度，学会用不确定度对测量结果进行评价。

【实验目的】

（1）掌握游标卡尺、螺旋测微器的结构、原理和使用方法。

（2）熟悉仪器的读数规则。

（3）学会评定圆柱体积测量的不确定度。

【实验器材】

游标卡尺、螺旋测微器、待测半空心圆柱体、钢球等。

【实验原理】

1. 游标卡尺

1）游标卡尺的结构和原理

在米尺上附加一个刻度均匀且可以滑动的游标（又称副尺），即可巧妙地提高米尺的测量精度。这种由固定不动的主尺和可沿主尺滑动的副尺组成测量长度的仪器称作游标卡尺，其结构如图 3.1-1 所示。主尺上、下各有一个固定不动的量爪，副尺上、下各有一个随之移动的量爪，四个量爪分成上、下两对，分别称为内测量爪和外测量爪，相应地用于测量工件的内径和外径；在主尺的尾部还有一根能随副尺伸缩的细杆，称作深度尺，用于测量深度。

量程和分度值是游标卡尺的两个重要参数。量程由主尺长度决定，分度值由主、副尺每格的长度差决定。主尺实际上就是一把分度值为 1 mm 的米尺，设游标卡尺的分度值为 n，副尺上刻度从 0 到 n，共划分了 n 个格，让这 n 个格正好与主尺上 $n-1$ 个格长度相等，即 $(n-1)$ mm，则副尺每格的长度就是 $\frac{n-1}{n}$ mm，比主尺的一格（1 mm）短 $\frac{1}{n}$ mm，则该游标卡尺的分度值即为

$$\varepsilon_x = \frac{1}{n}(\text{mm}) \tag{3.1-1}$$

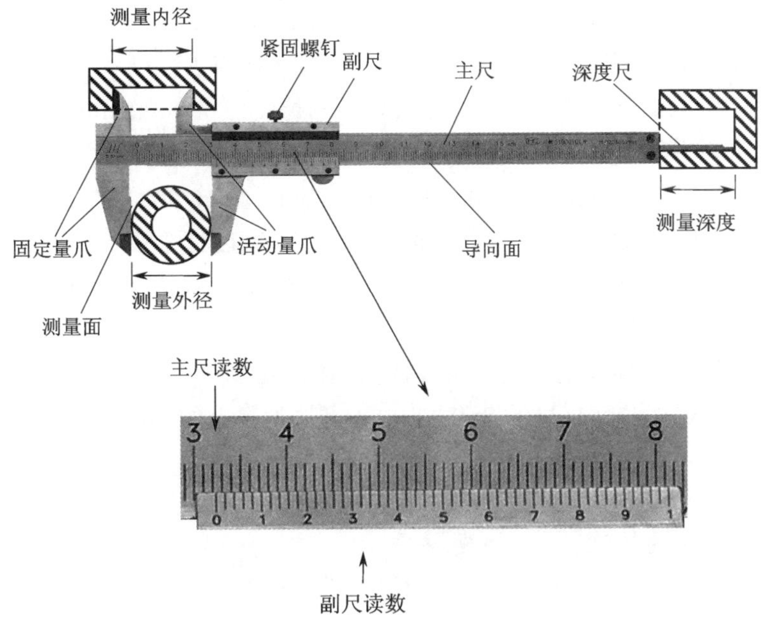

图 3.1-1　游标卡尺结构与读数示意图

ε_x 是游标卡尺的最小分划单位即分度值。由于 ε_x 可由游标卡尺上的格数精确地给出，因此游标卡尺的测量精度明显优于米尺。本实验中采用 50 分度游标卡尺，分度值为 0.02 mm，如图 3.1-1 所示。

游标卡尺的读数由副尺零刻度线对应主尺上的位置确定，读数原理以 10 分度游标卡尺为例，分度值 ε 为 0.1 mm，若待测长度为 0，则主、副尺的零刻度线对齐，如图 3.1-2(a)所示；若待测长度为整毫米 k mm，则副尺零刻度线正好与主尺 k 毫米线对齐，如图 3.1-2(b)所示。

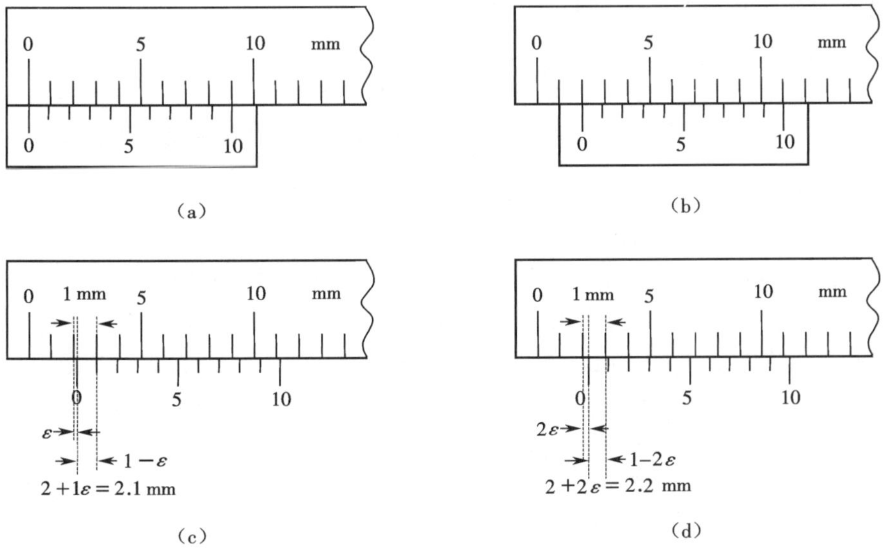

图 3.1-2　游标卡尺读数原理图（以分度值 ε = 0.1 mm 为例）

(a)0.0 mm　(b)2.0 mm　(c)2.1 mm　(d)2.2 mm

若待测长度不为整毫米，如$(k+\varepsilon)$ mm，则副尺零刻度线对应主尺$(k+\varepsilon)$ mm位置，副尺1刻度线位于k mm右侧$[\varepsilon+(1-\varepsilon)=1]$ mm处，即恰好与主尺$(k+1)$ mm刻度线对齐，所以读数应为$(k+1\varepsilon)$ mm，如图3.1-2（c）所示；如待测长度为$(k+2\varepsilon)$ mm，则副尺零刻度线对应主尺$(k+2\varepsilon)$ mm位置，副尺1刻度线不与主尺任何刻度线对齐，但副尺2刻度线位于k mm右侧$[2\varepsilon+2(1-\varepsilon)=2]$ mm处，即恰好与主尺$(k+2)$ mm刻度线对齐，所以读数应为$(k+2\varepsilon)$ mm，如图3.1-2（d）所示；依此类推，若副尺零刻度线左侧最近的主尺刻度线为k mm，同时副尺上第m条刻度线与主尺某一刻度线对齐，则待测长度读数为

$$x=k+m\varepsilon_x(\text{mm}) \tag{3.1-2}$$

例如图3.1-1中，主尺读数k=32 mm，副尺上第16个刻线与主尺上某刻线（具体是哪一条无关）重合，故副尺读数为16×0.02=0.32 mm（可从副尺上的刻度直接读出），可得待测长度为32+0.32=32.32 mm。

通过这种方法，游标卡尺实现了放大测量。游标卡尺能读出的最小刻度就是它的分度值。注意：游标卡尺不能估读。

不同规格游标卡尺的副尺参数与卡尺分度值的关系见表3.1-1。

表3.1-1　常用游标卡尺参数对照表

分度	副尺格数	对应主尺长度/mm	副尺每格长度/mm	主、副尺每格之差/mm	分度值 ε/mm
10	10	9	0.9	0.1	0.1
20	20	19	0.95	0.05	0.05
50	50	49	0.98	0.02	0.02

2）游标卡尺的使用方法

（1）观察游标卡尺的量程和分度值。

（2）检查主尺和副尺上的零刻度线是否重合，若不重合，记下零点误差。

（3）移动副尺将对称的测量面接触被测物，读数的整数部分k在主尺上读出，超出主尺整刻度线k的小数部分在副尺上读出，两者按式（3.1-2）相加即得待测长度值。

2. 螺旋测微器

1）螺旋测微器的结构和原理

螺旋测微器又称千分尺，采用了螺旋放大的原理。常用的测外径的螺旋测微器结构如图3.1-3所示，其副尺套筒与测微螺杆固连在一起，并以精密螺纹与尺架连接，螺距为0.5 mm，因而主尺分度值为0.5 mm，副尺套筒旋转一周在主尺上移动一格，即0.5 mm。副尺套筒将主尺上的最小刻度均匀分成50个小格，因此副尺套筒上的最小刻度为0.01 mm，即可精读到0.01 mm，估读到0.001 mm。有的螺旋测微器在主尺上加上10分度的刻度尺，利用游标卡尺的放大原理将副尺套筒上的9个小格分成10等份，因此这个螺旋测微器的最小分度值将变为0.001 mm，如图3.1-3所示。

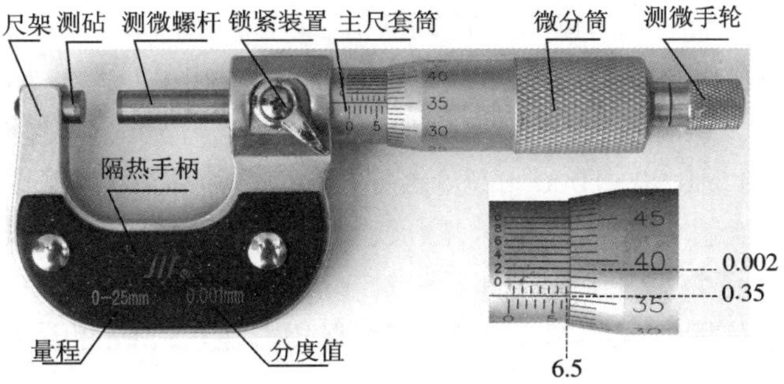

图 3.1-3　螺旋测微器的结构与读数

2）螺旋测微器的使用方法

使用前，应将螺旋测微器的测量面擦拭干净；逆时针旋转微分筒，使两测量面之间距离略大于被测长度，对准被测物顺时针旋转测微手轮直至听到轻微响声。测量前应进行零点误差的读取，测量后应进行读数修正。螺旋测微器的读数方法：

（1）根据副尺套筒位置读出被测物在主尺上的刻度值 k；

（2）根据主尺上水平刻度线读出对应在副尺套筒上的刻度值 m；

（3）在副尺套筒估读出（精度为 0.001 mm 的可精读）下一位 n；

（4）将上面三部分读数值加起来，再减去零点误差 x_0，即为待测长度：

$$x = k + 0.01m + 0.001n - x_0 \text{（mm）} \tag{3.1-3}$$

如图 3.1-3 中所测长度为 6.5 + 0.35 + 0.002 = 6.852 mm。若零点误差为“−0.003”，则被测长度为 6.852-（−0.003）= 6.855。

3）螺旋测微器的零点误差

将测微螺杆和测砧直接接触，若微分筒的边缘对到主尺的“0”刻度线，且微分筒圆周上的“0”线也正好对准基准线，则零点误差为 0.000 mm。如果主尺上水平刻度线在微分筒上“0”刻度线的上方，则零点误差为正，如图 3.1-4（a）所示零点误差读数为 0+0.00+0.003=0.003 mm；如果主尺上水平刻度线在微分筒上“0”刻度线的下方，则零点误差为负，如图 3.1-4（b）所示零点误差读数为−0.5+0.49+0.007= −0.003 mm。

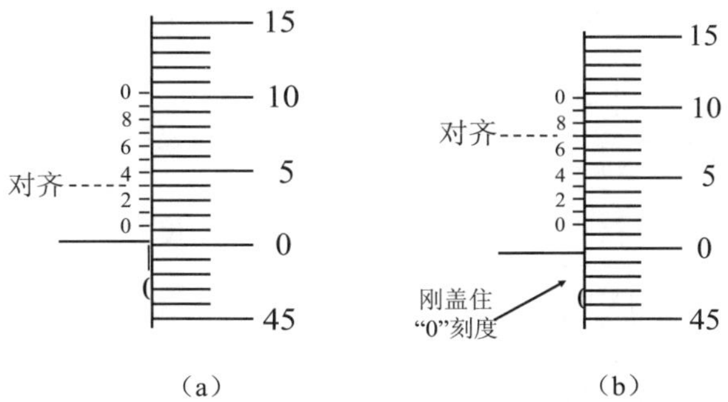

图 3.1-4　螺旋测微器的正负零点读数举例

（a）零点误差为正　（b）零点误差为负

4）特殊情况读数

当螺旋测微器存在零点误差时，有时会出现螺旋测微器的主尺读数判断不准确的情况，此时主尺的读数需要结合微分筒读数进行判断。

例如，一种靠近微分筒的主尺刻度线未露出但需要读出的情形。如图 3.1-5（a）所示，副尺读数为 0.00 mm，因此判断主尺上的半毫米刻度线应该可见，主尺读数为 0.5 mm，而不是 0 mm，故正确读数为 0.5+0.00+0.006=0.506 mm。还有一种靠近微分筒的主尺刻度线露出但不需要读出的情形。如图 3.1-5（b）所示，副尺读数为 0.48 mm，因此判断主尺上的半毫米刻度线应该不可见，主尺读数为 3.0 mm，而不是 3.5 mm，故正确读数为 3+0.48+0.003=3.483 mm。在实际测量中，应根据实际情况辨别正确读数，否则会出现 0.5 mm 的读数误差。

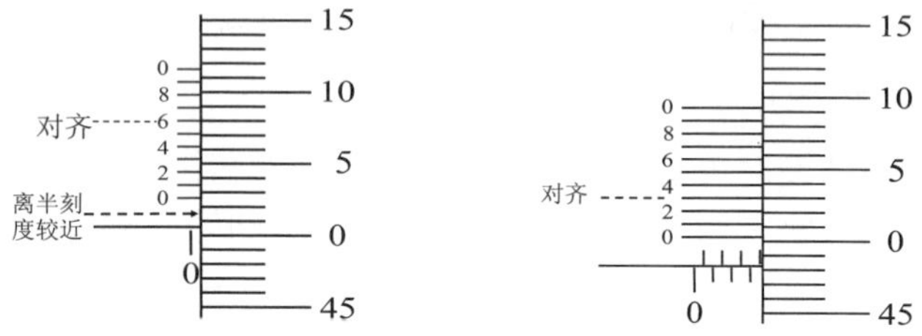

图 3.1-5 螺旋测微器的特殊读数举例

（a）靠近微分筒的主尺刻度线未露出但需要读出 （b）靠近微分筒的主尺刻度线露出但不需要读出

3. 圆柱体积测量不确定度评定

用游标卡尺测量空心圆柱体的内径、外径、高度和深度，并计算其体积（把它看成实心体）。其中，内径、外径、高度和深度是直接测量量，体积是间接测量量，其不确定度的评定方法分别如下。

1）直接测量的不确定度

A 类不确定度：

$$u_A(x) = S(\bar{x}) = \sqrt{\frac{\sum_{i=1}^{n}(x_i - \bar{x})^2}{n(n-1)}} \tag{3.1-4}$$

B 类不确定度：

$$u_B(x) = \frac{\Delta_{仪}}{\sqrt{3}} \quad （多次测量） \tag{3.1-5}$$

合成不确定度：

$$u(x) = \sqrt{u_A^2(x) + u_B^2(x)} \tag{3.1-6}$$

根据式（3.1-4）和（3.1-5），得圆柱体外径 D_2 的不确定度：

$$u_A(D_2) = S(\overline{D_2}) = \sqrt{\frac{\sum_{i=1}^{n}(D_{2i} - \overline{D_2})^2}{n \times (n-1)}} \tag{3.1-7}$$

$$u_B(D_2) = \frac{\Delta_{游标卡尺}}{\sqrt{3}} = \frac{0.02}{\sqrt{3}} \approx 0.012(\text{mm}) \tag{3.1-8}$$

（中间量多保留一位有效数字且只进不舍。）

将式（3.1-7）和式（3.1-8）代入式（3.1-6），得圆柱体外径的不确定度：

$$u(D_2)=\sqrt{u_A^2(D_2)+u_B^2(D_2)}$$

$$=\sqrt{\frac{\sum_{i=1}^{n}(D_{2i}-\overline{D_2})^2}{n\times(n-1)}+0.012^2}$$

$$=\sqrt{\frac{\sum_{i=1}^{n}(D_{2i}-\overline{D_2})^2}{5\times(5-1)}+0.00015}\ (\mathrm{mm}) \tag{3.1-9}$$

同理,可分别评定圆柱体高度 H 和内径 D_1 的不确定度。

2)间接测量的不确定度

设间接测量量 F 是 n 个独立的直接测量量 $x,y,z,\cdots$ 的函数,且函数关系为

$$F=f(x,y,z,\cdots)$$

对乘除法,间接测量量 F 的相对不确定度为

$$u_r(F)=\frac{u(F)}{F}=\sqrt{\left(\frac{\partial\ln F}{\partial x}\right)^2\cdot u^2(x)+\left(\frac{\partial\ln F}{\partial y}\right)^2\cdot u^2(y)+\left(\frac{\partial\ln F}{\partial z}\right)^2\cdot u^2(z)+\cdots} \tag{3.1-10}$$

圆柱体积公式为 $V=\frac{\pi}{4}D_2^2H$,根据式(3.1-10),得圆柱体积相对不确定度的传递公式为

$$u_r(V)=\frac{u(V)}{V}=\sqrt{\left(\frac{\partial\ln V}{\partial D_2}\right)^2\cdot u^2(D_2)+\left(\frac{\partial\ln V}{\partial H}\right)^2\cdot u^2(H)} \tag{3.1-11}$$

其中

$$\ln V=\ln(\frac{\pi}{4}D_2^2H)=\ln\frac{\pi}{4}+\ln D_2^2+\ln H=\ln\frac{\pi}{4}+2\ln D_2+\ln H$$

$$\frac{\partial\ln V}{\partial D_2}=\frac{2}{D_2} \tag{3.1-12}$$

$$\frac{\partial\ln V}{\partial H}=\frac{1}{H} \tag{3.1-13}$$

将式(3.1-12)和式(3.1-13)代入式(3.1-11),得圆柱体积的相对不确定度:

$$u_r(V)=\frac{u(V)}{V}=\sqrt{\left(\frac{2}{D_2}\right)^2\cdot u^2(D_2)+\left(\frac{1}{H}\right)^2\cdot u^2(H)}$$

$$=\sqrt{\left(\frac{2}{D_2}\cdot u(D_2)\right)^2+\left(\frac{1}{H}\cdot u(H)\right)^2}$$

$$=\sqrt{\left(\frac{2u(D_2)}{D_2}\right)^2+\left(\frac{u(H)}{H}\right)^2+2\left(\frac{2u(D_2)}{D_2}\right)\left(\frac{u(H)}{H}\right)-2\left(\frac{2u(D_2)}{D_2}\right)\left(\frac{u(H)}{H}\right)}$$

$$=\sqrt{\left[\left(\frac{2u(D_2)}{D_2}\right)+\left(\frac{u(H)}{H}\right)\right]^2-2\left(\frac{2u(D_2)}{D_2}\right)\left(\frac{u(H)}{H}\right)}$$

不确定度应按最大值估算,所以可认为

$$u_r(V)\approx\sqrt{\left[\left(\frac{2u(D_2)}{D_2}\right)+\left(\frac{u(H)}{H}\right)\right]^2}=\frac{2u(D_2)}{D_2}+\frac{u(H)}{H} \tag{3.1-14}$$

$$u(V)=Vu_r(V)=V\left(\frac{2u(D_2)}{D_2}+\frac{u(H)}{H}\right) \tag{3.1-15}$$

【实验内容】

（1）用游标卡尺测量半空心圆柱体的内径 D_1、外径 D_2 及高度 H、深度 h，各测量 5 次，求其平均值以及评定不确定度所需数据，记录数据到表 3.1-2。

（2）读取螺旋测微器的零点误差，用螺旋测微器测量钢球的直径 D，测量 5 次，记录数据到表 3.1-3，求其平均值，并用零点误差进行修正。

（3）计算外径为 D，高度为 H 的实心圆柱体的体积，记录数据到表 3.1-2，评定其体积不确定度。

【注意事项】

1. 游标卡尺使用注意事项

（1）明确游标卡尺的规格（量程、分度值）及读数方法，进行零点误差的修正。

（2）使用游标卡尺应采用右手正握、左手持物，测内径时量爪与待测物轴线平行，测外径时量爪与待测物轴线正交，测深度时主尺端面与待测物端面吻合。

（3）用毕将其紧固螺钉松开，卡口间留适当缝隙；长期保存时，要用除锈剂将卡尺擦洗干净，涂上防锈油，放入包装盒内。

2. 螺旋测微器使用注意事项

（1）明确螺旋测微器量程（0 ~ 25.000 mm）和分度值及读数方法。

（2）测量前应记下零点读数 x_0，以便在平均值中加以修正（$x=\bar{x}-x_0$）。

（3）测量时不得直接旋转副尺套筒，应以恒定的测量压力轻转其尾部的测微旋钮。

【数据处理】

1. 圆柱体的测量

用游标卡尺测量半空心圆柱体的内径、外径、高度和深度及实心圆柱体外径、高度见表 3.1-2。

表 3.1-2 用游标卡尺测量半空心圆柱体的内径、外径、高度和深度及实心圆柱体外径、高度

测量量	次数					平均值
	1	2	3	4	5	
内径 D_1/mm						
外径 D_2/mm						
$D_{2i}-\overline{D_2}$ /mm						—
$\left(D_{2i}-\overline{D_2}\right)^2$						—

续表

测量量	次数					平均值
	1	2	3	4	5	
高度 H/mm						
$H_i-\overline{H}$ /mm						—
$\left(H_i-\overline{H}\right)^2$						—
深度 h/mm						

2. 实心圆柱体不确定度评定与结果表示

（1）实心圆柱体外径 D_2 的不确定度：

$$u_A(D_2)=\sqrt{\frac{\sum_{i=1}^{n}(D_{2i}-\overline{D_2})^2}{5\times(5-1)}}=\_\_\_\_\_\_\_\_\_\_\_\_;\qquad u_B(D_2)=\_\_\_\_\_\_\_\_\_\_\_\_;$$

$$u(D_2)=\sqrt{u_A^2(D_2)+u_B^2(D_2)}=\_\_\_\_\_\_\_\_\_\_\_\_。$$

圆柱体外径的结果表达式：$D_2=\overline{D}_2\pm u(D_2)=$____________。

（2）实心圆柱体高度 H 的不确定度：

$$u_A(H)=\sqrt{\frac{\sum_{i=1}^{n}(H_i-\overline{H})^2}{5\times(5-1)}}=\_\_\_\_\_\_\_\_\_\_\_\_;\ u_B(H)=\_\_\_\_\_\_\_\_\_\_\_\_;$$

$$u(H)=\sqrt{u_A^2(H)+u_B^2(H)}=\_\_\_\_\_\_\_\_\_\_\_\_。$$

圆柱体高度的结果表达式：$H=\overline{H}\pm u(H)=$____________。

（3）实心圆柱体积：$\overline{V}=\frac{\pi}{4}\overline{D_2}^2\,\overline{H}=$____________。

实心圆柱体积的不确定度：$u(V)=\overline{V}\cdot\left(\frac{2u(D_2)}{\overline{D_2}}+\frac{u(H)}{\overline{H}}\right)=$____________。

实心圆柱体积的测量结果表示：$V=\overline{V}\pm u(V)=$____________。

3. 钢球的测量

螺旋测微器测量钢球的直径见表 3.1-3。

表 3.1-3　螺旋测微器测量钢球的直径　　单位：mm

测量量	次数					平均值	零点误差 x_0	修正值 $x=\overline{x}-x_0$
	1	2	3	4	5			
直径 D								

【思考题】

（1）游标卡尺和螺旋测微器是如何提高测量精度的？对你有何启发？

（2）怎样判断卡尺和螺旋测微器是否存在零点误差？如何确定它们零点误差的符号？

(3)试说明不确定度评定的意义。

3.2 示波器的原理和使用

示波器是现代电气测量中用途十分广泛的测量和显示仪器,它可以直观地观察电压的波形,测量幅度、频率及信号间的相位差。一切可以转化为电压的电学量和非电学量及随时间周期性变化的过程都可以用示波器来观测。示波器可分为模拟和数字两种类型。模拟示波器发展较早,技术已经非常成熟。随着数字技术的飞速发展,数字示波器拥有了许多模拟示波器不具备的优点,如能长时间保存信号、测量精度高、信号处理能力很强;具有输入输出功能,可以与计算机或其他外设相连实现更复杂的数据运算或分析;具有先进的触发功能等。随着相关技术的进一步发展,其使用范围将更加广泛。学习示波器,尤其是数字示波器的使用十分重要。

【实验目的】

(1)了解模拟示波器的主要结构和基本原理,熟悉各个旋钮的功能和使用方法。

(2)熟悉两类示波器的特点,学会使用两类示波器观察波形以及测量未知信号的信息。

(3)学会使用函数信号发生器。

(4)利用李萨如图形测未知信号的频率。

【实验器材】

模拟示波器、数字示波器、信号发生器、信号线若干。

【实验原理】

1. 示波器结构与波形显示

示波器的电路组成多样复杂,数字示波器和模拟示波器基本结构相似,本书以模拟示波器为例进行介绍。示波器主要由示波管、带衰减器的 Y 轴放大器、带衰减器的 X 轴放大器、扫描发生器(锯齿波发生器)、触发同步和电源电路等五部分组成。

1)示波管

示波管是示波器的主要部分,如同示波器的心脏,其内部结构如图 3.2-1 所示。示波管主要包括电子枪、偏转系统和荧光屏三部分,全都密封在高真空的玻璃外壳内。下面分别说明各部分的作用。

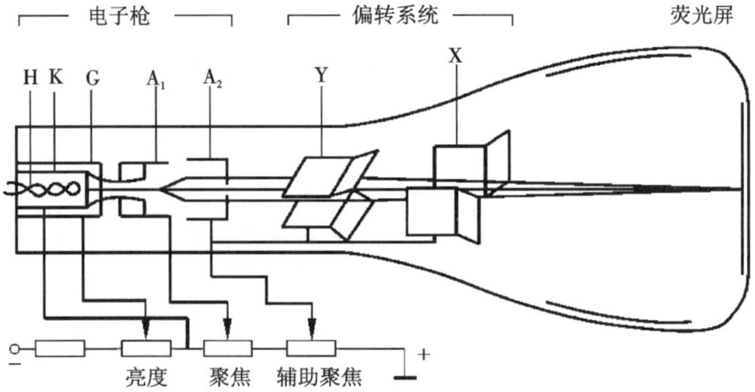

图 3.2-1 示波管主要结构图

电子枪用以产生定向移动的高速运动的电子，由灯丝 H、阴极 K、控制栅极 G、第一阳极 A_1、第二阳极 A_2 五部分组成。灯丝通电后加热阴极，阴极被加热后发射电子，形成电子流。控制栅极（辉度调节）是一个顶端开孔的圆筒，套在阴极外面，电位比阴极低，对阴极发射出来的电子起控制作用。只有初速度较大的电子才能穿过栅极顶端的小孔在阳极加速下奔向荧光屏。示波器面板上的"亮度"调整就是通过调节栅极电位以控制射向荧光屏的电子流密度，从而改变荧光屏上的光斑亮度。阳极电位比阴极电位高，电子在栅极-阳极之间的电场中加速形成射线。当控制栅极、第一阳极、第二阳极之间的电位调节合适时，电子枪内的电场对电子射线有聚焦作用，因此第一阳极也称聚焦阳极。示波器面板上的"聚焦"调整就是调节第一阳极电位，使荧光屏上的光斑成为明亮、清晰的小圆点。第二阳极电位更高，又称加速阳极。

偏转系统由两对相互垂直的偏转板组成，一对竖直偏转板 Y，一对水平偏转板 X。当两对偏转板上均不加电压时，则电子束穿过极板间时不发生偏转，光点在荧光屏的中央；当在偏转板上加以适当电压，有电子束通过时，其运动方向发生偏转，从而使电子束在荧光屏上的光斑位置发生改变。

荧光屏是示波器的显示部分，阴极射线管的前端内表面涂有发光物质，高速运动的电子打在荧光屏上，发光物质吸收电子动能发光，在电子轰击停止后，发光仍持续一段时间，称为余辉。余辉时间的长短和发光物质的成分有关。荧光屏不仅能将电子的动能转换成光能，同时还转换成热能，因此荧光屏上的光点长时间停在固定位置，可能将该处的发光物质烧毁而形成暗斑，故操作时应注意避免光点长时间停留在一处。荧光屏前有一块透明的、带刻度的坐标板，供测量光点位置用。

2）信号放大器和衰减器

由于示波管本身的 X 轴及 Y 轴偏转板的灵敏度不高，当加在偏转板上的信号过小时，要预先将小的信号电压加以放大后再加到偏转板上，因此设置 X 轴及 Y 轴电压放大器。同样，当输入信号电压过大时，信号发生畸变，甚至使仪器受损，因此在电路中设有衰减器，使过大的信号电压变小以满足仪器要求。

3）扫描同步系统

如果只在竖直偏转板（Y 轴）上加一正弦波电压，水平偏转板（X 轴）不加电压，则电子束将随电压的变化只在竖直方向上往复运动，在荧光屏上看到的是一条竖直亮线，如图 3.2-2（a）所示。

要显示波形，必须同时在水平偏转板上加一扫描电压，使电子束的亮点沿水平方向拉开。这种扫描电压的特点应是电压随时间呈线性关系增加到最大值，然后突然回到最小值，此后再重复变化。扫描电压随时间变化的关系曲线形同"锯齿"，故称为"锯齿波"电压。如果只在水平偏转板（X 轴）上加这样的锯齿波电压，竖直偏转板（Y 轴）不加电压，则电子束随偏转电压的变化只在水平方向上往复运动，在荧光屏上看到的是一条水平亮线，如图 3.2-2（b）所示。

扫描系统也称时基电路，需要指出的是，只有扫描系统输出的锯齿波扫描电压的周期与 Y 轴的信号电压的周期完全相等或严格成整数倍关系时，电子束才能在荧光屏上合成一个或几个完整的波形，此过程必须依靠同步电路来实现。同步电路的工作原理为从垂直放大系统中取出部分待测信号作为触发信号送入触发器中，驱动触发器产生触发脉冲，从而迫使

X轴的水平扫描信号的周期与Y轴的待测信号周期同步。这样在荧光屏上就显示由X轴与Y轴合成的完整波形，如图 3.2-3 所示。

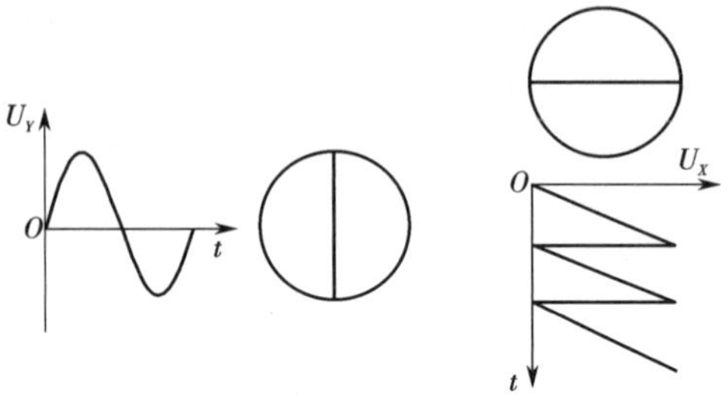

（a） （b）

图 3.2-2 Y轴和X轴分别加电压显示直线
（a）Y轴 （b）X轴

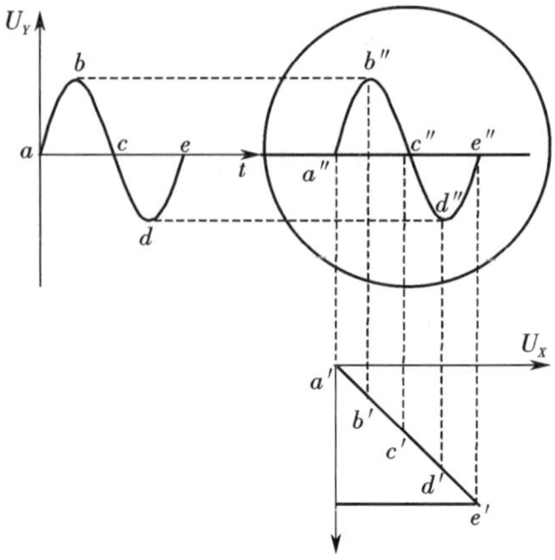

图 3.2-3 Y轴和X轴同时加电压显示完整波形

综上所述，示波管显示稳定波形的条件包括：

（1）在竖直偏转板上必须加上足够大的待测电压信号；

（2）在水平偏转板上必须加上锯齿波电压；

（3）锯齿波电压周期应保持为待测信号周期的整数倍。

2. 未知信号电压、周期的测量

1）电压

用示波器测量未知信号（以正弦信号为例）的电压，一般是测量其电压峰峰值（V_{p-p}），即信号的波峰到波谷之间的电压值。把待测信号输入示波器的Y轴输入端，调节Y轴灵敏度旋钮（电压挡位旋钮）到适当位置，显示稳定波形。电压挡位旋钮通常标记为“VOLTS/DIV”，读作伏特每格，表示屏幕上竖直方向一大格代表的电压值。电压测量原理为读取正弦波形波峰与波谷之间的垂直距离所占大格子数N和电压挡位值，则V_{p-p}=电压挡位值 × 大格子数=VOLTS/DIV × N，根据电压峰峰值与电压有效值（V_{rms}）的关系，得电压有效值$V_{rms}=\frac{\sqrt{2}V_{p-p}}{4}$，如图 3.2-4 所示。设电压挡位值为 2 V/格，读出N为 4.6 大格（注意一大格分为五小格，有一位小数），则$V_{p-p}=2\times4.6=9.2\text{ V}$，$V_{rms}=3.25\text{ V}$。

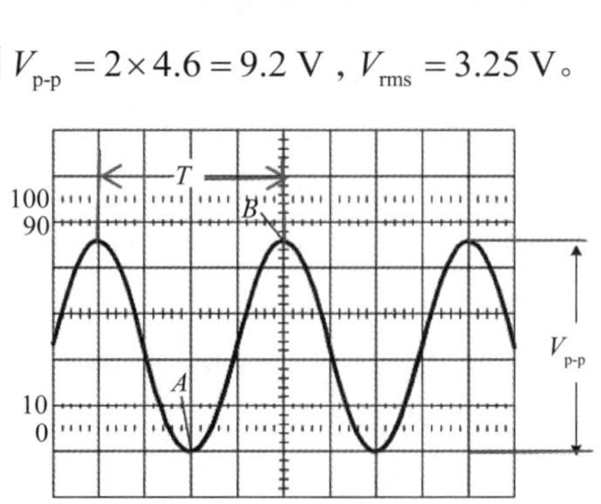

图 3.2-4 正弦信号电压和周期的测量

2）周期测量

测量未知信号的周期，把待测信号输入示波器的任一通道，旋动扫描速率旋钮（周期挡位旋钮）到合适的挡位，调节有关控制开关及旋钮使波形显示稳定。周期挡位旋钮通常标记为“SEC/DIV”，读作秒每格，表示水平方向一大格代表的时间值。以图 3.2-4 为例，水平方向上先确定信号周期，由测量待测信号一个周期水平距离乘以时间挡位旋钮挡位值获得，即读取被测波形一个周期所占大格子数 L 和时间挡位旋钮数值，则信号周期 T（s）= SEC/DIV × L，根据频率和周期关系，则信号频率 $f=1/T$ 。设时间挡位值为 0.5 ms/格，读出 L 为 4.0 大格，则 $T=0.5\ \text{ms}/格\times 4 格=2\ \text{ms}$ ，$f=500\ \text{Hz}$ 。在测量被测信号的周期和频率时，以屏幕上显示 1~3 个完整波形为宜。

由于数字示波器本身包含数值计算过程，按下测量键直接读取信号电压和周期等参数。

3. 利用李萨如图形测频率

设两个互相垂直的简谐振动为

$$x=A_1\cos(2\pi f_1 t+\phi_1)$$

$$y=A_2\cos(2\pi f_2 t+\phi_2)$$

式中：f_1、f_2 为两个振动的频率；ϕ_1、ϕ_2 为两个振动的初相。当 $f_1\neq f_2$ 时，以上两个振动的合成轨迹比较复杂；当 f_1 与 f_2 成简单的整数比时，两个振动的合成轨迹为封闭稳定的几何图形，称为李萨如图形，如图 3.2-5 所示。

图 3.2-5　李萨如图形

李萨如图形有以下规律：设 x 方向和 y 方向的简谐振动的频率分别为 f_x 和 f_y，李萨如图形在 x 方向和 y 方向的切点的个数分别为 n_x 和 n_y，则有

$$f_x : f_y = n_y : n_x$$

因此，若已知其中一个信号的频率，从李萨如图形上数得切点个数 n_x 和 n_y，就可以求出另一待测信号的频率，图 3.2-5 中左侧为频率比 $f_x : f_y$，在图上方或左方分别画一条切线，即可数出切点数。

【实验内容】

1. 熟悉 YB4330 双踪模拟示波器、普源 DS1074Z 数字存储示波器以及 TFG6000 系列 DDS 数字函数信号发生器面板上各旋钮的功能和用法

1）YB4330 双踪模拟示波器

YB4330 双踪模拟示波器前面板如图 3.2-6 所示，对主要旋钮的功能和用法介绍如下。

图 3.2-6　YB4330 双踪示波器前面板

1—电源开关；2—辉度；3—聚焦；4—光迹；5—校准信号；6，13—垂直耦合方式；7，14—CH1 与 CH2 通道输入端；8，16—通道灵敏度选择开关（VOLTS/DIV）；9，17—垂直微调旋钮；10，18—通道扩展 ×5；11，15—垂直位移旋钮；12—垂直方式开关；19—水平位移旋钮；20—极性开关；21—电平调节旋钮；22—扫描方式；23—触发指示灯；24—扫描速率；25—时基微调；26—扫描扩展 ×5；27—触发源；28—接地端；29—AC/DC 耦合；30—常态/TV 耦合；31—外触发输入端

7 和 14：通道 1 和通道 2 输入端口，在常规使用时分别作为垂直通道的输入口。当仪器工作在 *X*-*Y* 方式时，通道 1 作为水平（*X*）轴信号输入端口，通道 2 作为垂直（*Y*）轴信号输入端口。

8 和 16：通道灵敏度选择开关（电压挡位旋钮），在单位输入信号的作用下，光点在屏幕上偏移的距离称为灵敏度，单位为 cm/V 或 DIV/V，灵敏度的倒数称为偏转系数（单位为 V/cm 或者 V/DIV），适用于选择垂直轴的偏转系数，从 5 mV/DIV~10 V/DIV（VOLTS/DIV），分 11 个挡级调整，可根据被测信号的电压幅度选择合适的挡级。

9 和 17：垂直微调旋钮，用以连续调节垂直轴的偏转系数，调节范围≥2.5 倍，测量电压时，将该旋钮顺时针旋到底时为“校准”位置。

11 和 15：垂直位移（POSITION）调节旋钮，用以调节光迹在垂直方向的位置。

12：垂直方式（MODE）调节旋钮，用以选择垂直系统的工作方式。CH1 为通道 1 的信号开关，CH2 为通道 2 的信号开关。CH1 和 CH2 同时按下，此时两路信号交替显示，用以同时观察两路信号，适合快速扫描。

19：水平位移（POSITION）调节旋钮，用以调节光迹在水平方向的位置移动。

21：电平（LEVEL）调节旋钮，用以调节被测信号在变化至某一电平时触发扫描。

22：扫描方式（SWEEPMODE）调节旋钮，用以选择扫描的方式。自动（AUTO）按下，调节电平，波形稳定；或者自动和常态同时按下，即锁定状态无须调节电平可使波形快速地稳定显示在屏幕上。

24：扫描速率（SEC/DIV）旋钮（即时基扫描旋钮），根据被测信号的频率高低，选择合适的挡级。当时基微调至校准位置时，根据挡位和波形在水平轴的距离读出被测信号的时间参数。

25：时基微调（VARIABLE）旋钮，用以连续调节扫描速率，调节范围大于或等于 2.5 倍。顺时针旋到底为校准位置。

27:触发源(TRIGGERSOURCE)选择按键,用以选择不同的触发源。

2)普源 DS1074Z 数字示波器

图 3.2-7 为普源 DS1074Z 数字存储示波器前面板,它包括几大功能区和若干常用功能键,每个功能区都在一个方框内,每个功能区又包括若干按键或旋钮,每个按键都有自己的菜单,菜单随按键改变。

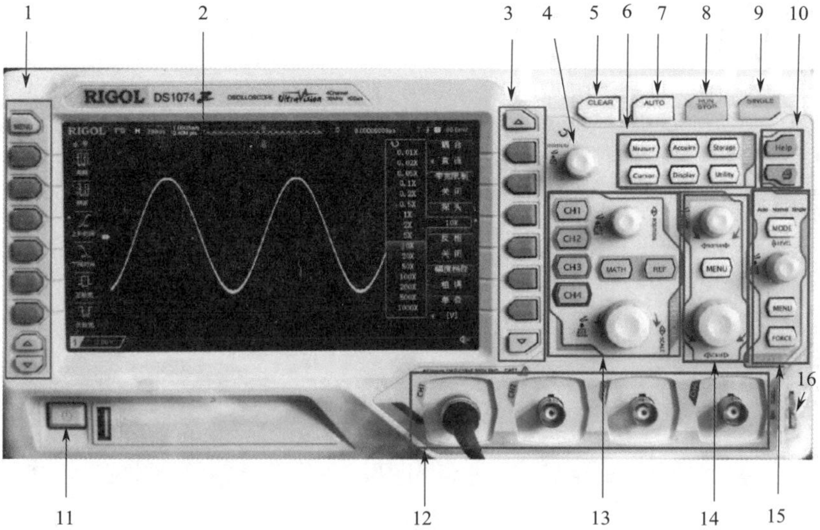

图 3.2-7　普源 DS1074Z 数字示波器前面板

1—测量菜单操作键;2—LCD;3—功能菜单操作键;4—多功能旋钮;5—全部清除键;6—常用操作键;7—波形自动显示(AUTO);8—运行/停止控制键;9—单次触发控制键;10—内置帮助/打印键;11—电源键;12—模拟通道输入;13—垂直控制;14—水平控制;15—触发控制;16—探头补偿信号输出端/接地端

1:测量菜单操作键,可提供 20 种水平测量参数和 17 种垂直测量参数进行测量选择。按下屏幕左侧的按键即可打开相应的测量项。连续按下 MENU 键,可切换水平和垂直测量参数。

3:功能菜单操作键,供右侧各按钮对应的菜单选择操作使用。

4:多功能旋钮,用以调节波形亮度和菜单选择。

6:操作按键,按下 Measure 键进入测量设置菜单,可设置测量信源、打开或关闭频率计、全部测量、统计功能等。按下屏幕左侧的 MENU 键,可打开 37 种波形参数测量菜单,然后按下相应的菜单软键快速实现"一键"测量,测量结果将出现在屏幕底部。

7:AUTO 键,按下该键可启用波形自动设置功能,示波器将根据输入信号自动调整垂直挡位、水平时基以及触发方式,使波形显示达到最佳状态。

13:垂直控制键,CH1、CH2、CH3、CH4 为模拟通道设置键,4 个通道标签用不同颜色标识,并且屏幕中的波形和通道输入连接器的颜色也与之对应,按下任一按键打开相应通道菜单,再次按下关闭通道;垂直位移 POSITION 为修改当前通道波形的垂直位移,修改过程中波形会上下移动,按下该旋钮可快速将垂直位移归零;垂直 SCALE 为修改当前通道的垂直挡位,顺时针减小挡位,逆时针增大挡位,修改过程中波形显示幅度会增大或减小,按下该旋钮可快速切换垂直挡位调节方式为"粗调"或"微调"。

14:水平控制键,水平位移 POSITION 为修改波形水平位移,转动旋钮时触发点相对屏幕中心左右移动，按下该旋钮可快速复位水平位移（或延迟扫描位移）；MENU 按下可打开或关闭延迟扫描功能，切换不同的时基模式；水平 SCALE 为修改水平时基，顺时针减小，逆时针增大，且修改过程中，所有通道的波形被扩展或压缩显示，同时屏幕上方的时基信息实时变化。按下该旋钮可快速切换至延迟扫描状态。

3）TFG6000 系列 DDS 数字函数信号发生器

TFG6000 系列 DDS 数字函数信号发生器可以输出正弦波、方波、脉冲波信号，其面板如图 3.2-8 所示。

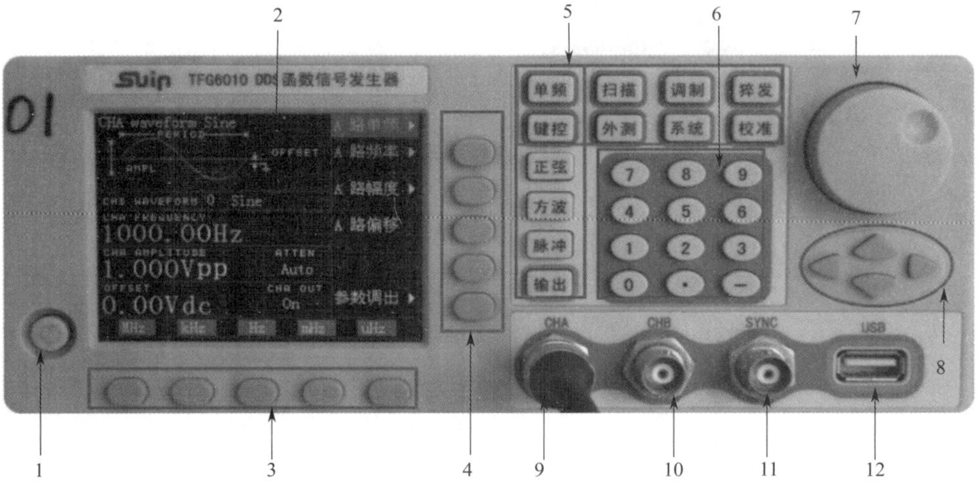

图 3.2-8 TFG6000 系列 DDS 数字函数信号发生器面板

1—电源开关；2—显示屏；3—单位软件；4—选项软件；5—功能键；6—数字键；7—调节旋钮；8—方向键；9—输出 A 端口；10—输出 B 端口；11—同步输出端口；12—USB 端口

交替按“单频”键，分别选中“A 路单频”或“B 路单频”功能，分别设置 A 路或 B 路信号的幅度、频率、周期等参数。有两种设置方式：一种是通过数字键、方向键和单位选择进行精确快速输入；另一种是通过调节旋钮、选项软件和方向键进行连续调节设置。“输出”按键为通道 A 或 B 的输出开关。注意：B 路不能进行周期设定，幅度设定只能使用峰峰值，不能使用有效值。

2. 演示示波器如何显示波形（以模拟示波器为例）

1）仪器准备

打开电源将扫描方式中“自动”按钮按下，“扫描速率旋钮（SEC/DIV）”逆时针方向旋至 X-Y 挡（示波器的 *X-Y* 显示格式），其他按钮全部弹出，十几秒后荧光屏上出现亮点。调节“聚焦”“辉度”旋钮，使亮点清晰且亮度适中；调节“水平位移”“竖直位移”旋钮，使亮点处于屏中间位置。

注意：为保护示波器的荧光屏，亮度不可调得太亮，同时避免光点长时间停留在一处。

2）显示水平直线

顺时针方向缓慢改变“扫描速率旋钮”挡位（扫描开始），使荧光屏上的亮点开始水平移动，随着扫描速率加快，屏幕上可观察到一条水平直线，此为“扫描过程”。

3）显示完整稳定的正弦波形

将数字信号发生器的通道 A（CHA）连接到示波器其中一个通道，打开信号源开关，调节信号源的频率处于 500 Hz，选择 A 路幅度 $V_{p\text{-}p}$ 数值，将电压调到 3 V，将示波器的“竖直方式”中对应的通道开关“CH1”或“CH2”按下，将“电压挡位旋钮”和“时间挡位旋钮”调至合适挡位，调节“电平”旋钮或按下扫描方式中的“常态”按钮，屏幕上即可出现稳定完整的正弦波形，调节电平旋钮即同步操作。

3. 观察正弦交流信号波形，并测量信号的电压与周期

1）测量信号“3 V，500 Hz”电压和周期

注意：测量前应将电压挡位旋钮和时间挡位旋钮的微调旋钮顺时针旋转到底（校准位置），否则测量出的电压和周期不准。

调节“时间挡位旋钮”至合适挡位，使屏幕上显示 1~3 个周期的完整波形，调节水平位移和竖直位移旋钮，使波形处于易测量位置。分别读出电压、周期对应的大格子数以及电压挡位、时间挡位的挡位值（注意单位），将数据记入表 3.2-1，并计算信号的 $V_{p\text{-}p}$、V_{rms}、周期 T 和频率 f。

2）测量信号“6 V，600 Hz”电压和周期

重复上一步骤。

3）用数字示波器测“10 V，1 kHz”信号电压和周期

打开数字示波器的开关，将信号输入示波器的任一通道，按下“AUTO”键，自动捕捉信号，打开对应通道开关，对应屏幕出现菜单，其中探头选择“×1”，按下“Measure”键，屏幕右边显示对应菜单，打开全部测量开关，即可显示该信号的所有信息，记录需要的数据。

4. 观察李萨如图形，测量信号的频率

注意：李萨如图形只能在示波器 X-Y 视图格式显示。

（1）将信号源的 CHA 信号和 CHB 信号分别输入示波器 X、Y 通道，将“扫描速率旋钮（SEC/DIV）”置于 X-Y 挡位（逆时针旋转到底），DS1074Z 数字示波器数字调节时基旋钮上方的 MENU 键调出 *X-Y* 格式。

（2）CHB 通道的频率（对应示波器 f_y）保持 1 kHz，缓慢调节函数信号发生器 A 通道的频率至 1 000 Hz，屏幕显示频率比为 1 ∶ 1 的李萨如图形，适当调节电压挡位旋钮，使图形不超出屏幕。

（3）微调 A 通道频率，让图形稳定，描下相应的李萨如图形，记下 f_x 值。

（4）重复以上步骤，分别调出频率比为 $f_x : f_y$=1 ∶ 2、1 ∶ 3、2 ∶ 3、3 ∶ 2 时的李萨如图形。描绘出相应的李萨如图形，记下此时的 X 通道信号的频率值 f_x（包含两位小数）。

练习用数字示波器进行以上相关实验，最后关闭电源，整理仪器。

【数据处理】

将实验数据记入表 3.2-1 和表 3.2-2 中。

表 3.2-1 测量正弦信号的电压和频率

提示：$V_{p\text{-}p}=N$格 × 电压挡位值；$V_{有效}=V_{rms}=\sqrt{2}V_{p\text{-}p}/4$；$T=L$格 × 时间挡位值；$f=1/T$

待测信号	电压				周期和频率			
	电压挡位/V	大格子数 N	$V_{p\text{-}p}$ / V	V_{rms} / V	时间挡位/ms	大格子数 L	T/ ms	f/Hz
3 V，500 Hz								
6 V，600 Hz								
10 V，1 kHz	此信号用数字示波器测量				此信号用数字示波器测量			

表 3.2-2 用李萨如图形测频率

提示：李萨如图形调节需要将示波器调成 X-Y 格式显示

$f_x:f_y$	1∶1	1∶2	1∶3	2∶3	3∶2
李萨如图形					
f_x/Hz					
f_y/Hz					

【注意事项】

（1）测信号时，切记将电压挡位微调旋钮和扫描速率微调旋钮顺时针旋到校正位置。

（2）模拟示波器、数字示波器、函数信号发生器的详细使用说明，可参考天津城建大学物理实验中心网站（https://phylab.tcu.edu.cn/）教学资料示波器指导书。

【思考题】

（1）打开示波器电源后，既看不到扫描线，也看不到光点，可能有哪些原因？应如何调节？

（2）示波器显示波形的原理是什么？

（3）如果图形不稳定，总是向左或向右移，应如何调节？

3.3 落球法测液体黏滞系数

当流体内不同流层有相对运动时，流层之间存在摩擦力，这种摩擦力称为黏滞力，流体的这种性质称为黏滞性。黏滞力方向平行于接触面，大小与速度梯度及接触面积成正比。比例系数 η 称为黏滞系数（或黏度），黏滞系数是表征流体黏滞程度的重要参数，是流体流动时内摩擦作用大小的量度。黏滞系数与流体的性质、温度和流速有关。

测量液体黏度可采用落球法、毛细管法、转筒法等，其中落球法（又称斯托克斯法）是最基本的一种方法，适用于测量黏度较高的液体。本实验采用落球法测量黏滞系数较大的液体。

【实验目的】

（1）观察液体的内摩擦现象。

（2）学会用落球法测量液体的黏滞系数。

【实验器材】

液体黏滞系数测定仪、小钢球、密度计、温度计、秒表、游标卡尺、米尺和读数显微镜等。

【实验原理】

小球在液体中下落，由于附着于球面的液层与周围其他液层之间存在相对运动，小球受到黏滞阻力，黏滞阻力大小与小球下落的速度有关。根据斯托克斯定律，小球所受到的黏滞阻力 F 为

$$F = 6\pi\eta rv \tag{3.3-1}$$

式中：r 为小球半径；v 为小球下落速度；η 为液体黏滞系数。

小球在液体中下落时，受到重力 mg、浮力 ρ_0Vg 和黏滞阻力 F，三个力都在竖直方向。

开始下落时，小球运动速度较小，相应的阻力也小，重力大于黏滞阻力和浮力，小球做加速度减小的加速运动，黏滞阻力随小球的运动速度增加而逐渐增加，加速度越来越小，最后三个力达到平衡，小球以稳定速度 v_0 下落，即

$$mg = 6\pi\eta rv_0 + \rho_0Vg \tag{3.3-2}$$

对于小球又有

$$m = \rho V = \frac{4}{3}\pi r^3\rho$$

$$\eta = \frac{(m - V\rho_0)g}{6\pi v_0 r} = \frac{(\rho - \rho_0)d^2 g}{18v_0} \tag{3.3-3}$$

小球在圆柱形有机玻璃圆筒内运动，且不是无限广延的液体，考虑到管壁对小球的影响，式（3.3-3）应修正为

$$\eta = \frac{(\rho - \rho_0)gd^2}{18v_0(1 + k\dfrac{d}{D})} \tag{3.3-4}$$

式中：ρ 为小球的密度；ρ_0 为液体的密度；v_0 为小球在液体中匀速运动的速度；对于圆形有限液面，取 k=2.4；d 为小球直径；D 为玻璃圆筒的内直径。

本实验中使用的液体为蓖麻油。若这些物理量已知，就可求出液体的黏滞系数。

【实验内容】

仪器结构与受力示意图如图 3.3-1 所示。

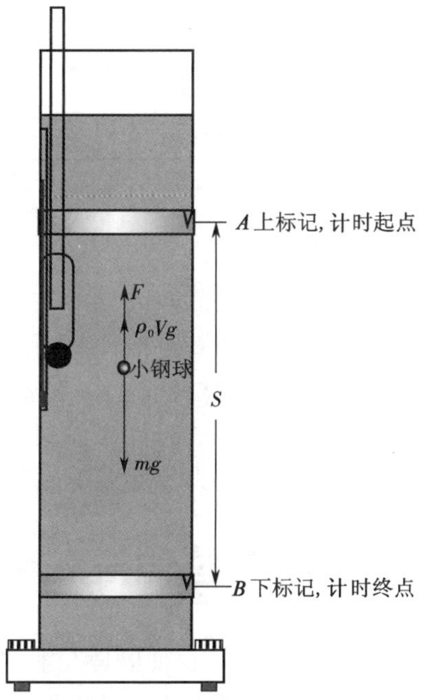

图 3.3-1　仪器结构与受力示意图

（1）调节玻璃量筒，使其中心轴处于铅直位置（一般已经调整好，不必再动）。

（2）用游标卡尺测量有机玻璃圆筒的内直径 D，用钢尺测量圆筒上标线 A、B 之间的距离，记下实验时的油温 T，用密度计测量蓖麻油的密度。

（3）将密度计、温度计移动到玻璃量筒的边缘，给小

球下落留出尽量大的液面，至少 5 min 后才可以放小球，目的是保证液体稳定。

（4）用读数显微镜测量小钢球直径：先调整目镜，使叉丝清晰并且保证水平轴与镜筒移动方向一致；将小钢球放在有机玻璃板的小坑内并对准物镜，通过调焦手轮将镜筒降到最低，慢慢升起镜筒并在目镜中观察小钢球的像，直到其边缘成清晰的像为止；再次校准目镜，消除视差。测量时，竖直叉丝与小钢球的左、右边缘相切时各记录一次读数分别为 d_1 和 d_2，则小钢球直径 $d=|d_1-d_2|$。

（5）用镊子夹起小钢球，为了使其表面完全被所测的油浸润，先将小球在油中浸一下，然后放在玻璃圆筒中央，使小球沿圆筒轴线下落。当小球经过标记 A 时，立即按下秒表，使秒表开始计时，当小球经过标记 B 时，再按一下秒表，停止计时，秒表即记录了小球从 A 下落到 B（即经过距离 S）所需的时间 t，把该数值记录到表 3.3-1 中。

（6）重复（3）和（4）步骤，连续测量 6 个小钢球的直径 d_i 和下落的时间 t_i。

【数据处理】

（1）代入数据计算液体的黏滞系数 η。

（2）计算间接测量量 η 的不确定度 $\Delta\eta$。

（3）写出测量结果：$\eta\pm\Delta\eta$。

圆筒内直径 D =__________，A、B 间距离 S =__________，蓖麻油密度 ρ_0 =__________，钢球密度 ρ =__________，油温 T =__________。

表 3.3-1 实验数据记录表格

项　目	实验次数						平均
	1	2	3	4	5	6	
d_1/mm							—
d_2/mm							—
$d_i=\|d_1-d_2\|$/mm							
小钢球下落时间 t_i/s							

【思考题】

（1）什么是液体的黏滞性？

（2）落球法测量液体黏滞系数的基本原理和适用范围各是什么？

（3）玻璃管外壁的上、下标记线的位置是否可以选取在液面处和管底部？

（4）小球下落时如果偏离中心较大或玻璃管不铅直，对实验有无影响？

（5）实验中为什么要测量液体的温度？

3.4 静态拉伸法测金属杨氏模量

杨氏模量是表征固体材料性质的一个重要的物理量，它描述了固体材料抗形变的能力，是工程设计中选用材料时需要考虑的重要参数之一。杨氏模量一般只与材料的性质和温度有关,与其几何形状无关。实验测定杨氏模量的方法很多,如振动法、弯曲法、内耗法等,本实验采用静态拉伸法测定金属丝的杨氏模量。本实验提供了一种测量微小长度变化的方法,即光杠杆法。光杠杆法可以实现非接触式的放大测量,而且直观、简便、精度高,所以常被采用。在实验数据的处理方面,本实验采用了逐差法。

【实验目的】

(1)理解光杠杆的放大原理,掌握用光杠杆测量微小长度变化的方法。

(2)测定金属丝的杨氏模量。

(3)学习用逐差法处理实验数据。

【实验器材】

金属丝、杨氏模量测定仪、砝码、光杠杆、尺读望远镜、钢卷尺、螺旋测微器、游标卡尺。

【实验原理】

1. 杨氏模量

若固体在外力的作用下发生弹性形变,则该形变满足胡克定律,固体所受的应力与产生的应变之比为一个常数,称为弹性模量。条形物体(如金属丝)沿纵向的弹性模量称为杨氏模量。设一根金属丝的原长为 L,横截面面积为 S,沿长度方向施力 F 后,其长度改变 ΔL,则金属丝单位面积上受到的垂直作用力 F/S 称为正应力,金属丝的相对伸长量 $\Delta L/L$ 称为线应变。根据实验结果,在弹性范围内,由胡克定律可知物体的正应力与线应变成正比,即

$$\frac{F}{S}=E\frac{\Delta L}{L} \tag{3.4-1}$$

则比例系数 E 即为杨氏模量,有

$$E=\frac{F/S}{\Delta L/L} \tag{3.4-2}$$

杨氏模量表征材料本身的性质,与其受力、原长以及横截面面积无关,仅与材料的结构、化学成分、加工方法及温度有关,它标志着材料的刚性。E 越大的材料,要使它发生一定的相对形变所需要的单位横截面上的作用力也越大。一些常用材料的 E 值见表 3.4-1。E 的国际单位制单位为帕斯卡,记为 Pa($1\,\mathrm{Pa}=1\,\mathrm{N/m^2}$, $1\,\mathrm{GPa}=10^9\,\mathrm{Pa}$)。

表 3.4-1　一些常用材料的杨氏模量 E

材料名称	钢	铁	铜	铝	铅	玻璃	橡胶
E/GPa	192~216	113~157	73~127	约 70	约 17	约 55	约 0.007 8

本实验测量的是钢丝的杨氏模量,如果钢丝直径为 d,则可得钢丝横截面面积:

$$S=\frac{\pi d^2}{4}$$

则式(3.4-2)可变为

$$E=\frac{4FL}{\pi d^2\Delta L} \tag{3.4-3}$$

可见，只要测量出式(3.4-3)中右边各个物理量，通过计算就能得出杨氏模量，此处采用的方法是间接测量法。其中，L(金属丝原长)可由米尺测量，d(金属丝直径)可用螺旋测微器测量，F(外力)可由实验中钢丝下面悬挂的砝码的重力 $F=mg$ 求出，而 ΔL 是一个微小长度变化，用一般方法无法准确测量，本实验利用光杠杆的光学放大作用实现对金属丝微小伸长量 ΔL 的测量。

2. 光杠杆原理

光杠杆结构如图 3.4-1 中 2 所示。光杠杆是用光学转换放大的方法来测量微小长度变化的一种装置，它包括杠杆架和镜面结构，平面反射镜放在杠杆架上。杠杆架由三个尖足支撑，三个尖足的连线为一等腰三角形。前两尖足连线与平面镜水平轴线在同一平面内(平面镜俯仰方位可调)，后尖足在前两尖足连线的中垂线上。尺读望远镜由一把竖立的毫米刻度尺和在尺旁的一个望远镜组成，光杠杆和尺读望远镜组成如图 3.4-2 所示光杠杆测量系统。

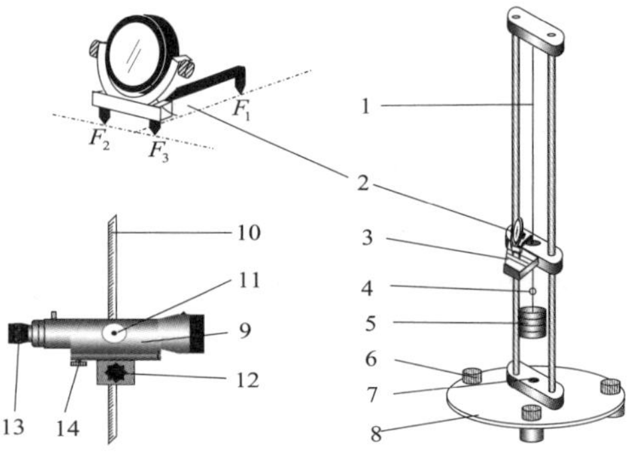

图 3.4-1 实验装置示意图

1—金属丝；2—光杠杆；3—平台；4—挂钩；5—砝码；
6—底座水平调节螺钉；7—水平仪；8—底座；9—内调焦望远镜；
10—标尺；11—物镜调焦手轮；12—锁紧手轮；13—目镜；
14—俯仰调节螺丝

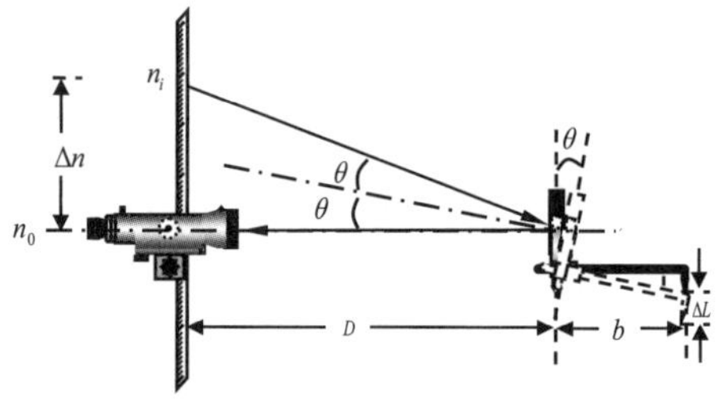

图 3.4-2 光杠杆测量系统

将光杠杆放置在金属丝杨氏模量测定仪的平台上(图 3.4-1)，光杠杆和尺读望远镜形成光路(图 3.4-2)。按仪器调节顺序调好全部装置后，可在望远镜中看到经由光杠杆平面镜反射的标尺像。开始时，待测钢丝上不加砝码，光杠杆的平面镜铅直，即镜面法线在水平方向，设此时在望远镜中恰能看到平面镜反射的标尺刻度 n_0 的像。当挂上砝码后，金属丝受力伸长 ΔL，光杠杆的后尖足 F_1 随之下降 ΔL，光杠杆的平面镜转过一较小角度 θ，法线也转过同一角度 θ，此时反射到望远镜中的标尺读数变为 n_i(n_i 为标尺某一刻度)，读数变化记为

$$n_i - n_0 = \Delta n$$

根据反射定律，由图 3.4-2 可知

$$\tan\theta = \frac{\Delta L}{b}$$

$$\tan 2\theta = \frac{\Delta n}{D}$$

式中：b 为光杠杆常数(光杠杆后尖足至两个前尖足连线的垂直距离)；D 为光杠杆镜面至尺

读望远镜标尺的距离。

由于偏转角度 θ 很小，即 $\Delta L << b$，$\Delta n << D$，近似地有

$$\theta \approx \tan\theta = \frac{\Delta L}{b},\ 2\theta \approx \tan 2\theta = \frac{\Delta n}{D}$$

则

$$\Delta L = \frac{b}{2D} \cdot \Delta n \tag{3.4-4}$$

由此可见，要得到微小变化量 ΔL，只需准确测量 b、D、Δn 即可。将式（3.4-4）代入式（3.4-3），有

$$E = \frac{8FLD}{\pi d^2 b \Delta n} \tag{3.4-5}$$

式（3.4-5）便是计算金属丝的杨氏模量 E 的理论计算公式。

【实验内容】

1. 杨氏模量测定仪的调整

（1）调节杨氏模量测定仪的底座水平调节螺钉，使水平仪水平，从而达到平台水平，支架、金属丝铅直。

（2）将光杠杆放在平台上，两前尖足放在平台前面的横槽中，后尖足放在金属丝下端的圆筒形夹头上表面，且后尖足不可与金属丝接触，也不能置于夹缝中。

2. 光杠杆及尺读望远镜的调整

（1）调整光杠杆镜面铅直，望远镜镜筒水平，并使标尺铅直。将望远镜靠近光杠杆镜面，利用锁紧手轮调节望远镜高度，使其与光杠杆平面镜等高，再将其移至距离光杠杆镜面 1.5 ~ 2.0 m 处。

（2）使望远镜镜筒方向对准光杠杆平面镜，沿着望远镜镜筒上端准星的方向看反射镜中有无标尺的反射像。如果看不到，可左右移动尺读望远镜系统，直到从望远镜正上方能看到镜中标尺像为止，此时望远镜的支架位置不能再移动。

（3）调节望远镜目镜，使十字叉丝清晰；调节调焦手轮，直到通过镜筒可以看到清晰的光杠杆平面镜镜面；调整望远镜镜筒下的俯仰调节螺丝，同时左右转动望远镜镜筒，直到平面镜镜面在望远镜视野的正中位置。

（4）调节望远镜的调焦手轮，使镜筒中标尺的像清晰且无视差；调节光杠杆平面镜的倾角以及标尺的高度，使十字叉丝的横丝落在标尺像零刻度线附近（刻度在−5~5 cm），此时横丝在标尺像上的位置记录为初始读数 n_0。（注意：记录初始读数后，不能再碰已调好的实验装置。）

3. 测量

（1）将砝码开口相对，逐个加在砝码盘上，每次加 2 kg，共加 5 次，每加一次砝码记录望远镜中标尺的相应读数。

（2）再加一个砝码放置一会儿后取下，然后依次减砝码，直至所加 5 次的砝码全部取下，每减 2 kg 砝码记录望远镜中标尺的相应读数。

(3)重复步骤(1)和(2),测量结果记入表3.4-2中。

(4)用钢卷尺测量望远镜标尺到光杠杆镜面的距离D、钢丝原长L,用螺旋测微器在钢丝不同位置测直径d等各5次。

(5)测量光杠杆常数b。取下光杠杆,在展开的白纸上同时按下三个尖足的位置,用直尺做出光杠杆后尖足到两个前尖足连线的垂线,再用游标卡尺测出后尖足到两个前尖足连线的垂直距离,即光杠杆常数b,测量结果记入表3.4-3中。

【注意事项】

(1)加减砝码时,要轻拿轻放,且开口相对,避免掉落,待系统稳定后再读取标尺读数。

(2)注意保护平面镜和望远镜,不能用手触摸光学面。

(3)若初始状态时金属丝有一定弯曲,则需要加砝码使其绷直。

(4)实验完成后,应将砝码取下,防止金属丝疲劳。

【数据处理】

1. 数据记录与处理

相应数据记录于表3.4-2、表3.4-3中。

表3.4-2 金属丝伸长量的测量

砝码质量/kg	望远镜中标尺读数n_i/cm				
	加砝码	减砝码	加砝码	减砝码	平均值
$m_0=0.0$					$\overline{n_0}=$
$m_1=2.0$					$\overline{n_1}=$
$m_2=4.0$					$\overline{n_2}=$
$m_3=6.0$					$\overline{n_3}=$
$m_4=8.0$					$\overline{n_4}=$
$m_5=10.0$					$\overline{n_5}=$

表3.4-3 其他相关量的测量

项目	实验次数					平均值	修正值
	1	2	3	4	5		
镜面到标尺距离D/cm							—
钢丝原长L/cm							—
光杠杆常数b/mm							—
钢丝直径d/mm							

螺旋测微器零点误差:__________。

注:金属丝直径d修正值=平均值−零点误差。

2. 用逐差法处理数据

本实验的直接测量量是等间距变化的多次测量,故采用逐差法处理数据。

(1)用逐差法计算出 $\overline{\Delta n}$,有

$$\overline{\Delta n}=\frac{\left|\overline{n_3}-\overline{n_0}\right|+\left|\overline{n_4}-\overline{n_1}\right|+\left|\overline{n_5}-\overline{n_2}\right|}{9}$$

(2)由公式 $\overline{E}=\dfrac{8FLD}{\pi d^2 b\overline{\Delta n}}$(Pa)计算杨氏模量的数值(式中,$F$ 为 2 kg 砝码所受重力)。

【思考题】

(1)材料相同,粗细、长度不同的两根金属丝,它们的杨氏模量是否相同?

(2)光杠杆测微小长度法有何优点?试叙述其原理。

3.5　固体线膨胀系数的测定

"热胀冷缩"是绝大多数物体都具有的特性。对固体而言,当温度变化时,固体内部粒子热运动的剧烈程度将受到影响,粒子间的距离会随之变化,从而引起物体密度或长度的改变。固体热膨胀时,它在各个线度(如长、宽、高及直径等)上都会膨胀。固体体积的增大称为体膨胀,固体线度的增长称为线膨胀。固体的该性质在工程结构设计(如桥梁、铁轨和电缆工程等)、精密仪表设计、材料的焊接和加工等领域中应予以充分考虑。本实验用光杠杆法测量固体的线膨胀系数,在数据处理方面使用列表法、作图法及最小二乘法等多种处理方法。

【实验目的】

(1)测量金属杆的线膨胀系数。

(2)分别用列表法、作图法及最小二乘法处理数据。

【实验器材】

立式线膨胀实验仪、光杠杆、尺读望远镜、米尺、游标卡尺、温度计。

【实验原理】

1. 固体的线膨胀系数

当固体温度升高时,固体由于受热而发生的长度变化称为线膨胀。在相同条件下,长度的变化大小取决于温度的改变、材料的种类和材料原来的长度。实验表明,原长度为 L 的固体受热温度改变 Δt 后,其长度伸长 ΔL,则有该固体的相对伸长量与温度变化成正比关系,即

$$\frac{\Delta L}{L}=\alpha\Delta t \tag{3.5-1}$$

式中:比例系数 α 称为固体的线膨胀系数。

实验证明,同一材料的线膨胀系数随温度的不同而有所变化,一般情况下变化量很小。因此,在温度变化不大的情况下,对一种确定的固体材料,线膨胀系数可认为是一个常数。

由此可见，测量固体的线膨胀系数 α，实际上归结为测量某一温度范围内固体的微小伸长量 ΔL。

设温度为 t_0=0 ℃时，固体的长度为 L_0，当温度升高到 t 时，其长度为 L_t，根据式（3.5-1）有

$$L_t = L_0(1+\alpha t) \tag{3.5-2}$$

如果在温度为 t_1 和 t_2 时（设 $t_1 < t_2$），金属杆长度分别为 L_1 和 L_2，根据式（3.5-2）可导出：

$$L_1 = L_0(1+\alpha t_1) \tag{3.5-3}$$

$$L_2 = L_0(1+\alpha t_2) \tag{3.5-4}$$

将式（3.5-3）代入式（3.5-4）化简后得

$$\alpha = \frac{L_2 - L_1}{L_1(t_2 - \frac{L_2}{L_1}t_1)} \tag{3.5-5}$$

由于 L_2 与 L_1 非常接近，故 $L_2 / L_1 \approx 1$，于是可将式（3.5-5）写成

$$\alpha = \frac{L_2 - L_1}{L_1(t_2 - t_1)} = \frac{\Delta L}{L_1(t_2 - t_1)} \tag{3.5-6}$$

在 α 的表达式中，$\Delta L = L_2 - L_1$ 是一个微小伸长量，不能直接测量，此处采用光杠杆法测量。光杠杆法是常用的测量微小伸长量的方法，其详细原理见“3.4　用静态拉伸法测金属杨氏模量”实验。

2. 立式线膨胀实验仪和光杠杆系统

立式线膨胀实验仪如图 3.5-1 所示，它主要由电加热器和散热器构成。将待测金属管放于加热器中心，在加热器内放置温度计，用来测量待测金属管的温度。加热器顶部平台上放光杠杆，光杠杆的基本构造为三足支架上放一可绕通过镜面中心的水平轴转动的平面镜，三个足尖的连线为一等腰三角形，前两个足尖连线与平面镜水平轴线在同一平面内。光杠杆的前两个足尖放于平台的横槽中，后足尖确保放置在与待测金属管相连的白色金属片上，这样才能保证当系统加热时，光杠杆的后足尖能够随着待测金属管的长度增加而升高。在光杠杆的正对面放有望远镜和标尺，与光杠杆组成测量系统，用于测量金属管的微小伸长量 ΔL。

记录初始温度和待测金属管长度，把待测金属管放入线膨胀实验仪的加热器孔中，确保与底部接触。将温度计插入待测金属管内，使刻度正对实验者。

将光杠杆和望远镜放置好，按顺序调节装置，直至在望远镜中看到由光杠杆平面镜反射的标尺像。开始时，光杠杆的平面镜铅直，镜面法线在水平方向，在望远镜中恰能看到望远镜处标尺刻度 n_r 的像，即初始温度 t_r 时，望远镜中的读数为 n_r。加热后，温度由 t_r 升高到 t_i，金属管伸长 $\Delta L = L_i - L_r$，光杠杆的后足尖随之升高 ΔL，如图 3.5-2 所示，则

$$\Delta L = L_i - L_r = \frac{b}{2D}(n_i - n_r) \tag{3.5-7}$$

将式（3.5-7）代入式（3.5-6）得

$$\alpha = \frac{b(n_i - n_r)}{2DL_r(t_i - t_r)} \tag{3.5-8}$$

此即线膨胀系数的表达式。

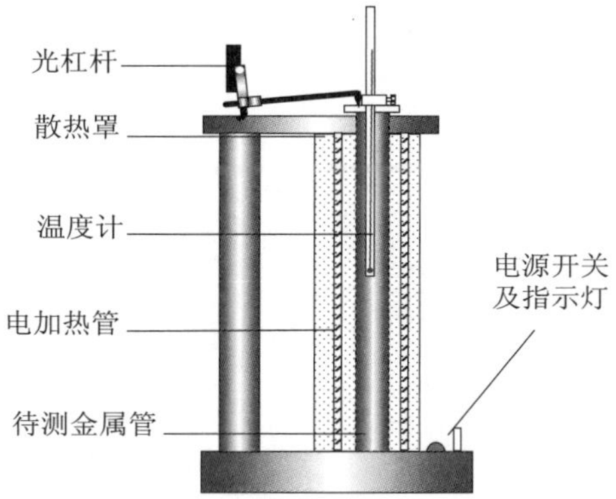

图 3.5-1　立式线膨胀实验仪

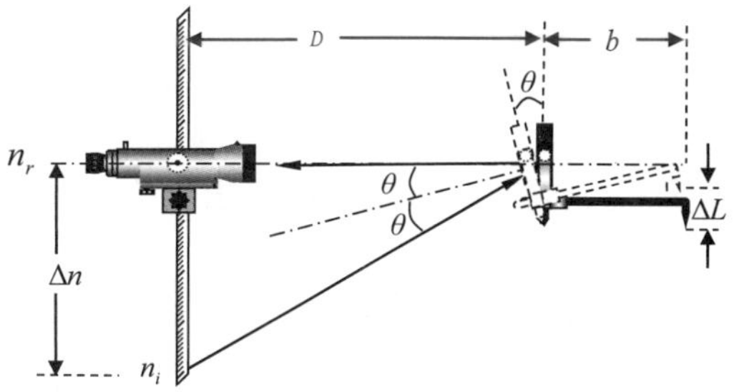

图 3.5-2　光杠杆测量系统

【实验内容】

(1)光杠杆系统调整。

(2)接通电源,温度逐渐上升,当温度上升至 60 ℃时记录望远镜中相应的读数 n_i,以后温度每上升 5 ℃记录一次,直到 95 ℃。

(3)关闭电源,温度先上升几摄氏度,待温度下降到 95 ℃时开始读数,以后温度每下降 5 ℃记录一次数据 n_i',直到降至 60 ℃,此为第二组数据。

(4)用米尺测量标尺到光杠杆镜面的距离 D;用游标卡尺测光杠杆常数 b,具体方法是取下光杠杆,在展开的白纸上同时按下三个尖足的位置,用直尺做出光杠杆后足尖到前两个足尖连线的垂线,再用游标卡尺测出垂线长度,即为 b 的值。

【注意事项】

(1)升温前的光杠杆读数 n_r 一定要两人读两次,确保正确无误。

(2)实验中每次应在记录温度到达之前提前准备,以免错过。

(3)温度升高不宜过快,避免金属杆的测量温度与实际温度相差太大。

【数据处理】

根据原始数据分别用列表法、最小二乘法、作图法三种方法处理数据。

1. 列表法

(1)根据实验数据计算 α 值,表格自拟。

(2)计算平均测量结果表达式 $\overline{\alpha}$ 的标准偏差,写出测量结果表达式。

$$S(\overline{\alpha})=\sqrt{\frac{\sum_{i=1}^{8}(\alpha_i-\overline{\alpha})^2}{8(8-1)}}$$

测量结果表达式为 $\alpha=\overline{\alpha}\pm S(\overline{\alpha})$。

2. 最小二乘法

根据最小二乘法原理求出 $k' = \dfrac{\overline{xy} - \overline{x}\,\overline{y}}{\overline{x^2} - \overline{x}^2}$，再求出 $\alpha = \dfrac{k'b}{2DL_r}$。

3. 作图法

（1）作 $y-x$ 曲线。

（2）在曲线上任取两点，求斜率 $k = \dfrac{y_2 - y_1}{x_2 - x_1}$。

（3）计算 $\alpha = \dfrac{kb}{2DL_r}$。

【思考题】

（1）在温度上升和下降两个过程中测得的 n 值相差如果很大，正常吗？会对测量结果有何影响？有何改进建议？

（2）是否还有其他方法测量固体的线膨胀系数？

3.6 用三线摆测刚体转动惯量

描述刚体本身相对于转轴特征的物理量称作刚体对于转轴的转动惯量，简称转动惯量。转动惯量与刚体的质量大小、质量分布和转轴的位置三个因素有关。转动惯量表述的是刚体转动惯性的大小，是研究和描述刚体转动定律的一个重要物理量，类似于做平动的物体的质量。在科研和生产中会遇到很多转动问题，飞轮、叶片、电机的转子、钻机等所有转动的物体都会涉及转动惯量，转动惯量的测量和研究具有重要意义。对于形状简单、质量分布均匀的刚体，可以通过尺寸、质量的测量，利用相应的数学公式计算转动惯量。但对于形状复杂或者质量分布不均匀的刚体，用公式计算就非常困难甚至不可能，一般要用实验方法来测定。

测定刚体转动惯量的方法很多，有拉伸法、扭摆法、三线摆法等，本实验采用三线摆法。

【实验目的】

（1）学会用三线摆测定物体的转动惯量。

（2）学会用累积放大法测量周期。

（3）验证转动惯量的平行轴定理。

【实验仪器】

三线摆法转动惯量测定仪、电子天平、毫秒仪（或秒表）、游标卡尺、直尺、水准仪、待测圆环和圆柱。

【实验原理】

1. 测量圆盘绕中心轴的转动惯量 I_0

图 3.6-1 所示为三线摆实验装置示意图，其中上、下圆盘均处于水平，悬挂在横梁上，三

个悬点均匀分布的等长悬线将两圆盘相连。上圆盘可以固定转动，用手拧动上圆盘可以带动下圆盘绕中心轴 OO' 做扭摆运动；下圆盘的摆动周期与其转动惯量大小有关，当下圆盘及其上面放的刚体的转动惯量不同时，相应的扭摆周期也不同。

当下圆盘转动角度很小，空气阻力可忽略，扭摆的运动可近似看作简谐运动，其运动方程为

$$\theta = \theta_0 \sin \frac{2\pi}{T_0} t \tag{3.6-1}$$

当摆离开平衡位置最远时，其重心升高 h，根据机械能守恒定律有

$$\frac{1}{2} I_0 \omega_0^2 = m_0 g h \tag{3.6-2}$$

即

$$I_0 = \frac{2 m_0 g h}{\omega_0^2} \tag{3.6-3}$$

而

$$\omega = \frac{\mathrm{d}\theta}{\mathrm{d}t} = \frac{2\pi\theta_0}{T} \cos \frac{2\pi}{T} t \tag{3.6-4}$$

当 $t = 0$ 时，有

$$\omega = \omega_0 = \frac{2\pi\theta_0}{T_0} \tag{3.6-5}$$

将(3.6-5)式代入(3.6-2)式得：

$$I_0 = \frac{m_0 g h T_0^{\ 2}}{2\pi^2 \theta_0^2} \tag{3.6-6}$$

从图 3.6-2 中的几何关系可得

$$(H-h)^2 + R^2 + r^2 - 2Rr\cos\theta_0 = l^2 = H^2 + (R-r)^2$$

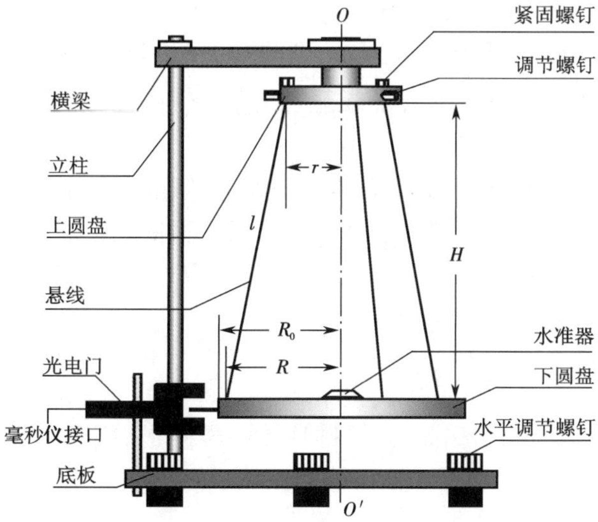

图 3.6-1　三线摆实验装置示意图

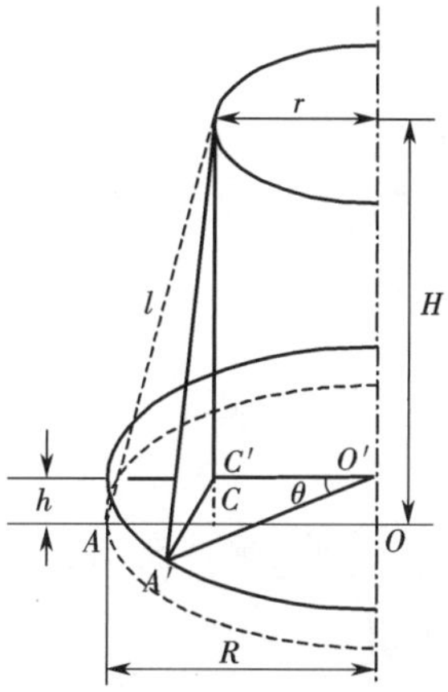

图 3.6-2　三线摆原理示意图

化简得

$$Hh-\frac{h^2}{2}=Rr(1-\cos\theta_0)$$

由于 θ 很小，h^2 可看作一个二阶小量，略去 $\frac{h^2}{2}$，且取 $1-\cos\theta_0\approx\theta_0^2/2$，则有

$$h=\frac{Rr\theta_0^2}{2H} \tag{3.6-7}$$

将式（3.6-7）代入式（3.6-6）得

$$I_0=\frac{m_0gRr}{4\pi^2H}T_0^2 \tag{3.6-8}$$

式中：m_0 为下圆盘的质量；r、R 分别为上、下悬点离各自圆盘中心的距离；H 为平衡时上、下圆盘间的垂直距离；T_0 为下圆盘做简谐运动的周期；g 为重力加速度，不同地区的取值请查阅有关资料或由实验室给定（天津地区 $g=9.801\ \mathrm{m/s^2}$）。

2. 测量圆环的转动惯量 I

将质量为 m 的待测物体放在下圆盘上，并使待测刚体的转轴与 OO' 轴重合。测出此时摆动周期 T_1 和上、下圆盘间的垂直距离 H_1。同理，可求得待测刚体和下圆盘对中心转轴 OO' 轴的总转动惯量为

$$I_1=\frac{(m_0+m)gRr}{4\pi^2H_1}T_1^2 \tag{3.6-9}$$

如不计因重量变化而引起的悬线伸长，则有 $H\approx H_1$，待测物体绕中心轴的转动惯量为

$$I=I_1-I_0=\frac{gRr}{4\pi^2H}[(m+m_0)T_1^2-m_0T_0^2] \tag{3.6-10}$$

因此，通过长度、质量和时间的测量，便可求出刚体绕某轴的转动惯量。

3. 测量圆柱体绕圆盘中心轴的转动惯量并验证平行轴定理

若质量为 m' 的物体绕通过其质心轴的转动惯量为 I_c，当转轴平行移动距离 x 时（图 3.6-3），此物体对新轴 OO' 的转动惯量为 $I_{OO'}=I_C+m'x^2$。这一结论称为转动惯量的平行轴定理。

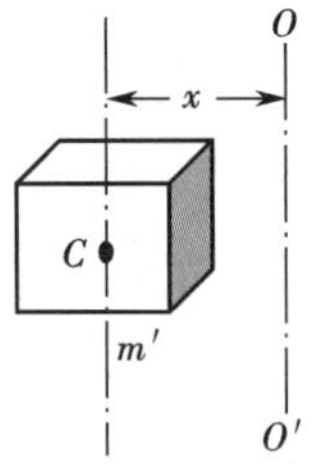

图 3.6-3 平行轴定理

实验时将质量均为 m'，形状和质量分布完全相同的两个圆柱体对称地放置在下圆盘上（下盘有对称的小孔）。按同样的方法，测出两个圆柱体和下圆盘绕中心轴 OO' 的转动周期 T_x，则可求出每个圆柱体对中心转轴 OO' 的转动惯量：

$$I_x=\frac{(m_0+2m')gRr}{8\pi^2H}T_x^2-\frac{I_0}{2} \tag{3.6-11}$$

如果测出圆柱体中心与下圆盘中心之间的距离 x 以及圆柱体的半径 R_x，则由平行轴定理可求得

$$I_x'=\frac{1}{2}m'R_x^{\ 2}+m'x^2 \tag{3.6-12}$$

比较 I_x 与 I_x' 的大小，可验证平行轴定理。

【实验内容】

1. 调整三线摆实验装置

（1）将水平仪放在上圆盘上，调节底板上三个水平调节螺钉，同时观察水准仪，使上圆盘处于水平状态。

（2）将水准仪放在下圆盘中央，调节上圆盘三个调节螺钉改变悬线长度，使下圆盘处于水平状态并保持稳定。

（3）若用毫秒仪应适当调整光电门与挡光杆的相对位置，保证下圆盘转动时挡光杆可以完全挡光并不与光电门接触，且使光电门位于振动的平衡位置处，开启毫秒仪并设置计数为 20 次。若用秒表，应将秒表设置为计时状态，并检查按钮是否灵活可靠。

2. 测量周期 T_0、T_1 和 T_x

（1）在下圆盘处于静止状态下，轻轻转动上圆盘的转动手柄，将上圆盘转过一个小角度（5° 左右），带动下圆盘绕中心轴 OO' 做微小扭摆运动（不应伴有晃动，转动角度约为 5°）。摆动若干次后达到平稳扭摆状态，开始计时，记录 20 个周期的时间 $20T_0$。然后将计时装置复位，重新使圆盘静止，重复采用上述方法，测量每次 20 个周期，共 5 次，将数据记录到表 3.6-1 中，即可算出 T_0。

（2）将圆环放在下圆盘上，使两者的中心轴线相重叠（圆环的外缘恰好与下圆盘上标记的某一圆周重合），按步骤（1）的方法测定摆动周期 T_1。

（3）将两个圆柱体对称放置在下圆盘的一对孔中，用上述同样方法测定摆动周期 T_x。

3. 长度和质量测量记录

（1）长度测量记入表 3.6-2。具体方法是用钢直尺分别测出上、下圆盘三个悬点两两之间的距离 a 和 b，各测量 5 次，然后算出悬点到中心的距离 r 和 R（等边三角形外接圆半径）；用钢尺测出上、下圆盘之间的垂直距离 H（单次）和放置两个圆柱体小孔的间距 $2x$（5 次）；用游标卡尺量出待测圆环的外、内径 $2R_1$、$2R_2$ 和圆柱体的直径 $2R_x$ 各 5 次；算出以上各量的间接测量量填入表 3.6-2。由于下圆盘悬点到中心的距离不等于下圆盘的半径（图 3.6-4），所以计算理论值用的下圆盘半径 R_0 要用游标卡尺单次测量直径 $2R_0$ 然后算得。

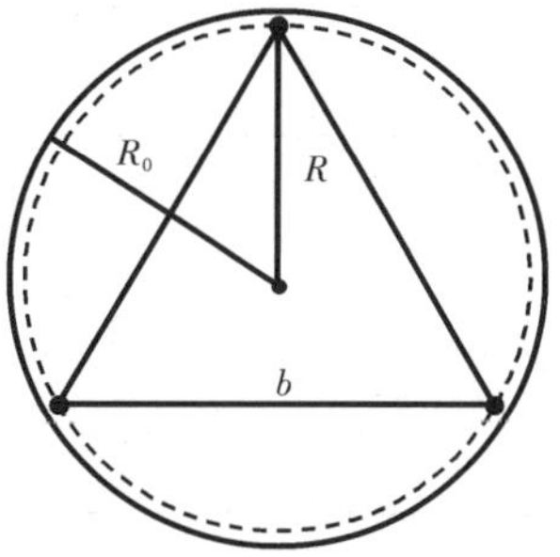

图 3.6-4　下圆盘平面图

（2）各刚体的质量标记在刚体上，记入表 3.6-3。

【注意事项】

（1）严禁仪器发生碰撞。

（2）在测量上、下圆盘之间的高度时，注意不要将钢尺压在下圆盘上，防止测出的高度会偏大。

（3）转动角度不可太大，不得晃动。

（4）挡光杆要完全遮光且不接触光电门，否则将产生错误的周期计数。

【数据处理】

1. 实验数据记录

相应数据记录于表 3.6-1 至表 3.6-3 中。

表 3.6-1 周期测量数据记录 单位:s

		下圆盘		下圆盘加圆环		下圆盘加两个圆柱	
20 个周期	1						
	2						
	3						
	4						
	5						
	平均						
周期		T_0		T_1		T_x	

表 3.6-2 长度测量数据记 单位:mm

次数	上圆盘悬孔间距 a	下圆盘悬孔间距 b	待测圆环		圆柱体直径 $2R_x$	放置圆柱体两小孔间距 $2x$
			外直径 $2R_1$	内直径 $2R_2$		
1						
2						
3						
4						
5						
平均						
计算结果	$r=\frac{\sqrt{3}}{3}a$	$R=\frac{\sqrt{3}}{3}b$	R_1	R_2	R_x	x

表 3.6-3 单次长度测量与给定质量记录

物理量	上、下圆盘间距 H/cm	下圆盘直径 $2R_0$/cm	下圆盘质量 m_0/g	待测圆环质量 m/g	圆柱体质量 m'/g
测量值					

2. 圆盘转动惯量的计算

(1)用式(3.6-8)计算下圆盘的转动惯量 $I_0=$____________________。

(2)参照本书第 1 章相关内容评定其不确定度。

(3)理论值 $I_0'=\frac{1}{2}m_0R_0^2=$____________________。

(4)相对误差 $E(I_0)=$______________________。

3. 圆环转动惯量的计算

(1)用式(3.6-10)计算待测圆环转动惯量 $I=$______________________。

(2)理论值 $I'=\frac{m}{2}(R_1^2-R_2^2)=$______________________。

(3)相对误差 $E(I')=$______________________。

4. 验证平行轴定理

(1)计算圆柱体绕中心转轴 OO' 的转动惯量 $I_x=$______________________。

(2)理论值 $I_x'=\frac{1}{2}m'R_x^2+m'x^2=$______________________。

(3)相对误差 $E(I_x)=$______________________。

【思考题】

(1)在测量过程中,如下圆盘出现晃动,对周期测量有影响吗?如有影响,应如何避免?

(2)三线摆放上待测物后,其摆动周期是否一定比空盘的转动周期大?为什么?

(3)验证平行轴定理时,要减小直尺测量小孔间距的误差,圆柱体的相对位置应该放得近些还是远些?

3.7　简谐振动实验

简谐振动又称简谐运动或谐振,是一种简单的周期性往复运动,它是自然界中最基本的运动形式。简谐振动是一种理想化模型,是构成复杂运动的基元。我们可以把复杂的振动分解为不同频率的简谐振动,即可以用若干不同具体形式的简谐振动合成任何复杂振动。简谐振动在日常生活中非常常见,例如琴弦的振动、钟摆、鼓膜的振动等。

本实验利用新型焦利氏秤,用胡克定律测量弹簧的劲度系数,用毫秒计时器测量弹簧振子做简谐振动的周期。

【实验目的】

(1)根据胡克定律测量弹簧劲度系数。

(2)根据周期公式计算周期,并与测量获得的周期进行比较。

(3)了解并掌握集成霍尔开关传感器的基本工作原理和应用方法。

【实验器材】

新型焦利氏秤(图 3.7-1)、计时计数毫秒仪(图 3.7-2)、霍尔开关传感器、弹簧、小磁片、砝码组(1 g、20 g)。

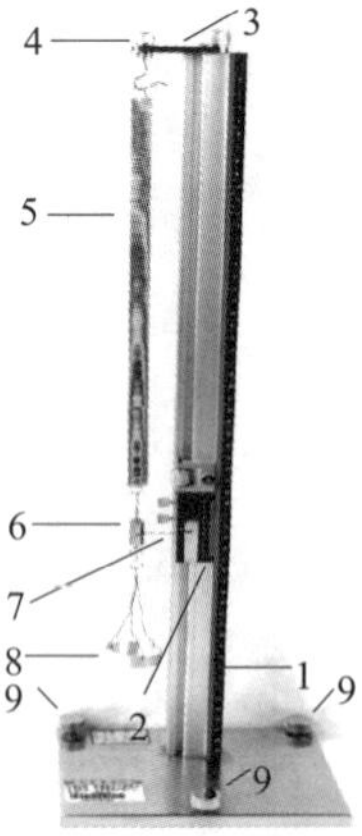

图 3.7-1　新型焦利氏秤

1—主尺；2—游标尺；3—横臂；4—调节旋钮（调节弹簧与主尺之间的距离）；5—弹簧；6—初始砝码；7—小指针；8—砝码托盘；9—水平调节螺丝

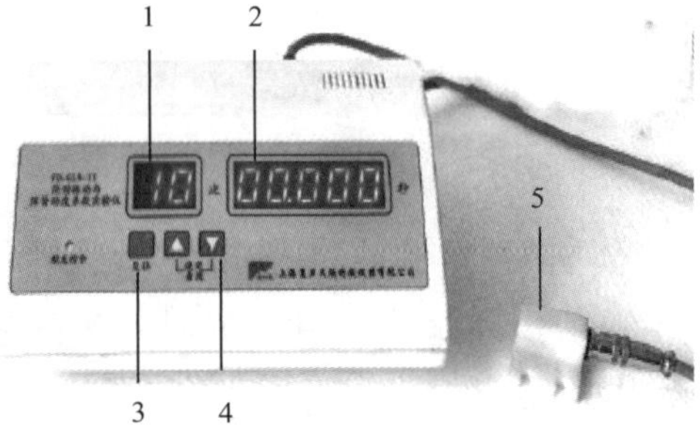

图 3.7-2　计时计数毫秒仪

1—计次显示；2—计时显示；3—复位；4—设定/查阅；5—霍尔开关

【实验原理】

弹簧在外力作用下将产生形变（伸长或缩短）。在弹性限度内，由胡克定律可知，外力 F 和弹簧的变形量 ΔY 成正比，即

$$F = k \cdot \Delta Y \tag{3.7-1}$$

式中：k 为弹簧的劲度系数，它取决于弹簧的形状、材料的性质。

通过测量 F 和 ΔY 的对应关系，就可由式（3.7-1）推算出弹簧的劲度系数 k。

将质量为 M 的物体挂在垂直悬挂于固定支架上的弹簧的下端，构成一个弹簧振子，若物体在外力作用下（如用手下拉或上托）离开平衡位置少许，然后释放，则物体就在平衡点附近做简谐振动，其周期为

$$T = 2\pi\sqrt{\frac{M + PM_0}{k}} \tag{3.7-2}$$

式中：P 为待定系数，它的值近似为 1/3，可由实验测得；M_0 为弹簧本身的质量，而 PM_0 被称为弹簧的有效质量。

通过测量弹簧振子的振动周期 T，就可由式（3.7-2）式计算出弹簧的劲度系数 k。

当一块通有电流的金属或半导体薄片垂直地放在磁场中时，薄片的两端就会产生电位差，这种现象称为霍尔效应。霍尔效应的灵敏度高低与外加磁场的磁感应强度成正比关系。霍尔开关的输入端是以磁感应强度来表征的，当磁感应强度值达到一定的程度时，霍尔开关内部的触发器翻转，霍尔开关的输出电平状态也随之翻转，实现开和关的状态。

【实验内容】

1. 用新型焦利氏秤测定弹簧劲度系数 k

（1）调节底板的三个水平调节螺丝，使重锤尖端对准重锤基准的尖端。

（2）在主尺顶部安装弹簧，再依次挂入吊钩、初始砝码，使小指针夹在两个初始砝码中间，下方的初始砝码通过吊钩和金属丝连接砝码托盘，这时弹簧已被拉伸一段距离。

（3）调整小游标的高度，使小游标左侧的基准刻线大致对准指针，锁紧固定小游标的锁紧螺钉，然后调整视差，即先让指针与镜子中的虚像重合，再调节小游标上的调节螺母，使小游标上的基准刻线在观察者的视差已被调整好的情况下被指针挡住，通过主尺和游标尺读出读数（读数原理和方法与游标卡尺相同）。

（4）先在砝码托盘中放入 1 g 砝码，然后再重复实验步骤（3），读出此时指针所在的位置。先后放入 10 个 1 g 砝码，通过主尺和游标尺依次读出每个砝码放入后小指针的位置，再依次把这 10 个砝码取下托盘，记下对应的小指针位置值。

（5）根据每次放入或取下砝码时弹簧所受的重力和对应的拉伸值，利用逐差法，计算出弹簧的劲度系数。

2. 测量弹簧简谐振动周期，根据周期公式计算周期

（1）取下弹簧下的砝码托盘、吊钩和校准砝码、指针，挂入 20 g 铁砝码，铁砝码下吸有磁钢片。（**注意：磁极需正确摆放，否则不能使霍尔开关传感器触发**）

（2）把传感器附板夹入固定架中，固定架的另一端由一个锁紧螺丝把传感器附板固定在游标尺的侧面。

（3）用导线把霍尔传感器计时器连接起来，并打开计时器。

（4）调整霍尔传感器固定板的方位与横臂的方位，使磁铁与霍尔传感器正面对准，调整小游标的高度，使磁钢片在振动过程中触发霍尔传感器。当传感器被触发时，计时器上的发光二极管被点亮。

（5）向下拖动砝码使其拉伸一定距离，使磁钢片贴近霍尔传感器的正面，当计时器上的发光二极管亮起时，放开砝码，砝码开始往复运动，当发光二极管第三次闪烁时开始计时。

（6）计数器停止计数后，记录计时器显示的数值。

【数据处理】

1. 实验数据记录

相应数据记录于表 3.7-1、表 3.7-2 中。

表 3.7-1　用伸长法测弹簧的劲度系数

M/g	1.0	2.0	3.0	4.0	5.0	6.0	7.0	8.0	9.0	10.0
Y（增砝码）/mm										
Y（减砝码）/mm										
$\overline{Y}$ /mm										
$\Delta Y=\overline{Y_{i+5}}-\overline{Y_i}$ /mm	$\overline{Y_6}-\overline{Y_1}$		$\overline{Y_7}-\overline{Y_2}$		$\overline{Y_8}-\overline{Y_3}$		$\overline{Y_9}-\overline{Y_4}$		$\overline{Y_{10}}-\overline{Y_5}$	

表 3.7-2　利用霍尔开关测简谐振动的周期

周期次数	$10T$	$20T$	$30T$	$40T$	单周期平均 $\overline{T}$
时间 / s					

2. 数据处理

根据表 3.7-1 数据，用逐差法求弹簧的劲度系数 k。

电子天平测质量：振子质量（含磁钢片）M=______g，弹簧质量 M_0=______g，弹簧有效质量 $\frac{1}{3}M_0$ =________g。

利用表 3.7-1 测得弹簧劲度系数 k，根据周期公式计算周期 T，并与霍尔开关测得周期进行比较。

【注意事项】

（1）严禁超过弹簧的限度拉弹簧，否则将导致弹簧损毁。

（2）测周期时，振子和霍尔开关应在同一平面内，振子振幅不宜太大，磁钢片距离霍尔开关不能超过 9 mm，否则计数器不能准确计数。

（3）注意磁钢片极性，只有一极可以使用霍尔开关工作。

【思考题】

（1）哪些因素可能影响实验结果？如何改进？

（2）为什么弹簧振动时的等效质量等于弹簧自身质量 1/3？试推导之。

3.8 用滑线变阻器分压和限流

滑线变阻器是电学实验中常用的仪器，它的原理、结构、性能和操作方法是必须理解和掌握的。滑线变阻器作为一个可变电阻，接法不同，在电路中所起的作用也不同，主要是分担电压（简称分压）或限制电流（简称限流）。本实验通过连接分压电路和限流电路并进行定量测试，使学生了解滑线变阻器的特性，掌握其使用方法，熟悉滑线变阻器如何与负载相匹配，从而达到预期效果。

【实验目的】

（1）了解基本电学仪器的性能和使用方法。

（2）掌握滑线变阻器限流与分压两种电路的连接方法、性能和特点。

（3）熟悉电学实验的基本操作规程和安全常识。

【实验器材】

直流稳压电源、滑线变阻器、电阻箱、电压表、电流表、开关、导线。

【实验原理】

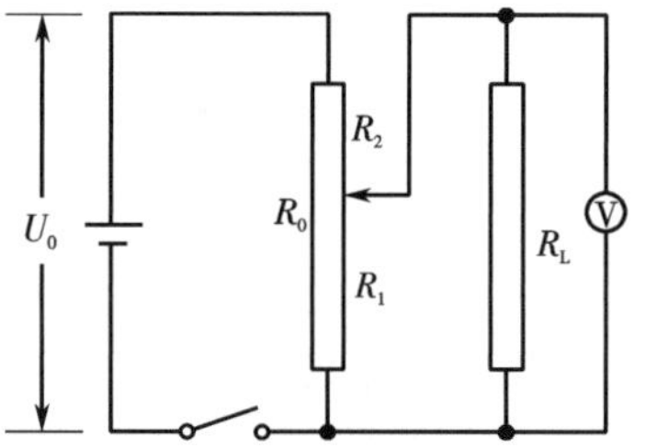

图 3.8-1 分压电路

1. 滑线变阻器的分压特性

用滑线变阻器分担电压的电路如图 3.8-1 所示，滑线变阻器 R_0 的两固定端接电源的正负极，负载电阻与 R_1 并联，U_0 为电源的端电压。

电路的总电阻 R 可以看成 R_1 和 R_L 并联后，再与 R_2 串联，即

$$R = R_2 + \frac{R_1 R_L}{R_1 + R_L}$$

因此,回路的总电流 I 为

$$I = \frac{U_0}{R} = \frac{U_0}{R_2 + \dfrac{R_1 R_L}{R_1 + R_L}} \tag{3.8-1}$$

而 R_L 上的电压 U_L 为

$$U_L = I \cdot \frac{R_1 R_L}{R_1 + R_L} = \frac{\dfrac{R_1 R_L}{R_1 + R_L} U_0}{R_2 + \dfrac{R_1 R_L}{R_1 + R_L}} = \frac{R_1 R_L U_0}{R_2 (R_1 + R_L) + R_1 R_L} \tag{3.8-2}$$

对于一定的电源 E 和负载 R_L，U_L 只与 R_1 和 R_2 有关,又注意到 $R_1 + R_2 = R_0$ 是一个常量(即滑线变阻器的总电阻),所以可以表示出 U_L 与滑键位置的关系。为了得到较明显而普遍的式子,现令

$$X = \frac{R_1}{R_0}\text{（滑片在电阻上的相对位置）}$$

$$K = \frac{R_L}{R_0}\text{（负载与电阻之比）}$$

则负载 R_L 上的电压 U_L 为

$$U_L = \frac{KXU_0}{K + X - X^2} \tag{3.8-3}$$

则

$$\frac{U_L}{U_0} = \frac{KX}{K + X - X^2}$$

2. 滑线变阻器的限流特性

用滑线变阻器限制电流的电路如图 3.8-2 所示,滑线变阻器的一端接于电源的正极,负载电阻 R_L 与滑线变阻器中一部分电阻 R_2 串联。它是将变阻器的滑动头和任一固定端串联在电路中,作为一个可变电阻,移动滑动头的位置,可以连续改变部分电阻 R_2 的大小,从而改变整个电路的电流 I,这时负载 R_L 中的电流为

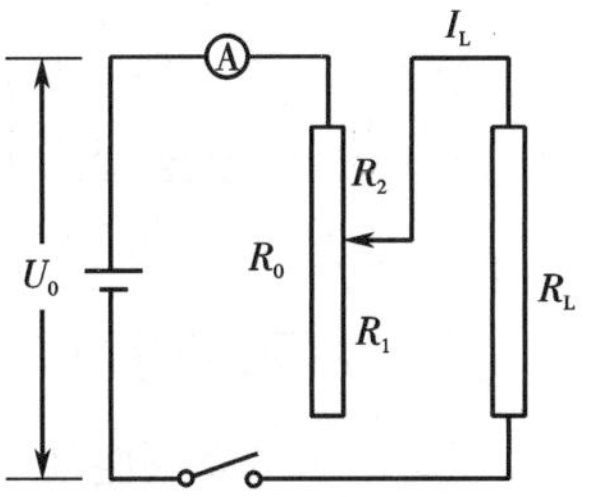

图 3.8-2　限流电路

$$I_L = \frac{U_0}{R_L + R_2}$$

由于 R_2 的电阻值可以从 0 到 R_0 进行调节,所以在电路中，当 R_2=0 时,最大电流 $I_{max} = \dfrac{U_0}{R_L}$；当 $R_2 = R_0$ 时,最小电流 $I_{min} = \dfrac{U_0}{R_0 + R_L}$,即通过滑动端的移动可以达到限流的目的。

若 K 与 X 的定义式不变,并令 $I_0 = \dfrac{U_0}{R_L}$,则可导出通过负载的电流为

$$I_L = \frac{KI_0}{1+K-X}$$

则

$$\frac{I_L}{I_0} = \frac{K}{1+K-X}$$

【实验内容】

1. 分压电路

（1）按照图 3.8-1 连接分压线路，电源电压调至约 3 V，负载 R_L 调至 10 000 Ω（即 K=10），电压表量程调至 3 V。

（2）闭合电源开关（如果发现电压或电流过大，要立即切断电源），移动滑片，使 R_1 接入电阻最大，调节电源电压，保证电压表显示 3 V。

（3）移动滑线变阻器的滑动头，其相应位置分别为 X=0.0，0.1，0.2，0.3，0.4，0.5，0.6，0.7，0.8，0.9，1.0 时，测量负载上的电压值 U_L，并计算 U_L/U_0。

（4）调节 R_L 分别为 1 000 Ω，500 Ω，100 Ω，10 Ω，重复步骤（3）。

（5）根据数据画出 K=10，1，0.5，0.1，0.01 时的 U_L/U_0 与 X 的分压关系曲线。

2. 限流电路

（1）按照图 3.8-2 连接限流线路，电源电压大致调至 10 V，负载 R_L 调至 10 000 Ω（即 K=10），估算电路最大电流 I_0，选择适当的电流表量程。

（2）闭合电源开关（如果发现电压或电流过大，要立即切断电源），移动滑片，使 R_2 为 0，调节电源电压，保证电流表显示为最大电流 I_0。

（3）移动滑线变阻器的滑动头，其相应位置分别为 X=0.0，0.1，0.2，0.3，0.4，0.5，0.6，0.7，0.8，0.9，1.0 时，测量负载上的电流 I_L，并计算 I_L/I_0。

（4）调节 R_L 分别为 2 000 Ω，1 000 Ω，500 Ω，100 Ω（对应的最大电流 I_0 分别为 5 mA，10 mA，20 mA，100 mA），将电流表调节适当的量程，重复步骤（3）。

（5）根据数据画出 K=10，2，1，0.5，0.1 时的 I_L/I_0 与 X 的限流关系曲线。

实验完毕，整理仪器。

【注意事项】

（1）每次改变电阻 R_L 时，必须断开开关，否则会出现短路，损坏元器件。

（2）正确连接电流表与电压表，先选择合适的量程。

【数据处理】

（1）记录分压电路特性研究数据，在坐标纸上画出对应分压关系曲线。

（2）记录限流电路特性研究数据，在坐标纸上画出对应限流关系曲线。

【思考题】

（1）滑线变阻器有哪些用途？使用中应注意哪些问题？

（2）在实验过程中如何确保电表不超量程？

3.9　模拟法测绘静电场

带电体在空间中会产生静电场。电场的分布由电荷分布、带电体的几何形状及周围介质所决定。静电场中没有电流，磁电式电表不会偏转，用电压表法测量静电场的电场分布存在困难。此外，由于与仪器相接的探测头本身为导体或电介质，处于静电场中的探测头会产生感应电荷或束缚电荷，使被测电场产生显著的畸变。在实验中测量静电场时一般采用间接的测量方法，即模拟法。

本实验根据电流场和静电场分布相似的原理，用稳恒电流场模拟静电场，间接测量静电场分布情况。该实验方法简化了静电场测量的实验设备，降低了对实验测量技术的要求，是一种很简便的实验方法。

【实验目的】

(1)学习用模拟法测绘和研究静电场分布的原理和方法。

(2)理解并掌握电场强度、电场线和电势的概念。

(3)测绘给定模拟场的等势线和电场线分布。

【实验器材】

静电场描绘实验仪、静电场描绘仪专用电源、导线。

静电场描绘仪专用电源如图 3.9-1 所示。其使用方法如下：打开电源开关，把功能开关倒向“校正”挡，调节“电压调节”旋钮，此时显示屏上的指示值就是电极架下层的两个待测电极之间的电压，实验时要求接入 10 V 电压；把功能开关倒向“测量”挡，此时显示屏上的指示值就是探针所在位置处的电压值，也就是测量值。

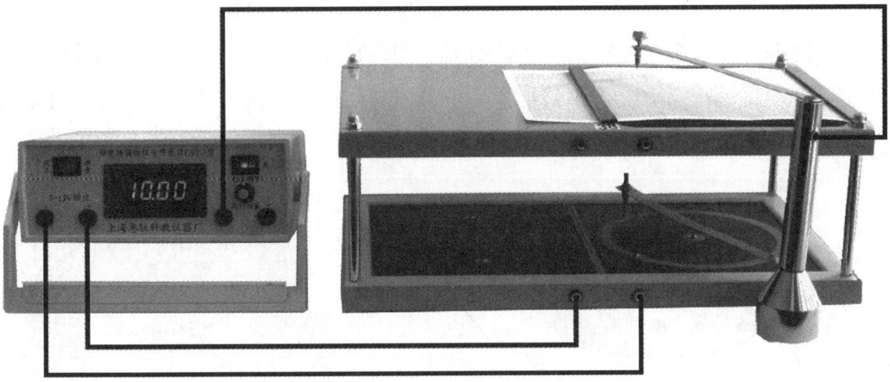

图 3.9-1　静电场描绘实验仪及专用电源

静电场描绘实验仪包括导电微晶、双层固定支架、同步探针等，支架采用双层式结构，上层放记录纸，下层放导电微晶，如图 3.9-1 所示。电极已直接制作在导电微晶上，将电极引线接出到外接线柱上，电极间制作有导电率远小于电极且各项均匀的导电介质。在导电微晶和记录纸上方各有一个探针，通过金属探针臂把两个探针固定在同一手柄座上，两个探针始终保持在同一铅垂线上。移动手柄座时，可保证两探针的运动轨迹一致。由导电微晶上方的探针找到待测点后，按一下记录纸上方的探针，在记录纸上留下一个对应的标记。移动同步探针在导电微晶上找出若干电场相同的点，由此即可描绘出电场线。

【实验原理】

本实验测量静电场是指测绘出静电场中等势面和电场线的分布图形。

稳恒电流场易于实现测量，用电流场代替静电场是采用模拟法测量静电场的一种方法。稳恒电流场与静电场是两种不同性质的场，但两者在一定条件下具有相似的空间分布，即两种场遵守的规律在形式上相似，都可以引入电势 U，电场强度 $E=-\nabla U$，遵守高斯定律。

对于静电场，电场强度在无源区域内满足以下积分关系：

$$\begin{cases}\oint_S \vec{E}\cdot d\vec{S}=0\\ \oint_l \vec{E}\cdot d\vec{l}=0\end{cases} \tag{3.9-1}$$

对于稳恒电流场，电流密度矢量 $\vec{j}$ 在无源区域内也满足类似的积分关系：

$$\begin{cases}\oint_S \vec{j}\cdot d\vec{S}=0\\ \oint_l \vec{j}\cdot d\vec{l}=0\end{cases} \tag{3.9-2}$$

由此可见，$\vec{E}$ 和 $\vec{j}$ 在各自区域中满足同样的数学规律。在相同的边界条件下，具有相同的解析解，因此可以用稳恒电流场来模拟静电场。

在模拟的条件上，要保证电极形状一定，电极电势不变，空间介质均匀，在任何一个考察点，均应有“$U_{稳恒}=U_{静电}$”或“$E_{稳恒}=E_{静电}$”。下面具体讨论这种等效性。

1. 同轴电缆及其静电场分布

如图 3.9-2(a)所示，在真空中有一半径为 r_A 的长圆柱形导体 A 和一内半径为 r_B 的长圆筒形导体 B，它们同轴放置，分别带等量异号电荷。由高斯定理可知，在垂直于轴线的任一截面 S 内，都有均匀分布的辐射状电场线，这是一个与坐标 Z 无关的二维场。在二维场中，电场强度 E 平行于 xy 平面，其电场面为一簇同轴圆柱面。因此，只要研究 S 面上的电场分布即可。

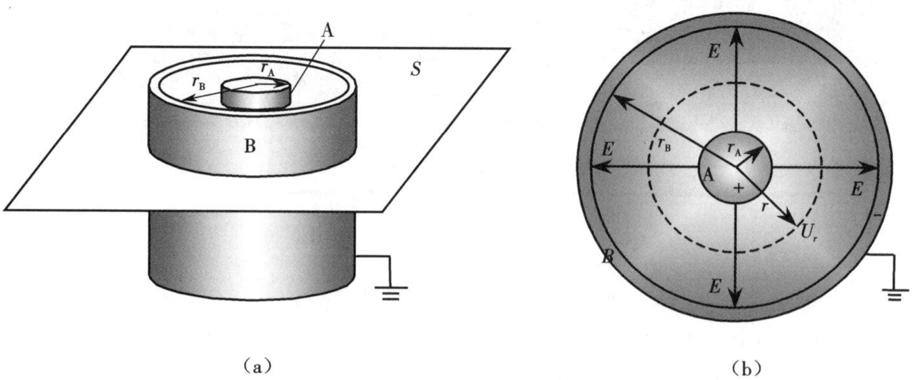

图 3.9-2 同轴电缆及其静电场分布

(a)同轴电缆 (b)横截面静电场分布

由静电场中的高斯定理可知，距轴线的距离为 r 处(图 3.9-2(b))各点电场强度为

$$E=\frac{\lambda}{2\pi\varepsilon_0 r}$$

式中：λ为柱面每单位长度的电荷量。其电势为

$$U_r=U_A-\int_{r_A}^{r}\vec{E}\cdot d\vec{r}=U_A-\frac{\lambda}{2\pi\varepsilon_0}\ln\frac{r}{r_A} \tag{3.9-3}$$

设$r=r_B$时，$U_B=0$，则有

$$\frac{\lambda}{2\pi\varepsilon_0}=\frac{U_A}{\ln\frac{r_B}{r_A}} \tag{3.9-4}$$

将上式代入式(3.9-3)，得

$$U_r=U_A\frac{\ln\frac{r_B}{r}}{\ln\frac{r_B}{r_A}} \tag{3.9-5}$$

$$E_r=-\frac{dU_r}{dr}=\frac{U_A}{\ln\frac{r_B}{r_A}}\cdot\frac{1}{r} \tag{3.9-6}$$

2. 同轴圆柱面电极间的电流分布

若上述圆柱形导体 A 与圆筒形导体 B 之间充满了电导率为σ的导体，A、B 分别与电流电源正、负极相连接(图 3.9-3)，A、B 间将形成径向电流，建立稳恒电流场E_r'，可以证明不良导体中的电场强度E_r'与原真空中的静电场E_r是相等的。

取厚度为t的圆轴形同轴导体片为研究对象，设材料电阻率为$\rho(\rho=1/\sigma)$，则任意半径r到$r+dr$的圆周间的电阻为

$$dR=\rho.\frac{dr}{s}=\rho.\frac{dr}{2\pi rt}=\frac{\rho}{2\pi t}.\frac{dr}{r} \tag{3.9-7}$$

则半径r到r_B之间圆柱片的电阻为

$$R_{rr_B}=\frac{\rho}{2\pi t}\int_{r}^{r_B}\frac{dr}{r}=\frac{\rho}{2\pi t}\ln\frac{r_B}{r} \tag{3.9-8}$$

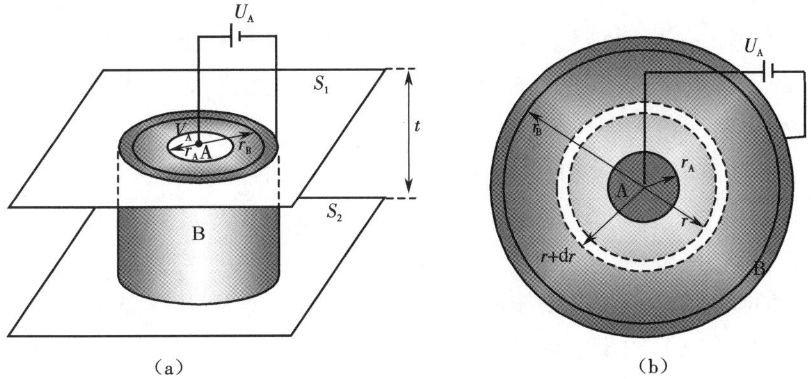

图 3.9-3　同轴电缆的模拟模型

(a)同轴电缆　(b)横截面

总电阻（半径r_A到r_B之间圆柱片的电阻）为

$$R_{r_A r_B}=\frac{\rho}{2\pi t}\ln\frac{r_B}{r_A} \tag{3.9-9}$$

设$U_B=0$，则两圆柱面间所加电压为U_A，径向电流为

$$I=\frac{U_A}{R_{r_A r_B}}=\frac{2\pi t U_A}{\rho\ln\frac{r_B}{r_A}} \tag{3.9-10}$$

距轴线r处的电势为

$$U_r'=IR_{r r_B}=U_A\frac{\ln\frac{r_B}{r}}{\ln\frac{r_B}{r_A}} \tag{3.9-11}$$

则E_r'为

$$E_r'=-\frac{dU_r'}{dr}=\frac{U_A}{\ln\frac{r_B}{r_A}}.\frac{1}{r} \tag{3.9-12}$$

由以上分析可知，U_r与U_r'，E_r与E_r'的分布函数完全相同。

【实验内容】

1. 描绘同轴电缆的静电场分布

（1）按图 3.9-1 连接电路，将电源输出正、负极与静电场描绘实验仪电极的正、负极相连（红接红，黑接黑），探针手柄接线柱接电源上测量探针的正极；并把毫米方格纸放平固定在上层平板上，用小磁条压紧，防止打点过程中毫米方格纸移动。

（2）打开电源开关，把功能开关倒向“校正”挡，然后调节“电压调节”旋钮，此时显示屏上的指示值就是电极架下层的两个待测电极之间的电压，实验时要求接入 10 V 电压。

（3）把功能开关倒向“测量”挡，此时显示屏上的指示值就是探针所在位置处的电势值，也就是测量值。移动探针座，测出探针所在位置的电势，分别找出 3、4、5、6、7 V 电势值，对于每一个电势值，在毫米方格纸上打出 10 个相应的电势点， 10 个点分布要合理，尽可能体现等势线的分布。

（4）选取合适的坐标系，将$U=7$ V 等势线的各点坐标标出，用最小二乘法拟合出圆心坐标(x_0,y_0)和该圆的平均半径$\bar{r}$，也可以将数据输入已编好的计算机程序，从而得到圆心坐标和半径$\bar{r}$，将数据填入表 3.9-1。

（5）计算出其他电压的等势线上各点到圆心的平均距离$\bar{r}$，以(x_0,y_0)为公共圆心，以$\bar{r}$为半径画出各条等势线（为同心圆簇），相应的数据同样填入表 3.9-1，然后根据等势线与电场线正交原理，再画出电场线，并指出电场强度方向，得到一张完整的电场分布图。

（6）做电场线时要注意，电场线与等势线正交，导体表面是等势面，电场线垂直于导体表面，电场线发自正电荷而止于负电荷；电场线的疏密表征场强的大小，根据电极正、负画出

电场强度的方向。

2. 描绘一对长直平行导线的静电场分布

(1)连接电路,把毫米方格纸固定在上层平板上,两极间采用 10 V 的电源电压。

(2)移动探针座,测出探针所在位置的电势,分别找出 1~9 V 等势线,找出准确的电势值后,即可在毫米方格纸上打出相应的电场点,要求每条等势线上找 10 个以上的点。

(3)把电势相等的点连成光滑的曲线,画出等势线,再作出电场线,最后画出电场强度方向,得到完整的长直平行导线(图 3.9-4)的静电场分布图。

3. 描绘一个劈尖电极和一个条形电极的静电场分布

操作同上,分别测 1~9 V 等势线,最后得到劈尖电极和条形电极(图 3.9-5)的静电场分布图。

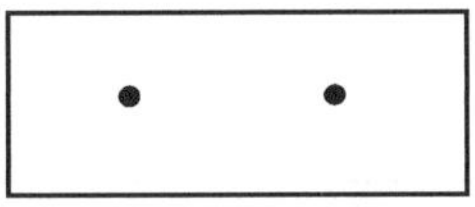

图 3.9-4　长直平行导线型电极

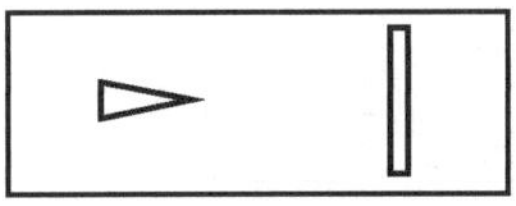

图 3.9-5　劈尖电极和条形电极

4. 描绘聚焦电极的电场分布

利用图 3.9-6 所示模拟模型,描绘出阴极射线示波管内聚焦电极间的电场分布。要求测出 7~9 条等势线,相邻两等势线之间的电势差为 1 V。该场为非均匀电场,等势线是一簇互不相交的曲线,每条等势线的测量点应取得密一些。画出电场线,就可以了解静电透镜聚焦的分布特点和作用,加深对阴极射线示波管电聚焦原理的理解。

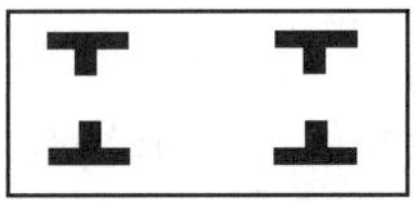

图 3.9-6　静电透镜聚焦场的模拟模型

【注意事项】

1. 模拟法的适用条件

用稳恒电流场模拟静电场的条件应遵守:

(1)稳恒电流场中的电极形状应与被模拟的静电场中的带电体几何形状相同;

(2)稳恒电流场中的导电介质是不良导体且电导率分布均匀,并满足 $\sigma_{电极} >> \sigma_{导电介质}$,才能保证电流场中的电极(良导体)的表面也近似为一个等势面;

(3)模拟所用电极系统与被模拟电极系统的边界条件相同。

2. 测绘方法

场强 E 在数值上等于电势梯度,并指向电势降落的方向。考虑到场强 E 是矢量,而电势 U 是标量,从实验测量来讲,测定电势比测定场强容易实现,所以可先描绘出等势线,然后根据等势线与电场线正交的原理,画出电场线。这样就可由等势线的间距确定电场线的疏密和指向,将抽象的电场形象地反映出来。

【数据记录】

（1）在坐标纸上描绘记录同轴电缆的静电场分布。

（2）计算并填写表 3.9-1。

表 3.9-1　描绘同轴电缆的静电场分布数据记录表

U_A =________V；　r_A =______cm；　r_B =______cm

U_n/V	3	4	5	6	7
$\bar{r}$ /cm					
$U_{\bar{r}}=U_A\dfrac{\ln(r_B/\bar{r})}{\ln(r_B/r_A)}$ /V					
$\Delta U=\lvert U_n-U_{\bar{r}}\rvert$/V					
$\dfrac{\Delta U}{U_n}\times 100\%$					
$E_r=\dfrac{U_A}{\ln(r_B/r_A)}\cdot\dfrac{1}{\bar{r}}$ /(V/m)					

（3）根据表格数据绘制完整的同轴电缆电场分布图（包括电场线和等势线）。

【思考题】

（1）根据测绘所得等势线和电场线分布，分析哪些地方场强较强，哪些地方场强较弱？如何确定电场线的方向？

（2）在描绘同轴电缆的等势线簇时，如何正确确定圆形等势线簇的圆心？如何正确描绘圆形等势线？

（3）从实验结果能否说明电极的电导率远大于导电介质的电导率？如不满足此条件，会出现什么现象？

（4）由导电微晶与记录纸的同步测量记录，能否模拟出单个点电荷激发的电场或同心圆球壳型带电体激发的电场？为什么？

3.10　用直流电桥测电阻

电桥是电磁学、电工和电子学实验中常用的基本仪器，电桥法是相关测量中重要的测量方法，是平衡法和比较法两个基本实验方法的综合运用。常用的电桥有单臂电桥和双臂电桥两种，前者也称惠斯登电桥，后者也称开尔文电桥。本实验介绍单、双臂直流电桥的相关原理及使用方法。

【实验目的】

（1）掌握用直流单、双臂电桥测电阻的原理和方法。

（2）学会使用 QJ19 型单双臂电桥，利用单臂电桥测中值电阻，利用双臂电桥测低值电阻。

【实验器材】

稳压稳流电源、自组单臂电桥实验板、自组双臂电桥实验板、QJ19 型箱式直流单双臂电桥、待测电阻、万用表、导线。

【实验原理】

用伏安法测电阻，不管使用内接法还是外接法，测量结果都会受到所用电压表、电流表内阻的影响，在测量中会引入方法误差。用欧姆表直接测量电阻虽方便，但测量精度不高。在需要精确测量电阻时，常采用电桥比较测量法。

电桥不仅可以测量电阻，还可以测量许多与电阻有关的电学量和非电学量（将这类非电学量通过一定的手段转换为电学量进行测量），在自动控制技术中也得到了广泛的应用。

本实验，一是用直流单臂电桥测量中等阻值（$1 \sim 10^6\ \Omega$ 的电阻），二是用直流双臂电桥测量低值电阻（$10^{-5} \sim 1\ \Omega$）。另外，要测量高值电阻（$10^6 \sim 10^{12}\ \Omega$），则采用专门的高阻电桥或冲击法等测量方法。

1. 单臂电桥测中值电阻

单臂电桥的原理性电路如图 3.10-1 所示，它是由四个电阻 R_1、R_2、R_3、R_x 连成的一个四边形回路，这四个电阻称作电桥的四个“臂”。在四边形回路的一条对角线的顶点间接入直流工作电源，另一条对角线的顶点间接入检流计，一般称作“桥”。适当调节 R_3 的阻值，可使 C、D 两点电位相同，检流计中无电流通过，此时电桥达到平衡。当电桥平衡时：

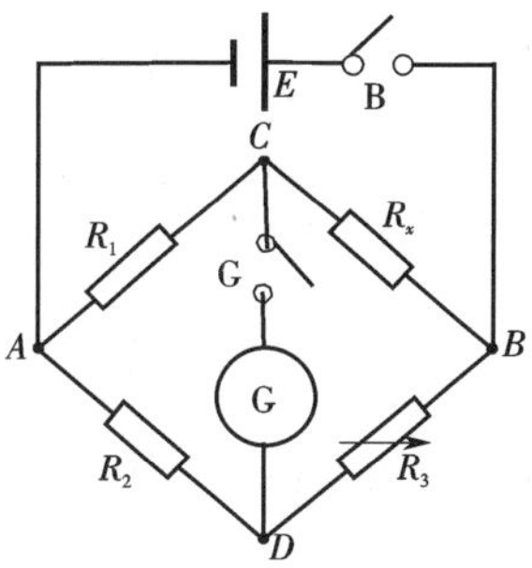

图 3.10-1　单臂电桥原理性电路

$$I_g = 0,\ I_1 = I_x,\ I_2 = I_3$$

$$R_1 I_1 = V_{AC} = V_{AD} = R_2 I_2$$

$$R_3 I_3 = V_{BD} = V_{BC} = R_x I_x$$

化简整理以上式子，可得：

$$R_x = \frac{R_1}{R_2} R_3 \qquad (3.10\text{-}1)$$

为了方便操作，通常把 R_1 / R_2 的比值选定为 10^n（$n=0, \pm 1, \pm 2, \cdots$）。令 $C = R_1 / R_2$，则

$$R_x = C R_3 \qquad (3.10\text{-}2)$$

可见当电桥平衡时，由已知的 R_1、R_2（或 C）及 R_3 值便可算出 R_x。人们常把 R_1、R_2 称作比例臂，C 为比例臂的倍率；R_3 称作比较臂；R_x 称作待测臂。在实际测量中，应正确选择比例臂的倍率 C，比较臂 R_3 与 R_x 测得的有效数字位数相同。

图 3.10-2 是自组单臂电桥实验板。把电源、检流计、R_1、R_2、电阻箱分别接到实验板上的标识“E”“G”“R_1”“R_2”“R_3”两端的接线柱，待测的未知电阻 R_{xi} 的两端接到实验板上的标识“R_x”两端，此时实验板的电路图与图 3.10-1 相同。图 3.10-3 是 QJ19 型直流单双臂电桥的单臂电桥连线图。测量 $10^2 \sim 10^6\ \Omega$ 阻值（中值电阻）时，用单臂（两段式）电桥，按图 3.10-3 接线。被测电阻用导线接在“未知（单）”上，当“标准（双）”两接线柱用短路片连接时，电桥将变成单臂电桥。R_1、R_2 分别对应于图 3.10-1 中的 R_1、R_2，电阻箱的阻值对应图 3.10-1 中的可变电阻 R_3。

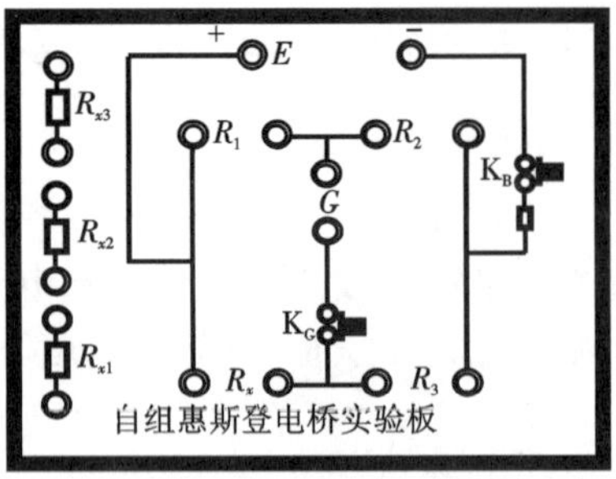

图 3.10-2　自组单臂电桥实验板

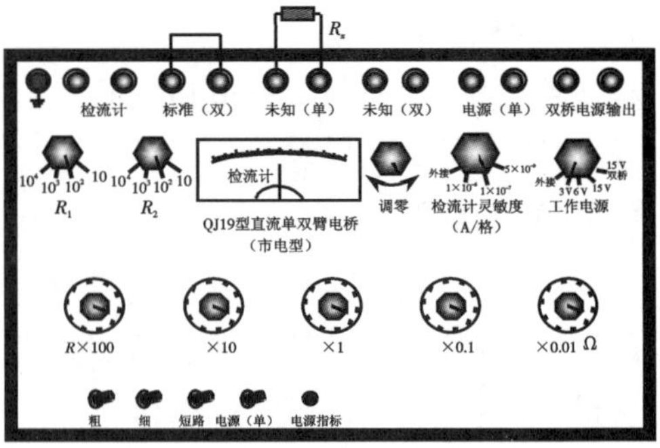

图 3.10-3　QJ19 型箱式电桥的单臂电桥连线图

2. 双臂电桥测低值电阻

在用单臂电桥测电阻时，待测电阻 R_x 的阻值测量值包含引线电阻和接触电阻，大小约为 0.01 Ω，若待测电阻 R_x 为 10 Ω 以上，0.01 Ω 的误差只占 0.1%；若待测电阻 R_x 为 0.01 Ω 时，相对误差为 100%，该程度的误差在实验上是不允许的，因此通常情况下单臂电桥的测量方法只适用于测量 $10\sim10^6$ Ω 的中值电阻。对于低值电阻，常采用双臂电桥测量，下面对其如何减小引线电阻和接触电阻的影响进行分析。

待测电阻较小时，影响其测量值的原因有两个：一是连接导线本身的电阻；二是接触电阻。例如，用伏安法测金属棒电阻的电路如图 3.10-4（a）所示，通过电流表的电流 I 分成 I_1 和 I_2，I_1 经过电流表与金属棒的引线和接触电阻 r_1 流入金属棒，I_2 经过电流表与电压表的引线和接触电阻 r_3 流入电压表，B 点也可进行同样的分析，其等效电路如图 3.10-4（b）所示。这样电压测量值为 r_1、r_2 和金属棒电阻 R 上电压降之和（r_3、r_4 与电压表内阻值相比可忽略），但 r_1、r_2 与 R 有相同的数量级，所以用电压测量值来计算金属棒电阻 R 将得不到准确的结果，这样的测量就没有意义了。

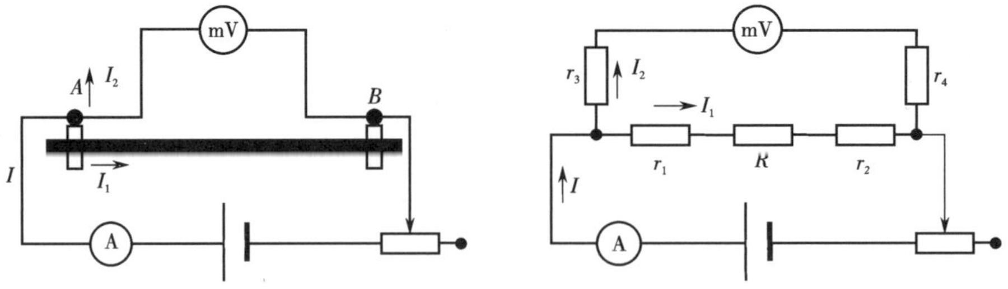

（a）　（b）

图 3.10-4　伏安法测金属棒电阻线路

（a）实际电路　（b）等效电路

将电路图改为如图 3.10-5（a）所示，虽然接触电阻仍然存在，但所处位置发生改变，对测量结果不会产生影响。该电路的等效电路如图 3.10-5（b）所示，电压表内阻远大于附加电阻 r_3 和 r_4，所以电压表和电流表的示值可以相当准确地反映有关电阻 R 的参数，利用“伏安法”就可以准确地测出 R 值。

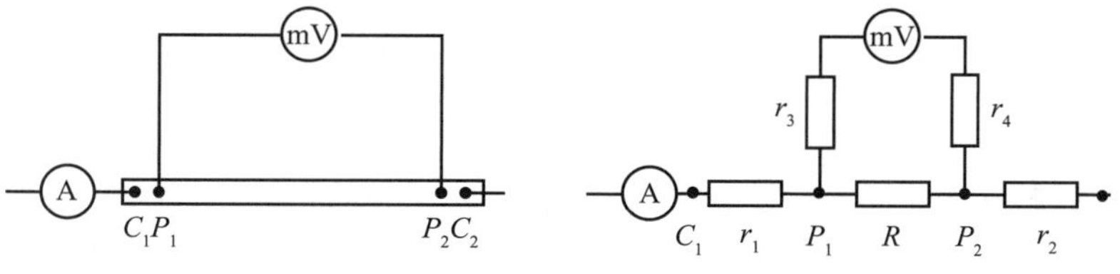

(a)　　(b)

图 3.10-5　改进后的伏安法测金属棒电阻线路

(a)实际电路　(b)等效电路

将上述结论应用于电桥线路图中，如图 3.10-6(a)所示。

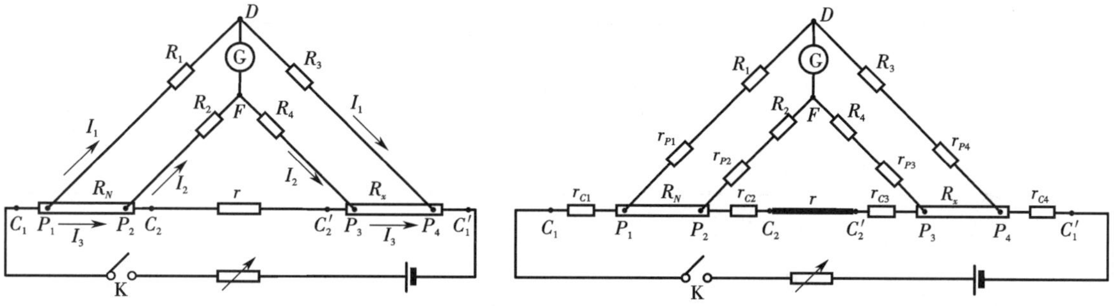

(a)　　(b)

图 3.10-6　双臂电桥

(a)实际电路　(b)等效电路

由于电路中的接头 C_1、C_1' 与电源、变阻器串联，因此 C_1、C_1' 处的接触电阻和引线电阻可以归入电源及电阻箱中，此时可认为接头处不存在电阻。R_x 和 R_N 的电路接头 C_2、C_2' 用粗导线(阻值 r)相连，将接触电阻归入 r 中。

电路接头 P_1、P_2、P_3、P_4 分别通过电阻 R_1、R_2、R_4、R_3($10^2 \sim 10^3\ \Omega$)与检流计相连，等效方法如上，P_1、P_2、P_3、P_4 处的接触电阻 r_{p1}、r_{p2}、r_{p3}、r_{p4}($10^{-3} \sim 10^{-2}\ \Omega$)与大电阻 R_1、R_2、R_3、R_4 串联，可将其归入大电阻中进行处理。因此，图 3.10-6(b)为图 3.10-6(a)的等效电路。

在图 3.10-6(a)中，由于 r 很小可视为短路，R_2、R_4 并联归入检流计限流电阻中，则 R_1、R_3、R_x、R_N 为一单臂电桥。又由于 R_x、R_N 为低值电阻，与大电阻 R_1、R_2、R_3、R_4 相比可视为短路，则 R_1、R_2、R_3、R_4 又是一单臂电桥，故图 3.10-6(b)为一双臂电桥。

当检流计中电流为零，电桥处于平衡时，流过 R_1、R_3 的电流相等记为 I_1，流过 R_2、R_4 的电流也相等记为 I_2，流过 R_x、R_N 的电流也相等记为 I_3。

由 $U_{P_1P_2F} = U_{P_1D}$，$U_{FP_3P_4} = U_{DP_4}$，$U_{P_2FP_3} = U_{P_2P_3}$，可得

$$\begin{cases} I_3R_N + I_2R_2 = I_1R_1 \\ I_3R_x + I_2R_4 = I_1R_3 \\ I_2R_2 + I_2R_4 = (I_3 - I_2)r \end{cases}$$

解以上方程组，可以得到 R_x 的表达式：

$$R_x = \frac{R_3}{R_1}R_N + \frac{R_3 r}{R_2 + R_4 + r}\left(\frac{R_2}{R_1} - \frac{R_4}{R_3}\right) \tag{3.10-3}$$

在实际双臂电桥中，为了使用方便，总保持 $R_2/R_1=R_4/R_3$，于是式(3.10-3)可简化为

$$R_x=\frac{R_3}{R_1}R_N \tag{3.10-4}$$

此式为实验原理公式，若改变 R_2/R_1 比值，则 R_4/R_3 也应该相应调整，从而保持 $R_2/R_1=R_4/R_3$ 的关系不变。为了实现此目的，双臂电桥中采用了双轴同步变阻器组，两个变阻器组中的各对应电阻的阻值之比相同，过程调节中两个变阻器组将同步变化。在实际测量中，根据未知电阻 R_x 值按照表 3.10-1 选取 R_N、R_1、R_2。在 QJ19 型单双臂电桥中，$R_1=R_2$，$R_3=R_4=R$ 是五挡电阻箱。

表 3.10-1　R_N、R_1、R_2 的最佳选取值

R_x/Ω	始	10^{-5}	10^{-4}	10^{-3}	10^{-2}	10^{-1}	1	10
	末	10^{-4}	10^{-3}	10^{-2}	10^{-1}	1	10	100
R_N/Ω		10^{-3}	10^{-3}	10^{-3}	10^{-2}	10^{-1}	1	10
$R_1=R_2/\Omega$		10 000	1 000	100	100	100	100	100

当检流计中电流为零，电桥平衡时：

$$R_x=\frac{R}{R_1}R_N=\frac{R}{R_2}R_N \tag{3.10-5}$$

电路的连线如图 3.10-7 所示。

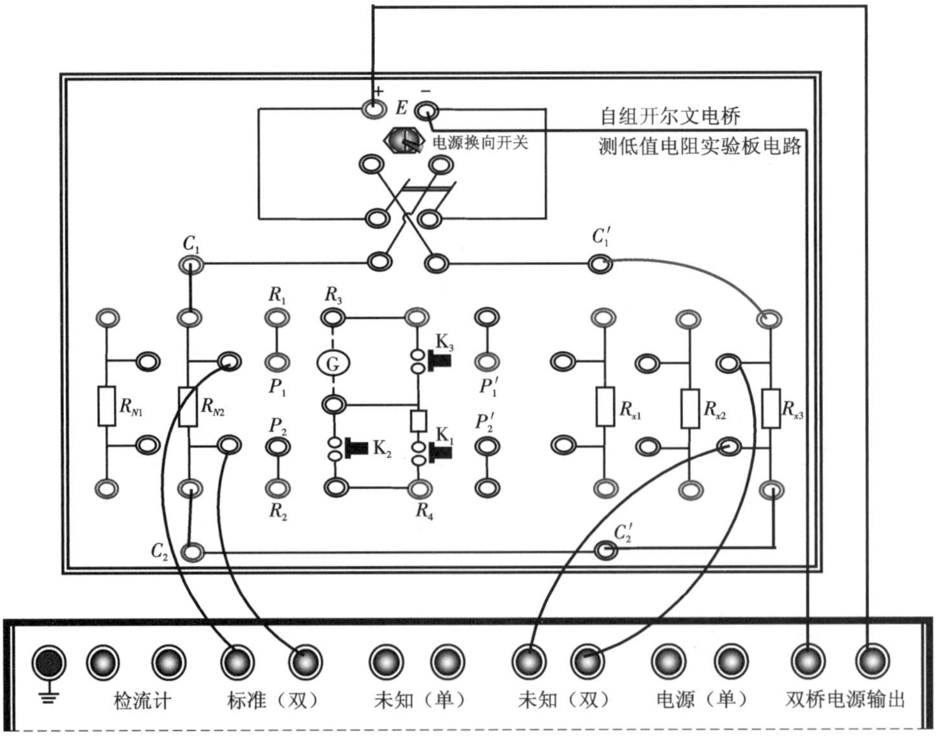

图 3.10-7　QJ19 型直流单双臂电桥与双臂电桥实验板连线图

【实验内容】

用万用表粗测待测电阻的阻值：$R_{x1} \approx 50\ \Omega$、$R_{x2} \approx 390\ \Omega$、$R_{x3} \approx 15\ \mathrm{k}\Omega$。

1. 用 QJ19 型箱式单双臂电桥测 R_{x1}、R_{x2}、R_{x3}（R_{x3} 选做）

（1）将“标准（双）”两接线柱用短路片连接，待测电阻接“未知（单）”。

（2）打开 QJ19 型箱式单双臂电桥开关，将电源调至 6 V 挡，检流计灵敏度置于 1×10^{-6} 挡。

（3）调节调零旋钮，使检流计指针指零。

（4）根据所给 R_x 的估值，选取合适的 R_1、R_2 和 R_3（即箱式电桥上的 R），注意此时倍率 C 的选择要使 R_3 能用到最高挡。

（5）旋下“电源（单）”调钮。

（6）旋下“粗”调钮，调节 R_3 使检流计大致指零；旋下“细”调钮，调节 R_3 使检流计指零。

（7）记录 R_3，计算出对应的 R_x，数据填入表 3.10-2。

2. 用 QJ19 型箱式单双臂电桥测未知低值电阻 R_{x1}、R_{x2}、R_{x3}

1）实验电路连接（参考图 3.10-7）

（1）把电桥中的“双桥电源输出”接到实验板的“E”两端，并将“工作电源”调至“1.5 双桥”挡。

（2）将实验板中标准电阻 R_N 的两个电流端接实验板“C_1”和“C_2”端，两个电压端接到电桥的“标准（双）”。

（3）将实验板待测电阻 R_x 的两个电流端接“C_1'”和“C_2'”（即图 3.10-7 中的 C_1' 和 C_2'），两个电压端接到电桥上的“未知（双）”。

2）未知电阻 R_x 的测量

（1）打开电桥的电源开关。

（2）将检流计灵敏度调至 1×10^{-7} 挡，把自组双臂电桥实验板中的开关拨到“断”，调节“调零”旋钮使检流计归零。

（3）选择 $R_1 = R_2 = 100\ \Omega$。

（4）将刀闸式开关合到任一方向，跳跃式的接通“粗”调钮，调节电桥中五挡电阻箱的阻值，使检流计基本指零；再接通“细”调钮，调节电阻箱的阻值，使检流计指针指零。读出五挡电阻箱的阻值 R'，将数据记入表 3.10-3。

（5）将刀闸式开关合向另一个方向，重复上一步过程，读出电阻箱的阻值 R'，将数据记入表 3.10-3。

（6）求出五挡电阻箱阻值的平均值 $R = (R' + R'')/2$，计算 R_x，将数据记入表 3.10-3。

【注意事项】

（1）使用单臂电桥时，电路连接复查无误，R_1、R_2 和比较臂 R_3 的阻值均已选置好，保护电阻 R 处于保护状态（G 断开），才允许试接电源进行实验。如果接通电源瞬间检流计指针猛偏撞针或一点不动应立即断电检查原因。

（2）在单臂电桥实验中，调节电桥平衡时，应采用接通一下检流计支路查看偏转大小，适当调节 R_3 再接通一下检流计支路查看偏转大小的办法，不可使检流计在接通情况下调

R_3，以免损坏检流计或调节不精细。

（3）用双臂电桥测量不同的低值电阻 R_x 值时，选用相应的 R_N 值。连接 R_N 或 R_x 电压端时注意方向，若检流计总是往一个方向偏转，则需要互换 R_N 或 R_x 中一个电阻的电压端。

【数据处理】

1.QJ19 型箱式单双臂电桥（等级 0.05）测中值电阻（使用单臂电桥）

相应数据记录于表 3.10-2 中。

表 3.10-2　用 QJ19 型箱式单双臂电桥测中值电阻数据表　　单位：Ω

	R_1	R_2	R_3	R_x
未知电阻 1				
未知电阻 2				
未知电阻 3				

2.QJ19 型箱式单双臂电桥测低值电阻（使用双臂电桥）

相应数据记录于表 3.10-3 中。

表 3.10-3　QJ19 型箱式单双臂电桥测 R_{x1}、R_{x2}、R_{x3}（$R_{N1}=0.1\ \Omega$，$R_{N2}=0.01\ \Omega$）

		R_{x1} /Ω	R_{x2} /Ω	R_{x3} /Ω
五挡电阻箱阻值	R'			
	R''			
	$R=(R'+R'')/2$			
待测电阻 R_x				
参考值 R_x' /Ω		$R_{x1}'=0.51/\Omega$	$R_{x2}'=0.22/\Omega$	$R_{x3}'=0.03/\Omega$
相对误差 E				

【思考题】

（1）在用电桥测量电阻时恰当选取倍率 C 的目的何在？如何判断 C 选得是否适当？

（2）电源电压不太稳定是否影响测量的精确度？电源电压太低为什么影响测量精确度？

（3）若桥臂回路有导线不通，检流计偏转大或小？若检流计支路或电源支路不通，检流计偏转大或小？

（4）双臂电桥与单臂电桥有哪些异同？双臂电桥中如何消除引线、接触电阻影响？

（5）如何消除热电势对测量结果的影响？

3.11　分光计的调节和使用

分光计(又称分光测角仪)是用来精确测量角度的仪器,也是光学实验的基本实验仪器之一。利用分光计可以对光的反射角、折射角、衍射角进行测量,检验棱镜的棱角是否合格、玻璃砖的两个表面是否平行,还可以计算介质折射率、光波波长等相关的物理量。许多光学仪器(棱镜光谱仪、光栅光谱仪、单色仪等)都是以分光计为基本结构衍生出来的,尽管分光计现在已经被现代光谱测量仪器所替代,但是分光计的调节方法与技巧在光学仪器中具有代表性。分光计在使用中所涉及的光学元件共轴调节、共面调节、望远镜及平行光管调节,不仅是正确使用分光计所必需的,也是其他相关光学实验需要掌握的基本技能,学好分光计的调节,有助于理解现代光学仪器的原理结构。

【实验目的】

(1)了解分光计的结构及各部件的作用。

(2)掌握分光计的调节要求和调节方法。

(3)学习用自准直法、反射法测量正三棱镜顶角。

【实验器材】

分光计、平面反射镜、低压汞灯、三棱镜。

【实验原理】

1. 分光计测量原理

如图 3.11-1 所示,光源发出的光通过带狭缝的平行光管后成为平行光,平行光经载物台上的光学元件反射、折射或衍射后出射光传播方向发生改变,绕中心转轴转动望远镜,先后接收到不同方向出射的平行光,从读数圆盘上读出这两种情况下望远镜所处位置的角度,就可以计算出两条光线的夹角 φ 以及相关待测量。

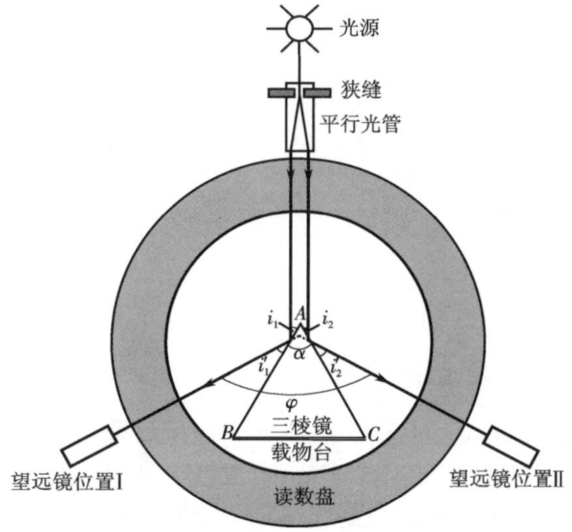

图 3.11-1　分光计测量原理(以反射法测三棱镜顶角为例)

2. 三棱镜顶角的测量

本实验中所用三棱镜主截面为正三角形，即如图 3.11-1 所示 $\triangle ABC$，三角形 AB 面和 AC 面是用于测量的光学表面，BC 面是毛玻璃面（图中双线表示，称为底面）。三棱镜顶角指两个光学表面 AB 和 AC 间的夹角，其理论值为 60°。测量三棱镜顶角的方法有多种，使用分光计测量时常采用自准直法和反射法。

1）自准直法

如图 3.11-2 所示，望远镜自身发出的光若沿光学面法线入射，反射光依然沿法线回到望远镜，即望远镜能看到自身反射光的方向就是光学面的法线方向。若分别测出两个光学面 AB 和 AC 的法线方向所在位置的角度，从而就能计算出两法线的夹角 φ，又由四边形内角为 360° 可得

$$\alpha+\varphi+90°\times 2=360°$$

于是三棱镜顶角为

$$\alpha=360°-180°-\varphi=180°-\varphi \tag{3.11-1}$$

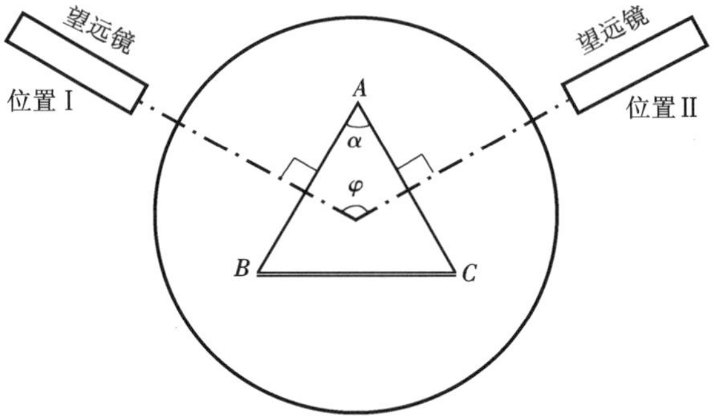

图 3.11-2　自准直法测三棱镜顶角

2）反射法

反射法光路如图 3.11-1 所示，由平行光管射出的平行光束被棱镜的两个光学面分成两部分，图中 i_1、i_2 分别为入射光线与两个光学面的夹角。设两条反射光线的夹角为 φ，由几何关系可得

$$i_1'=i_1\,,\ i_2'=i_2\,;\ i_1+i_2=\alpha\,;\ i_1'+i_2'+\alpha=\varphi$$

于是有

$$\alpha=\frac{\varphi}{2} \tag{3.11-2}$$

【实验内容】

1. 分光计的结构及自准直调节

JJY-2 型分光计的结构如图 3.11-3 所示，其主要由望远镜、平行光管、载物台和度盘等几大部分构成。在底座 22 的中央固定一个中心轴，度盘 1 和游标盘 23 套在中心轴上，可以绕中心轴旋转，度盘上刻有 720 条等分的刻线，每一格值为 30′，游标盘上沿直径对称方向设有两个 30 分度（分度值为 1′）的游标读数装置，通过手持放大镜读出两个读数值，对称位置

的两次计数可消除偏心引起的误差。平行光管安装在立柱上，平行光管的俯仰角度可以通过立柱上的调节螺钉 4 进行微调，平行光管带有可调狭缝，旋转平行光管调焦手轮 8，可沿光轴前、后移动狭缝体 6。狭缝的宽度可通过调节手轮 5 在 0~4 mm 内调节。望远镜 12 安装在支臂 17 上，支臂与转座 19 固定在一起，它们套在度盘 1 上并且与度盘同轴。当松开止动螺钉 20 时，转座 19 与度盘 1 可以相对转动，当旋紧止动螺钉 20 时，转座与度盘一起旋转，旋转制动架 21 与底座 22 上的止动螺钉时，借助制动架末端上的调节螺钉 18 可以对望远镜进行左右微调。望远镜系统的俯仰角度，可以通过调节俯仰螺钉 15 进行微调。望远镜系统的目镜可以通过旋转调焦手轮（望远镜的另一侧，未画出）实现沿光轴前、后移动。转动目镜视度调节手轮 13 可调节目镜视度。

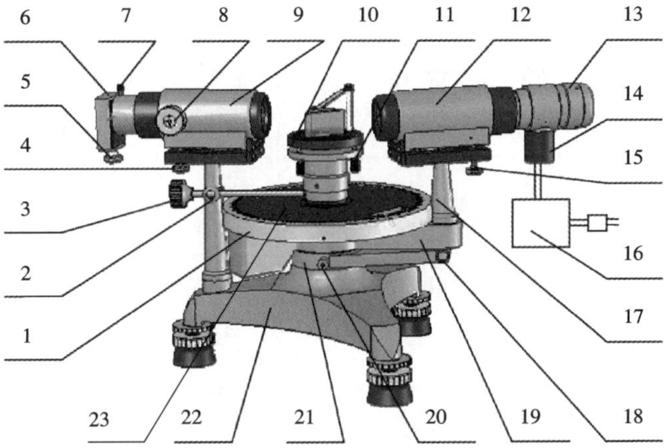

图 3.11-3　JJY-2 型分光计

1—度盘；2—游标盘微调手轮；3—游标盘止动螺钉；4—平行光管俯仰螺钉；5—狭缝宽度调节手轮；6—狭缝体；7—狭缝体锁紧螺钉；8—平行光管调焦手轮；9—平行光管；10—载物台；11—载物台调平螺钉；12—望远镜（另一侧有调焦手轮，未画出）；13—目镜视度调节手轮；14—灯源；15—望远镜俯仰螺钉；16—直流稳压源；17—望远镜支臂；18—望远镜微调螺钉；19—转座；20—止动螺钉；21—制动架；22—底座；23—游标盘

为了消除各部件旋转过程中的偏心差，分光计采用对称式双位平均读数方法。为了提高测量精度，分光计的读数系统由度盘与带有游标尺的游标盘组成，如图 3.11-4 所示。度盘可与望远镜锁定在一起，而游标盘与主轴锁定在一起；望远镜绕主轴转动时，游标尺不动，而度盘随望远镜转动，这样可以由起止角度的差值计算望远镜的转动角度。

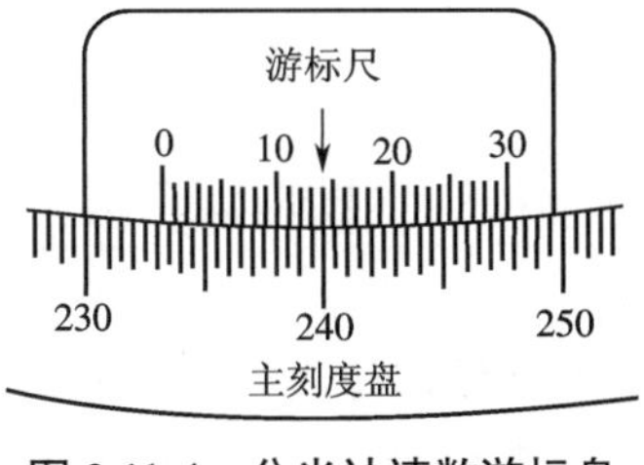

图 3.11-4　分光计读数游标盘

分光计上圆弧形游标的读数原理类似于游标卡尺，主刻度盘上每一小格为 30′。读数时，先读出游标尺 0 刻度线左边所在刻度盘刻度线代表的角度值（游标尺 0 刻度线左边所在主刻度盘刻度线是半度线时，要多读 30′），不足 30′ 的部分从游标尺上与主刻度盘刻线对齐的那一条刻度线读出，游标尺上每一小格表示 1′，两者之和即为总读数。图 3.11-4 中游标尺 0 刻度线左边所在主刻度盘刻度线为 233°，游标尺上与主刻度盘刻线对齐的那一条刻度线的读数为 14′，故总读数为 233°14′。

分光计的调节应遵守一定的原理和方法，一般来说，后续调节是以先行调节为基准的，因此在调节过程中不能轻易去动前面已调节的部分。

1）目镜的调焦

目镜调焦的目的是使眼睛通过目镜能很清楚地看到目镜中分划板上的刻线，调焦方法如下：先把目镜视度调节手轮 13 逆时针旋出，然后一边顺时针旋进，一边从目镜中观察，直至分划板刻线成像清晰（图 3.11-5），再慢慢地旋出手轮，直至目镜中的像清晰度将被破坏而未破坏时为止。

2）望远镜的调焦

望远镜调焦的目的是将目镜分划板下部的绿十字线（图 3.11-6 黑框中的十字）经平面镜的反射像调节到物镜的焦平面上，也就是望远镜对无穷远调焦，使平行入射光汇聚到焦平面的分划板上，具体方法如下。

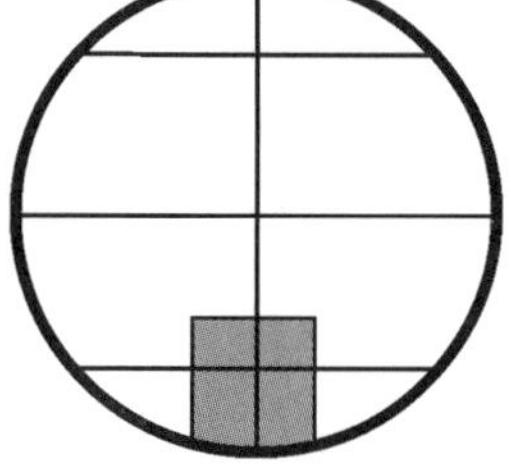

图 3.11-5　目镜调焦后视场中出现清晰的分划板刻线

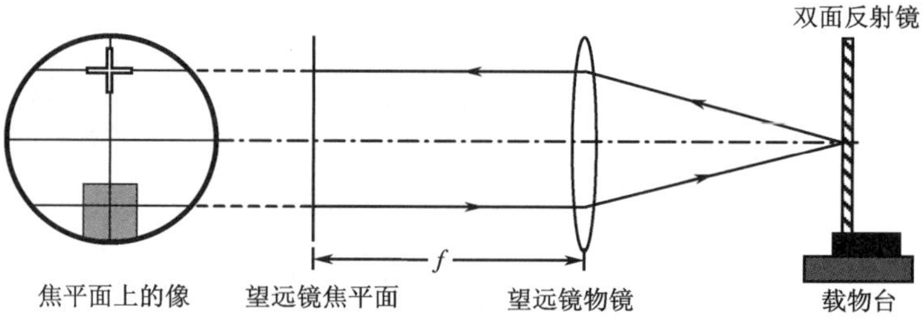

图 3.11-6　望远镜调焦原理及视场图像

（1）接上灯源，即将目镜灯源 14 插头与变压器插座相接。

（2）把望远镜俯仰螺钉 15 调到适中的位置。

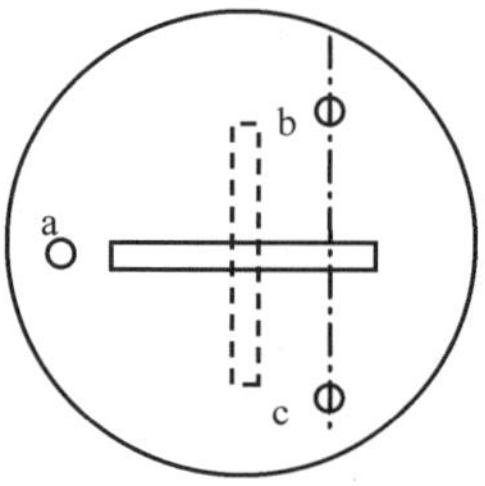

图 3.11-7　反射镜放置方法

（3）将双面反射镜放在载物台的中央，位置如图 3.11-7 实线所示，让载物台下两个调平螺丝 b、c 的连线垂直于镜面，旋转载物台，使反射镜一个反射面对着望远镜物镜，且与望远镜光轴大致垂直。

（4）通过调节载物台的调平螺钉和转动载物台，使望远镜的反射像和望远镜大致在同一直线上。

（5）左右旋转望远镜，适当调节俯仰螺钉，从目镜中观察反射镜中视场，可以寻找到一绿色亮斑，旋转望远镜调焦手轮 8 进行调焦，使亮斑变为亮十字线并成清晰像，在视场中可以观察到图 3.11-6 所示焦平面上的像（十字反射像清晰但位置不定）。

3）各半调节法调节望远镜的光轴与旋转主轴垂直

将载物台旋转 180°，完成双面反射镜的反射面反转。在此步骤中，将通过旋转载物台完成反射镜的转动，即反射镜在载物台上的位置应固定不动。此时视野中十字反射像可能再次模糊甚至不在视场范围内，应重新搜索视场并配合载物台调平螺钉的调节，找到反射像。

反复将载物台旋转 180°，反射镜的两个面反射的十字像均出现在望远镜视场中，但至少其中一个像与分划板上部的十字线不重合时，分以下三种情况进行相应调节。

（1）两个面反射像关于分划板上部的十字线上下对称，说明望远镜光轴与转轴垂直，但反射镜镜面与转轴不平行，此时调节载物台调平螺钉 b 或 c，使两个面反射像等高，并与分划板的上十字线重合。

（2）两个面反射像处于视场中的同一高度但与十字线不重合，说明望远镜光轴与转轴不垂直，此时调节望远镜俯仰螺钉 15，使反射像与分划板的上十字线重合。

（3）实验中很少出现上述两种情况，一般都是反射镜镜面与转轴不平行且望远镜光轴与转轴不垂直，此时应采用“各半调节法”进行逐次逼近调节。“各半调节法”是在视场中找到一个偏离上十字线的反射像，先调节载物台调平螺钉 b 或 c 使反射像的偏离距离减小一半，再调节望远镜俯仰螺钉 15 消除另一半偏离距离；然后将载物台旋转 180°，检查另一面的反射像与上十字线重合情况，若不重合，重复上述方法进行调节；反复旋转载物台并调节载物台和望远镜的角度，直至反射镜两个面反射的像均与分划板上部的十字线重合为止，如图 3.11-6 中分划板视场图。此时说明望远镜光轴与转轴垂直，载物台调平螺钉 b、c 两点连线与转轴垂直，但载物台调平螺钉 a 可能与 b、c 不在同一旋转平面内，应将反射镜按图 3.11-7 虚线位置放置，反复旋转载物台，只调节载物台调平螺钉 a，最终使反射的绿十字与分划板的上十字线重合，说明望远镜光轴与载物台转轴垂直。再次往复精确调节目镜视度调节手轮 13，使绿十字和上十字分划线无视差地重合。

4）平行光管的调焦

平行光管调焦的目的是把狭缝调节到物镜的焦平面上，也就是平行光管对无穷远调焦，具体方法如下。

（1）去掉目镜照明器上的光源，顺时针旋转狭缝宽度调节手轮 5 打开狭缝，用汞灯的漫射光照明狭缝。

（2）在平行光管物镜前放一张白纸，检查在纸上形成的光斑，调节光源的位置，使整个物镜孔径上照明均匀。

（3）除去白纸，把平行光管俯仰螺钉 4 调到适中的位置，将望远镜筒正对平行光管，从望远镜目镜中观察，调节平行光管俯仰螺钉 4 使狭缝位于视场中心。

（4）旋转平行光管调焦手轮 8，实现前后移动狭缝机构，使狭缝清晰地成像在望远镜分划板平面上。

5）平行光管光轴的调节

（1）松开狭缝体锁紧螺钉 7，旋转狭缝体，使狭缝的像与分划板中央横线平行，然后锁紧狭缝体锁紧螺钉 7，调节平行光管俯仰螺钉 4，升高或降低狭缝像的位置，使其与分划板中央横线重合，如图 3.11-8（a）所示。

（2）松开狭缝体锁紧螺钉 7，旋转狭缝体，绕主轴左右旋转望远镜，使狭缝的像与目镜分划板的垂直刻线重合，如图 3.11-8（b）所示，注意不要破坏平行光管的调焦，然后再次将狭缝体锁紧螺钉 7 旋紧。

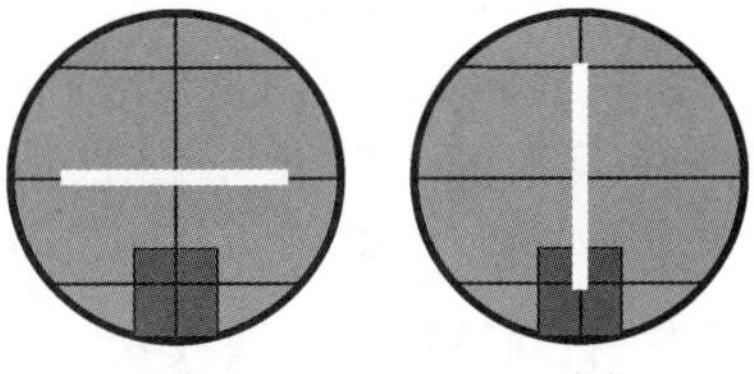

（a）　　　　（b）

图 3.11-8　平行光管光轴的调节得到狭缝的像

（a）垂直居中　（b）水平居中

至此，分光计的调节全部完成，不要再进行任何调节，准备实验测试即可。

2. 测量三棱镜顶角

1)对三棱镜进行自准直微调

由于反射镜底座与镜面不垂直等因素,会使光轴与旋转主轴的调节产生误差,而此误差主要来源于载物台平面与转轴不垂直,所以在放置三棱镜后,如果其光学面反射的十字像与分划板的上十字线不能够重合,则需要对载物台的水平情况进行进一步微调,此处调节有两种方法。一种方法是将三棱镜的三个顶点与载物台三个调平螺钉对应放置,根据绿十字像和十字分划线的偏差来微调对应螺钉高低,直到两个面都满足要求,注意最好分别调节两个螺钉。另一种方法是先将载物台调整到适当高度,再将三棱镜安放在载物台上,使一个光学面 AB 与载物台调平螺钉 b、c 连线垂直,然后转动载物台,使 *AB* 面正对望远镜,如图 3.11-9(a)所示,调节载物台调平螺钉 b 或 c,使反射十字像与上十字分划线重合(注意:此时望远镜下的俯仰螺钉已调节完毕,不能再调);再转动载物台,使三棱镜另一光学面 *AC* 正对望远镜,如图 3.11-9(b)所示,调节载物台另一调平螺钉 a,使反射十字像与上十字叉丝重合;反复旋转载物台进行调节,直到两反射像都与上十字叉丝重合。注意:在此步骤中,应通过旋转载物台完成三棱镜的转动,即三棱镜在载物台上的位置固定不动。

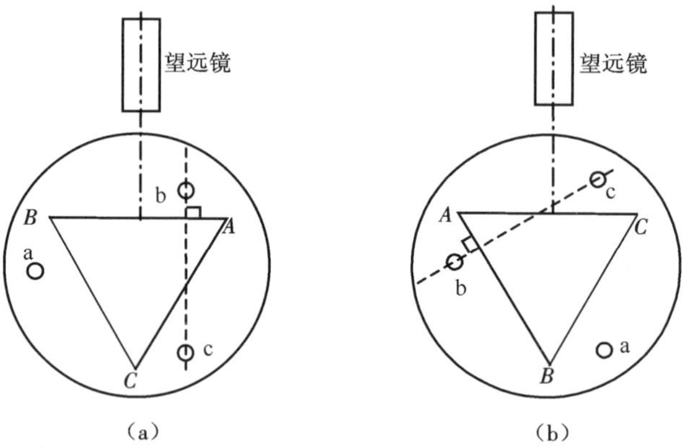

图 3.11-9 放上三棱镜后载物台的微调

(a)*AB* 面正对望远镜 (b)*AC* 面正对望远镜

2)自准直法测量

在上面调节的基础上,固定载物台(与游标盘相连),转动望远镜(与刻度盘相连),使 *AB* 面反射的十字像与分划板的上十字线完全重合(图 3.11-6),记录左、右两游标盘所示的读数 θ_1、θ_1';然后再转动望远镜使 *AC* 面反射的十字像与分划板的上十字线完全重合,再记录左、右两游标盘的读数 θ_2、θ_2'。四个数据中用下标 1、2 表示两次自准直的位置区别,用上标是否带"撇"区分游标盘的左右。注意:在望远镜旋转过程中,主刻度盘上的 0 刻度线有时会经过游标尺,此时在作差计算时,结果是一个大于 180° 的角度值,显然不符合实际望远镜转过的角度,应取此角的补角才有物理意义。因为此种情况不是所有人都会遇到,下面公式中未列出此种情况,实验者可以分析情况,修改公式格式进行计算,也可以调节分光计主刻度盘与游标尺的位置避免此种情况发生。

三棱镜两个光学面法线夹角的平均值为

$$\varphi=\frac{1}{2}\left(|\theta_2-\theta_1|+|\theta_2'-\theta_1'|\right)$$

代入式(3.11-1),有

$$\alpha=180°-\frac{1}{2}\left(|\theta_2-\theta_1|+|\theta_2'-\theta_1'|\right) \quad (3.11\text{-}3)$$

重复测量 5 次,求出顶角 α 的平均值;也可采用固定望远镜,转动载物台的方法进行测量。

3)反射法测量

调好载物台后,旋转载物台,按图 3.11-1 所示设置三棱镜的方位,即使三棱镜顶角对准平行光管,则平行光管射出的光束照在三棱镜的两个光学面上。将望远镜转至位置Ⅰ处,找到狭缝像,并使望远镜分划板竖线与像重合,固定望远镜,从两个游标尺位置读出角度 θ_1 和 θ_1',再将望远镜转至位置Ⅱ处,找到狭缝像,并使望远镜分划板竖线与像重合,固定望远镜,从两个游标尺位置读出角度 θ_2 和 θ_2'。根据式(3.11-2)可得三棱镜顶角为

$$\alpha=\frac{\varphi}{2}=\frac{1}{4}\left(|\theta_2-\theta_1|+|\theta_2'-\theta_1'|\right) \quad (3.11\text{-}4)$$

重复测量 5 次,取平均值计算顶角 α。实验数据处理及数据表格参考自准直法,请自行绘制。

【数据处理】

自准直法测量数据记入表 3.11-1,根据式(3.11-3)计算三棱镜顶角 α。

表 3.11-1 自准直法测三棱镜顶角

测量序号	位置Ⅰ读数		位置Ⅱ读数		α/(°)
	θ_1	θ_1'	θ_2	θ_2'	
1					
2					
3					
4					
5					
平均值	—	—	—	—	

参照表 3.11-1 自拟反射法测量表格,记录数据,并根据式(3.11-4)计算顶角 α,与自准直法结果比较。

【思考题】

(1)分光计主要分为望远镜、载物台、平行光管,这三部分在实验开始前应根据什么原则进行粗调?

(2)分光计调节部位很多,在调节过程中涉及光路的螺钉调好后,后面还可以再动吗?请分析原因。

(3)为什么采用“各半调节法”进行分光计的调节?

(4)放置玻璃三棱镜时,小平台的高度要合适,“合适”指什么?要达到什么目的?

3.12 用最小偏向角法测三棱镜折射率

折射率指光在真空中的速度与光在该材料中的速度的比率。材料的折射率越高,使入射光发生折射的能力越强。折射率是表征介质光学性质的重要参数,因此折射率的测定成为几何光学的重要问题。介质折射率的测定具有现实意义,通常方法有成像法、插针法、观察法、视深法、全反射法等。本实验中光线经过两次三棱镜折射后,观察到最小偏向角所在位置,测量角度后计算出三棱镜的折射率。

【实验目的】

(1)了解不同方法测量折射率的区别。

(2)掌握分光计的调节和使用。

(3)理解最小偏向角的光路。

(4)用最小偏向角法测玻璃三棱镜的折射率和色散曲线。

【实验器材】

分光计、玻璃三棱镜、汞灯。

【实验原理】

三棱镜玻璃的折射率,可用测定最小偏向角的方法求得。如图 3.12-1 所示,$\triangle ABC$ 是三棱镜的主截面,波长为 λ 的光线以入射角 i_1 投射到棱镜的 AB 面上,经 AB 和 AC 两个面折射后以 i_1' 角从 AC 面出射,出射光线和入射光线的夹角 δ 称为偏向角,δ 的大小随入射角 i_1 而改变。在入射光线和出射光线处于光路对称的情况下,即 $i_1 = i_1'$ 时,偏向角有最小值,记为 $\delta_{\min}$。可以证明,三棱镜玻璃的折射率 n 可由下式给出:

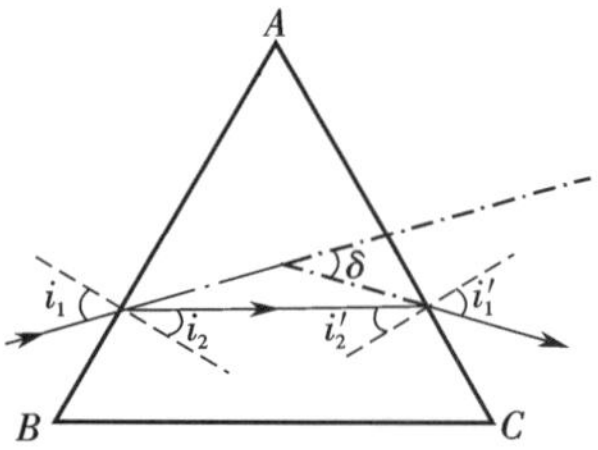

图 3.12-1 光在三棱镜中的传播

$$n = \frac{\sin \frac{\alpha + \delta_{\min}}{2}}{\sin \frac{\alpha}{2}} \tag{3.12-1}$$

式中,α 为三棱镜顶角;$\delta_{\min}$ 为最小偏向角。

若入射光为单色光,则三棱镜折射后,不同波长的光将产生不同的偏向而被分散开来,这就是色散现象。因此,最小偏向角 $\delta_{\min}$ 与入射光的波长有关,折射率也随不同波长而变化。折射率 n 与波长 λ 之间的关系曲线称为色散曲线。实验时,只要测出 α 和 $\delta_{\min}(\lambda)$,由式(3.12-1)计算相应的折射率 $n(\lambda)$ 值,即可作出该三棱镜材料的色散曲线。

【实验内容】

(1)调节分光计到使用状态,调节方法见“3.11 分光计的调节和使用”实验。

（2）调节三棱镜的主截面与分光计主轴垂直。为了满足下面的测量需要，宜将载物台放低些。

（3）测定最小偏向角 $\delta_{\min}$。

①确定出射光线的方位。

用汞灯照亮平行光管狭缝，将载物台与游标盘固定在一起，望远镜与刻度盘固定在一起，转动游标盘，使棱镜处于如图 3.12-2 所示的位置，先用眼睛沿着棱镜出射光线方向寻找经棱镜折射后的狭缝像，找到后再将望远镜移至眼睛所在的位置，此时可以在望远镜中观察到汞灯经棱镜 AB 和 AC 面折射后形成的光谱（即按不同波长依次排列的狭缝的单色像）。

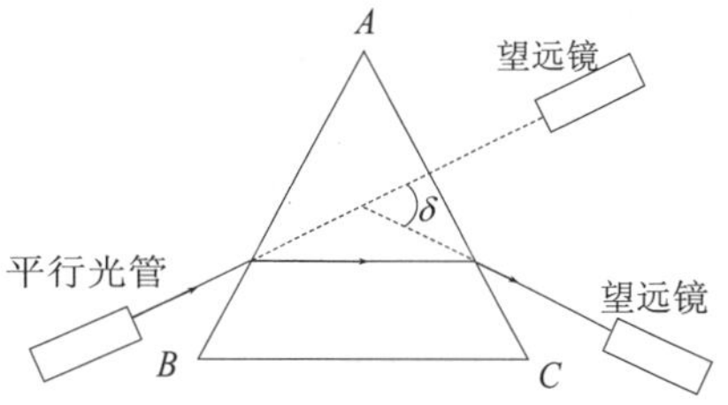

图 3.12-2　三棱镜测定最小偏向角

经望远镜对准其中的某一条谱线（如绿色谱线 $\lambda = 546.1\text{ nm}$），慢慢转动载物台，以改变入射角 i_1，使绿色谱线往偏向角减小的方向移动，同时转动望远镜跟踪谱线，直到载物台继续沿原方向转动时，绿色谱线不再向前移动反而向相反方向移动（偏向角反而增大）为止，这条谱线的反向转折位置就是三棱镜对该谱线的最小偏向角的位置。然后将望远镜的叉丝竖线大致对准绿色谱线，固定望远镜，微调游标盘，找出绿色谱线反向转折的确切位置；再固定游标盘，转动望远镜，使其叉丝竖线与绿色谱线中心对准，记下两游标的读数 θ_1、θ_2。

②确定入射光线的方位。

不取下三棱镜（因为一开始已将载物台调得较低，所以由平行光管出射的光束，其中一小部分可通过三棱镜上方直接进入望远镜中），仍使游标盘固定，转动望远镜直接对准平行光管，使叉丝竖线对准狭缝像中心，记下此时两游标的读数 θ_1'、θ_2'，则有

$$\delta_{\min} = \frac{1}{2}\left(|\theta_1' - \theta_1| + |\theta_2' - \theta_2|\right) \tag{3.12-2}$$

即为绿色谱线所对应的最小偏向角。

③重复步骤①、②测量三次，计算 $\bar{\delta}_{\min}$，数据记入表 3.12-1。

④测定汞灯其他几条谱线对应的最小偏向角 $\bar{\delta}_{\min}(\lambda)$。

【数据处理】

相应数据记录于表 3.12-1 中。

表 3.12-1　最小偏向角法测三棱镜折射率

三棱镜编号：　　　　α=__________

汞谱线波长/nm	测量序号	出射光方位度数		入射光方位读数		$\delta_{\min} = \frac{1}{2}\left(\|\theta_1' - \theta_1\| + \|\theta_2' - \theta_2\|\right)$	$\bar{\delta}_{\min}$	n
		θ_1	θ_2	θ_1'	θ_2'			
435.8	1							
	2							
	3							

续表

汞谱线波长/nm	测量序号	出射光方位度数		入射光方位读数		$\delta_{\min}=\frac{1}{2}(\lvert\theta_1'-\theta_1\rvert+\lvert\theta_2'-\theta_2\rvert)$	$\bar{\delta}_{\min}$	n
		θ_1	θ_2	θ_1'	θ_2'			
496.0	1							
	2							
	3							
546.1	1							
	2							
	3							
577.0	1							
	2							
	3							
579.1	1							
	2							
	3							
623.5	1							
	2							
	3							

（1）由式（3.12-1）推导出折射率 n 的不确定度 u_n 的表达式，并根据仪器的测量精度（分光计的读数误差可取它的分度值 1′）估计 u_A 和 u_B 代入并估计出 u_n，据此决定 n 应取几位有效数字。

（2）计算三棱镜材料对各波长的折射率 $n(\lambda)$，并画出色散曲线。

【思考题】

（1）分光计既然已调好，测顶角 α 时，为什么还要调节三棱镜的主截面使之垂直于仪器主轴？

（2）对同一种材料来说，红光和紫光中哪个波长的折射率小？哪个偏向角小？当转动棱镜找最小偏向角时，应使谱线向着红光移动，还是向着紫光移动？

3.13 牛顿环和劈尖的等厚干涉

光的干涉是一种重要的光学现象。频率相同、振动方向相同、相位差恒定的两束光相互叠加时，就会出现光强按空间周期性重新分布的现象，即干涉现象。在光的干涉实验中，通常采用分波阵面法（将同一束光的波阵面分割为两部分，如杨氏双缝干涉）或分振幅法（将同一束光的振幅分解为若干部分，如薄膜干涉）来获取相干光。本实验采用等厚干涉分振幅法来获取相干光。

在实际生产和科学研究中，人们不但利用等厚干涉来进行精密测量，而且还可以利用等厚干涉条纹的疏密和是否规则均匀来检验光学元件、精密机械表面、加工光面的光洁度、平整度以及半导体器件上镀膜厚度的测量。

【实验目的】

（1）学习读数显微镜的使用。

（2）掌握用牛顿环测平凸透镜曲率半径的方法。

（3）掌握用劈尖干涉测劈角的方法。

【实验器材】

读数显微镜、钠光灯、牛顿环装置、劈尖装置。

【实验原理】

1. 牛顿环的等厚干涉

把一块曲率半径很大的平凸透镜的凸面放在一块光学平板玻璃上，在透镜的凸面和平板玻璃间形成一个空气薄层，其厚度从中心接触点到边缘逐渐增加。离接触点等距离的地方厚度相同，等厚膜的轨迹是以接触点为中心的圆。当波长为 λ 的入射光垂直入射到透镜时，在空气膜上下表面反射的两束光为相干光，形成的干涉条纹是以透镜与玻璃接触点为圆心的明暗相间的同心圆环，即牛顿环。

如图 3.13-1 所示，P 点空气膜的厚度为 d，在 P 点处相遇的两反射光线的光程差为两条光线所走过的几何路程之差，加上由于光疏介质到光密介质反射而造成的半波损失带来的半个波长的附加光程差。

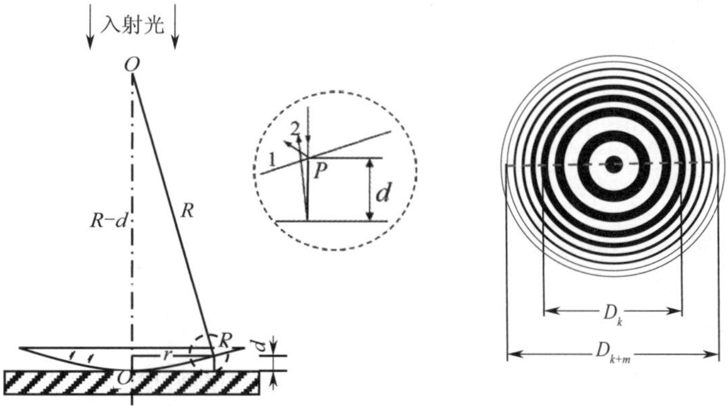

图 3.13-1　牛顿环干涉图

光程差为

$$\Delta = 2d + \lambda/2 \tag{3.13-1}$$

当光程差满足 $\Delta = 2d + \lambda/2 = (2k+1)\lambda/2$ $(k = 0,1,2,3,\cdots)$ 时，为暗条纹。

当光程差满足 $\Delta = 2d + \lambda/2 = k\lambda$ $(k =,1,2,3,\cdots)$ 时，为明条纹。

设透镜曲率半径为 R，干涉形成的条纹半径为 r，则根据几何关系有：

$$R^2 = (R-d)^2 + r^2 = R^2 - 2Rd + d^2 + r^2 \tag{3.13-2}$$

因为 $R >> r$，d^2 为一个二阶无穷小量，可以略去，故有：

$$d=\frac{r^2}{2R} \tag{3.13-3}$$

这一结果表明，离中心越远，光程差增加越快，所看到的牛顿环也变得越来越密。则根据牛顿环的暗纹条件：

$$\Delta=\frac{r^2}{R}+\lambda/2=(2k+1)\lambda/2\quad(k=0,1,2,3,\cdots) \tag{3.13-4}$$

由此可得，牛顿环的暗纹半径为

$$r=\sqrt{Rk\lambda} \tag{3.13-5}$$

上式表明：

（1）牛顿环的干涉级次 k 与 r^2 成正比，环半径越大，干涉纹越密；

（2）当 λ 已知时，只要测出第 k 级暗环的半径，就可计算出透镜的曲率半径 R。

观察牛顿环时会发现，牛顿环中心不是一点，而是一个不太清晰的圆斑。其原因是透镜和平板玻璃接触时，由于接触压力引起形变，使接触处并不是一个点而是一圆面；镜面上可能存在的微小灰尘也会引起附加的光程差，这都会给测量带来较大的误差，因此在做实验时必须考虑最一般的情况。

假定该实验装置圆心处附加厚度为 a，则图 3.13-1 中 P 点空气层的厚度为 $d+a$，则形成暗纹的条件为

$$\Delta=2(d+a)+\lambda/2=(2k+1)\lambda/2(k=0,1,2,\cdots)$$

再把式（3.13-3）代入，得到暗纹半径为

$$r_k^{\ 2}=kR\lambda-2Ra \tag{3.13-6}$$

为消除 a 带来的影响，测出第 k 和 $k+m$ 级暗条纹半径 r_k 和 r_{k+m}，代入式（3.13-6），再两式相减，得

$$r_{k+m}^2-r_k^2=mR\lambda$$

$$R=\frac{r_{k+m}^2-r_k^2}{m\lambda}$$

由于圆心不易确定，因此用直径代替半径，则透镜的曲率半径为

$$R=\frac{D_{k+m}^2-D_k^2}{4m\lambda} \tag{3.13-7}$$

式中：波长取 $\lambda=589.3\text{ nm}$。

2. 劈尖干涉

如图 3.13-2 所示，将两片光学平板玻璃片叠在一起，在一端夹一张薄纸或细丝，则在两玻璃片之间形成一空气劈尖膜，当用单色光垂直照射时，劈尖上下两表面反射的两束光将发生干涉。用读数显微镜观察其干涉图样为明暗相间、互相平行且都平行于两平板玻璃交线的等厚干涉条纹。

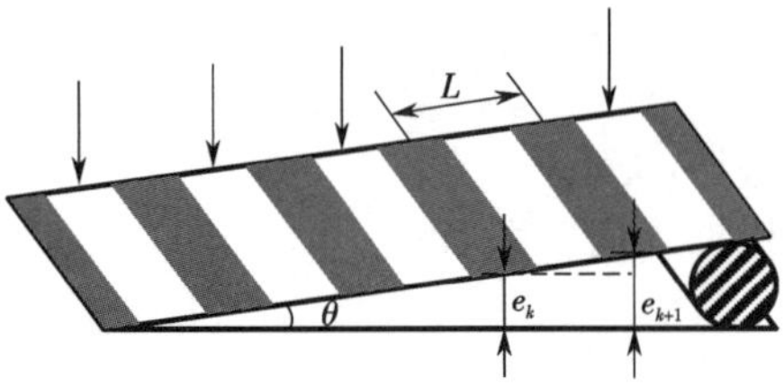

图 3.13-2 劈尖干涉原理图

与牛顿环的明暗纹条件一样，劈尖形成暗条纹的条件是

$$\Delta = 2e_k + \frac{\lambda}{2} = (2k+1)\frac{\lambda}{2}\ (k=0,1,2,\cdots)$$

任意两相邻暗条纹对应的空气层厚度差为

$$\Delta e_k = \frac{\lambda}{2} = L\sin\theta \qquad (3.13\text{-}8)$$

由于 θ 很小，$\sin\theta \approx \theta$，可得

$$\theta = \frac{\lambda}{2L}\ (L\text{ 为相邻暗纹间距离}) \qquad (3.13\text{-}9)$$

所以，当 λ 为已知时，测出 L，即可求出劈角 θ。

【实验内容】

关于读数显微镜的结构及使用方法见本书 2.2.1 节相关内容。本实验使用钠灯作光源，相关知识见本书 2.2.6 节内容。

1. 用牛顿环测量透镜的曲率半径

（1）调节读数显微镜目镜的十字叉丝，使其中一根与显微镜水平移动的方向平行，另一根与显微镜水平移动的方向垂直。

（2）将牛顿环装置放在载物台上，找到牛顿环所在的位置后，使它正对读数显微镜镜筒，调节物镜调焦手轮，先将物镜降到最低，慢慢升起物镜，直至在目镜中能够清楚地看到牛顿环干涉条纹。

（3）将显微镜内的十字叉丝的交点对准牛顿环的中心，且使其中一根丝垂直于显微镜移动方向，旋转测微鼓轮将叉丝移动到左侧第 37 暗环处，然后再向右方缓慢移动，顺序测定当十字叉丝的垂直丝分别与第 35，30，25，20，15，10 暗环中部相切时的位置读数 d，继续向右方移动，顺序读出右侧第 10，15，20，25，30，35 暗环的位置读数 d'，$|d-d'|$ 就是各级暗环的直径，数据记入表 3.13-1。为避免空程差，测微鼓轮应始终沿一个方向移动。

（4）采用逐差法，取 $m=15$，求出直径平方差的平均值 $\overline{D_{k+m}^2 - D_k^2}$，从而计算出透镜的曲率半径 R。

2. 用劈尖干涉法测劈角

将劈尖放在载物台上，调节物镜调焦手轮使干涉条纹清晰，调节目镜的边缘齿轮使目镜中的十字叉丝的竖线与干涉条纹平行，转动测微手轮使读数显微镜中十字叉丝对准某一暗纹中心，沿一个方向转动测微手轮，每隔 4 个暗纹记录一次数据，连续测量 10 个数据，记入表 3.13-2。采用逐差法求出相邻暗纹中心间距离的平均值，代入式（3.13-9）计算劈角。

【注意事项】

调节读数显微镜镜筒时，要从最低点向上调，以免压碎牛顿环装置。

【数据处理】

相应数据记录于表 3.13-1、表 3.13-2 中。

表 3.13-1　用牛顿环测量透镜的曲率半径数据（环数差 $m=15$）

暗环级数 k	暗环位置/mm		暗环直径 $D=\|d-d'\|$ /mm	D^2/mm²	$D^2_{k+m}-D^2_k$/mm²
	左侧 d	右侧 d'			
35					—
30					—
25					—
20					
15					
10					
平均值	—	—	—	—	

透镜曲率半径：$R=\dfrac{\overline{D^2_{k+m}-D^2_k}}{4m\lambda}=$____________________。

表 3.13-2　劈尖干涉测量数据记录　　单位：mm

k	0	4	8	12	16
读数					
k	20	24	28	32	36
读数					
逐差 20 L					
$\overline{20L}$			$\bar{L}=\dfrac{\overline{20L}}{20}$		

劈角大小：$\theta=\dfrac{\lambda}{2\bar{L}}=$____________________。

【思考题】

（1）牛顿环的干涉条纹是由哪两束光线产生的？在哪个表面形成的？

（2）理论上牛顿环中心是一个暗点，实际看到的往往是一个忽明忽暗的斑，造成这种情况的原因是什么？对透镜曲率半径 R 的测量有影响吗？为什么？

3.14　杨氏双缝干涉实验

17 世纪，以牛顿为代表的科学家建立了光的微粒学说，并以光的反射、折射、成像等规律的几何光学为实验依据。同时期的惠更斯等人却提出了光的波动学说，认为光是以波的方式产生和传播的，但早期的波动理论缺乏数学基础，很不完善，没有得到重视。直到后来，菲涅耳对惠更斯的光学理论进行了发展和补充，创立了“惠更斯-菲涅耳原理”，才较好地解释了衍射现象，完成了光的波动说的全部理论。

19 世纪初，托马斯·杨发表了一篇论文——《物理光学的相关实验与计算》（*Experi-*

ments and Calculations Relative to Physical Optics)，成功完成了著名的杨氏双缝干涉实验，详细阐述了这些实验结果。由于亮度分布可以用波的相长干涉与相消干涉这两种干涉机制来解释，意味着光是一种振动波，为光的波动理论确定了实验基础。这促使光波动说被广泛接受，也直接导致 17、18 世纪的主流理论"光微粒说"渐趋式微。

杨氏双缝干涉实验的影响十分深远。1961 年，克劳斯·约恩松（C. Jönsson）创先用双缝实验来检试电子的物理行为，他发现电子也会发生干涉现象。1974 年，皮尔·梅利（P. Merli）成功将电子一粒一粒地发射出来，在探测屏上，他也明确地观察到干涉现象。2002 年 9 月，约恩松的双缝实验被 *Physics World* 杂志的读者选为最美丽的物理实验。

【实验目的】

（1）观察杨氏双缝干涉现象。

（2）测量光波波长。

【实验器材】

钠光灯（加圆孔光光阑）、凸透镜 L（f=50 mm）、二维调整架、单面可调狭缝、双缝、干板架、测微目镜 Le（去掉物镜头的读数显微镜）、读数显微镜架、升降调节座。

【实验原理】

杨氏双缝干涉是利用分波面法获得相干光的方法，杨氏双缝干涉实验的装置如图 3.14-1 所示，其原理如图 3.14-2 所示。在普通单色光源（如钠光灯）前面放一单缝 S，在 S 的前方再放一个开有双缝 S_1 和 S_2 的屏，且 S_1 和 S_2 彼此相距很近，且到 S 等距。根据惠更斯原理，S_1 和 S_2 将向前发射次波（球面波），形成的相干波在距离为 D 的接收屏上叠加，形成干涉图样。实验可以不用接收屏，而用测微目镜直接观测，并测量数据用以计算。

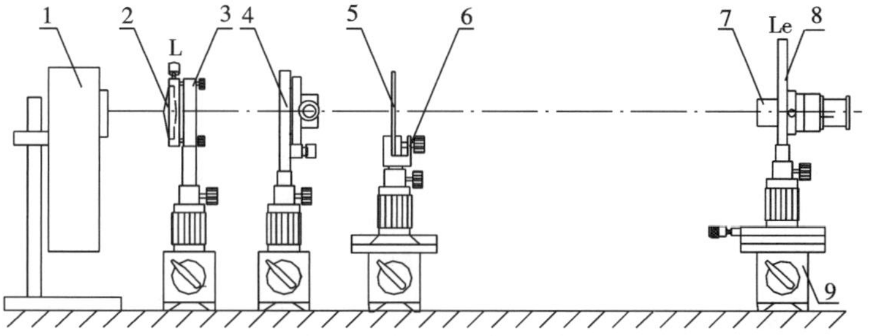

图 3.14-1　杨氏双缝干涉实验装置图

1—钠光灯（加圆孔光栏）；2—凸透镜 L（f = 50 mm）；3—二维调整架；4—单面可调狭缝；5—双缝；6—干板架；7—测微目镜 Le（去掉物镜头的读数显微镜）；8—读数显微镜架；9—升降调节座

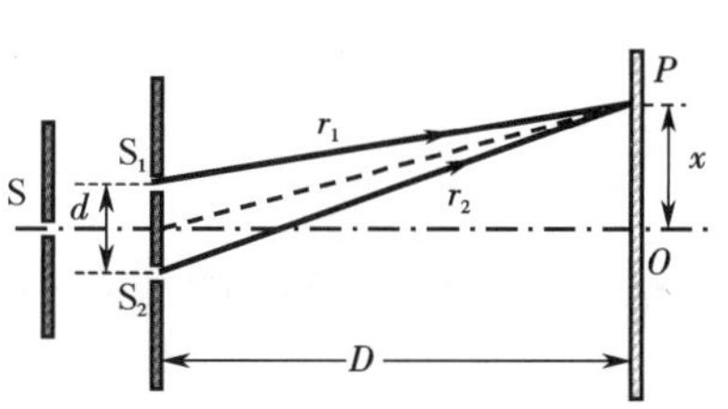

图 3.14-2　杨氏双缝干涉原理图

设双缝 S_1 和 S_2 的间距为 d，它们到屏幕的垂直距离为 D（屏幕与两缝连线的中垂线相垂直）。由于 S_1 和 S_2 到 S 的距离相等，故 S_1 和 S_2 处的光振动具有相同的相位，屏幕上各点的干涉强度将由两束光的光程差决定。在屏幕上建立坐标系，原点 O 位于 S_1 和 S_2 连线的中垂线上，向上为坐标正方向。设屏幕上任意一点 P，坐标为 x，S_1 和 S_2 到 P 点的距离分别为 r_1 和 r_2，根据几何关系有：

$$r_1^2 = D^2 + (x - \frac{d}{2})^2 \tag{3.14-1}$$

$$r_2^2 = D^2 + (x + \frac{d}{2})^2 \tag{3.14-2}$$

由以上两式可以得到

$$r_2^2 - r_1^2 = 2xd \tag{3.14-3}$$

$$(r_2 - r_1)(r_2 + r_1) = 2dx$$

因为 $D >> d$，$D >> x$，所以 $r_1 + r_2 \approx 2D$。

若整个装置放在空气中，则相干光到达 P 点的光程差为

$$\varDelta = \Delta r = r_2 - r_1 = \frac{dx}{D} \tag{3.14-4}$$

1. 干涉条件

当 P 点满足 $\varDelta = \pm k\lambda$ 时，为明纹，$k = 0,1,2,3,\cdots$。

当 P 点满足 $\varDelta = \pm(2k+1)\dfrac{\lambda}{2}$ 时，为暗纹，$k = 0,1,2,3,\cdots$。

2. 屏幕上各级干涉条纹的位置

$$x_k = \pm\frac{D}{d}k\lambda \text{，明纹，} k = 0,1,2,3,\cdots \tag{3.14-5}$$

$$x_k = \pm\frac{D}{d}(2k+1)\frac{\lambda}{2} \text{，暗纹，} k = 0,1,2,3,\cdots \tag{3.14-6}$$

3. 条纹间距

由式（3.14-5）和式（3.14-6）可以计算出相邻明纹或暗纹之间的距离相等，用 Δx 表示，它反映了条纹的疏密程度。

相干条纹的间距为

$$\Delta x = \frac{D}{d}\lambda \tag{3.14-7}$$

变换可得

$$\lambda = \frac{\Delta x d}{D} \tag{3.14-8}$$

此为本实验所要使用的原理公式。从实验中测得 D，d 以及 Δx，即可由上式算出波长 λ。

【实验内容】

（1）把全部仪器按照图 3.14-1 在平台上摆放好，并调成共轴等高系统。钠光灯（加圆孔光阑）经透镜聚焦于狭缝上，使单缝和双缝平行（都和目镜的刻线平行），而且由单缝射出的光照射在双缝的中间。

（2）适当调窄单缝，使在目镜视场中看到干涉条纹，并调节单缝和双缝的平行度（调节单缝即可），使干涉条纹位于目镜中心且最清晰。

（3）用测微目镜测出连续 6 条干涉条纹的位置，用逐差法求出条纹间距 $\overline{\Delta x}$，用测微目镜测量双缝间距 d，用米尺测出双缝到测微目镜焦平面上叉丝分划板的距离 D，把测出的各量代入式 $\overline{\lambda}=\overline{\Delta x}\cdot\overline{d}/\overline{D}$ 中求出波长 $\overline{\lambda}$，数据记入表 3.14-2 和表 3.14-3。

【数据处理】

相应数据记录于表 3.14-1、表 3.14-2 中。

表 3.14-1　条纹间距的测量　　单位：mm

条纹位置				$3\Delta x$	$\overline{3\Delta x}$	$\overline{\Delta x}$	$\overline{\lambda}=\overline{\Delta x}\cdot\overline{d}/\overline{D}$
x_1		x_4					
x_2		x_5					
x_3		x_6					

表 3.14-2　双缝间距及双缝至屏幕距离的测量　　单位：mm

物理量	测量次数			平均值
	1	2	3	
D_i				
$D_i-\overline{D_i}$				—
d_i				
$d_i-\overline{d_i}$				—

（1）根据所测数据用逐差法计算波长 $\overline{\lambda}$。

（2）评定波长 $\overline{\lambda}$ 的不确定度、相对不确定度，写出测量结果表达式。

（3）由钠光的标准波长 589.3 nm 计算测量结果的相对误差。

$$E(\overline{\lambda})=\frac{\left|589.3-\overline{\lambda}\right|}{589.3}\times 100\%$$

【思考题】

（1）用同一种颜色的光照射时，双缝间距 d 与干涉条纹疏密有何关系？

（2）用不同颜色的光照射时，光的波长 λ 与干涉条纹疏密有何关系？

第 4 章　综合性实验

4.1　稳态法测固体导热系数

物体热传导能力的强弱一般用导热系数（又称热导率）来衡量。导热系数高的物体为良导热体，否则为不良导热体。物体导热系数的大小与物体的组成、结构、密度、压力和温度等因素有关。作为表征材料性质的重要参数，在科学研究以及工程技术的许多领域都需要测定物体的导热系数。例如，火箭发射时，其发动机温度可达 3 000 ℃，必须采用具有合适导热系数的材料，以防止高温对发动机以及周边部件的损害；冬天户外暖气管道输运时，外壁一般包裹一层不良导热体作为隔热材料，防止输运过程的热量损耗；空调的散热器、冰箱的冷凝管以及各种电路由于发热需要散热时，必须采用良导热体作为散热器件；建筑材料也常常需要知道导热系数的大小。因此，测定材料的导热系数具有极其重要的意义。

测定导热系数的方法一般可分为稳态法和非稳态法（动态法）两种。稳态法就是让样品处于高温热源和低温热源之间，样品内部形成稳定的温度梯度分布，热量稳定地在测试样品中进行传递。非稳态法中，待测样品中的温度分布是随时间变化的，如按周期性变化等。本实验采用稳态法进行测量。

【实验目的】

（1）了解热传导的物理过程和热电偶的工作原理。

（2）理解稳态法要求的测量条件和稳态法测导热系数的原理。

（3）掌握利用稳态法测定样品导热系数的方法。

【实验器材】

导热系数测定仪（图 4.1-1）、温度传感器（热电偶）。

【实验原理】

实验中，将样品制成平板状圆盘，其上端面与一个稳定的均匀发热体充分接触，下端面与均匀散热体相接触。由于平板样品的侧面积比平板平面面积小很多，可以认为热量只沿着上下方向垂直传递，横向由侧面散去的热量可以忽略不计，也就是样品内只在垂直样品平面的方向上分布温度梯度，在同一平面内各处的温度相同。

根据傅里叶导热方程式，在物体内部取两个垂直于热传导方向、彼此间相距为h的两个平行平面，设稳态时样品上、下表面的温度分别为T_1、T_2（设$T_1 > T_2$），如图 4.1-2 所示。若平面面积均为S，在Δt时间内通过面积S的热量ΔQ满足下述表达式：

$$\frac{\Delta Q}{\Delta t} = \lambda S \frac{T_1 - T_2}{h} \tag{4.1-1}$$

式中：$\dfrac{\Delta Q}{\Delta t}$ 为热流量；λ 为该物质的导热系数，λ 在数值上等于相距单位长度的两平面的温度相差 1 K 时，单位时间内通过单位面积的热量，其单位是 W / (m·K)。

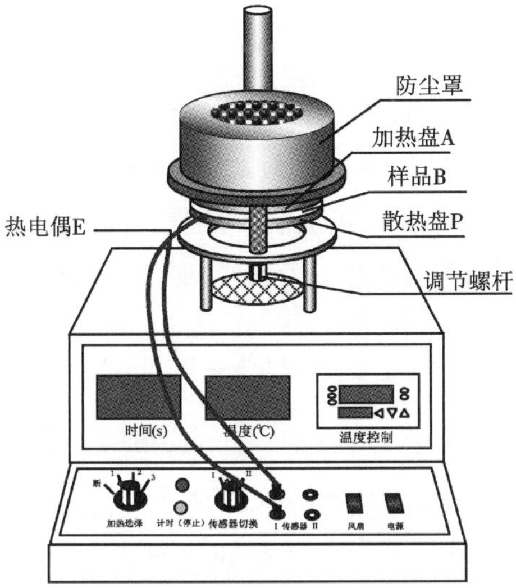

图 4.1-1　导热系数测定仪

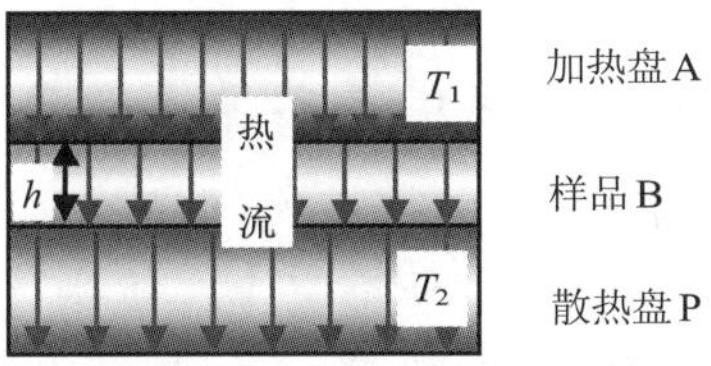

图 4.1-2　热传导原理示意图

实验仪器如图 4.1-1 所示，圆铜盘（散热盘 P）置于支架上，P 的上面放上待测样品 B（圆盘形的不良导体），把带发热器的圆铜盘（加热盘 A）放在 B 上。加热器通电后，热量从 A 盘传到样品 B，再传到 P 盘，由于 A、P 盘都是良导热体，其温度可以代表样品 B 上、下表面的温度 T_1、T_2。

由式（4.1-1）可知，单位时间内通过待测样品 B 任一圆截面的热流量为

$$\frac{\Delta Q}{\Delta t}=\lambda\frac{T_1-T_2}{h_{\mathrm{B}}}\pi R_{\mathrm{B}}^2 \tag{4.1-2}$$

式中：R_{B} 为样品 B 的半径；h_{B} 为样品 B 的厚度，当热传导达到稳定状态时，T_1 和 T_2 的值不变，通过样品 B 上表面的热流量与由 P 盘向周围环境散热的速率相等，因此可通过 P 盘在稳定温度 T_2 时的散热速率来求出热流量 $\dfrac{\Delta Q}{\Delta t}$。

实验中，在读得稳定时的 T_1 和 T_2 后，即可将样品 B 移去，使 A 盘的底面与 P 盘直接接触。当 P 盘的温度上升到高于稳定时的 T_2 值若干摄氏度后，再将 A 盘移开，让 P 盘自然冷却。观察其温度 T 随时间 t 的变化情况，由此求出盘 P 在 T_2 的冷却速率 $\left.\dfrac{\Delta T}{\Delta t}\right|_{T=T_2}$，而 $mc\left.\dfrac{\Delta T}{\Delta t}\right|_{T=T_2}=\dfrac{\Delta Q}{\Delta t}$（其中 m 为 P 盘的质量，c 为铜的比热容）就是 P 盘在温度为 T_2 时的散热速率。但要注意，这样求出的 $\Delta T/\Delta t$ 是 P 盘的全部表面暴露于空气中的冷却速率，其散热表面积为 $2\pi R_{\mathrm{P}}^2+2\pi R_{\mathrm{P}}h_{\mathrm{P}}$（其中 R_{P} 与 h_{P} 分别为盘 P 的半径与厚度）。然而，在观察测试样品的稳态传热时，P 盘的上表面（面积为 πR_{P}^2）被样品 B 覆盖。考虑到物体的冷却速率与它的表面积成正比，则稳态时盘 P 散热速率的表达式应作如下修正：

$$\frac{\Delta Q}{\Delta t}=mc\frac{\Delta T}{\Delta t}\bigg|_{T=T_2}\frac{\pi R_P^2+2\pi R_P h_P}{2\pi R_P^2+2\pi R_P h_P} \tag{4.1-3}$$

将式(4.1-3)代入式(4.1-2),得

$$\lambda=mc\frac{\Delta T}{\Delta t}\bigg|_{T=T_2}\frac{(R_P+2h_P)h_B}{(2R_P+2h_P)(T_1-T_2)}\frac{1}{\pi R_B^2} \tag{4.1-4}$$

由式(4.1-4)可知,只要测得T_1、T_2和 P 盘的散热速率$\Delta T/\Delta t$,再测得盘 P 的半径R_P、厚度h_P以及样品 B 的半径R_B和厚度h_B,就可以计算出样品的导热系数λ。盘 P 和样品 B 的厚度、半径可用游标卡尺测得,T_1、T_2由插入 A、P 盘边缘小孔的热电偶 E 测量。热电偶是一种常用的测温元件,它直接测量温度,并把温度信号转换成热电动势信号,通过电气仪表转换成被测介质的温度。

【实验内容】

1. 不良导热体导热系数的测量

(1)实验时,先将待测样品放在散热盘上面,然后将加热盘放在样品上方,并用固定螺母固定于机架上。调节三个螺旋头,使样品的上下两个表面与加热盘和散热盘紧密接触,确保样品、加热盘、散热盘三者对齐。

(2)将热电偶热端涂上硅脂后插入散热盘侧面的小孔中,将热电偶接线连接到仪器面板的传感器相应挡位上,用专用导线将仪器机箱后部插座与加热组件圆铝板上的插座连接。

(3)接通电源,打开风扇开关,在“温度控制”仪表上设置加热上限(默认 80 ℃),待仪表数值不变时,记录初始数据,包括加热盘初始温度T_{10}、散热盘初始温度T_{20},填入表 4.1-1。将加热选择开关由“断”打向“1、2、3”任意一挡,此时指示灯亮,打向“3”挡时,加温速度最快。当加热盘的温度达到所设温度时,可将加热选择开关打向“2”或“1”挡,降低加热电压(降低加热电压需根据环境温度选择操作)。加热约 40 min 后,加热盘和散热盘的温度不再上升,仍会有小幅波动,说明系统已达到稳态,每隔 2 min 记录加热盘和散热盘的温度值T_1、T_2(连续记录 5 组),将数据填入表 4.1-2,并计算相应的平均值$\overline{T_1}$、$\overline{T_2}$。

(4)测量散热盘在稳态值$\overline{T_2}$附近的冷却速率($\frac{\Delta T}{\Delta t}\big|_{T=\overline{T_2}}$)。移开加热盘,取下样品,并使加热盘的底面与散热盘直接接触,当散热盘的温度上升到高于稳态温度$\overline{T_2}$约 10 ℃时,将加热选择开关打向“断”挡,移开加热盘,让散热盘在风扇作用下冷却。当T_2的示数降为$T_{高}\approx\overline{T_2}+T'$时,按下绿色按钮开始计时,降为$T_{低}\approx\overline{T_2}-T'$时停止计时,则$\Delta T\approx 2T'$(一般取$T'=2$ ℃),将$T_{高}$、$T_{低}$、ΔT的仪器读数以及其他实验参数记入表 4.1-3,计算出散热盘的冷却速率$\frac{\Delta T}{\Delta t}\big|_{T=\overline{T_2}}$。

2. 金属导热系数的测量(选做)

将硬铝样品侧面绝热,样品的上、下表面周围分别套一个绝热圆环,置于发热圆盘与散热圆盘之间,将两根热电偶分别插入硬铝样品上、下端的小孔内。接通电源,打开风扇开关,设定加热盘温度,采用自动控温对样品加热,待样品达到稳定导热状态,记下样品上、下表面

的温度T_1和T_2。

移去样品，用加热盘直接对散热盘加热，待散热盘温度高出T_2若干摄氏度时，将加热盘移开，让散热盘在风扇作用下冷却，测出散热盘的冷却速率 。自拟表格记录数据。

3. 空气导热系数的测量（选做）

通过调节三个螺旋头，使加热盘与散热盘的距离为 h，并用塞尺进行测量（即塞尺的厚度），此距离即为待测空气层的厚度。注意：由于存在空气对流，所以此距离不宜过大。接通电源，打开风扇开关，设定加热盘温度，采用自动控温对空气加热，待达到稳定导热状态，记下样品上、下表面的温度T_1和T_2。

移去样品，用加热盘直接对散热盘加热，待散热盘温度高出T_2若干摄氏度时，将加热盘移开，让散热盘在风扇作用下冷却，测出散热盘的冷却速率。自拟表格记录数据。

【注意事项】

（1）注意保护热电偶，热电偶测温点须与被测物体接触良好，并涂抹足够的导热硅脂，切忌用力扯拽热电偶。

（2）加热样品时，为达到稳定的传热，调节底部的三个微调螺钉，使样品与加热盘、散热盘紧密接触。注意，中间不要有空气隙，也不要将螺钉旋太紧，以免影响样品的厚度。

（3）本实验装置呈装配式，实验中需要不断变换，操作必须小心谨慎。抽出被测样品时，应先旋松加热盘侧面的固定螺钉。样品取出后，小心将加热盘降下，使加热盘与散热盘接触，注意戴好隔热手套，防止高温烫伤。在测定散热盘的冷却速率时，加热盘升起移开后必须牢牢地固定在机架上，防止实验过程中下滑造成事故。

（4）测量散热盘的冷却速率时，一定要打开风扇。

（5）实验结束后，保管好待测样品，不要使样品两端面划伤，以免影响实验精度，最后要关闭电源开关，拔下电源线。

【数据处理】

（1）记录初始数据，见表 4.1-1。

表 4.1-1　样品上、下表面的初始温度T_{10}和T_{20}　　单位：℃

T_{10}	T_{20}	$\Delta T_0 = T_{10} - T_{20}$

（2）记录稳态时样品上、下表面的温度 T_1 和 T_2（每隔 2 min 记录 1 次），见表 4.1-2。

表 4.1-2　稳态时样品上、下表面的温度T_1和T_2　　单位：℃

温度	次数					平均值
	1	2	3	4	5	
T_1						
T_2						

（3）散热盘冷却速率 $\left.\frac{\Delta T}{\Delta t}\right|_{T=\overline{T_2}}$ 测量及仪器标牌上的散热盘、样品数据的记录，见表 4.1-3。

表 4.1-3 其他单次测量实验数据记录

$T_{高}$/℃	$T_{低}$/℃	Δt/s	加热盘比热 c /[(cal/(g•℃)]	加热盘质量 m/g	加热盘直径 D_P/cm	加热盘厚度 h_P/cm	样品直径 D_B /cm	样品厚度 h_B /cm

（4）根据实验结果，用式（4.1-4）计算样品的导热系数。式中，$\left.\frac{\Delta T}{\Delta t}\right|_{T=\overline{T_2}}=\frac{T_{高}-T_{低}}{\Delta t}$，半径 R 用直径 D 代入，即 $R=\frac{D}{2}$。

单位换算：1 cal/(s·cm·℃) = 418.68 W/(m·K)。

样品的导热系数为

$$\bar{\lambda}=mc\frac{T_{高}-T_{低}}{\Delta t}\frac{\left(D_P+4h_P\right)h_B}{\left(D_P+2h_P\right)\left(\overline{T_1}-\overline{T_2}-\Delta T_0\right)}\frac{2}{\pi D_B^2}$$

【思考题】

（1）测导热系数 λ 要满足哪些条件？

（2）测冷却速率时，为什么要在稳态温度 T_2 附近选值？如何计算冷却速率？

（3）待测样品是厚一点好，还是薄一点好？为什么？

（4）讨论本实验的误差因素，并说明原因。

4.2 气体比热容比的测定

气体的比热容比 γ 是气体的定压比热容 c_p 与定容比热容 c_V 之比，即 $\gamma=c_p/c_V$，也称气体的绝热系数，是绝热过程中的一个重要物理量。测定气体的比热容比 γ 有助于研究气体的内能、气体分子的运动和分子内部的运动规律等。同时，γ 也是热力学理论及工程技术中常用而且重要的物理量，对它的准确测量也是物理学的基本测量之一。常用的测量气体比热容比 γ 的方法有很多，如振动法、超声法和绝热膨胀法等。振动法是最常用的方法之一，其原理是通过实现热力学中的准静态过程（绝热过程），使钢球以小孔为中心上下做简谐振动，再通过测定振动周期来计算气体比热容比。本实验用振动法测量气体的比热容比。

【实验目的】

（1）理解气体比热容比的物理意义。

（2）掌握测定空气比热容比的原理及方法。

（3）掌握物理天平、螺旋测微器、数字计时仪的使用方法。

【实验器材】

气体比热容比测定仪、物理天平、螺旋测微器、数字计时仪等。气体比热容比测定仪的结构及连接方法如图 4.2-1 所示。

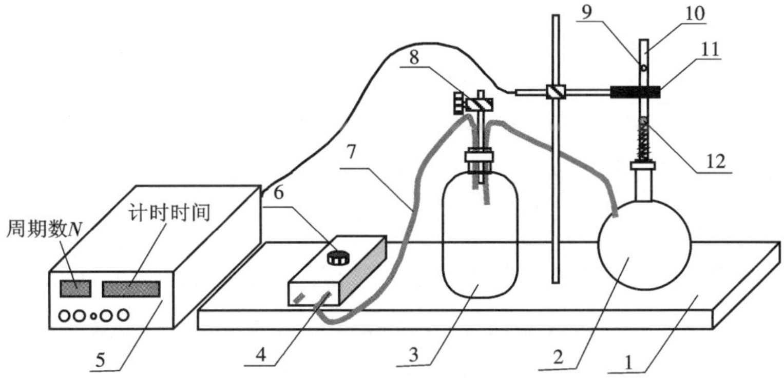

图 4.2-1　气体比热容比测定仪的结构及连接方法

1—底座；2—储气瓶Ⅰ；3—储气瓶Ⅱ；4—气泵出气口；5—数显计数计时毫秒仪；6—气泵及气量调节旋钮；7—橡皮管；8—调节阀门；9—系统气压动平衡调节气孔；10—钢球简谐振动腔；11—光电传感器；12—钢球

【实验原理】

本实验装置如图 4.2-2 所示，钢球的直径比玻璃管直径仅小 0.01～0.02 mm，它能在此精密玻璃管中上下移动。在储气瓶的壁上有一微孔，经微孔插入一根细管，各种气体通过它可以注入储气瓶。

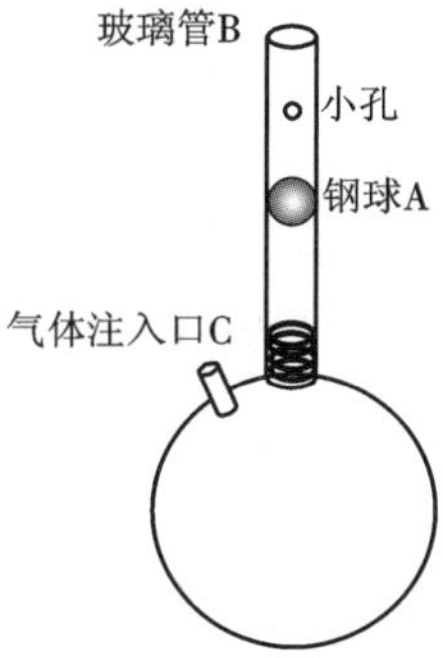

图 4.2-2　基本装置图

当储气瓶内压强 p 满足 $p = p_L + \frac{mg}{\pi r^2}$ 时，钢球 A 处于受力平衡状态，其中 p_L 为大气压强，m 为钢球 A 的质量，r 为钢球的半径（直径为 d）。在精密玻璃管 B 的中央开有一个小孔，当钢球 A 处于小孔下方的半个振动周期时，注入气体使储气瓶的内压力增大，使钢球 A 向上移动，而当钢球 A 处于小孔上方的半个振动周期时，储气瓶内的气体将通过小孔流出，使钢球下落。重复上述过程，只要适当控制注入气体的流量，钢球 A 可在小孔附近作简谐振动，振动周期利用光电计时装置测量。

若钢球偏离平衡位置一个较小距离 x，则储气瓶内的压强变化 $\mathrm{d}p$，钢球的运动方程为

$$m\frac{\mathrm{d}^2 x}{\mathrm{d}t^2} = \pi r^2 \mathrm{d}p \tag{4.2-1}$$

钢球振动过程相当快，可以看作绝热过程，绝热方程为

$$pV^{\gamma} = 常数 \tag{4.2-2}$$

对式（4.2-2）求导数，得出：

$$\begin{cases} \mathrm{d}p = -\dfrac{p\gamma \mathrm{d}V}{V} \\ \mathrm{d}V = \pi r^2 x \end{cases} \tag{4.2-3}$$

将式（4.2-3）代入式（4.2-1），得

$$\frac{\mathrm{d}^2 x}{\mathrm{d}t^2} + \frac{\pi^2 r^4 p\gamma}{mV} x = 0$$

上式即为熟知的简谐振动方程，其解为

$$\omega=\sqrt{\frac{\pi^2 r^4 p\gamma}{mV}}=\frac{2\pi}{T}$$

$$\gamma=\frac{4mV}{T^2 pr^4}=\frac{64mV}{T^2 pd^4} \tag{4.2-4}$$

式中各量均可测得，由此可算出 γ 值。

理论上，绝热系数 γ 仅与气体分子的自由度 i 有关，与气体的种类和温度无关，即 $\gamma=\frac{i+2}{i}$。对于单原子分子气体（如惰性气体），只有 3 个平动自由度，即 i=3，γ=1.67。对于刚性双原子分子（如 N_2，H_2，O_2），除上述 3 个平动自由度外，还有 2 个转动自由度，即 $i=5$，$\gamma=1.40$。对于刚性多原子分子，一般有 3 个平动自由度和 3 个转动自由度，即 $i=6$，$\gamma=1.33$。此处理论所采用的模型为理想气体分子，且忽略分子振动的影响。

【实验内容】

1. 实验仪器的调整

（1）接通气泵的电源，调整玻璃管竖直，使钢球与玻璃管壁无摩擦。

（2）利用方形连接块将光电接收装置固定于玻璃管的小孔附近。

（3）缓慢调节气泵上旋钮，待储气瓶内注入一定压力的气体后，玻璃管中的钢球离开弹簧，向玻璃管上方移动，此时应调节好进气量，使钢球在玻璃管中以小孔为中心作简谐振动。

2. 振动周期测量

打开数显计数计时毫秒仪电源开关，预置测量次数为 50 次，设置计数次数时可分别按“置数”键的十位或个位按钮进行调节，设置完成后自动保持设置值。在钢球正常振动的情况下，按“执行”键，毫秒仪开始计时，每计量一个周期，周期显示数值逐一递减，直到递减为零，计时结束，毫秒仪显示出累计 50 个周期的时间。重复以上测量 5 次，将数据记入表 4.2-1。

3. 其他测量

用螺旋测微器和物理天平分别测出钢球的直径 d 和质量 m，各测量 3 次，将数据记入表 4.2-2。

【注意事项】

（1）若不能计时或不停止计时，可能是光电门位置放置不正确，造成钢球上下振动时未能挡光。

（2）本实验装置主要由玻璃制成，而且对玻璃管（钢球简谐振动腔）的要求特别高，若玻璃管内壁有灰尘微粒可能引起钢球不能正常振动，因此钢球表面不允许擦伤，玻璃管内必须保持洁净。

【数据处理】

1. 测量钢球振动周期 T

相应数据记录于表 4.2-1 中。

表 4.2-1　测量钢球振动周期 T

设置测量次数 n =__________

项目	次数					平均值
	1	2	3	4	5	
n个周期时间t/s						—
振动周期 T/s						

2. 测量钢球的质量 m 和直径 d

相应数据记录于表 4.2-2 中。

表 4.2-2　测量钢球直径 d 和质量 m

螺旋测微器初读数 d_0 =______ mm

项目	次数			平均值	修正值
	1	2	3		
直径 d/mm					
质量 m/g					—

3. 计算实验结果

在忽略储气瓶体积V、压强 p 测量误差的情况下，计算空气的比热容比，评定相对不确定度，写出结果表达式。

（1）空气的比热容比：

$$\bar{\gamma}=\frac{64\bar{m}V}{\bar{T}^2 p d_{修}^4}$$

（2）相对不确定度：

$$\frac{u(\bar{\gamma})}{\bar{\gamma}}=\sqrt{\left[\frac{u(\bar{m})}{\bar{m}}\right]^2+4\left[\frac{u(\bar{T})}{\bar{T}}\right]^2+16\left[\frac{u(\bar{d})}{d_{修}}\right]^2}$$

$$u_{\mathrm{A}}(\bar{m})=\sqrt{\frac{\sum_{i=1}^{n}(m_i-\bar{m})^2}{n(n-1)}}\quad u_{\mathrm{B}}(\bar{m})=\underline{\qquad\qquad}\quad u(\bar{m})=\sqrt{u_A^2(\bar{m})+u_{\mathrm{B}}^2(\bar{m})}$$

$$u_{\mathrm{A}}(\bar{d})=\sqrt{\frac{\sum_{i=1}^{n}(d_i-\bar{d})^2}{n(n-1)}}\quad u_{\mathrm{B}}(\bar{d})=\underline{\qquad\qquad}\quad u(\bar{d})=\sqrt{u_{\mathrm{A}}^2(\bar{d})+u_{\mathrm{B}}^2(\bar{d})}$$

$$u_{\mathrm{A}}\left(\bar{T}\right)=\sqrt{\frac{\sum_{i=1}^{n}\left(T_i-\bar{T}\right)^2}{n\left(n-1\right)}}\quad u_{\mathrm{B}}\left(\bar{T}\right)=\_\_\_\_\_\_\_\_\quad u\left(\bar{T}\right)=\sqrt{u_{\mathrm{A}}^2\left(\bar{T}\right)+u_{\mathrm{B}}^2\left(\bar{T}\right)}$$

（3）结果表达式：

$$\gamma=\bar{\gamma}\pm u\left(\bar{\gamma}\right)$$

【思考题】

（1）为什么简谐振动时容器中气体可以看作绝热过程？

（2）注入气体流量的多少对小球的运动情况有没有影响？

（3）实验中钢球的振动过程并不是理想的绝热过程，这时测得的值比实际值大还是小？请分析原因？

（4）其他测量气体比热容比的方法有哪些？

4.3 亥姆霍兹线圈磁场的测定

亥姆霍兹线圈由两个相同且彼此平行共轴的线圈构成，线圈上通以同方向电流 I，当线圈间距 a 等于线圈半径 R 时，两个线圈的合磁场在轴线上（两线圈圆心连线）中点附近较大范围内是均匀的。这种均匀磁场在工程技术和科学实验中应用十分广泛。

【实验目的】

（1）了解亥姆霍兹线圈的结构和工作原理。

（2）掌握载流圆线圈轴线上磁场的测量方法。

（3）掌握亥姆霍兹线圈轴线上磁场的测量方法。

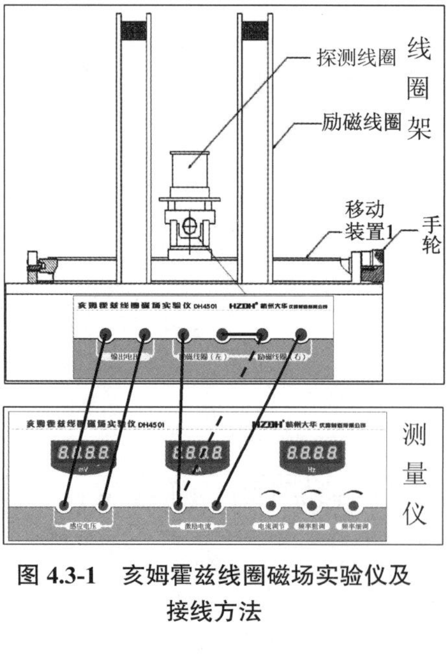

图 4.3-1 亥姆霍兹线圈磁场实验仪及接线方法

【实验器材】

亥姆霍兹线圈磁场实验仪。

亥姆霍兹线圈磁场实验仪由励磁线圈架和磁场测量仪两部分组成，如图 4.3-1 所示。亥姆霍兹线圈架上装有传感器盒，盒中装有用于测量磁场的感应线圈。

1. 线圈主要参数

两个励磁线圈：线圈的有效半径为 105 mm，线圈匝数（单个）为 400 匝，两线圈中心间距为 105 mm。

移动装置：横向可移动距离为 250 mm，纵向可移动距离为 70 mm，距离分辨率为 1 mm。

探测线圈：匝数为 1 000 匝，旋转角度为 360°。

2. 亥姆霍兹磁场测量仪

频率范围为 20~200 Hz，频率分辨率为 0.1 Hz，测量误差为 1%。

正弦波输出电压幅度最大为 $20V_{p\text{-}p}$，输出电流幅度最大为 200 mA。

数显毫伏表电压测量范围为 0~20 mV，测量误差为 1%，3 位半 LED 数显。

【实验原理】

1. 载流圆线圈与亥姆霍兹线圈的磁场

（1）单个载流圆线圈磁场

一个半径为 R、通以电流 I 的圆线圈，其轴线上磁感应强度的计算公式为

$$B=\frac{\mu_0 N_0 I R^2}{2(R^2+X^2)^{3/2}} \tag{4.3-1}$$

式中：N_0 为圆线圈的匝数；X 为轴线上某一点到圆心 O 的距离；$\mu_0=4\pi\times10^{-7}\,\mathrm{H/m}$ 为真空磁导率。单个线圈轴线上磁场的分布如图 4.3-2 所示。

本实验取 $N_0=400$ 匝，$R=105$ mm。当 $f=120$ Hz，$I=60$ mA（有效值）时，在圆心 O 处 $X=0$，可算得单个圆线圈的磁感应强度 $B=0.144$ mT。

（2）亥姆霍兹线圈

设 X 为亥姆霍兹线圈中轴线上某点离中心点 O 的距离（图 4.3-3），则亥姆霍兹线圈轴线上该点的磁感应强度为

$$B'=\frac{1}{2}\mu_0 N_0 I R^2\left\{\left[R^2+\left(\frac{R}{2}+X\right)^2\right]^{-3/2}+\left[R^2+\left(\frac{R}{2}-X\right)^2\right]^{-3/2}\right\} \tag{4.3-2}$$

在亥姆霍兹线圈轴线上中心 O 处，$X=0$，磁感应强度为

$$B_O'=\frac{\mu_0 N_0 I}{R}\times\frac{8}{5^{3/2}}=0.715\,5\frac{\mu_0 N_0 I}{R} \tag{4.3-3}$$

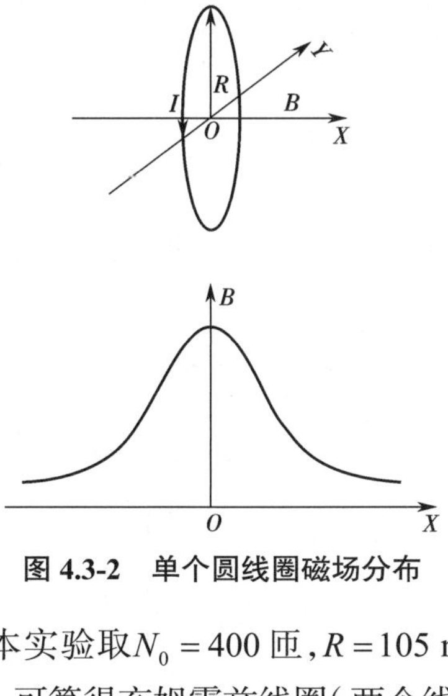

图 4.3-2　单个圆线圈磁场分布

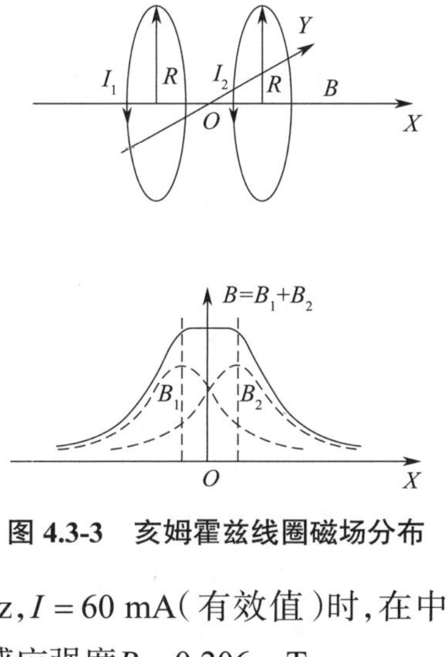

图 4.3-3　亥姆霍兹线圈磁场分布

本实验取 $N_0=400$ 匝，$R=105$ mm。当 $f=120$ Hz，$I=60$ mA（有效值）时，在中心 O 处 $X=0$，可算得亥姆霍兹线圈（两个线圈的合成）的磁感应强度 $B=0.206$ mT 。

2. 电磁感应法测磁场

(1)电磁感应法测量原理

由交流信号驱动的线圈产生交变磁场,它的磁场强度瞬时值为

$$B_i = B_{\mathrm{m}} \sin \omega t$$

式中:B_{m}为磁感应强度的峰值,其有效值记作B;ω为角频率。

将一个探测线圈放在该磁场中,通过这个探测线圈的有效磁通量为

$$\Phi = NSB_{\mathrm{m}} \cos\theta \sin \omega t$$

式中:N为探测线圈的匝数;S为该线圈的截面面积;θ为法线n与B_{m}之间的夹角,如图4.3-4所示。

线圈产生的感应电动势为

$$\begin{aligned}\varepsilon &= -\frac{\mathrm{d}\Phi}{\mathrm{d}t} = -NS\omega B_{\mathrm{m}} \cos\theta \cos \omega t \\ &= -\varepsilon_{\mathrm{m}} \cos \omega t\end{aligned}$$

式中:$\varepsilon_{\mathrm{m}} = NS\omega B_{\mathrm{m}} \cos\theta$为线圈法线和磁场强度成$\theta$角时感应电动势的幅值。当$\theta$=0时,$\varepsilon_{\max} = NS\omega B_{\mathrm{m}}$,这时感应电动势的幅值最大。如果用数字毫伏表测量此时线圈的电动势,则毫伏表的示值(有效值)U为$\frac{\varepsilon_{\max}}{\sqrt{2}}$,即

$$B = \frac{B_{\mathrm{m}}}{\sqrt{2}} = \frac{U}{NS\omega} \tag{4.3-4}$$

式中:B为磁感应强度的有效值;B_{m}为磁感应强度的峰值。

(2)探测线圈的设计

实验中由于磁场的不均匀性,就要求探测线圈要尽可能小。实际的探测线圈不可能做得很小,否则会影响测量灵敏度。一般设计的线圈长度L和外径D有$L=2D/3$的关系,线圈的内径d与外径D有$d \leqslant D/3$的关系,尺寸示意图如图4.3-5所示。线圈在磁场中的等效面积,经过理论计算,可用下式表示:

$$S = \frac{13}{108}\pi D^2 \tag{4.3-5}$$

这样的线圈测得的平均磁感应强度可以近似看成线圈中心点的磁感应强度。

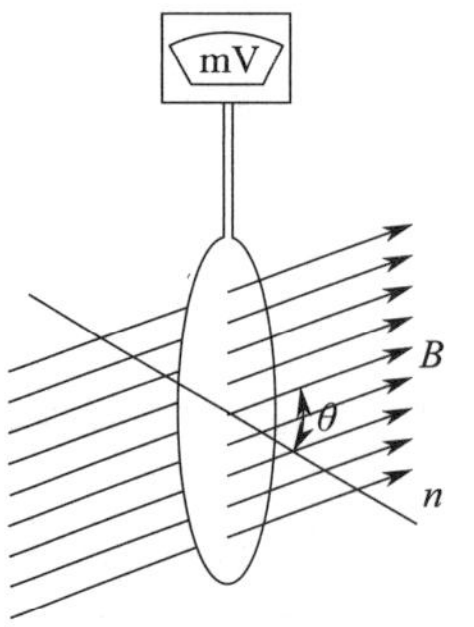

图4.3-4 电动势产生原理

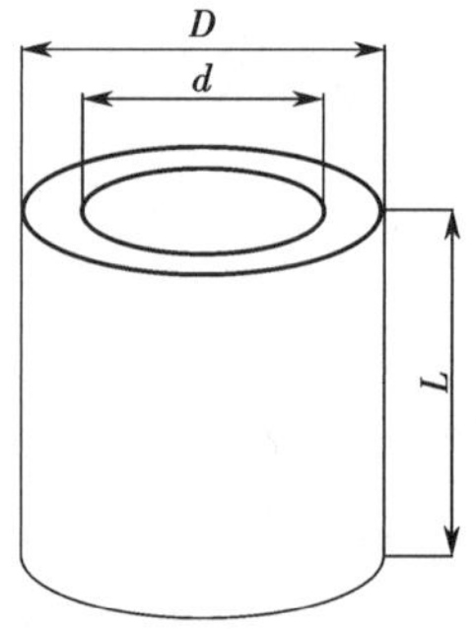

图4.3-5 探测线圈尺寸示意

将式(4.3-5)代入式(4.3-4)得

$$B=\frac{54}{13\pi^2 ND^2 f}U \tag{4.3-6}$$

本实验取 $D=0.012\ \text{m}$，$N=1\,000$ 匝。将不同的频率 f 代入式(4.3-6)就可得出 B 值。

【实验内容】

1. 仪器使用方法

(1)准备工作

仪器使用前，先开机预热 10 min。实验者利用这段时间熟悉亥姆霍兹线圈架和磁场测量仪上各个接线端的正确连线方法和仪器的正确操作方法。

(2)仪器连线

亥姆霍兹磁场实验仪实验连线如图 4.3-1 所示。连线的一头为插头，另一头为分开插片(分红、黑两种)，将插头插入测量仪的激励电流输出端子，插片的一头接至线圈架上的励磁线圈端子(分别可以做圆线圈实验和亥姆霍兹线圈实验)，红接线柱用红线连接，黑接线柱用黑线连接；将插头插入测量仪的感应电压输入端子，插片的一头接至线圈架上的输出电压端子，红接线柱用红线连接，黑接线柱用黑线连接。

(3)移动装置的使用方法

亥姆霍兹线圈架上有一长一短两个移动装置，如图 4.3-1 所示。慢慢转动手轮，移动装置上装的测磁传感器盒随之移动，就可将装有探测线圈的传感器盒移动到指定的位置。用手转动传感器盒的有机玻璃罩就可转动探测线圈，改变测量角度。注意：移动装置移动时要与两端保持距离，到达尽头时不要再用力转动手轮，以免损坏部件。

2. 实验内容及步骤

(1)测量圆电流线圈(右侧单个)轴线上磁场的分布。按图 4.3-1 接线，其中激励电流红线按虚线连接。调节频率旋钮，使频率表读数为 120 Hz。调节磁场实验仪的电流有效值 $I=60$ mA，以圆电流线圈中心为坐标原点，每隔 1 cm 测一个 U 值。由于圆电流中心不是坐标原点，建议测量范围坐标从−50 mm 到 120 mm，然后用轴向距离 $X=x-105/2$(x 为传感器位置)来转换。测量过程中注意保持励磁电流值不变，并保证探测线圈法线方向与圆电流线圈轴线 D 的夹角为 0°(从理论上可知，如果转动探测线圈，当 $\theta=0°$ 和 $\theta=180°$ 时，应该得到两个相同的 U 值，但实际测量时这两个值往往不相等，这时就应该分别测出这两个值，然后取其平均值计算对应点的磁感应强度)。在实验时，可以把探测线圈从 $\theta=0°$ 转到 $\theta=180°$，测量一组数据对比一下，正、反方向的测量误差如果不大于 2%，则只测量一个方向的数据即可，否则应分别按正、反方向测量，再算得平均值作为测量结果。

(2)测量亥姆霍兹线圈轴线上磁场的分布。按图 4.3-1 接线，其中激励电流红线按实线连接。保持频率为 120 Hz，电流为 I=60 mA。以两圆线圈轴线上的中心点为坐标原点，从−120 mm 到 120 mm 每隔 1 cm 测一个 U 值。

(3)测量亥姆霍兹线圈沿径向的磁场分布。接线同(2)，固定探测线圈法线方向与圆电流轴线 D 的夹角为 0°，转动探测线圈径向移动手轮，从−30 mm 到 30 mm 每移动 1 cm 测量一个数据，按正、负方向测到边缘为止，记录数据并作出磁场分布曲线图。

（4）验证公式 $\varepsilon_m = NS\omega B_m \cos\theta$，当 $NS\omega B_m$ 不变时，ε_m 与 $\cos\theta$ 成正比。接线同（2），把探测线圈沿轴线固定在某一位置（建议选 X=0、Y=0 处），让探测线圈法线方向与圆电流轴线 D 的夹角从 0° 开始，逐步旋转到 90°、180°、270°，再回到 0°，每改变 10° 测一组数据。

（5）研究励磁电流频率改变对磁场强度的影响。接线同（2），把探测线圈固定在亥姆霍兹线圈中心点，让其法线方向与圆电流轴线 D 的夹角为 0°（注：亦可选取其他位置或其他方向），并保持不变。调节励磁电流的频率 f= 20 Hz，调节励磁电流大小为 60 mA。在 20~130 Hz 范围内，每次频率改变 10 Hz，逐次测量感应电动势的数值并记录。注意：改变电流频率的同时，励磁电流大小也会随之变化，需保证电流值始终为 60 mA。

【数据处理】

根据实验内容要求，自拟表格记录数据。

（1）圆电流线圈轴线上磁场分布的测量数据记录。注意：坐标原点设在圆心处。要求列表记录，表格中包括测点位置、数字毫伏表读数以及由 U 换算得到的 B 值，并在表格中表示出各测点对应的理论值，且在同一坐标纸上画出实验曲线与理论曲线。

（2）亥姆霍兹线圈轴线上的磁场分布的测量数据记录。注意：坐标原点设在两个线圈圆心连线的中点 O 处，在方格坐标纸上画出实验曲线。

（3）测量亥姆霍兹线圈沿径向的磁场分布。

（4）验证公式 $\varepsilon_m = NS\omega B_m \cos\theta$，记录实验值，计算理论值。以角度为横坐标，以实际测得的感应电压 U 为纵坐标作图。

（5）研究励磁电流频率对磁场的影响。以频率为横坐标，磁场强度有效值 B 为纵坐标作图，并对实验结果进行讨论。

【思考题】

（1）单线圈轴线上磁场的分布规律如何？亥姆霍兹线圈是怎样组成的？其基本条件有哪些？它的磁场分布特点又怎样？

（2）探测线圈放入磁场后，不同方向上毫伏表指示值不同，哪个方向最大？如何测准值？指示值最小表示什么？

（3）分析圆电流磁场分布的理论值与实验值的误差的产生原因。

4.4 霍尔效应及其应用

霍尔效应是磁电效应的一种，这一现象是美国物理学家霍尔（A.H. Hall，1855—1938 年）于 1879 年在研究金属的导电机制时发现的，两年后他又发现反常霍尔效应。在霍尔效应发现约 100 年后，德国物理学家克利青（K. Klitzing）等在研究极低温度和强磁场中的半导体时发现了整数量子霍尔效应，并因此获得了 1985 年的诺贝尔物理学奖。之后，美籍华裔物理学家崔琦和美国物理学家劳夫林（R. B. Laughlin）、德国物理学家施特默（H. L. Störmer）在更强磁场下研究量子霍尔效应时发现了分数量子霍尔效应，这个发现使人们对量子现象的认识更进一步，他们因此获得了 1998 年的诺贝尔物理学奖。进入 21 世纪，自旋霍尔效应和量子自旋霍尔效应又相继被发现。2013 年 4 月，中国科学家薛其坤院士领导的团队宣布从实验中观测到了量子反常霍尔效应，这是当代凝聚态物理学令人惊异的进展之一，至此霍尔效应大家族的构建基本画上了句号。

霍尔效应是测定半导体材料电学参数的主要手段，利用该效应制成的霍尔传感器已广泛用于非电量的电测量、自动控制和信息处理等方面。在生产自动化已日益普及的今天，作为敏感元件之一的霍尔器件，将有更广泛的应用前景。掌握这一富有实用性的实验，对科研和生产都是非常必要的。

【实验目的】

（1）了解霍尔效应实验原理以及有关霍尔器件对材料要求的知识。

（2）掌握用"对称测量法"消除系统误差的方法，测量 V_H-I_S 和 V_H-I_M 曲线。

（3）确定被测样品的霍尔系数和导电类型。

【实验器材】

霍尔效应实验仪。

霍尔效应实验仪分为实验仪和测试仪两部分，通过导线连接进行实验，其面板如图 4.4-1 所示。

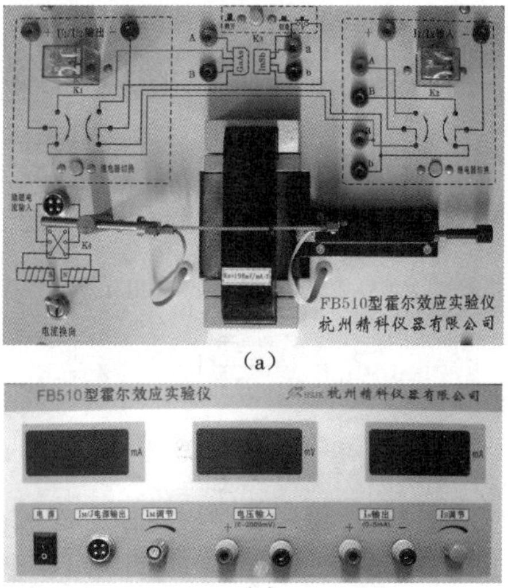

（a）

（b）

图 4.4-1　霍尔效应实验仪面板

（a）实验仪面板　（b）测试仪面板

【实验原理】

1. 霍尔效应

霍尔效应从本质上讲是运动的带电粒子在磁场中受洛伦兹力作用而引起的偏转。当带电粒子（电子或空穴）被约束在固体材料中时，这种偏转就导致在垂直电流和磁场方向上产生正负电荷的聚积，从而形成附加的横向电场，即霍尔电场 E_H。如图 4.4-2 所示的半导体试样，若在 X 方向通以电流 I_S，在 Z 方向加磁场 B，则在 Y 方向即试样 $A-A'$ 电极两侧就开始聚集异号电荷而产生相应的附加电场，电场的指向取决于试样的导电类型。对图 4.4-2（a）所示的 N 型试样，霍尔电场逆 Y 方向；对图 4.4-2（b）所示的 P 型试样，霍尔电场则沿 Y 方向。即有

$$E_H(Y)<0 \quad \Rightarrow (\text{N型})$$

$$E_H(Y)>0 \quad \Rightarrow (\text{P型})$$

显然，霍尔电场 E_H 是阻止载流子继续向侧面偏移，当载流子所受的横向电场力 $e\cdot E_H$ 与洛伦兹力 $e\cdot\bar{v}\cdot B$ 相等，样品两侧电荷的积累就达到动态平衡，故有

$$e\cdot E_H = e\cdot\bar{v}\cdot B \tag{4.4-1}$$

式中：E_H 为霍尔电场；$\bar{v}$ 为载流子在电流方向上的平均漂移速度。

设试样的宽为 b，厚度为 d，载流子浓度为 n，则

$$I_S = n\cdot e\cdot\bar{v}\cdot b\cdot d \tag{4.4-2}$$

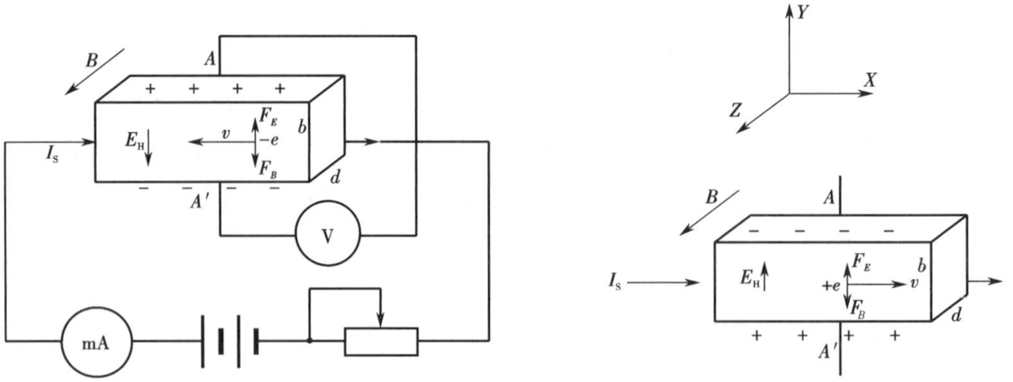

（a） （b）

图 4.4-2　霍尔效应实验原理示意图

（a）载流子为电子（*N* 型）（b）载流子为电子（*P* 型）

由式（4.4-1）和式（4.4-2）可得

$$V_H = E_H \cdot b = \frac{1}{n \cdot e} \cdot \frac{I_S \cdot B}{d} = R_H \cdot \frac{I_S \cdot B}{d} \tag{4.4-3}$$

即霍尔电压 V_H（A、A' 电极之间的电压）与 $I_S \cdot B$ 乘积成正比，与试样厚度 d 成反比。比例系数 $R_H = \dfrac{1}{n \cdot e}$ 为霍尔系数，它是反映材料霍尔效应强弱的重要参数。只要测出 V_H 以及知道 I_S（A）、B（mT）和 d（cm），即可按下式计算 R_H（cm^3/C）：

$$R_H = \frac{V_H \cdot d}{I_S \cdot B} \times 10^7 \tag{4.4-4}$$

2. 霍尔系数 R_H 与其他参数间的关系

根据 R_H 可进一步确定以下参数。

（1）由 R_H 的符号（或霍尔电压的正负）判断样品的导电类型。判别的方法是按图 4.4-2 所示的 I_S 和 B 的方向，若测得的 $V_H = V_{A'A} < 0$，即 A 点电位高于 A' 点电位，则 R_H 为负，样品属 N 型；反之，则为 P 型。

（2）由 R_H 求载流子浓度 n，即 $n = \dfrac{1}{|R_H| \cdot e}$。应该指出，这个关系式是假定所有载流子都具有相同的漂移速度得到的，严格计算时，如果考虑载流子的速度统计分布，要引入 $\dfrac{3\pi}{8}$ 的修正因子。

3. 霍尔效应与材料性能的关系

根据上述可知，要得到大的霍尔电压，关键是要选择霍尔系数大（即迁移率高、电阻率 ρ 也较高）的材料。由于 $|R_H| = \mu \cdot \rho$，就金属导体而言，μ 和 ρ 均很低，而不良导体 ρ 虽高，但 μ 极小，因而上述两种材料的霍尔系数都很小，不能用来制造霍尔器件；半导体 μ 高，ρ 适中，是制造霍尔元件较理想的材料，由于电子的迁移率比空穴迁移率大，所以霍尔元件多采用 N 型材料。又由于霍尔电压的大小与材料的厚度成反比，因此薄膜型的霍尔元件的输出

电压较片状型要高得多。就霍尔器件而言，其厚度是一定的，所以实际使用中采用 $K_H = \frac{1}{n \cdot e \cdot d}$ 来表示器件的灵敏度，K_H 称为霍尔灵敏度，单位为 mV/(mA·T)。

4. 实验方法

需要注意的是，在产生霍尔效应的同时，由于伴随着各种副效应，以致实验测得的 A、A' 两极间的电压并不等于真实的霍尔电压 V_H 值，而是包含各种副效应所引起的附加电压，影响较明显的有以下几种。

(1) 爱廷斯豪森效应

霍尔元件内每个载流子的移动速度是不同的，霍尔电场 E_H 建立后，速度大的自由电子所受的洛伦兹力大于电场力，这些电子向洛伦兹力方向偏移，速度小的自由电子所受的洛伦兹力小于电场力，这些电子向电场力方向偏移。这样使得霍尔元件一侧高速电子多、温度较高，一侧低速电子多、温度较低，从而在 Y 方向产生温差，在 A、A' 两电极之间产生温差电动势，这种现象称为爱廷斯豪森效应。该附加电压不仅与磁场有关，而且与工作电流有关，因此不能消除，但其引入的误差很小，可以忽略。

(2) 能斯特效应

由于工作电流引线两端的接触电阻不同，通电后在接点两处产生不同的焦耳热，使 X 方向有温度梯度，导致出现热扩散电流。热扩散电流在磁场作用下，类似于霍尔效应在 Y 方向也会产生一个附加电压，这种现象称为能斯特效应。该附加电压与磁场有关，与工作电流无关。

(3) 里吉-勒迪克效应

在能斯特效应中所说的 X 方向热扩散电流，因载流子速度不同，在 Z 方向磁场 B 作用下受到的磁场力也不相同，与在爱廷斯豪森效应中所说的道理相同，会在 Y 方向产生温度梯度，从而产生附加电势差，这种现象称为里吉-勒迪克效应。该附加电势差与磁场有关，与工作电流无关。

(4) 不等位电势差

由于霍尔元件的材料本身不均匀，霍尔电极位置不对称，A、A' 两电极处于不同的等位面上，当工作电流通过霍尔元件时，两电极间就存在一个不等位电势差。该电势差与工作电流有关，与磁场无关。

综上所述，根据副效应产生的机理可知，采用电流和磁场换向的对称测量法，基本上能把副效应的影响从测量结果中消除。即在规定了电流和磁场正、反方向后，分别测量由下列四组不同方向的 I_S 和 B 组合的 $V_{A'A}$（A'、A 两点的电位差），即

$$\begin{cases} +B, +I_S & V_{A'A} = V_1 \\ -B, +I_S & V_{A'A} = V_2 \\ -B, -I_S & V_{A'A} = V_3 \\ +B, -I_S & V_{A'A} = V_4 \end{cases} \tag{4.4-5}$$

然后求 V_1、V_2、V_3 和 V_4 的代数平均值，即

$$V_H = \frac{|V_1| + |V_2| + |V_3| + |V_4|}{4} \tag{4.4-6}$$

通过上述的测量方法，可以最大限度地消除所有的副效应。

【实验内容】

1. 掌握仪器性能，连接测试仪与实验仪

（1）开机或关机前，应该将测试仪的“I_S调节”和“I_M调节”旋钮逆时针旋到底。

（2）连接测试仪与实验仪之间各组对应连接线，严禁将测试仪的励磁电源“I_M输出”误接到实验仪的“I_S输入”或“V_H输出”端，否则一旦通电，霍尔样品即损坏。

（3）接通电源，预热数分钟，这时电流表显示“.000”，电压表显示为“0.00”。按钮开关释放时，继电器常闭触点接通，相当于双刀双掷开关向上合，发光二极管指示出导通线路。

2. 测绘 V_H-I_M 曲线

（1）把霍尔传感器位置调节到磁铁空气隙中心，保持I_S绝对值不变（取$I_S=\pm3.00$ mA）。

（2）改变励磁电流I_M的值，测量霍尔电压，将实验测量值记入表 4.4-1 中。I_M取值范围为 $\pm0.10\sim\pm1.00$ A），I_M可用实验仪面板左下角的拨动开关改变电流方向，而I_S需用交换红、黑连接线的方法来改变电流方向。

3. 测绘 V_H-I_S 曲线

（1）把霍尔传感器位置调节到磁铁空气隙中心，保持I_M绝对值不变（取$I_M=\pm0.500$ A）。

（2）改变操作电流I_S的值，测量霍尔电压值，将实验测量值记入表 4.4-2 中。I_S取值范围为 $\pm0.50\sim\pm5.00$mA，I_M和I_S方向改变方法同上。

【注意事项】

（1）实验线路未连接好时，严禁开机通电，否则极易使霍尔片遭受冲击电流而损坏。

（2）加电前必须保证测试仪的“I_S调节”和“I_M调节”旋钮均置于零位（即逆时针旋到底），严防霍尔片工作电流I_S未调到零就开机。

（3）测试仪的“I_S输出”接实验仪的“I_S输入”，“I_M输出”接“I_M输入”。

【数据处理】

相应数据记录于表 4.4-1、表 4.4-2 中。

表 4.4-1 测绘 V_H-I_M 实验曲线数据记录表（$I_S=\pm3.00$ mA）

I_M /A	V_1 /mV $(+B,+I_S)$	V_2 /mV $(-B,+I_S)$	V_3 /mV $(-B,-I_S)$	V_4 /mV $(+B,-I_S)$	$V_H=\frac{\lvert V_1\rvert+\lvert V_2\rvert+\lvert V_3\rvert+\lvert V_4\rvert}{4}$
0.100					
0.200					
0.300					
0.400					
0.500					
0.600					

续表

I_M /A	V_1 /mV ($+B,+I_S$)	V_2 /mV ($-B,+I_S$)	V_3 /mV ($-B,-I_S$)	V_4 /mV ($+B,-I_S$)	$V_H=\frac{\|V_1\|+\|V_2\|+\|V_3\|+\|V_4\|}{4}$
0.700					
0.800					
0.900					
1.000					

表 4.4-2　测绘 V_H-I_S 实验曲线数据记录表（$I_M=\pm0.500$ A）

I_S/mA	V_1 /mV ($+B,+I_S$)	V_2 /mV ($-B,+I_S$)	V_3 /mV ($-B,-I_S$)	V_4 /mV ($+B,-I_S$)	$V_H=\frac{\|V_1\|+\|V_2\|+\|V_3\|+\|V_4\|}{4}$
0.50					
1.00					
1.50					
2.00					
2.50					
3.00					
3.50					
4.00					
4.50					

根据数据计算霍尔电压平均值，用毫米方格纸绘制 V_H-I_S 曲线和 V_H-I_M 曲线。

【思考题】

（1）霍尔电压是怎样形成的？它的极性与磁场和电流的方向有什么关系？
（2）测量过程中哪些量要保持不变？为什么？
（3）换向开关的作用原理是什么？测量霍尔电压时为什么要接换向开关？

4.5　*RLC* 串联电路暂态过程研究

RLC 串联电路是由电阻、电感和电容三种元件串联而成的电路。电路中电源接通和断开的瞬间，电路会从一种稳态到另一种稳态，这种变化称为暂态过程。*RLC* 串联电路暂态过程一般很短，但电路中的电压和电流会发生较大的变化。研究 *RLC* 串联电路暂态过程可以帮助我们了解电路中元件之间的相互作用和能量转换过程。通过分析暂态过程，我们可以计算电路中的电流、电压等参数，从而更好地设计和优化电路。此外，暂态过程还可以用于电路故障诊断和排除。因此，在物理学和工程技术中暂态过程的研究是很重要的。

【实验目的】

（1）观察 *RC* 串联电路与 *RL* 串联电路的暂态波形。

（2）研究 RLC 串联电路的电路参数与其暂态过程的关系。

（3）观察二阶电路过阻尼、临界阻尼和欠阻尼三种情况下的响应波形。

【实验器材】

函数信号发生器、示波器、电阻（10 Ω、200 Ω、1 kΩ、2 kΩ、10 kΩ）、电容（0.01 μF，1 μF）、电感（10 mH）、实验用 9 孔方板（297 mm × 297 mm）、若干桥形跨接线和连接导线。

【实验原理】

1.RC 串联电路的暂态过程

如图 4.5-1 所示的 RC 串联电路，当开关接通“1”时，RC 串联电路处于充电状态，电容两端电压逐渐增大至电源电压 E，达到稳定状态；然后把开关接通“2”，RC 串联电路处于放电状态，电容两端电压逐渐减小至零，达到稳定。电路方程为

$$\begin{cases} u_R + u_C = E & \text{充电过程} \\ u_R + u_C = 0 & \text{放电过程} \end{cases}$$

注意到 $u_R = iR$，$i = \dfrac{\mathrm{d}q}{\mathrm{d}t} = C\dfrac{\mathrm{d}u_C}{\mathrm{d}t}$，则上式可写为

$$\begin{cases} \dfrac{\mathrm{d}u_C}{\mathrm{d}t} + \dfrac{1}{RC}u_C = \dfrac{E}{RC} & \text{充电过程} \\ \dfrac{\mathrm{d}u_C}{\mathrm{d}t} + \dfrac{1}{RC}u_C = 0 & \text{放电过程} \end{cases} \tag{4.5-1}$$

初始条件为

$$\begin{cases} u_C(0) = 0 & \text{充电开始时} \\ u_C(0) = E & \text{放电开始时} \end{cases} \tag{4.5-2}$$

利用初始条件式（4.5-2），求解方程（4.5-1），可得

$$\begin{cases} u_C = E(1 - \mathrm{e}^{-\frac{t}{RC}}) & \text{充电过程} \\ u_C = E\mathrm{e}^{-\frac{t}{RC}} & \text{放电过程} \end{cases} \tag{4.5-3}$$

令 $\tau = RC$ 为 RC 串联电路的时间常数，它反映 RC 串联电路暂态过程中电容电压和电阻电压变化的快慢。图 4.5-2 是 RC 串联电路暂态过程的波形图。

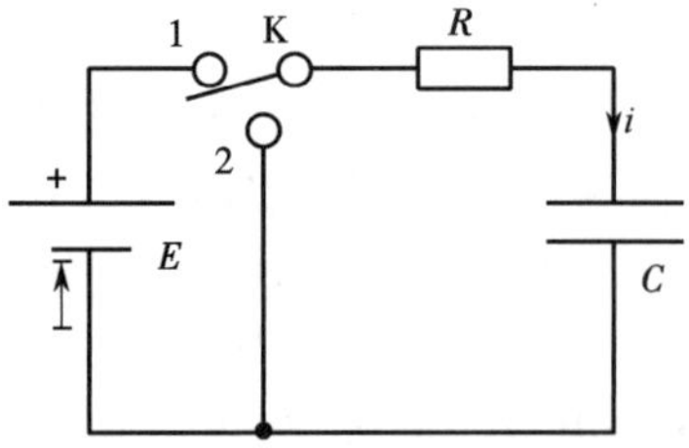

图 4.5-1　RC 串联电路

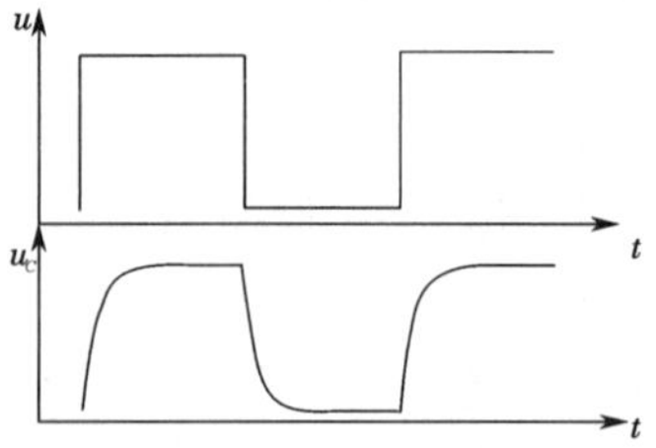

图 4.5-2　RC 串联电路暂态过程的波形

2.RL 串联电路的暂态过程

如图 4.5-3 所示的 RL 串联电路，当开关接通“1”时，RL 串联电路开始有电流，电流逐渐

增大到最大值$i=E/R$时达到稳定；电流达到最大值后，把开关接通“2”，此时电流不能直接降到零，而是逐渐消失。电路方程为

$$\begin{cases} u_R+u_L=E & \text{电流增长过程} \\ u_R+u_L=0 & \text{电流消失过程} \end{cases}$$

注意到$u_R=iR$，$u_L=L\dfrac{\mathrm{d}i}{\mathrm{d}t}$，则上式可写为

$$\begin{cases} \dfrac{\mathrm{d}i}{\mathrm{d}t}+i\dfrac{R}{L}=\dfrac{E}{L} & \text{电流增长过程} \\ \dfrac{\mathrm{d}i}{\mathrm{d}t}+i\dfrac{R}{L}=0 & \text{电流消失过程} \end{cases} \tag{4.5-4}$$

初始条件为

$$\begin{cases} i(0)=0 & \text{电流开始增长时} \\ i(0)=\dfrac{E}{R} & \text{电流开始消失时} \end{cases} \tag{4.5-5}$$

利用初始条件式（4.5-5），求解方程（4.5-4），可得

$$\begin{cases} i=\dfrac{E}{R}(1-\mathrm{e}^{-\frac{R}{L}t}) & \text{电流增长过程} \\ i=\dfrac{E}{R}\mathrm{e}^{-\frac{R}{L}t} & \text{电流消失过程} \\ u_L=E\mathrm{e}^{-\frac{R}{L}t} & \text{电流增长过程} \\ u_L=-E\mathrm{e}^{-\frac{R}{L}t} & \text{电流消失过程} \end{cases} \tag{4.5-6}$$

令$\tau=\dfrac{L}{R}$为 *RL* 串联电路的时间常数。图 4.5-4 是 *RL* 串联电路暂态过程的波形图。

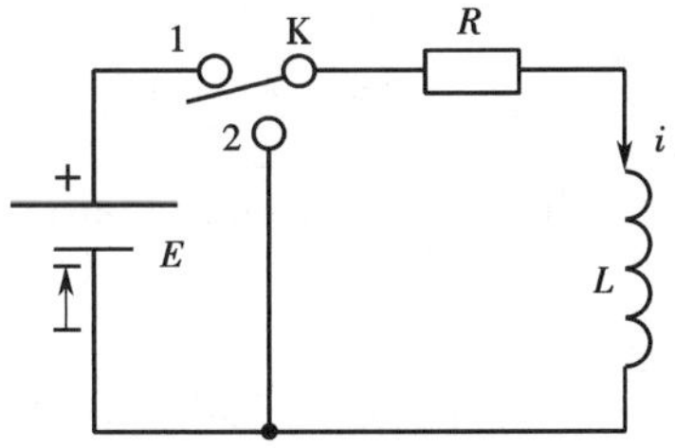

图 4.5-3　*RL* 串联电路

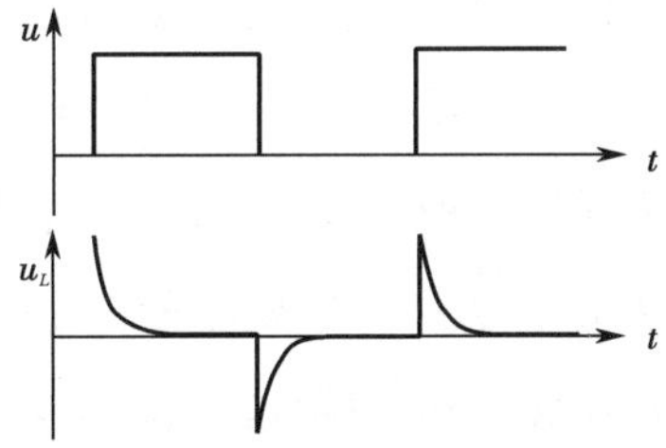

图 4.5-4　*RL* 串联电路暂态过程的波形

3.*RLC* 串联电路的暂态过程

用二阶微分方程来描述的电路称为二阶方程。如图 4.5-5 所示的 *RLC* 串联电路就是一个典型的二阶电路。

放电过程：在图 4.5-5 中，开关 K 先合向“1”使电容充电至电源电压 *E*，再把开关 K 合向“2”，此时记为 $t=0$ 时刻，电路将处于放电状态。在放电过程中的电路所满足的

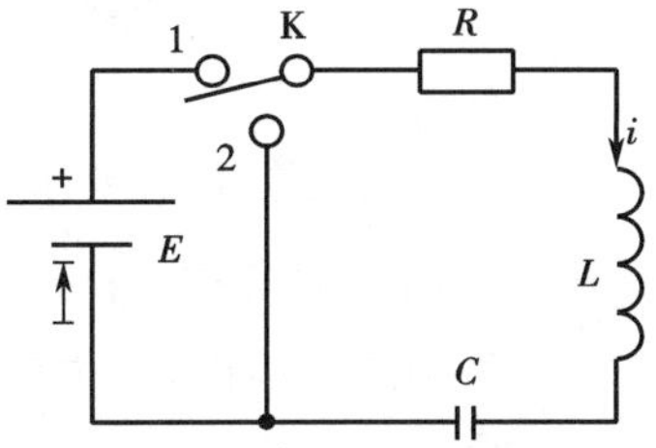

图 4.5-5　*RLC* 串联电路

方程为

$$u_L+u_R+u_C=0$$

将 $i=\mathrm{d}q/\mathrm{d}t=C\mathrm{d}u_C/\mathrm{d}t$ ，$u_R=iR=RC\mathrm{d}u_C/\mathrm{d}t$，$u_L=L\mathrm{d}i/\mathrm{d}t=LC\mathrm{d}^2u_C/\mathrm{d}t^2$ 代入上式，得

$$LC\frac{\mathrm{d}^2u_C}{\mathrm{d}t^2}+RC\frac{\mathrm{d}u_C}{\mathrm{d}t}+u_C=0 \tag{4.5-7}$$

式中：每一项均表示电压，第一项是电感上的电压 u_L，第二项是电阻上的电压 u_R，第三项是电容上的电压 u_C，各项都是电容上的电压 u_C 的函数，此式为二阶方程。

初始条件为

$$u_C(0)=E \tag{4.5-8}$$

$$\mathrm{d}u_C(0)/\mathrm{d}t=i(0)=0 \tag{4.5-9}$$

式（4.5-8）中，由于电容两端电压不会发生突变，因此电容上电压 u_C 在开关接通前后瞬间都是相等的，都等于电源电压 E。式（4.5-9）中，由于电感电流不会发生突变，即 $i(0)=0$，而电容电压对时间的变化率等于电感上电流，因此它也等于零。

充电过程：在图 4.5-5 中，开关 K 先合向“2”使电容完全放电，再把开关 K 合向“1”给电路充电，此时记为$t=0$时刻。在充电过程中的电路所满足的方程为

$$LC\frac{\mathrm{d}^2u_C}{\mathrm{d}t^2}+RC\frac{\mathrm{d}u_C}{\mathrm{d}t}+u_C=E \tag{4.5-10}$$

初始条件为

$$u_C(0)=0 \tag{4.5-11}$$

$$\mathrm{d}u_C(0)/\mathrm{d}t=i(0)=0 \tag{4.5-12}$$

在三个不同的条件下，二阶电路的放电过程（式（4.5-7）至式（4.5-9））或者充电过程（式（4.5-10）至式（4.5-12））将有三种不同的解。二阶电路中的 R、L、C 选择不同的参数，电路将产生三种不同的响应，即过阻尼状态、欠阻尼（衰减振荡）状态和临界阻尼。

令 $\delta=R/(2L)$，$\omega_0=1/\sqrt{LC}$，当 $\delta>\omega_0$ 时，取 $\alpha=\sqrt{\delta^2-\omega_0^2}=\sqrt{R^2/4L^2-1/(LC)}$，$\mathrm{sh}\,\varphi=\alpha/\omega_0=\sqrt{(R^2C-4L)/4L}$；当 $\delta<\omega_0$ 时，取 $\omega=\sqrt{\omega_0^2-\delta^2}=\sqrt{1/(LC)-R^2/4L^2}$，$\tan\psi=\delta/\omega=\sqrt{R^2C/(R^2C-4L)}$。具体的求解过程参考本实验附录 1。

（1）当电路中的电阻过大，即 $R>2\sqrt{L/C}$ 时，即 $\delta>\omega_0$ 时，称为过阻尼状态，其解如下。

放电过程：

$$u_C(t)=E\mathrm{e}^{-\delta\cdot t}\mathrm{sh}(\alpha t+\varphi)/\mathrm{sh}\,\varphi$$

$$i(t)=-\omega_0E\mathrm{e}^{-\delta\cdot t}\mathrm{sh}(\alpha t)/\mathrm{sh}\,\varphi$$

充电过程：

$$u_C(t)=E[1-\mathrm{e}^{-\delta\cdot t}sh(\alpha t+\varphi)/\mathrm{sh}\,\varphi]$$

$$i(t)=\omega_0E\mathrm{e}^{-\delta\cdot t}\mathrm{sh}(\alpha t)/\mathrm{sh}\,\varphi$$

电路中的响应电压、电流呈现出非周期性变化的特点，其电压、电流波形如图 4.5-6（a）和（b）所示。

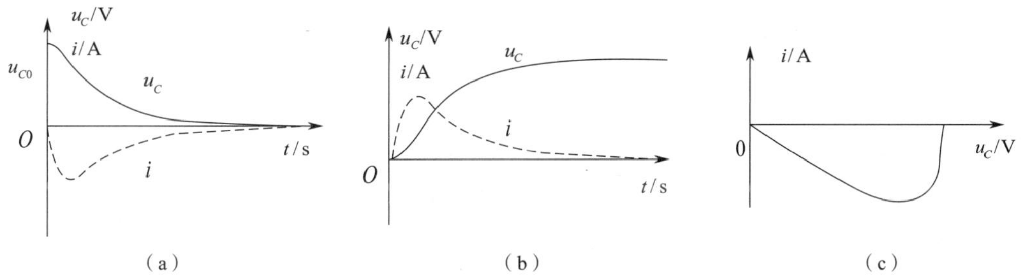

图 4.5-6　过阻尼状态 *RLC* 串联电路充放电电压、电流波形及其状态轨迹

(a)放电时波形　(b)充电时波形　(c)放电时状态轨迹

从图 4.5-6 可以看出,电流不出现振荡现象。图 4.5-6(c)所示的状态轨迹就是伏安特性。电流由最大减小到零,没有反方向的电流和电压,这是因为当电流经过电阻时,能量全部被电阻吸收。

(2)当电路中的电阻过小,即 $R<2\sqrt{L/C}$ 时,即 $\delta<\omega_0$ 时,称为欠阻尼状态,其解如下。

放电过程:

$$u_C(t)=E\mathrm{e}^{-\delta\cdot t}\cos(\omega t+\psi)/\cos\psi$$

$$i(t)=-\omega_0 E\mathrm{e}^{-\delta\cdot t}\sin(\omega t)/\cos\psi$$ （其微分参考本实验附录 2）

充电过程:

$$u_C(t)=E[1-\mathrm{e}^{-\delta\cdot t}\cos(\omega t+\psi)/\cos\psi]$$

$$i(t)=\omega_0 E\mathrm{e}^{-\delta\cdot t}\sin(\omega t)/\cos\psi$$

电路中的响应电压、电流呈现出衰减振荡的特点,此时衰减系数 $\delta=R/(2L)$。$\omega_0=1/\sqrt{LC}$ 是在 $R=0$ 的情况下的振荡频率,称为无阻尼振荡电路的固有角频率。在 $R\neq0$ 时,*RLC* 串联电路的固有振荡角频率 $\omega=\sqrt{\omega_0^2-\delta^2}$ 将随着衰减系数 δ 的增加而降低。其电压、电流波形如图 4.5-7(a)和(b)所示。

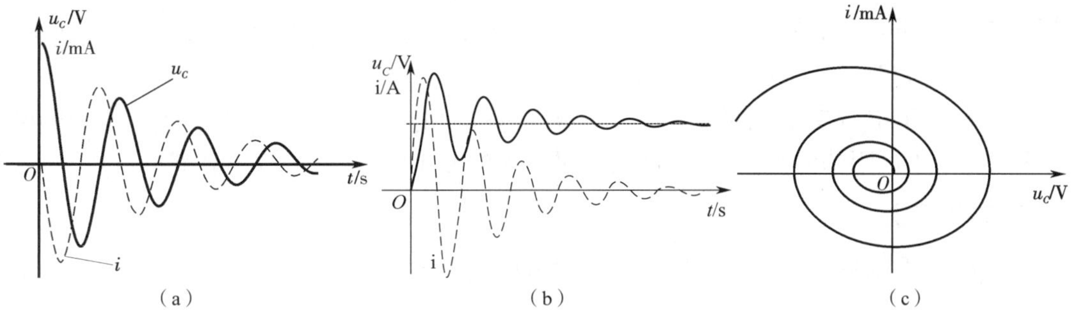

图 4.5-7　欠阻尼状态 *RLC* 串联电路充放电电压、电流波形及其状态轨迹

(a)放电时波形　(b)充电时波形　(c)放电时状态轨迹

从图 4.5-7(a)和(b)可以发现,电路中出现了反方向的电压和电流,这是因为电阻较小,当电压变为零时,存在反充电的现象,图 4.5-7(c)为电压和电流间的状态轨迹。

（3）当电路中的电阻适中，即 $R=2\sqrt{\dfrac{L}{C}}$ 时，即 $\delta=\omega_0$ 时，称为临界状态，其解如下。

放电过程：

$$u_C(t)=E(1+\delta\cdot t)\mathrm{e}^{-\delta\cdot t}$$
$$i(t)=-\delta^2 Et\mathrm{e}^{-\delta\cdot t}$$

充电过程：

$$u_C(t)=E[1-(1+\delta\cdot t)\mathrm{e}^{-\delta\cdot t}]$$
$$i(t)=\delta^2 Et\mathrm{e}^{-\delta\cdot t} \tag{4.5-13}$$

此时，衰减系数 $\delta=\omega_0$，$\omega=\sqrt{\omega_0^2-\delta^2}=0$，暂态过程介于非周期与振荡之间，其本质属于非周期暂态过程。

【实验内容】

注意：在实验中用函数发生器的方波代替图 4.5-1，图 4.5-3，图 4.5-5 中的电源和开关 K。

（1）参考图 4.5-1，串联函数信号发生器，调整各元件的参数，使电阻 $R=2\ \text{k}\Omega$，电容 $C=1\ \mu\text{F}$，函数信号发生器的频率 $f=20\ \text{Hz}$、幅度 $E=3\ \text{V}$ 的方波。用示波器测出信号源电压 u 和电容两端电压 u_C，并画出 u 和 u_C。

（2）参考图 4.5-3，串联函数信号发生器，调整各元件的参数，使电阻 $R=200\Omega$，电感 $L=10\ \text{mH}$，函数信号发生器的信号为频率 $f=1\ \text{kHz}$、幅度 $E=3\ \text{V}$ 的方波。用示波器测出信号源电压 u 和电感两端电压 u_L，并画出 u 和 u_L。

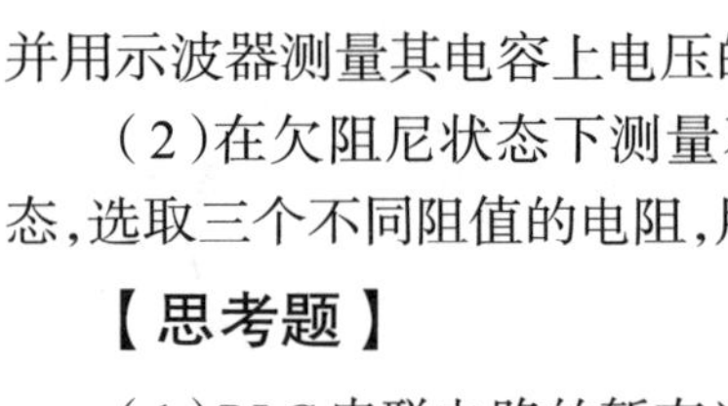

图 4.5-8　二阶电路实验接线图

（3）按图 4.5-8 所示电路将电阻、电容、电感串联起来，调整各元件的参数，使 $E=3\ \text{V}$、$f=1\ \text{kHz}$，改变电阻 R，分别使电路工作在过阻尼、欠阻尼和衰减振荡状态，并测出各种状态的输出波形。

【数据处理】

（1）自拟表格处理数据，求出衰减系数 δ、振荡频率 ω，并用示波器测量其电容上电压的波形。

（2）在欠阻尼状态下测量不同参数的衰减系数和波形。保持电路一直处于欠阻尼状态，选取三个不同阻值的电阻，用示波器测量相应的输出波形，并计算出衰减系数。

【思考题】

（1）RLC 串联电路的暂态过程为什么会出现三种不同的工作状态？试从能量转换角度对其做出解释。

（2）叙述二阶电路产生振荡的条件，振荡波形如何？ u_C 与电路参数 R、L、C 有何关系？

【附录 1】

令 $\delta=\dfrac{R}{2L}$，$\omega_0=\dfrac{1}{\sqrt{LC}}$，当 $\delta>\omega_0$ 时，取 $\alpha=\sqrt{\delta^2-\omega_0^2}$，$\mathrm{sh}\,\varphi=\dfrac{\alpha}{\omega_0}$，或当 $\delta<\omega_0$ 时，取

$\omega = \sqrt{\omega_0^2 - \delta^2}$，$\tan\psi = \dfrac{\delta}{\omega}$。

1. 放电过程

式（4.5-7）简化为

$$\frac{d^2 u_C}{dt^2} + 2\delta\frac{du_C}{dt} + \omega_0^2 u_C = 0 \tag{4.5-14}$$

$$u_C(0) = E \tag{4.5-15}$$

$$du_C(0)/dt = i(0) = 0 \tag{4.5-16}$$

令 $u_C(t) = u_0 e^{\chi t}$，并代入式（4.5-14）中，整理可得特征方程：

$$\chi^2 + 2\delta\chi + \omega_0^2 = 0 \tag{4.5-17}$$

（1）当 $\varDelta = \delta^2 - \omega_0^2 = \alpha^2 > 0$ 时，式（4.5-17）有两个实根：

$$\chi = -\delta \pm \alpha$$

此时电容上的电压 u_C 的一般解为

$$u_C(t) = C_1 e^{-(\delta-\alpha)t} + C_2 e^{-(\delta+\alpha)t}$$

代入初始条件式（4.5-15）和式（4.5-16），得

$$C_1 + C_2 = E$$

$$-(\delta-\alpha)C_1 - (\delta+\alpha)C_2 = 0$$

解得

$$C_1 = \frac{1}{2}E(1+\frac{\delta}{\alpha})$$

$$C_2 = \frac{1}{2}E(1-\frac{\delta}{\alpha})$$

由 $\mathrm{sh}\varphi = \dfrac{\alpha}{\omega_0} = \dfrac{1}{2}(e^{\varphi} - e^{-\varphi})$ 可得

$$\begin{cases} e^{2\varphi} - 2\dfrac{\alpha}{\omega_0}e^{\varphi} - 1 = 0 \\ e^{-2\varphi} + 2\dfrac{\alpha}{\omega_0}e^{-\varphi} - 1 = 0 \\ e^{\varphi} = \dfrac{\alpha}{\omega_0} \pm \sqrt{\dfrac{\alpha^2}{\omega_0^2} + 1} = \dfrac{\alpha}{\omega_0} \pm \sqrt{\dfrac{\delta^2 - \omega_0^2}{\omega_0^2} + 1} = \dfrac{\alpha \pm \delta}{\omega_0} \\ e^{-\varphi} = -\dfrac{\alpha \mp \delta}{\omega_0} \end{cases} \tag{4.5-18}$$

（其中，“±”符号同时取上面的或同时取下面的。）

$$C_1 = \frac{1}{2}E\frac{\alpha+\delta}{\alpha} = \frac{1}{2}E\frac{\alpha+\delta}{\omega_0}\frac{\omega_0}{\alpha} = \frac{1}{2}E\frac{e^{\varphi}}{\mathrm{sh}\varphi}$$

$$C_2 = \frac{1}{2}E\frac{\alpha-\delta}{\alpha} = \frac{1}{2}E\frac{\alpha-\delta}{\omega_0}\frac{\omega_0}{\alpha} = -\frac{1}{2}E\frac{e^{-\varphi}}{\mathrm{sh}\varphi}$$

$$u_C(t)=C_1\mathrm{e}^{-(\delta-\alpha)t}+C_2\mathrm{e}^{-(\delta+\alpha)t}=E\mathrm{e}^{-\delta\cdot t}\left(\frac{1}{2}\mathrm{e}^{\alpha\cdot t}\mathrm{e}^{\varphi}-\frac{1}{2}\mathrm{e}^{-\alpha\cdot t}\mathrm{e}^{-\varphi}\right)/\operatorname{sh}\varphi$$
$$=Ee^{-\delta\cdot t}\operatorname{sh}(\alpha\cdot t+\varphi)/\operatorname{sh}\varphi \qquad (4.5\text{-}19)$$

（2）当$\varDelta=\delta^2-\omega_0^2=-\omega^2<0$时，式（4.5-17）有两个虚根：

$$\chi=\delta\pm\omega\mathrm{i}$$

$$u_C(t)=C_1\mathrm{e}^{-(\delta+\omega\cdot\mathrm{i})t}+C_2\mathrm{e}^{-(\delta-\omega\cdot\mathrm{i})t}=\mathrm{e}^{-\frac{R}{2L}t}[-(C_1+C_2)\cos\omega\cdot t+\mathrm{i}(C_1-C_2)\sin\omega\cdot t]$$
$$=\mathrm{e}^{-\frac{R}{2L}t}(C_1'\cos kt+C_2'\sin kt)=\mathrm{e}^{-\frac{R}{2L}t}C\cos(kt+\psi)$$

代入初始条件，可得

$$E=C\cos\psi$$
$$0=-\delta C\cos\psi-\omega C\sin\psi$$

解得

$$\begin{cases}\tan\psi=-\dfrac{\delta}{\omega}\\ C=\dfrac{E}{\cos\psi}\\ u_C(t)=E\mathrm{e}^{-\delta\cdot t}\cos(\omega t+\psi)/\cos\psi\end{cases} \qquad (4.5\text{-}20)$$

（3）当$\varDelta=\delta^2-\omega_0^2=0$时，式（4.5-17）有两个重根：

$$\chi=-\delta$$

此时$u_1(t)=C_1\mathrm{e}^{-\delta\cdot t}$是一个解，另一解可用$u_2(t)=f(t)\mathrm{e}^{-\delta\cdot t}$代入式（4.5-14）得到：

$$\frac{\mathrm{d}^2f(t)}{\mathrm{d}t^2}=0$$
$$f(t)=C_2t$$
$$u_C(t)=C_1\mathrm{e}^{-\frac{R}{2L}t}+C_2t\mathrm{e}^{-\frac{R}{2L}t}$$

代入初始条件，得

$$\begin{cases}C_1=E\\ C_1(-\delta)+C_2=0\\ C_2=E\delta\\ u_C(t)=E(1+\delta t)\mathrm{e}^{-\frac{R}{2L}t}\end{cases} \qquad (4.5\text{-}21)$$

2. 充电过程

令$v=E-u_C$，式（4.5-10）至式（4.5-12）可简化为

$$LC\frac{\mathrm{d}^2v}{\mathrm{d}t^2}+RC\frac{\mathrm{d}v}{\mathrm{d}t}+v=0 \qquad (4.5\text{-}22)$$
$$v(0)=0 \qquad (4.5\text{-}23)$$
$$\mathrm{d}v(0)/\mathrm{d}t=-i(0)=0 \qquad (4.5\text{-}24)$$

则式(4.5-21)和式(4.5-14),式(4.5-22)和式(4.5-15),式(4.5-23)和式(4.5-16)一样,同样可解得以下结果。

(1)当$\varDelta=\delta^2-\omega_0^2=\alpha^2>0$时,有

$$u_C(t)=E-v=E[1-\mathrm{e}^{-\delta\cdot t}\mathrm{sh}(\alpha t+\varphi)/\mathrm{sh}\varphi] \tag{4.5-25}$$

(2)当$\varDelta=\delta^2-\omega_0^2=-\omega^2<0$时,有

$$u_C(t)=E[1-\mathrm{e}^{-\delta\cdot t}\cos(\omega t+\psi)/\cos\psi] \tag{4.5-26}$$

(3)当$\varDelta=\delta^2-\omega_0^2=0$时,有

$$u_C(t)=E[1-(1+\delta\cdot t)\mathrm{e}^{-\delta\cdot t}] \tag{4.5-27}$$

【附录 2】

(1)当电压为 $u_C(t)=E\mathrm{e}^{-\delta\cdot t}\mathrm{sh}(\alpha t+\varphi)/\mathrm{sh}\varphi$ 时,有

$$\begin{aligned}i(t)=\frac{\mathrm{d}u_C(t)}{\mathrm{d}t}&=-\delta\cdot E\mathrm{e}^{-\delta\cdot t}\mathrm{sh}(\alpha t+\varphi)/\mathrm{sh}\varphi+\alpha\cdot E\mathrm{e}^{-\delta\cdot t}\mathrm{ch}(\alpha t+\varphi)/\mathrm{sh}\varphi\\&=E\mathrm{e}^{-\delta\cdot t}[-\delta\cdot\mathrm{sh}(\alpha\cdot t+\varphi)+\alpha\cdot\mathrm{ch}(\alpha\cdot t+\varphi)]/\mathrm{sh}\varphi\\&=E\mathrm{e}^{-\delta\cdot t}\frac{1}{2}[(-\delta+\alpha)\mathrm{e}^{\alpha\cdot t+\varphi}+(\delta+\alpha)\mathrm{e}^{-(\alpha\cdot t+\varphi)}]/\mathrm{sh}\varphi\end{aligned}$$

利用式(4.5-18)的结果,有

$$\begin{aligned}i(t)&=E\mathrm{e}^{-\delta\cdot t}\frac{1}{2}[-\omega_0\mathrm{e}^{-\varphi}\mathrm{e}^{\alpha\cdot t+\varphi}+\omega_0\mathrm{e}^{\varphi}\mathrm{e}^{-(\alpha\cdot t+\varphi)}]/\mathrm{sh}\varphi\\&=-\omega_0E\mathrm{e}^{-\delta\cdot t}\frac{1}{2}[\mathrm{e}^{\alpha\cdot t}-\mathrm{e}^{-\alpha\cdot t}]/\mathrm{sh}\varphi\end{aligned}$$

$$i(t)=-\omega_0E\mathrm{e}^{-\delta\cdot t}\mathrm{sh}(\alpha t)/\mathrm{sh}\varphi$$

(2)当电压为 $u_C(t)=E\mathrm{e}^{-\delta\cdot t}\cos(\omega t+\psi)/\cos\psi$时,有

$$\begin{aligned}i(t)=\frac{\mathrm{d}u_C(t)}{\mathrm{d}t}&=-\delta\cdot E\mathrm{e}^{-\delta\cdot t}\cos(\omega t+\psi)/\cos\psi-\omega\cdot E\mathrm{e}^{-\delta\cdot t}\cos(\omega t+\psi)/\cos\psi\\&=[-\delta\cdot\cos(\omega t+\psi)-\omega\cdot\sin(\omega t+\psi)]E\mathrm{e}^{-\delta\cdot t}/\cos\psi\\&=\sqrt{\omega^2+\delta^2}[\sin\psi\cdot\cos(\omega t+\psi)-\cos\psi\cdot\sin(\omega t+\psi)]E\mathrm{e}^{-\delta\cdot t}/\cos\psi\\&=-\omega_0\sin(\omega t)E\mathrm{e}^{-\delta\cdot t}/\cos\psi\end{aligned}$$

4.6　迈克耳孙干涉仪的调节与使用

19 世纪初,物理学界对光的干涉现象开始进行大量研究。1881 年,迈克耳孙(A.A. Michelson)研制出以他名字命名的新型干涉仪,标志着对光的波动性研究日益深入。现在人们提到迈克耳孙干涉仪时,总会首先想到迈克耳孙和莫雷(E.W. Morley)在 1887 年所做的检验“以太”是否存在的著名实验,正是这次实验的否定结论,促进了相对论的建立。由于发明迈克耳孙干涉仪及用之于光谱学与计量学研究所作的贡献,迈克耳孙获得了 1907 年的诺贝尔物理学奖。

迈克耳孙干涉仪在当今精密测量领域也有着不可替代的应用,它是许多近代干涉仪的原型,用它可以观察光的各种干涉现象,测定单色光的波长、相干长度以及透明介质的

折射率等。由于迈克耳孙干涉仪相互垂直的两臂结构,使得两束相干光的传输是分离的,这种结构为研究许多物理量(如温度、压强、电场、磁场以及介质的运动等)对光的传播的影响创造了条件。2015 年,迈克耳孙干涉仪的一个重要应用——激光干涉引力天文台(Laser Interferometer Gravitational-Wave Observatory,LIGO)首次直接观测到了引力波的存在,实验结果证实了广义相对论对引力波的预言。由于对 LIGO 探测器及引力波观测的决定性贡献,索恩(K.S. Thorne)、韦斯(R. Weiss)和巴里什(B.C. Barish)荣获 2017 年的诺贝尔物理学奖。

【实验目的】

(1)了解迈克耳孙干涉仪的结构原理,掌握迈克耳孙干涉仪的调整和使用方法。

(2)观察非定域干涉条纹。

(3)测量 He-Ne 激光的波长。

【实验器材】

迈克耳孙干涉仪(图 4.6-1)、He-Ne 多光束光纤激光器。

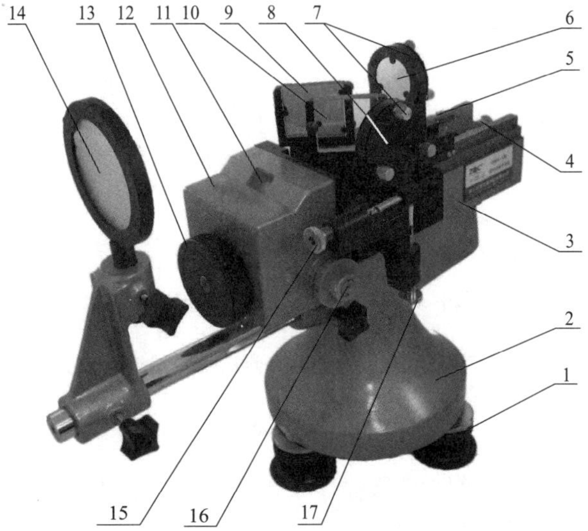

图 4.6-1 迈克耳孙干涉仪

1—调平螺钉;2—底座;3—机械台面;4—精密丝杠;5—导轨;6—可移动反射镜 M_2;7—倾斜螺钉;8—固定反射镜 M_1;9—分光板 G_1;10—补偿板 G_2;11—粗调手轮读数窗口;12—齿轮系统;13—粗调手轮;14—观察屏;15— M_1 的水平拉簧螺钉;16—微调手轮;17— M_1 的竖直拉簧螺钉

【实验原理】

1. 迈克耳孙干涉仪的结构与光路

如图 4.6-1 和图 4.6-2 所示,迈克耳孙干涉仪是利用半透膜分光板的反射和透射,并利用分振幅法产生光强近似相等的两束相干光,从而实现光的干涉的仪器。

其中,M_1 和 M_2 是两片精密磨光的平面反射镜,M_1 是固定不动的,M_2 可沿导轨前后移动;G_1 和 G_2 是两块材料相同、厚度相同的平行玻璃板,在 G_1 的后表面镀了一层半透膜,G_1

和 G_2 严格平行，且与 M_1 和 M_2 都成 45° 角。

从光源 S 发出的一束光射到分光板 G_1 上，光束在半透膜上反射和透射，分成振幅近于相等而且互相垂直的两束光，分别射向互相垂直的固定不动的平面反射镜 M_1 和可移动的平面反射镜 M_2，经 M_1 和 M_2 反射后交汇于分光板 G_1，最后两束光均朝着屏 E 的方向射出，两束光为相干光。

如果没有 G_2，经 M_2 反射的光束在 G_1 中通过三次，而经 M_1 反射的光束在 G_1 中仅通过一次，为了弥补这一光程差，把一块材料和厚度与 G_1 完全相同的平行玻璃板 G_2 加到光路中，G_2 称为补偿板。G_2 的加入使得在计算两光束的光程差时，只需考虑两者在空气中的几何路程差，无须计算它们在玻璃板中的光程差。

反射镜 M_1 是固定的，M_2 可沿导轨移动，因此两束光的光程差是可以改变的。图 4.6-2 中的 M_1' 是平面镜 M_1 相对 G_1 半透膜表面所成的虚像，显然，光线经过 M_1' 反射到达 E 处和经过 M_1 反射到达 E 处的光程严格相等，M_1' 和 M_1 是等效的。干涉就相当于 M_1' 与 M_2 间空气薄层的干涉。

从以上介绍可知，迈克耳孙干涉仪有两个优点：①两相干光束分离，互不干扰，便于在一支光路中布置其他光学器件；② M_1' 不是实际物体，M_1' 与 M_2 间的空气膜厚度可任意调节，甚至重合。

迈克耳孙干涉仪共有三组读数结构（图 4.6-3）：第一组位于左侧的直尺 C_1，刻度线以 mm 为单位，可准确读到毫米位；第二组位于粗调手轮的读数窗 C_2，刻度线以 0.01 mm 为单位，可准确读出 0.1 mm 和 0.01 mm 两位；第三组位于右侧的微调手轮 C_3，刻度线以 0.0001mm 为单位，可准确读出 0.001 mm 和 0.0001 mm 两位，再估读一位到 0.000 01 mm。实际测量时，分别从 C_1、C_2 各读得两位数字、从 C_3 读得三位（包括一位估读）数字，组成一个 7 位的测量数据。

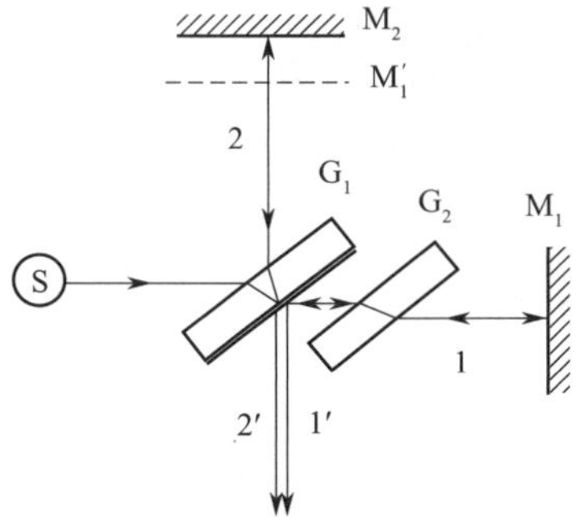

图 4.6-2　迈克耳孙干涉仪光路原理

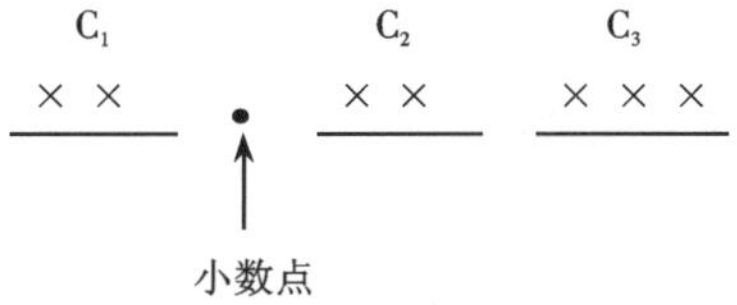

图 4.6-3　迈克耳孙干涉仪读数方法

2. 点光源的非定域干涉

经短焦距凸透镜汇聚后的激光束，可以认为是一个很好的点光源 S 发出的球面光波。由于光的反射效应，S 在 M_2、M_1' 的后面形成两个虚光源 S_2' 和 S_1'，如图 4.6-4（a）所示。其中，S_1' 为 S 经 M_1 及 G_1 反射后所成的像，S_2' 为 S 经 G_1 及 M_2 反射后所成的像，显然 S_2' 和 S_1' 为两相干光源，它们发出的球面光波在其相遇的空间处处相干——在相遇处都能产生干涉条纹，称为非定域干涉。根据光的干涉条件，空间任一点 P 的干涉明暗由 S_2' 和 S_1' 到该点的光程差 $\Delta = r_2 - r_1$ 决定，其中r_2和r_1分别为 S_2' 和 S_1' 到 P 点的光程。即在 S_2' 和 S_1' 相干涉的区域，P 点的光强分布 $I(P)$为极大和极小的条件如下：

$$\Delta = r_2 - r_1 = k\lambda \tag{4.6-1}$$

$$\Delta = r_2 - r_1 = (2k+1)\frac{\lambda}{2} \quad (k = 0, \pm1, \pm2, \cdots) \tag{4.6-2}$$

3.He-Ne 激光波长的测定

当 M_1' 与 M_2 平行时，将观察屏放在与 S_2'、S_1' 连线相垂直的位置上，可以看到一组同心干涉圆条纹，如图 4.6-4(b)所示。

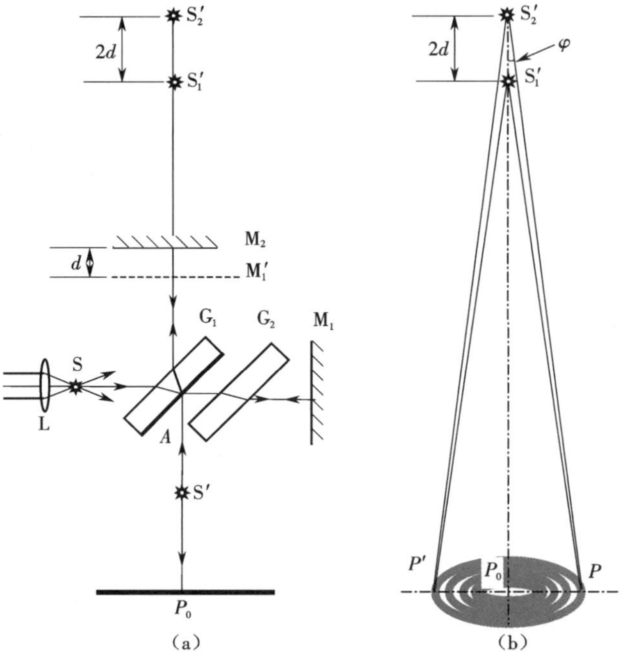

图 4.6-4　S_2'、S_1' 连线相垂直方向的非定域干涉

设 M_1' 与 M_2 间距离为d，则 S_2' 和 S_1' 距离为$2d$，理论上可推导出，S_2' 和 S_1' 在观察屏上任一点P的光程差为

$$\Delta = 2d\cos\varphi \tag{4.6-3}$$

式中：φ为 S_2' 射到 P 点的光线与 M_2 法线的夹角。

此时，明纹和暗纹条件分别为

$$\Delta = 2d\cos\varphi = k\lambda \tag{4.6-4}$$

$$\Delta = 2d\cos\varphi = (2k+1)\frac{\lambda}{2} \quad k = 0, \pm1, \pm2, \cdots) \tag{4.6-5}$$

图 4.6-5 列出了 M_1' 与 M_2 距离不同，即薄膜厚度不同时，对应不同的等倾干涉条纹特点。

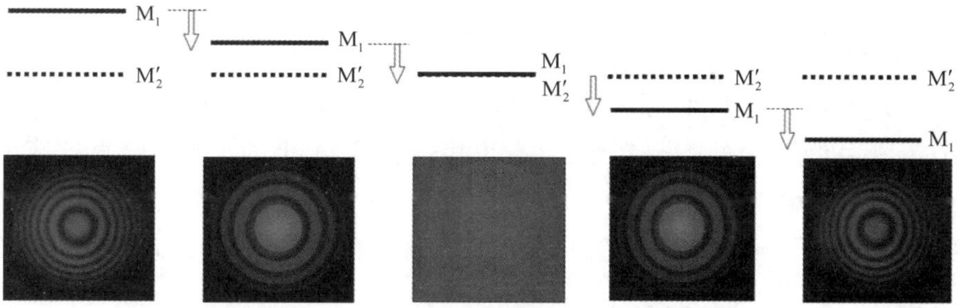

图 4.6-5　M_2 不同位置对应的不同薄膜厚度及等倾干涉条纹

（1）φ越小，干涉条纹级次越大；$\varphi=0$时，Δ最大，即圆环中心条纹级次最高。

（2）当d增加时，对某一特定级次为k的干涉条纹，其φ将不断变大，即看到条纹不断涌出，圆环一个个从中心冒出。当d减小时，圆环逐渐缩小，直至消失，出现条纹缩进现象。

（3）在圆心处$\varphi=0$，两束光的光程差为$2d$。每涌出或缩进一个条纹，相当于光程差改变一个波长λ。设M_2移动Δd距离，相应地涌出或缩进的圆环数为ΔN，则

$$2\Delta d=\Delta N\lambda \tag{4.6-6}$$

所以，由干涉条纹的变化数目ΔN，可求出M_2移动的距离Δd为

$$\Delta d=\Delta N\frac{\lambda}{2}$$

反之由干涉条纹的变化数目ΔN和M_2移动的距离Δd，可求激光光波的波长为

$$\lambda=\frac{2\Delta d}{\Delta N} \tag{4.6-7}$$

（4）当d增大时，光程差Δ每改变一个波长所需的φ变化值减小，即两明环（或两暗环）之间的间隔变小，条纹变细变密。反之，当d减小时，条纹变粗变疏。

【实验内容与步骤】

1. 仪器的调整和非定域干涉条纹的观察

如图 4.6-1 所示，M_1、M_2的背面各有三个螺钉，用以调节M_1、M_2镜面的倾斜度，M_1的下端还附有两个互相垂直的微动拉簧螺钉，用以精确地调整M_1的倾斜度。M_2所在的导轨拖板由精密丝杠带动，可沿导轨前后移动。M_2的位置由三个读数尺所读出的数值的和确定，即主尺、粗调手轮和微调手轮。

（1）**水平调节**。调节干涉仪调平螺钉，使仪器导轨平面水平，然后用锁紧圈锁住。

（2）**等臂调节**。调节粗调手轮移动M_2，M_1、M_2与分光板G_1大致等距离，保证导轨上M_2的位置在 40~45 mm。

（3）**最亮点重合**。打开激光开关，检查激光输出的位置和方向，让光束垂直射向M_1的中心部位。将观察屏转向一侧并固定，戴上墨镜，直接观察M_2，视野中呈现两排分别由M_1、M_2反射回来的亮点，找准每排亮点中最亮的那个点，分别调节M_1和M_2两个反射镜背后的调节螺钉（先调M_1，再调M_2），使两排亮点中最亮的光点严格重合，说明M_1已垂直于M_2。注

意调节时调节螺钉的松紧要均衡,防止损坏调节螺钉。

(4)**条纹移到屏中央**。将观察屏转回原位置,若上一步中的最亮点已经严格重合,则在观察屏上可以观察到圆形干涉条纹,若没有条纹,可能是亮点没严格重合,或者条纹在屏幕边缘。调节粗调手轮使条纹大小、粗细适中,再轻微调节 M_1 上的水平或竖直拉簧螺钉,使圆形条纹的中心位于屏中央。

(5)**观察非定域干涉**。前、后、左、右移动观察屏的位置和角度,发现干涉条纹的大小或形状发生变化,证明非定域干涉是空间处处相干的。

(6)**条纹特征与 d 的关系**。调节粗调手轮前后移动 M_2,观察条纹的"冒出"或"缩进"现象,判断 M_1' 与 M_2 之间的距离 d 是变大还是变小,并观察条纹的粗细、疏密和 d 之间的关系。

2. 测量激光波长

(1)仪器调零。因为旋转微调手轮时,粗调手轮随之变化,而旋转粗调手轮时微调手轮并不随之变化,所以测量前必须调零。具体方法如下:沿某方向(如顺时针)将微调手轮调到零并记住旋转方向(为避免空程差,后面的测量都要沿此方向),沿同一方向旋转粗调手轮使之对准某一刻度,注意此后粗调手轮不要再动。测量过程中若需要反方向旋转微调手轮,则一定要重新调零。

(2)测量并计算波长。沿刚才的方向旋转微调手轮,直至使干涉条纹中心稳定地冒出或缩进 50 个,记下此时的中心暗纹(0 计数条纹)对应的 M_2 位置,继续沿原方向旋转微调手轮,条纹每冒出或缩进 50 个记录相应的 M_2 位置,连续记录 11 次,用逐差法求出 Δd 及激光的波长,并计算相对误差,数据记入表 4.6-1。

【注意事项】

(1)在不戴墨镜情况下,不要长时间正对激光观看,以免损伤眼睛。

(2)在测量读数前必须调整仪器零点,在改变手轮旋转方向时必须重新调整零点。

(3)爱护仪器,绝对不许用手触摸各光学元件,可用擦镜纸擦拭光学元件的表面。

(4)实验时,要特别注意保持安静,不得晃动实验台,不得大声喧哗,不得来回走动,以免引起振动而影响本人及其他同学实验。

【数据处理】

相应数据记录于表 4.6-1 中。

表 4.6-1 测量激光波长数据记录及计算

条纹移动数 N_1	0	50	100	150	200	250
可移动镜位置 d_1 /mm						
条纹移动数 N_2	300	350	400	450	500	550
可移动镜位置 d_2 /mm						
$\Delta N = N_2 - N_1$	300	300	300	300	300	300
$\Delta d_i = d_2 - d_1$ /mm						
$\overline{\Delta d}$ /mm						
$\overline{\lambda} = 2\overline{\Delta d} / \Delta N$ / nm						

(1)用逐差法计算激光波长的平均值 $\bar{\lambda}$。

(2)与 He-Ne 激光标准波长值 632.8 nm 进行比较,求相对误差。

$$E(\bar{\lambda})=\frac{|632.8-\bar{\lambda}|}{632.8}\times 100\%$$

【思考题】

(1)根据迈克耳孙干涉仪的光路,说明各光学元件的作用。

(2)在迈克耳孙干涉仪上看到的等倾圆条纹与牛顿环实验中的干涉圆条纹有哪些区别?

(3)在观察非定域干涉时,为什么当 d 足够大时,屏上看不到干涉条纹?

4.7 单缝衍射和细丝衍射

光的衍射是光的波动性的一种特征表现。衍射可以分为两类:夫琅禾费衍射和菲涅耳衍射。菲涅耳衍射是近场衍射,夫琅禾费衍射是远场衍射,即平行光衍射。在现代光学技术中,光的衍射规律是 X 光晶体分析、全息照相以及光信息处理等技术领域的物理基础。

【实验目的】

(1)观察了解单缝的夫琅禾费衍射花样。

(2)学习 CCD 器件测量单缝衍射的相对光强分布。

(3)利用衍射花样测定单丝的直径。

【实验器材】

He-Ne 激光器、光学可调磁性座、组合光栅(支架+光栅片)、衍射光强记录仪、钢圈尺、底座若干。

连续减光器使用两片偏振膜,一片固定,作为起偏器;另一片可旋转,作为检偏器,达到连续减光的目的。

组合光栅由光栅片和二维调节架构成,如图 4.7-1 所示。其中,光栅片上有 7 组图形:第 1 组为单缝(a=0.12 mm)/单丝(0.12 mm);第 2 组为单缝(a=0.10 mm)/单丝(0.10 mm);第 3 组为单缝(a=0.07 mm)/双缝(a=0.07 mm,d=2);为第 4 组:单缝(a=0.07 mm)/双缝(a =0.07 mm,d=3);第 5 组为单缝(a=0.07 mm)/双缝(a =0.07 mm,d=4);第 6 组为双缝(a=0.02 mm)/三缝(a =0.02 mm,d=2);第 7 组为四缝(a=0.02 mm)/五缝(a =0.02 mm,d=2),且 d 为多缝缝中心的间距与缝宽的比值。

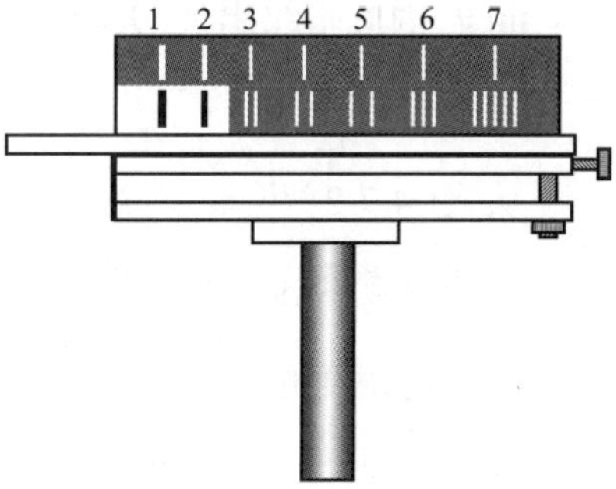

图 4.7-1　组合光栅结构图

【实验原理】

1. 单缝衍射原理

单缝夫琅禾费衍射实验如图 4.7-2 所示。当狭缝光源 S′ 置于透镜 L_1 的焦平面上，则由 S′ 发出的光通过 L_1 后成为平行光，垂直照射在狭缝 S 上，根据惠更斯-菲涅耳原理，狭缝上每一点都可看成发射子波的新波源。由于子波叠加的结果，在透镜 L_2 第二焦平面上可以得到一组平行于狭缝的明暗相间的衍射条纹。

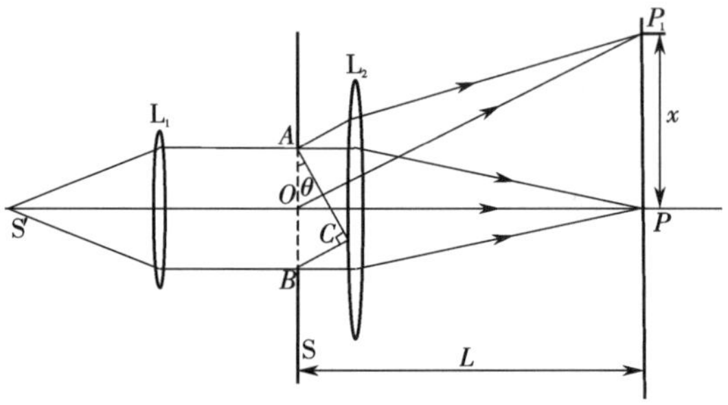

图 4.7-2 单缝夫琅禾费衍射光路图

实现夫琅禾费衍射，需要满足下述条件：①点光源距离单缝很远，或者说光源的发散角很小；②接收屏幕距离单缝很远。

本实验的光源是波长为 632.8 nm 的 He-Ne 激光束，其发散角很小，接收屏（CCD 光强仪）与单缝距离大于 0.5 m，满足远场条件，在实验中单缝前后可不用透镜。根据菲涅耳原理，通过理论计算可以得出衍射条纹的光强分布规律为

$$I_\theta = I_0 \frac{\sin^2 u}{u^2} \tag{4.7-1}$$

式中：$u = \pi a \sin\theta / \lambda$，其中 a 为单缝宽度，θ 为衍射角，λ 为入射光波长；I_0 为初始光强。由式（4.7-1）可知，当 θ =0 时，$I_\theta = I_0$，P 处的光强 $I_\theta = I_0$ 是最大值，为中央主极大的强度；当 $\sin\theta = k\lambda / a$ $(k = \pm1, \pm2, \cdots)$ 时，I=0，形成第 k 级暗纹，由于夫琅禾费衍射时 θ 很小，有 $\theta \approx \sin\theta$，因此暗纹出现的条件为

$$\theta = \frac{k\lambda}{a} \tag{4.7-2}$$

从式（4.7-2）可知，当 $k = \pm1$ 时，为主极大两侧第一级暗条纹的衍射角，由此决定了中央明纹的角宽度为 $\Delta\theta_0 = \dfrac{2\lambda}{a}$，其余各级明纹角宽度为 $\Delta\theta_k = \dfrac{\lambda}{a}$，可见中央明纹角宽度是其他各级明纹角宽度的两倍。

除中央主极大外，相邻两条暗纹级间存在一些次极大，这些次极大的位置出现在 $\sin\theta = \pm1.43\lambda / a, \pm2.46\lambda / a, \pm3.47\lambda / a, \cdots$，各级次极大的相对光强分别是 $I_\theta / I_0 = 0.047, 0.017, 0.008, \cdots$。

以上是单缝夫琅禾费衍射的主要结果，根据式（4.7-1）式可以描绘出单缝衍射的光强分布曲线，如图 4.7-3 所示。

2. 细丝衍射原理

微小尺寸的检测，如缝隙、细丝或小孔尺寸的检测，常采用激光衍射的方法。当激光照射细丝时会产生衍射图像，用阵列光电器件接收衍射图像，测出暗纹的间距，即可计算出细丝的尺寸。

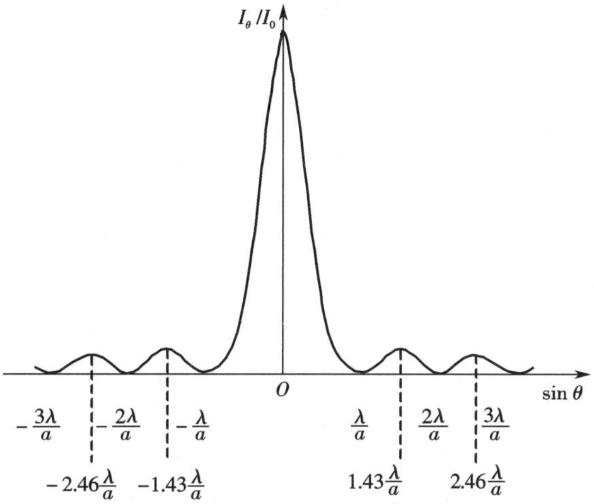

图 4.7-3　单缝衍射的光强分布图

根据巴比涅原理，若将图 4.7-2 中的单缝换为细丝，接收屏上的夫琅禾费衍射花样和同样宽度的单缝衍射花样是一样的，因此只需用细丝直径 ϕ 代替单缝宽度 a，就可使用单缝衍射的理论和公式。根据式(4.7-2)以及 $\theta=\tan\theta\approx\frac{x}{L}$ (L 为单丝到接收屏的距离，x 为待测点到中央主极大的距离，如图 4.7-4 所示)，可推导出衍射图像相邻暗纹的间距为

$$\Delta x=\frac{L\lambda}{\phi} \tag{4.7-3}$$

式中：λ 为入射激光波长；ϕ 为被测单丝直径。

于是，可得单丝直径为

$$\phi=\frac{L\lambda}{\Delta x}$$

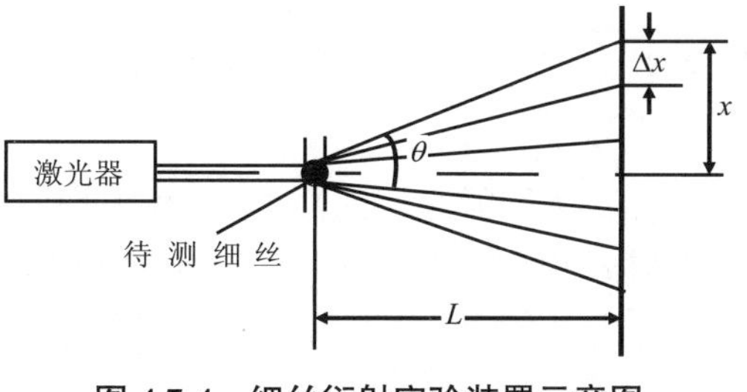

图 4.7-4　细丝衍射实验装置示意图

【实验内容】

1. 单缝衍射的光强分布

1）摆放仪器

将 He-Ne 激光器、可调底座和衍射光强记录仪放置在光学平台上，并大致在一条线上。其中，激光器和单缝的距离尽可能远一点，单缝和衍射光强记录仪的距离 L 尽可能满足远场条件，即 L 应大于 50 cm。

2）连接电路

将衍射光强记录仪、电控箱、电源和电脑进行连接，He-Ne 激光接通电源。

3）调整光路

（1）使用水平仪将衍射光强记录仪、激光器和组合光栅的底座调至水平状态。

（2）调节激光器和底座的高度，使激光器、底座上的光栅和记录仪的采光口等高共轴，打开 He-Ne 激光器预热。

（3）调节组合光栅的平面和激光光束垂直，即打开激光器，微微旋转组合光栅，使从光栅平面上反射回来的衍射光的中央亮纹在激光出射孔的正上方或者正下方附近。

（4）调节单缝与衍射光强记录仪采光窗的水平方向垂直，检查方法是落在衍射光强记录仪上的衍射光斑应平行于衍射光强记录仪的采光窗，然后调节衍射光强记录仪的高低，使衍射光斑落在采光窗上。

注意：衍射光强记录仪有很高的光电灵敏度，在一般的室内光照条件下已趋于饱和，没有信号输出，因而实验需要在黑暗环境中进行。

（5）左右移动衍射光强记录仪，保证更多高级次的暗纹出现在衍射光强记录仪的屏幕上。

4）测量数据

打开电脑上的衍射光强测量记录程序，自动扫描并记录在水平方向上的衍射光强分布情况（两次测量），自拟表格记录并处理数据，做出单缝衍射 $\frac{I_\theta}{I_0}$-$\sin\theta$ 曲线图。

注意：在测量时，使硅光电池的进光狭缝从衍射图像左边（右边）第二个最小的位置到右边（或左边）第二个最小的位置进行逐点扫描。

适当选择减光器，旋转减光器的检偏片（从弱光到强光进行光路调节，以免衍射光强记录仪饱和），在屏幕上找到衍射曲线。

2. 衍射法测量细丝直径

1）调整光路

保持仪器的整体布局不变，调节衍射光栅的高低，使激光光束垂直照射在组合光栅的单丝处。与单缝衍射一样，左右移动衍射光强记录仪，使更多高级次的暗纹出现在接收屏上。如图 4.7-4 所示，适当调整 L，使至少在接收屏上在主极大同侧显示 6 条衍射暗纹。

2）数据测量

打开电脑上的衍射光强测量记录程序，自动扫描并记录在水平方向上的衍射光强分布情况，自拟表格记录并处理数据。采用逐差法计算出相邻暗纹间距的平均值 $\overline{\Delta x}$。注意，这是一个原始数据，必须乘以一个系数（对应本实验的仪器，该系数为 1/4.1）才是暗纹的真实间距。由式（4.7-3）计算得到细丝的直径 ϕ，并进行不确定度评定。（L 为细丝到衍射光强记录仪中的光敏元件的距离，即 $L = L_{测} + L_{修}$，$L_{修}$ =4.5 cm 是光敏面至衍射光强记录仪前面板的距离。）

【注意事项】

（1）在整个测量过程中，要求 He-Ne 激光器输出的功率有较高的稳定性，同时一般应在激光器打开 30 min 后再进行测量。

（2）如果周围杂散光太强而使光电池产生本底电流时，则应先测出本底电流，以便对测量数据作修正。

（3）用激光单缝衍射法测量细丝直径时，L 不宜过大，以防测量不确定度增大。

【数据处理】

根据实验内容，自拟表格记录数据，根据激光波长计算对应结果。

【思考题】

（1）激光器输出的光强如有变动，对单缝衍射图样和光强分布曲线有无影响？

（2）若衍射曲线不圆滑漂亮，可能的原因有哪些？

4.8 光栅衍射

光栅是由一系列等距平行刻线组成的光学元件，具有周期性空间结构或光学性能的衍射特性，是光学仪器中常用的一种分光元件。当平行复色光垂直照射时，在光栅的同级衍射场中不同波长的谱线将按波长顺序展开。光栅的用途相当广泛，可以在各类光学仪器（如单色仪、摄谱仪、光谱仪）中作为分光元件使用；在光纤通信、光计算机中作为分光和耦合元件使用；在激光器中作为选频元件使用；在光信息处理系统中作为调制器和编码器使用。

【实验目的】

（1）观察光栅衍射现象，了解衍射光栅的特点。

（2）了解测定光栅常数、角色散的方法。

（3）掌握在分光计上用透射光栅测定波长的方法。

【实验器材】

分光计、平面光栅、汞灯、平面反射镜。

【实验原理】

1. 光栅分光原理

光栅的种类很多，有刻痕光栅、全息光栅、透射光栅、反射光栅等，其不仅适用于可见光，还能用于红外和紫外光波。本实验选用一维透射光栅，其是在一个基板玻璃片上刻上一组等间距的平行刻痕而成，其可以看作一系列密集而又均匀排列的平行狭缝，相邻狭缝对应点之间的距离称为光栅常数 d（$d = a + b$），若光栅上每毫米可有 n 条刻痕，则光栅常数

$d=1/n$（mm）。光栅衍射光路如图 4.8-1 所示。

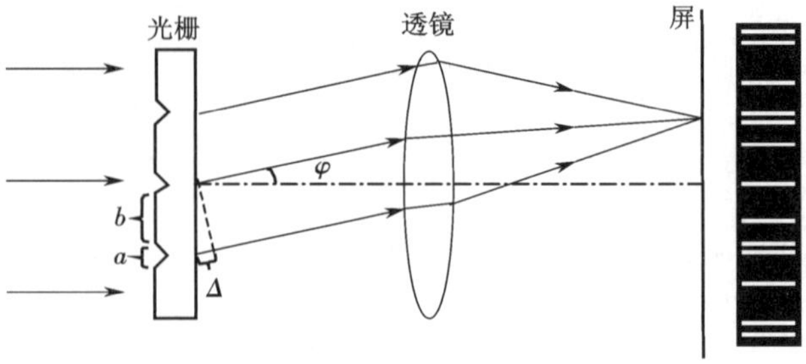

图 4.8-1　光栅衍射光路

由夫琅禾费衍射原理可知，当波长为λ的平行光垂直照射平面光栅时，由平面光栅各狭缝在某一方向的衍射光将在无穷远（或透镜焦平面）处形成干涉条纹。当平行光垂直入射时，由相邻两狭缝对应点衍射光的光程差$\Delta=d\sin\varphi$（φ为衍射角）以及相干明条纹的形成条件$\Delta=k\lambda$（衍射级次$k=0,\pm1,\pm2,\cdots$）可得光栅方程：

$$d\sin\varphi=k\lambda \quad (k=0,\pm1,\pm2,\cdots) \tag{4.8-1}$$

同一级次的衍射光，波长越长，衍射角越大；当入射光是复色光时，除零级干涉条纹外，不同波长同一级次的亮条纹将彼此错开，形成衍射光谱。若光栅常数 d 已知，只要测出与该谱线相关的衍射角φ和级次 k 就可以计算出入射光的波长。

2. 光栅的基本特性

与其他分光元件一样，衍射光栅的性能主要用分辨本领和色散本领来表征。

（1）分辨本领

分光仪器的分辨本领 R 通常定义为两条刚可被该仪器分辨开的谱线波长差$\Delta\lambda$与它们平均波长 λ 的比值，即$R=\lambda/\Delta\lambda$。根据瑞利判据，可得光栅的分辨本领：

$$R=\lambda/\Delta\lambda=kN \tag{4.8-2}$$

式中：N 为光栅有效面积内的总刻痕数；k 为衍射级次。

式（4.8-2）说明光栅的分辨本领正比于有效使用面积内衍射单元总数 N 和光谱的级次 k，与光栅常数 d 无关。分辨本领 R 越大，$\Delta\lambda$越小，光栅分辨细微结构的能力越强。

（2）色散本领

光栅的色散本领是指在同级光谱中两条谱线衍射角之差 $\Delta\varphi$ 与波长差$\Delta\lambda$之比，即

$$D=\frac{\Delta\varphi}{\Delta\lambda}=\frac{k}{d\cos\varphi} \tag{4.8-3}$$

光栅的角度散射率与光栅常数 d 成反比，与级次 k 成正比。但角色散率与光栅单元的总数 N 无关，它只反映两条谱线中心分开的程度，不涉及它们是否能够分辨。当衍射角较小时，式（4.8-3）中的 $\cos\varphi\approx1$，角色散率 D 可以近似看作常数，此时 $\Delta\varphi$ 与 $\Delta\lambda$ 成正比，故光栅光谱又称匀排光谱。

（3）低压汞灯的特征谱线

低压汞灯的灯管内充有汞及惰性气体氖或氩，灯丝通电后，惰性气体电离放电，灯管温度逐渐升高，汞逐渐被蒸发产生弧光放电，发出绿白色的光。低压汞灯在可见光范围内的主

要特征谱线有 404.7 nm、435.8 nm、546.1 nm、577.0 nm 和 579.1 nm，其中 435.8 nm 和 546.1 nm 两条谱线的光强较强，如图 4.8-2 所示。

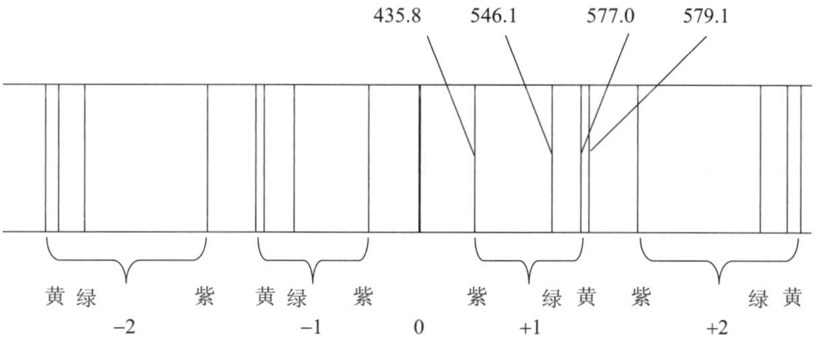

图 4.8-2　低压汞灯在可见光范围内的主要特征谱线（单位：nm）

【实验内容】

（1）调整分光计。具体参见"3.11　分光计的调节和使用"实验。

（2）调整光栅。

①入射光垂直照射光栅表面。将光栅按图 4.8-3 所示放在载物台上，先通过目测确定光栅平面与平行光管轴线大致垂直；然后调节载物台的两个螺钉 b（或 c），使从光栅表面反射回来的十字缝像与上十字相重合，随后固定载物台。

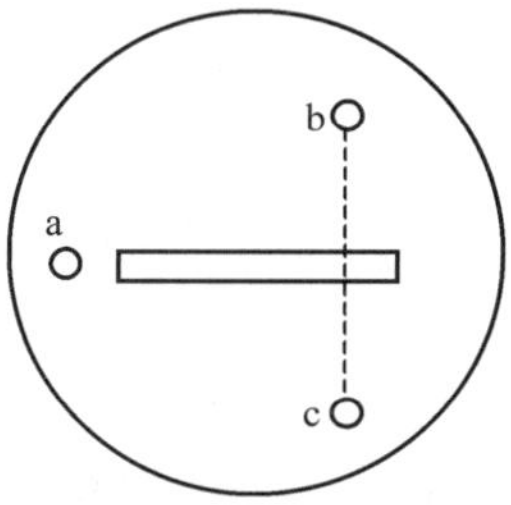

图 4.8-3　光栅在载物台上的位置

②使光栅刻痕与分光计转轴平行。转动望远镜，观察衍射光谱的分布情况，注意中央零级条纹两侧的衍射光谱是否对称等高，如果观察到光谱线有高低变化，可调节载物台的螺钉 a，直到中央明纹两侧的衍射光谱基本上在同一高度为止。调好后，还要检查光栅平面是否仍保持和平行光管垂直，即亮十字像是否与上十字重合，否则要反复调节，直到两个要求都满足为止。

（3）测量。向左移动望远镜，找到汞的光谱线，然后使望远镜的竖叉丝依此对准+1 级光谱的紫、绿、黄各条谱线（注意使用微调螺钉），分别记下各条谱线的位置 $\theta_{+左}$ 和 $\theta_{+右}$，再向右移动望远镜，依此读出−1 级相应谱线的位置 $\theta_{-左}$ 和 $\theta_{-右}$，数据记入表 4.8-1。

（4）继续转动望远镜仔细观察第二级谱线。

【数据处理】

将光栅衍射数据记入表 4.8-1 中，计算相应的光波波长及平均值，求出不同光波的相对误差。

表 4.8-1　光栅衍射数据记录表

谱线	+1 级		−1 级		$\Delta\theta=\lvert\theta_{+}-\theta_{-}\rvert$		$\overline{\Delta\theta}=\dfrac{\Delta\theta_{左}+\Delta\theta_{右}}{2}$	$\varphi=\dfrac{\overline{\Delta\theta}}{2}$	$\lambda=d\sin\varphi$ /nm	$\bar{\lambda}$/nm	相对误差
	$\theta_{+左}$	$\theta_{+右}$	$\theta_{-左}$	$\theta_{-右}$	$\Delta\theta_{左}$	$\Delta\theta_{右}$					
紫光 $\lambda=435.8$ nm											
绿光 $\lambda=546.1$ nm											
黄光 $\lambda=579.1$ nm											

【思考题】

（1）应用公式 $\varDelta=d\sin\varphi$ 计算光程差需要满足什么条件？实验时应如何保证？怎样检查条件是否满足？

（2）用光栅观察自然光时，会看到什么现象？为什么紫光离中央零级最近？

（3）为什么牛顿环实验中用显微镜观察干涉条纹，而在光栅实验中却要用望远镜观察衍射条纹？能否将这两个观测仪器进行交换？为什么？

4.9　微波的特性研究

自从伦琴（W.C. Röntgen）发现 X 射线后，许多物理学家都开始进行积极的研究和探索。1905 年和 1909 年，巴克拉（C.G. Barkla）曾先后发现 X 射线的偏振现象，但对 X 射线究竟是一种电磁波还是微粒辐射仍不清楚。1912 年，德国物理学家劳厄（M. Laue）发现 X 射线通过晶体时会产生衍射现象，证明了 X 射线的波动性和晶体内部结构的周期性。同年，英国物理学家劳伦斯·布拉格（W.L. Bragg）导出了一个用晶体的原子平面族反射解释 X 射线衍射效应的关系式，即布拉格公式。次年，他与父亲亨利·布拉格（W.H. Bragg）发明了晶体反射式 X 射线谱仪，用于晶体结构分析。他们的工作开辟了一个新的技术领域，因此获得了 1915 年的诺贝尔物理学奖。

X 射线是一种波长很短的电磁波，其波长范围为 0.01~10 nm，由于其出色的穿透本领，X 射线被广泛应用于医疗诊断、工程检测和安防等领域，所以大学本科生应研究和掌握 X 射线的特性。对于一般的高校物理实验室来说，很少能满足研究 X 射线所需的条件，故通常采用微波来模拟 X 射线的特性。微波是一种电磁波，其波长为 1 mm~1 m，频率范围为 300 MHz~3 000 GHz，其是无线电波中波长最短的电磁波。微波波长介于一般无线电波与光波之间，因此它不仅具有无线电波的性质，还具有光波的性质，即具有光的直射传播、反射、折射、衍射、干涉等性质。由于微波的波长比光波的波长在量级上大 10 000 倍左右，因此用微波进行波动实验将比光学方法更简便和直观。本实验用模拟晶体使微波发生布拉格衍射，从中认识微波的光学性质，进而学习 X 射线晶体结构分析的基本知识。

【实验目的】

（1）了解与学习微波产生的基本原理以及传播和接收等基本特性。

（2）观测微波干涉、衍射、偏振等实验现象。

（3）观测模拟晶体的微波布拉格衍射现象。

（4）用迈克耳孙干涉测量微波波长。

【实验器材】

微波光学综合实验仪（图 4.9-1），实验仪包括 X 波段微波信号源、微波发生器（发射喇叭）、接收喇叭（微波检波器、检波信号数显毫伏表）、可旋转载物平台和支架；实验用附件有反射板、分束板、单缝板、双缝板、晶体模型、读数机构等以及钢直尺（或钢卷尺）。

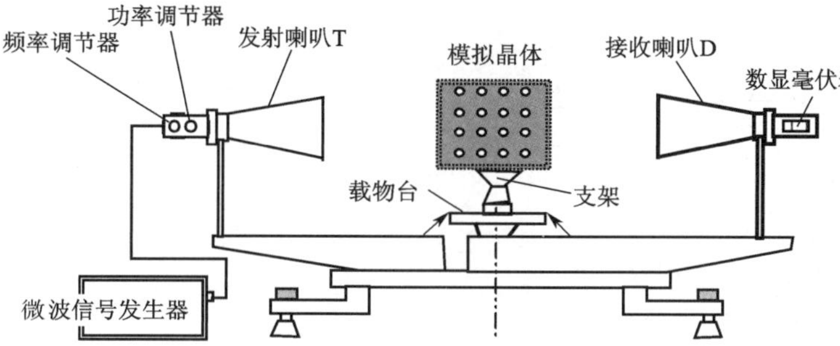

图 4.9-1　微波光学综合实验仪

【实验原理】

微波是一种电磁波，它和其他电磁波如光波、X 射线一样，在均匀介质中沿直线传播，都具有反射、折射、衍射、干涉和偏振等性质。

1. 微波的反射

微波的波长较一般电磁波短，相对于电磁波更具方向性，因此在传播过程中遇到障碍物就会发生反射，且遵循和光线一样的反射定律，即反射线在入射线与法线所决定的平面内，反射角等于入射角。

2. 微波的单缝衍射

当一平面微波入射到一宽度和微波波长可比拟的狭缝时，在缝后就要发生如光波一般的衍射现象，且中央零级最强也最宽，在中央的两侧衍射波强度将迅速减小。根据光的单缝衍射公式推导可知，如为一维衍射，微波单缝衍射图样的强度分布规律为

$$\begin{cases} I = I_0 \dfrac{\sin^2\mu}{\mu^2} \\ \mu = \dfrac{\pi a \sin\varphi}{\lambda} \end{cases} \tag{4.9-1}$$

式中：I_0 为中央主极大中心的微波强度；a 为单缝的宽度；λ 为微波的波长；φ 为衍射角；$\dfrac{\sin^2\mu}{\mu^2}$ 称为单缝衍射因子，表征衍射场内任一点微波相对强度的大小。

一般可通过测量衍射屏上从中央向两边微波强度变化来验证式(4.9-1)。同时,与光的单缝衍射一样,当

$$a\sin\varphi=\pm k\lambda \quad (k=1,2,3,\cdots) \tag{4.9-2}$$

时,相应的 φ 角位置衍射强度为零。可依据第一级衍射最小值所对应的 φ 角度,利用式(4.9-2)求出微波波长 λ。

3. 微波的双缝干涉实验

当一平面波垂直入射到一金属板的两条狭缝上时,这对狭缝就成为次波波源。由于双缝发出的次级波是相干波,因此在金属板的后面空间将产生干涉现象。本实验主要研究双缝中央衍射波相互干涉的结果,令双缝缝宽 a 接近 λ,例如 $\lambda=3.2\,\text{cm}$,$a=4\,\text{cm}$。当双缝间隔 b 较大时,干涉强度受单缝衍射的影响小;当 b 较小时,干涉强度受单缝衍射影响大。干涉加强的角度为

$$\varphi=\arcsin\left(\frac{k\lambda}{a+b}\right) \quad (k=1,2,3,\cdots) \tag{4.9-3}$$

干涉减弱的角度为

$$\varphi=\arcsin\left(\frac{2k+1}{2}\frac{\lambda}{a+b}\right) \quad (k=1,2,3,\cdots) \tag{4.9-4}$$

4. 微波的偏振实验

微波是横波,发射的微波电场强度矢量 $\boldsymbol{E}$ 在 P_1 方向,经接收方向为 P_2 的接收器后(发射器与接收器类似起偏器和检偏器),如图 4.9-2 所示,其强度为

$$I=I_0\cos^2\alpha \tag{4.9-5}$$

式中:α 为 P_1 和 P_2 的夹角。

式(4.9-5)就是光学中的马吕斯(Malus)定律,在微波测量中同样适用。

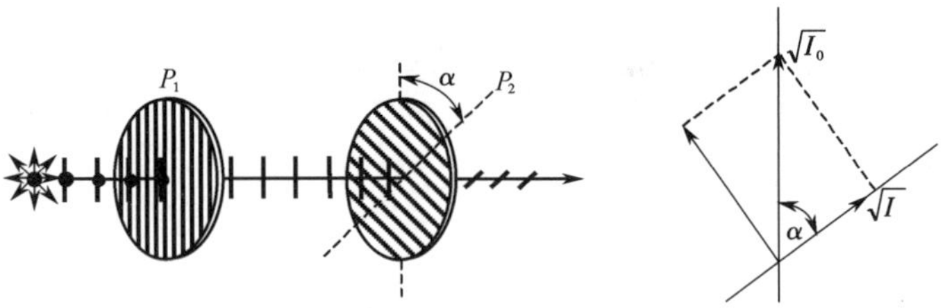

图 4.9-2 光学中的马吕斯定律

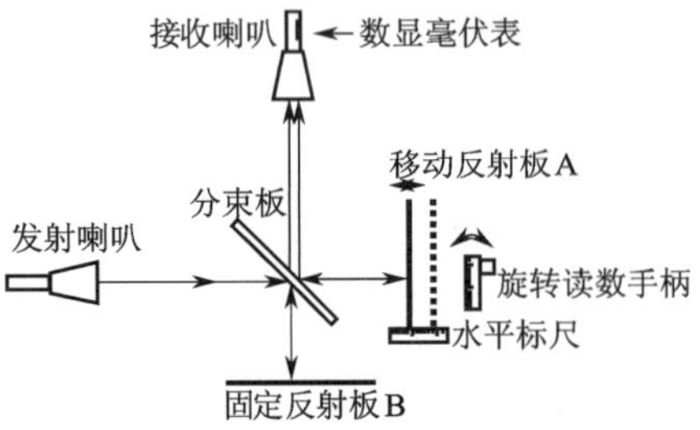

图 4.9-3 迈克耳孙干涉原理示意图

5. 微波的迈克耳孙干涉实验

在微波前进的方向上放置一个与波传播方向成 45° 角的半透射半反射的分束板(图 4.9-3),将入射波分成两束,一束向反射板 A 传播,另一束向反射板 B 传播。由于 A、B 反射板的全反射作用,两束波再回到半透射半反射的分束板,汇合后到达微波接收器处。这两束微波同频率,在接收器处将发生

干涉，干涉叠加的强度由两束波的程差（即位相差）决定。当两束波的相位差为 $2k\pi(k=\pm1,\pm2,\cdots)$ 时，干涉加强；当两束波的相位差为 $(2k+1)\pi$ 时，干涉相消。当 A、B 反射板中的一块板固定，另一块板可沿微波传播方向前后移动时，微波接收信号从极小（或极大）值到又一次极小（或极大）值，反射板移动了 $\lambda/2$ 距离，由此求得微波波长。

6. 模拟晶体的布拉格衍射实验

布拉格衍射是用 X 射线研究微观晶体结构的一种方法。X 射线的波长与晶体的晶格常数为同一数量级，一般采用 X 射线研究微观晶体的结构。用微波模拟 X 射线，照射到放大的晶体模型上，产生的衍射现象与 X 射线对晶体的布拉格衍射现象和计算结果都基本相似。通过此实验可加深理解微观晶体的布拉格衍射。

固体物质一般分为晶体与非晶体两大类，晶体又分为单晶和多晶。组成晶体的原子或分子按一定规律在空间周期性排列，而多晶体是由许多单晶体的晶粒组成。最简单的晶体结构如图 4.9-4 所示，在直角坐标中沿 X、Y、Z 三个方向，原子在空间依序重复排列，形成简单的立方点阵。组成晶体的原子可以看作处在晶体的晶面上，而晶体的晶面有许多不同的取向。如图 4.9-5 所示左方为最简立方点阵，右方一般最重要也是最常用的三种晶面。这三种晶面分别为（100）面、（110）面、（111）面，圆括号中的三个数字称为晶面指数。一般而言，晶面指数为 $(n_1n_2n_3)$ 的晶面族，其相邻的两个晶面间距 $d=a/\sqrt{n_1^2+n_2^2+n_3^2}$ 。显然，其中（100）面的晶面间距 d 等于晶格常数 a；相邻的两个（110）面的晶面间距 $d=a/\sqrt{2}$；而相邻的两个（111）面的晶面间距 $d=a/\sqrt{3}$。

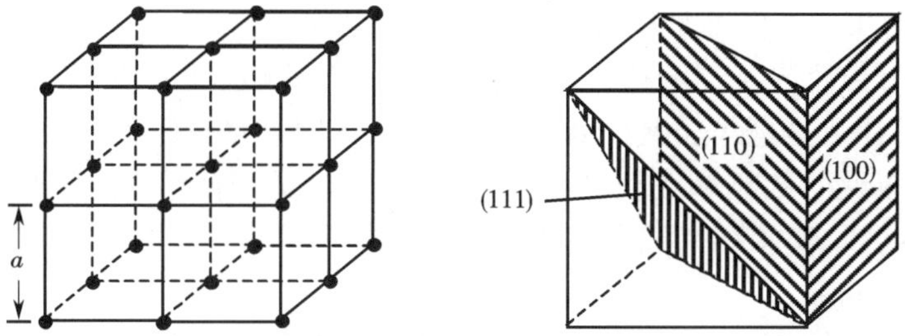

图 4.9-4　简单立方晶体结构模型

微波的波长为厘米级，可用一些铝制的小球模拟微观原子制作晶体模型。具体方法是将金属小球用细线串联在空间有规律地排列，形成如同晶体的简单立方点阵。各小球间距即晶格常数 a，设置为 4 cm 左右（与微波波长同数量级）。当微波入射到该模拟晶体结构的三维空间点阵时，每一个晶面相当于一个镜面，入射微波遵守反射定律，即反射角等于入射角，如图 4.9-5 所示。从间距为 d 的相邻两个晶面反射的两束波的波程差为 $2d\sin\theta$，其中 θ 为入射波与晶面的夹角。当

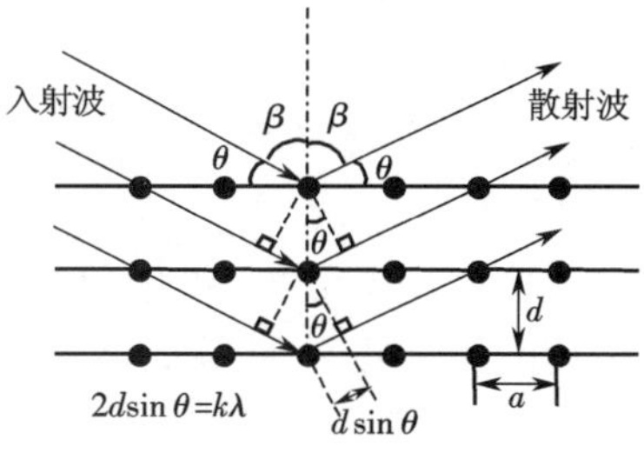

图 4.9-5　晶体的布拉格衍射

$$2d\sin\theta=k\lambda \quad (k=1,2,3,\cdots) \tag{4.9-6}$$

时，出现干涉极大。式（4.9-6）称为晶体衍射的布拉格公式。

如果改用通常使用的入射角 $\beta=90^\circ-\theta$ 表示，则式（4.9-6）改写为

$$2d\cos\beta = k\lambda \quad (k=1,2,3,\cdots) \tag{4.9-7}$$

【实验内容】

1. 仪器的调整

将实验仪器放置在水平桌面上，调整底座使底盘保持水平；调节发射喇叭、接收喇叭、接收臂、活动臂为直线对直状态；调节发射喇叭、接收喇叭的高度相同。连接好 X 波段微波信号源、微波发生器间的专用导线，载物台上先不放任何物体，将“功率调节”旋钮顺时针转到满偏，此时功率最小。微波；工作频率设定为 9.2 GHz，根据频率对照表查出相应电位器阻值，然后将“频率调节”旋钮调至相应值（kΩ）。根据 $\lambda = c/f$，可以计算出相应的波长理论值。

打开微波信号发生器电源，预热 10 min。转动载物台使发射臂对准 0° 线，接收臂对准 180° 线。预热后按下接收喇叭后面的毫伏表电源，数字显示屏显示接收到的微波强度，调整发射喇叭的发射功率使接收强度达到 90 mV 左右，保证现象明显。观察两个喇叭是否同轴等高且通过分光计中心，否则进行必要的调整。除目测外，在发射臂与接收臂共线的情况下（分别对准 0° 、180° 线），可以依次微调发射喇叭和接收喇叭的水平角度，使接收信号最强即达到同轴等高。

2. 具体实验

1）微波的反射

将反射板平面安装在支座上，安装时反射板平面法线应与载物台 0° 线一致，固定臂指针指向 0°，小平台零度方向即是反射板法线方向。

打开检波信号数字显示器的按钮开关，接收转动小平台，使固定臂指针指在某一入射角度处，转动活动臂在数显毫伏表上找到一个最大值，此时活动臂上的指针所指的小平台刻度就是反射角。如果此时数显毫伏表显示太大或太小，应适当调整“功率调节”旋钮。入射角一般范围为 30°~65°，实验结果记入表 4.9-1。

2）微波的单缝衍射

按需要调整单缝缝宽，衍射板平面与支座圆座上指示线一致，支座圆座上指示线应指示在载物小平台 90° 位置处。转动小平台使固定臂的指针在小平台的 180° 处，此时相当于微波从单缝衍射板法线方向入射。调节活动臂至小平台 0° 处，调整微波发生器的功率使数显毫伏表显示较大，然后在单缝的两侧每改变衍射角 3° 读取一次数显毫伏表读数，数据记入表 4.9-2。

根据记录数据，画出单缝衍射强度与衍射角度的关系曲线。根据微波衍射强度一级极小角度和缝宽 a，计算微波波长 λ 和其百分误差（其中 $I_{左}$、$I_{右}$ 是相对于 0° 刻度两边对应角度的强度值）。

3）微波的双缝干涉

按需要调整双缝缝宽，双缝板平面与支座圆座上指示线一致，将该支座放置在载物台上时，支座圆座上指示线应指示在载物小平台 90° 位置。转动小平台使固定臂的指针在小平台的 180° 处，此时相当于微波从双缝干涉板法线方向入射，让活动臂置于小平台 0° 处，调整信号使数显毫伏表显示接近最大，然后在双缝的两侧每改变角度 2° 读取一次数显毫伏表的读数，数据记入表 4.9-3，并画出双缝干涉强度与角度的关系曲线。

4）微波的偏振

按实验要求调整喇叭口面相互平行正对共轴，调整信号使显示器接近满度，然后旋转接收喇叭短波导的轴承环（相当于偏转接收器方向），每隔 10° 读取一次数显毫伏表的读数，直至 90°，数据记入表 4.9-4，就可以得到一组微波强度与偏振角度的关系数据，验证马吕斯定律式（4.9-5）。

5）微波的迈克耳孙干涉

在微波传输的方向上放置半透明板，使半透明板与入射方向成 45°，固定臂指针指向 0° 刻度线，接收臂指针指向 90° 刻度线（图 4.9-3）。反射板固定于大平台上，使其法线与接收喇叭的轴线一致。移动反射板装在旋转读数机构上，然后移动旋转读数机构上的手柄，使反射板移动，反复测 6 次，每次测出 3 个微波极小值对应的可移动反射板的位置 L（注意：旋转手柄要慢，避免反射板晃动，以及回程差的影响），数据记入表 4.9-5，计算出波长及其平均值，求出与理论值的百分误差。

6）微波的布拉格衍射

调节铝球成为方形点阵，点阵间距相同。固定模拟晶片，使（100）晶面法线正对小平台上的 0° 刻度线。

Ⅰ. 用（100）面的衍射验证布拉格公式

将仪器按图 4.9-6（a）摆放，（100）面与 90° 线平行，测量立方晶体（100）面衍射强度。0°—180° 线是（100）面的法线，测量时转动晶体 C 和接收臂保证入射波与反射波遵守反射定律，即入射角等于反射角，两臂始终以 0°—180° 线为轴对称。掠射角 θ 测量范围分两段：20°~27°，47°~58°，掠射角每改变 1° 记录一个强度值 I，数据记入表 4.9-6 中，找出第 1、2 极衍射极大值对应的 θ_1 和 θ_2。用钢卷尺（或钢直尺）测出晶格常数 a_0，根据式（4.9-6）计算理论值 θ_1' 和 θ_2'，并出百分误差。

注意：此仪器发射臂不能转动，只能通过转动载物台来转动晶体，再通过转动接收臂来调整接收角度。实验中要保证发射线与接收线满足反射定律，即入射角等于反射角，所以相对固定的发射臂来说，晶体每转动 1°，接收臂就要从原位置同向转动 2°，相当于晶体不动，发射与接收臂相对于晶体各转动 1°。

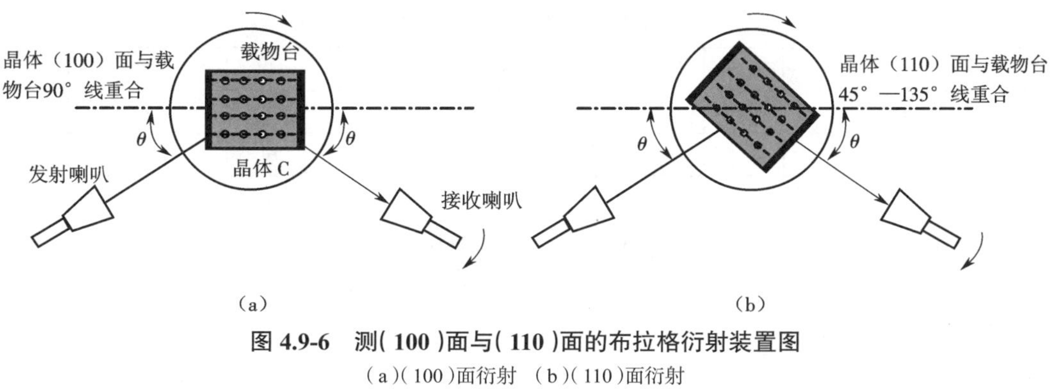

图 4.9-6　测（100）面与（110）面的布拉格衍射装置图

（a）（100）面衍射　（b）（110）面衍射

Ⅱ. 用(110)面的衍射测量立方晶体的晶格常数

在图 4.9-6(a)中,将晶体旋转 45°,如图 4.9-6(b)所示,(110)面(即正方形点阵的对角线,不是晶体外壳的对角线)与一条 45°—135° 线重合,而另一条 45°—135° 线即为(110)面的法线。测量(110)面的衍射强度,范围为 26°~40°,每隔 1° 记录一个强度值 I,数据记入表 4.9-7。

找到(110)面的 1 级衍射极大值对应的掠射角 θ,用布拉格公式计算晶面间距和晶格常数 a,并与实际测量值对比,计算百分误差。

【注意事项】

(1)电源连接无误后,打开电源使微波源预热 10 min 左右。

(2)实验前,要使两天线喇叭口正对,可从接收显示屏计数判断(显示值最大)。

(3)微波实验互相干扰较强,实验过程中不要走动,不要挪动仪器方向和位置。

(4)仪器机械部分尤其是锁紧各柱的螺钉较易损坏,旋转时不可用力过大。

(5)为减少接收部分电池消耗,在不需要观测数据时,要关闭数显毫伏表。

【数据处理】

相应数据记录于表 4.9-1~表 4.9-7 中。

微波波长理论值:$\lambda = c/f =$________cm。

表 4.9-1 微波的反射

入射角 /(°)	30	32	34	36	38	40	…	64
反射角 /(°)								

表 4.9-2 微波的单缝衍射

φ /(°)	0	3	6	9	12	15	…
$I_{左}$ /mV							
$I_{右}$ /mV							

表 4.9-3 微波的双缝干涉

φ /(°)		0	2	4	6	8	10	12	14	16	…	80
强度 I /mV	左侧											
	右侧											

表 4.9-4 微波的偏振

α/(°)	0	10	20	30	40	50	60	70	80	90
理论值 /mV										
实验值 /mV										

表 4.9-5　微波的迈克耳孙干涉最小值位置　　单位:cm

	L_1	L_2	L_3	$\lambda_i=\|L_3-L_1\|$
第 1 次				
第 2 次				
第 3 次				
第 4 次				
第 5 次				
第 6 次				
$\bar{\lambda}$	—	—	—	
相对误差	—	—	—	

表 4.9-6　(100)面的布拉格衍射

晶格常数 a_0=______cm

掠射角 θ/(°)	20	21	22	23	24	25	26	27	47	48	49	50	51	52	53	54	55	56	57	58
强度 I/mV																				

在坐标纸上画出 I-θ 曲线,并标出第 1、2 级衍射极大值对应的掠射角 θ_1 和 θ_2,并与理论值比较。

实验结果:θ_1=________;θ_2=________。

理论值:$\theta_1'=\arcsin\dfrac{\bar{\lambda}}{2d_{100}}=$__________;$\theta_2'=\arcsin\dfrac{\bar{\lambda}}{d_{100}}=$__________。

其中,$\bar{\lambda}$取表 4.9-5 的实验结果。

百分误差:$E(\theta_1)=\dfrac{|\theta_1-\theta_1'|}{\theta_1'}\times100\%=$__________;$E(\theta_2)=\dfrac{|\theta_2-\theta_2'|}{\theta_2'}\times100\%=$__________。

表 4.9-7　(110)面的布拉格衍射

掠射角/(°)	26	27	28	29	30	31	32	33	34	35	36	37	38	39	40
强度 I/mV															

(110)面 1 级衍射极大值对应掠射角:θ________。

计算晶格常数:$a=d_{110}\sqrt{1^2+1^2+0^2}=\dfrac{\bar{\lambda}}{\sqrt{2}\sin\theta}=$________。

百分误差:$E(a)=\dfrac{|a-a_0|}{a_0}\times100\%=$________。

【思考题】

（1）各实验内容误差主要来源是什么？

（2）金属是一种良好的微波反射器，其他物质的反射特性如何？是否有部分能量透过这些物质还是被吸收了？比较导体与非导体的反射特性。

（3）在实验中使发射器和接收器与角度计中心之间的距离相等有什么好处？

（4）假如预先不知道晶体中晶面的方向，是否会增加实验的复杂性？又该如何定位这些晶面？

4.10 声速的测量

声波是一种机械波，是物体的机械振动状态（或能量）在媒介中的传播形式，可以在气体、液体、固体中传播。声波可以按频率分为次声波（小于 20 Hz）、可闻声波（20 Hz~20 kHz）、超声波（大于 20 kHz）。声波的特征量包括波长、频率、声速、强度等，其中声速广泛应用于声波定位、无损探伤、测距等方面。超声波具有波长短、定向传播、便于测量等特点，超声波的速度测定在工业生产和科研上具有非常重要的实用意义。超声波在媒质中的传播速度与媒质的特性及状态有关，通过对媒质中声速的测定，还可以掌握媒质的特性或状态变化。

【实验目的】

（1）了解压电换能器的功能，加深对振动合成及驻波知识的理解。

（2）学习用共振干涉法、相位比较法和时差法测定超声波的传播速度。

（3）复习和巩固示波器的使用方法。

【实验器材】

声速测量组合仪、声速测量专用信号源、示波器、300 mm 游标卡尺。

【实验原理】

波传播过程中的波速 v、波长 λ 和频率 f 之间存在下列关系：$v=f\lambda$，其中频率 f 由波源决定。实验中可通过测定声波的波长 λ 和频率 f 来求得声速 v，常用的方法有共振干涉法与相位比较法。

声波传播的距离 L 与传播的时间 t 存在下列关系：$L=vt$，只要测出 L 和 t，就可测出声波传播的速度 v，这就是时差法测量声速的原理。

1. 共振干涉法（驻波法）测量声速的原理

当两列幅度相同、频率相同、传播方向相反的声波相遇时，发生干涉，形成驻波。

设波列 1 的波动方程为

$$y_1=A\cos(\omega t-2\pi\frac{x}{\lambda}) \tag{4.10-1}$$

波列 2 的波动方程为

$$y_2=A\cos(\omega t+2\pi\frac{x}{\lambda}) \tag{4.10-2}$$

则叠加后的驻波方程：

$$y = 2A\cos\left(2\pi\frac{x}{\lambda}\right)\cos\omega t \tag{4.10-3}$$

由驻波方程可知，叠加后波场中各点都在做频率相同的简谐振动（ $\cos\omega t$ ），振幅按 $2A\cos(2\pi x/\lambda)$ 变化，即各点振幅随 x 周期性变化。振幅最大的点称波腹，为 $2A$；振幅最小的点称波节，为 0；其他点的振幅在最大值和最小值之间。相邻的两个波腹或波节之间的距离为 $\lambda/2$，如图 4.10-1 所示。

声速测量组合仪如图 4.10-2 所示，S_1 和 S_2 为压电陶瓷换能器，且为双向功能器件，可将电信号和声信号相互转换，其中 S_1 位置固定，S_2 可移动。S_1 将交流电信号转换成平面超声波，S_2 则作为声波的接收器，将接收到的声压转换成电信号。当该信号输入示波器时，在示波器上可看到一组由声压信号产生的正弦波形。声源 S_1 发出的声波经介质传播到 S_2，S_2 在接收声波信号的同时反射部分声波信号，如果接收面（S_2）与发射面（S_1）严格平行，入射波在接收面上垂直反射，在 S_1 和 S_2 之间区域入射波与反射波相干涉形成驻波。示波器可观察两个相干波合成后在接收器 S_2 处的振动。

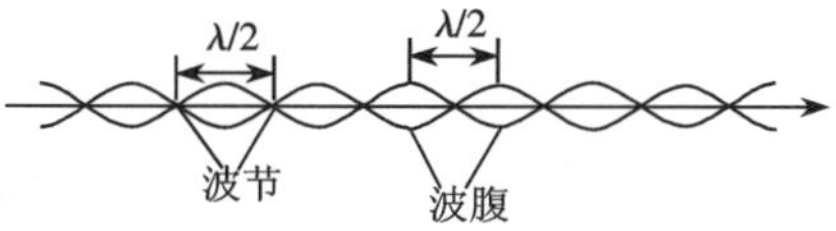

图 4.10-1　驻波

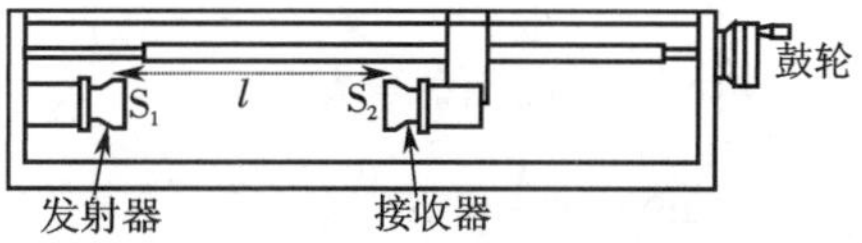

图 4.10-2　声速测量组合仪示意图

实验中，一边观察示波器上声压的振幅，一边缓慢移动 S_2，改变 S_1 与 S_2 之间的距离，示波器上就可以看到声压幅值不断地由最大变到最小再变到最大，呈现出驻波的周期性变化，相邻的振幅最大值（或最小值）位置之间的距离均为 $\lambda/2$。S_2 的距离的改变通过转动螺杆的鼓轮来实现，仪器上的数显表头显示 S_2 的位置，超声波的频率由信号源频率显示窗口直接读出。在连续多次测量相隔半波长的 S_2 的位置以后，用逐差法处理数据，可以计算出波长 λ。

2. 相位比较法测量声速的原理

设两个互相垂直的同频率的简谐振动为

$$x = A_1\cos(\omega t + \varphi_1) \tag{4.10-4}$$

$$y = A_2\cos(\omega t + \varphi_2) \tag{4.10-5}$$

它们合成的轨迹方程为

$$\frac{x^2}{A_1^2} + \frac{y^2}{A_2^2} - 2\frac{xy}{A_1A_2}\cos(\varphi_2 - \varphi_1) = \sin^2(\varphi_2 - \varphi_1) \tag{4.10-6}$$

式（4.10-6）是一个椭圆方程，但当 $\varphi_2 - \varphi_1 = 0$ 时，该式变为

$$y = \frac{A_2}{A_1}x \tag{4.10-7}$$

为一斜率为正的直线方程；当 $\varphi_2 - \varphi_1 = \pi$ 时，该式变为

$$y = -\frac{A_2}{A_1}x \tag{4.10-8}$$

为一斜率为负的直线方程；当 $\varphi_2-\varphi_1=\frac{\pi}{2}$ 和 $\varphi_2-\varphi_1=-\frac{\pi}{2}$ 时，轨迹为正椭圆，如图 4.10-3 所示。

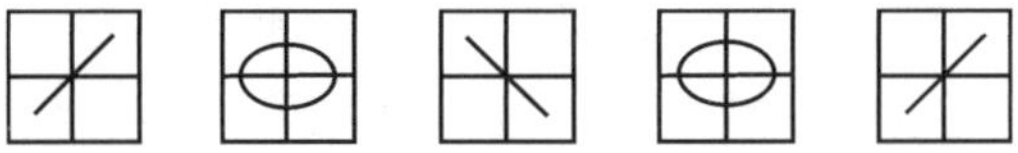

图 4.10-3　不同相位差振动的合成

声源 S_1 发出声波后，在其周围介质中传播，介质中任一点的振动相位是随时间而变化的，但它和声源的振动相位差 $\Delta\varphi$ 不随时间变化。

设声源 S_1 的振动方程为

$$y_1=A\cos\omega t \tag{4.10-9}$$

此声源在距离 x 处引起 S_2 的振动为

$$y_2=A\cos\omega(t-\frac{x}{v}) \tag{4.10-10}$$

S_1、S_2 两处的相位差为

$$\Delta\varphi=\omega\frac{x}{v}=2\pi\frac{x}{\lambda} \tag{4.10-11}$$

当把 S_1 和 S_2 的信号分别输入示波器的 X 轴和 Y 轴，当 $x=n\lambda$，即 $\Delta\varphi=2n\pi$ 时，合成振动为一斜率为正的直线；当 $x=(2n+1)\lambda/2$，即 $\Delta\varphi=(2n+1)\pi$ 时，合成振动为一斜率为负的直线；当 x 为其他值时，合成振动为椭圆。

$\Delta\varphi$ 连续变化 π，x 连续变化即为 $\lambda/2$，实验过程中移动 S_2，同时观察示波器上合成的图形，图形从正斜率直线变化到负斜率直线，S_2 移动的距离为 $\lambda/2$。连续测量多个 S_2 的位置，用逐差法处理数据，可以计算出波长 λ。

3. 时差法测量声速的原理

时差法在工程中应用比较广泛，它是将经脉冲调制的电信号加到发射换能器上，声波在介质中传播，经过 t 时间后，到达距离 L 处的接收换能器，声波在介质中传播的速度 $v=L/t$。

常见介质中的声速值见表 4.10-1。

表 4.10-1　常见介质中的声速值

介质名称	淡水	甘油	有机玻璃	聚氨酯	黄铜	金	银
声速值/ (m/s)	1 480	1 920	1 800~2 250	1 600~1 850	3 100~3 650	2 030	2 670

注：固体材料由于其材质、密度、测试的方法各有差异，故声速参数仅供参考。

【实验内容】

1. 声速测量系统的连接

测量声速时，专用信号源、测试仪、示波器之间的连接方法如图 4.10-4 所示。测试仪上共有上下两对（4只）换能器，除固体的时差测量法外，其余的测量方法都用下面的一对换能器。

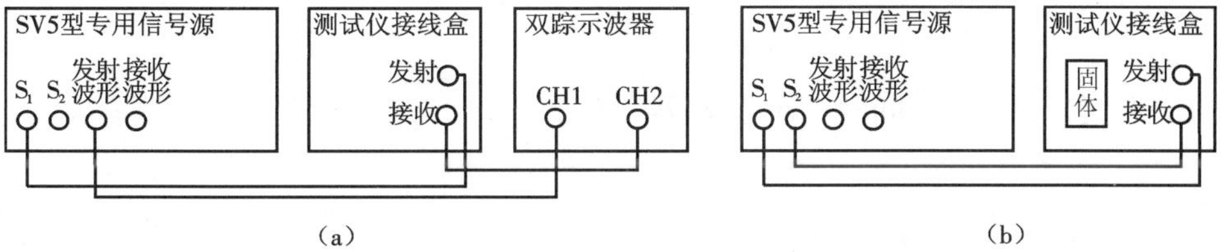

图 4.10-4　实验线路连接图

(a)共振干涉法、相位比较法测量连线图　(b)时差法测量连线图

2. 谐振频率的调节

将专用信号源输出的正弦信号频率调节到换能器的谐振频率,以使换能器发射出较强的超声波,声能与电能的高效相互转换方法如下。

(1)将专用信号源的"发射波形"端接至示波器"CH1",调节示波器,清楚地观察到同步的正弦波信号。调整专用信号源的"发射强度"旋钮,使其输出电压在示波器上测量值为 $2V_{p-p}$。

(2)使 S_1、S_2 的距离为 5 cm 左右(S_1、S_2 不得接触),将 S_2 接至示波器"CH2",一边调整专用信号源频率(25~45 kHz),一边观察接收波的电压幅度变化,在某一频率点处(34.5~39.5 kHz,因不同的换能器或介质而异)电压幅度最大,此频率即是压电换能器 S_1、S_2 相匹配频率点,记录此频率 f_1。

(3)移动 S_2,每次改变 S_2 的距离约为 10 mm,再次调节专用信号源频率,使示波器的正弦波振幅最大,共测 5 次,并取平均频率 $\overline{f}$。注意:当换能器改变或介质改变时,要重新测量谐振频率。

3. 共振干涉法测量声速的步骤

(1)按图 4.10-4(a)连接线路,测试方法设置选择"连续波",测试仪上的接线盒接"空气(液体)"接线口。

(2)将工作频率设定为已测的最佳工作频率 $\overline{f}$,记录此时介质温度 t。

(3)使 S_1、S_2 的距离为 5 cm 左右,摇动鼓轮,向右缓慢移动 S_2(为避免齿轮的空程差,移动过程中鼓轮要始终沿同一方向摇动),同时观察示波器波形,直到出现振幅最大值,记下此时 S_2 的位置 X_0。

(4)继续沿同方向转动鼓轮,同时观察示波器,依次记下每个振幅最大时 S_2 的位置 X_1,X_2,…,X_7,相邻两个振幅最大值间 S_2 的距离为 $\lambda/2$,用逐差法处理数据,即可得到波长 λ。由于能量损失,后面的振幅逐渐减小,可适当增大示波器的"垂直衰减",以利于测量。

(5)测量液体介质时,只需先把液体注入储液槽,其他步骤同上。

4. 相位比较法测量声速的步骤

(1)按图 4.10-4(a)连接线路,测试方法选择"连续波"。

(2)将工作频率设定为已测的最佳工作频率 $\overline{f}$,记录此时介质温度 t。

（3）使 S_1、S_2 的距离为 5 cm 左右。

（4）按示波器“MENU”按钮，显示方式选择“$X-Y$”，适当调节示波器，出现李萨如图形。

（5）向右缓慢移动 S_2，同时观察示波器，直到波形为一直线，记下此时数显表头上 S_2 的位置 X_0。

（6）继续沿同方向移动 S_2，同时观察示波器，看到示波器上的图形为椭圆和直线轮流出现，则相邻两直线间 S_2 移过的距离为 $\lambda/2$，记下所有直线时 S_2 的位置 X_1，X_2，…，X_7，用逐差法处理数据，即可得到波长 λ。

5. 时差法测量声速的步骤

（1）按图 4.10-4（b）连接线路，测试方法设置选择“脉冲波”，测试仪上的接线盒接“固体”接线口，使用上面的一对换能器，“声速传播介质”按测试材质的不同，置于“非金属”或“金属”位置，记下介质温度 T。

（2）将右边换能器 S_2 与测试仪的连接线拔下，将固定 S_2 的螺钉放松，使 S_2 可转动。

（3）将固体棒一端旋入左边固定的换能器 S_1 中（注意用力要均匀柔和，以免损坏螺纹），扶住固体棒同时旋转 S_2，使固体棒另一端旋入 S_2（不要过紧，要求两只换能器端面与被测棒两端紧密接触即可），旋紧 S_2 的固定螺钉，将 S_2 与测试仪的连接线接好。

（4）记录信号源窗口显示的声波从 S_1 传播到 S_2 所用时间 t。

（5）取下固体棒，用游标卡尺测量其长度 L，计算固体棒中的声速 $v=L/t$。取下固体棒时，应先拔出 S_2 尾部的连线插头，放松固定 S_2 的螺钉，然后旋转 S_2，旋出固体棒的一端，再旋出固体棒的另一端。

（6）换其他长度的固体棒，重复以上步骤，求出平均声速。

【注意事项】

（1）使用示波器观察波形时，注意根据要观察的波道正确选择测量按钮。

（2）注意保护仪器，鼓轮要缓慢摇动，不能用力过猛。

（3）测量固体介质中的声速时，固体棒的每个端点旋入的松紧要适中并一致。

【数据处理】

（1）根据不同测量方法和介质，自拟表格分别记录所有的实验数据，表格要便于用逐差法求相应位置的差值和计算 $\overline{\lambda}$。

（2）空气的驻波法要求计算声速、声速测量的不确定度、相对不确定度和测量结果表达式，并根据空气声速的理论值求出相对误差。

对于空气介质，声速的理论值公式为

$$v_s = v_0 \cdot \sqrt{\frac{T}{T_0}}$$

$T_0=273.15$ K 时，声速 $v_0=331.45$ m/s；$T=(t+273.15)$ K，计算出理论值 v_s，根据理论值求测量结果的相对误差：

$$E(\bar{v})=\frac{\left|\bar{v}-v_s\right|}{v_s}\times 100\%$$

（3）空气介质的相位比较法和时差法要求计算声速，并根据空气声速的理论值求出相对误差。

（4）固体介质的时差法只要求计算声速。

（5）测量的仪器误差，数字式仪表取最后一位，正确确定频率、时间及位置的仪器误差（分别为 1 Hz，1 μs，0.01 mm）。

4.11　偏振光实验

光的干涉和衍射现象说明了光的波动性，但还不能说明光是横波还是纵波。光的偏振和光在各向异性晶体中的双折射现象进一步证实了光是横波。最早发现光的偏振现象的是法国物理学家马吕斯（E.L. Malus），他在 1808 年研究晶体中双折射现象时发现折射的两束光在两个相互垂直的平面上偏振，此后又有布儒斯特（D. Brewster）定律和色偏振等一些新发现。偏振光的发现给惠更斯的波动说带来困难，而托马斯·杨却首先从中悟出光很可能是一种横波。菲涅耳经过多年的实验研究，在 1821 年正式提出了横波理论，完善了光的波动说，使光学进入了弹性以太时期，而揭示光的本质是电磁波则是 50 年以后的事。

如今光的偏振应用非常广泛，特别是近年来各种偏振光元件在光调制器、光开关、光学计量、应力分析、光信息处理、光通信等技术领域都有巧妙的应用。

【实验目的】

（1）通过观察光的偏振现象，加深对光是横波的理解。

（2）掌握偏振光的产生和检验方法。

（3）测量布儒斯特角，测定黑玻璃折射率。

（4）了解光的双折射原理及应用，研究 1/2 波片、1/4 波片的作用。

【实验器材】

He-Ne 激光器、白光源、光学平台、底座、偏振片支架、圆孔光阑、偏振片、白屏、1/4 波片、1/2 波片、黑玻璃（劳埃镜）、光学测角台、冰洲石。

【实验原理】

1. 偏振光的种类

光是电磁波，且为横波，它的电矢量 $\boldsymbol{E}$ 和磁矢量 $\boldsymbol{H}$ 相互垂直，且均垂直于光的传播方向 c。光波对物质的作用主要是电矢量，因此光学中把电矢量 $\boldsymbol{E}$ 称为光矢量，$\boldsymbol{E}$ 矢量的振动方向为光矢量振动方向。光矢量 $\boldsymbol{E}$ 和光的传播方向 c 所构成的平面称为光振动面。$\boldsymbol{E}$ 矢量可以有各种不同的振动方向。通常把光矢量保持在特定振动方向上的状态称为偏振态，把光矢量大小和方向呈规则变化的光称为偏振光。按照光的偏振状态不同可分为五大类：自然光、线偏振光、部分偏振光、圆偏振光、椭圆偏振光。

在光的传播过程中，垂直光波传播方向的平面内，沿着各个方向振动且振幅相同的光称为自然光。如果光矢量始终沿某一方向振动,迎着光看过去,光矢量的振动沿一条直线,这种光称为线偏振光(或平面偏振光),线偏振光的光矢量保持在固定的光振动面内。在发光过程中,有些光振动面在某个特定方向上出现的概率大于其他方向,即在较长时间内光矢量在某一方向上较强,这种光称为部分偏振光。在光的传播过程中,空间每个点的电矢量均以光线为轴作旋转运动,旋转电矢量端点描出椭圆轨迹的光称为椭圆偏振光。迎着光线方向看,电矢量顺时针旋转的称为右旋椭圆偏振光,逆时针旋转的称为左旋椭圆偏振光。旋转电矢量端点描出圆轨迹的光称为圆偏振光,这是椭圆偏振光的特殊情形。各种光振动示意图如图 4.11-1 所示。

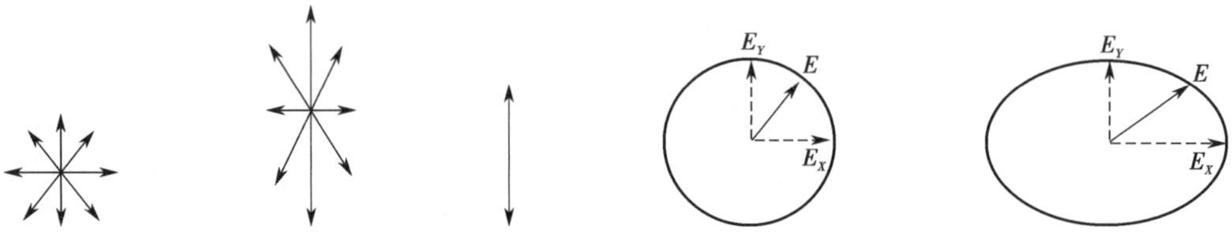

图 4.11-1　自然光和各种偏振光

(a)自然光　(b)部分偏振光　(c)线偏振光　(d)圆偏振光　(e)椭圆偏振光

2. 偏振片

物质对不同方向的光振动具有选择吸收的性质,称为二向色性。偏振片是利用某些有机化合物晶体(电气石结晶体或硫酸碘奎宁晶体)的二向色性,将其渗入透明塑料薄膜中,经定向拉制而成。偏振片能吸收某一方向振动的光,透过与该方向垂直方向振动的光。根据应用时所起的作用,将用来产生偏振光的偏振片称为起偏器,用来检验偏振光的偏振片称为检偏器。实际上,起偏器和检偏器是通用的。

3. 反射光和折射光的偏振性

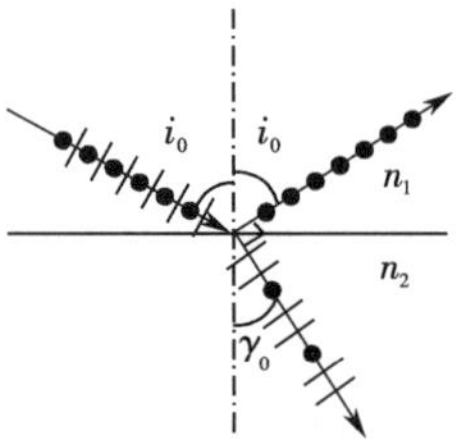

图 4.11-2　布儒斯特定律图

当自然光从空气照射在折射率为n_2的非金属镜面(如玻璃、水等)上时,反射光与折射光都将成为部分偏振光,如图 4.11-2 所示。当入射角增大到某一特定值i_B时,反射光成为完全偏振光,其振动面垂直于入射面,这时入射角i_B称为布儒斯特角,也称起偏振角,由布儒斯特定律得

$$\tan i_B = n_2 / n_1 \qquad (4.11\text{-}1)$$

式中:n_1为空气折射率;n_2为玻璃折射率。例如,当光由空气射向黑玻璃板时,i_B约为 57°。

当自然光按起偏角入射时,经过一次反射、折射,反射光虽然是完全偏振光,但光强很弱,只占全部入射光的很小一部分,而此时的折射光(部分偏振光)占全部入射光的绝大部分。为了增强反射光的强度和折射光的偏振化程度,可以把玻璃片叠起来,当自然光以布儒斯特角入射到叠在一起的多层平行玻璃片上时,经过多次反射后透过的光就近似于线偏振光,其振动在入射面内。

4. 晶体的双折射现象与波片作用

1）晶体的双折射

一束光在两种各向同性介质的分界面上发生折射时，只有一束折射光，在入射面内的传播方向由折射定律决定。对于光学性质随方向而异的某些晶体（如方解石等），当光线以入射角 i 进入晶体后，一束入射光可以有两束折射光，其中一束折射光的方向遵从折射定律，称为寻常光线（o 光）；另一束折射光的方向不遵从折射定律，其传播速度也随入射光的方向变化，称为非常光线（e 光）。这种现象称为晶体的双折射现象，如图 4.11-3（a）所示。能产生双折射现象的晶体称为双折射晶体。

当入射角 i=0 时，寻常光沿原方向前进，而非常光一般不沿原方向前进，这时如果把晶体以入射光线为轴旋转，将发现 o 光不动，而 e 光随着晶体的转动而绕 o 光转动，如图 4.11-3（b）所示。

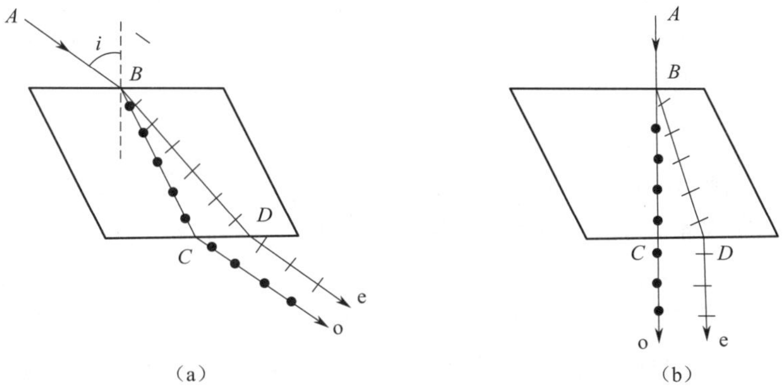

图 4.11-3　晶体的双折射

（a）双折射现象示意　（b）入射角 i=0 时，把晶体以入射光线为轴旋转

改变入射光的方向时，在双折射晶体内部有一确定的方向，光沿这个方向传播时，寻常光和非常光不再分开，不产生双折射现象，这一方向称为晶体的光轴。由 o 光和光轴组成的平面，就是 o 光的主平面；由 e 光和光轴组成的平面，就是 e 光的主平面。实验证明，o 光和 e 光都是线偏振光，它们的光矢量振动方向是互相垂直的，o 光的振动方向垂直于它对应的主平面；e 光的振动方向平行于它对应的主平面。

2）波片

波片也称相位延迟片，它是由晶体制成的厚度均匀的薄片，根据薄片的厚度不同可以分为 1/2 波片和 1/4 波片，各波片皆是对一定波长的光而言，本实验所用波片对应波长为 632.8 nm 的 He-Ne 激光。当线偏振光垂直入射到厚度为 l，表面平行于自身光轴的单轴晶片时，则寻常光（o 光）和非常光（e 光）沿同一方向前进，但传播的速度不同。这两种偏振光通过晶片后，它们的相位差 φ 为

$$\varphi = \frac{2\pi}{\lambda}\Delta d = (n_o - n_e)l \tag{4.11-2}$$

式中：λ 为入射光在真空中的波长；n_o 和 n_e 分别为晶片对 o 光、e 光的折射率；Δd 为折射光的光程差。

出射晶片的 o 光和 e 光是两束同频率、有恒定相位差且振动方向互相垂直的相干光，由

于相位差的不同，它们将合成为不同状态的偏振光。

3）偏振光通过波片时的情形分析

当线偏振光正入射波片时，在波片中分解为振动互相垂直的 o 光和 e 光。已知两个互相垂直的、同频率且有固定相位差 φ 的简谐振动，可用下列方程表示（通过晶片后 o 光和 e 光的振动）：

$$\begin{cases} X = A_e \cos\omega t \\ Y = A_o \cos(\omega t + \varphi) \end{cases}$$

从以上两式中消去 t，经三角运算后得到合成振动的轨迹方程式为

$$\frac{X^2}{A_e^{\ 2}} + \frac{Y^2}{A_o^{\ 2}} - \frac{2XY}{A_e A_o}\cos\varphi = \sin^2\varphi \qquad (4.11\text{-}3)$$

由此式可知：

（1）当 $\varphi = k\pi$（$k = 0,1,2,\cdots$）时，即 Δd 满足半波长整数倍，出射光为线偏振光；

（2）当 $\varphi = (2k+1)\pi/2$（$k = 0,1,2,\cdots$）时，即 Δd 满足四分之一波长奇数倍，出射光为正椭圆偏振光，若 $A_e = A_o$，则为圆偏振光；

（3）当 φ 为其他值时，为斜椭圆偏振光。

在某一波长的线偏振光垂直入射到波片的情况下，能使 o 光和 e 光产生相位差为 $\varphi = 2k\pi$（相当于光程差为 λ 的整数倍）的波片称为全波片，相位差为 $\varphi = (2k+1)\pi$（相当于光程差为 $\lambda/2$ 的奇数倍）的波片称为 1/2 波片，从式（4.11-3）可知偏振光通过全波片或半波片后仍为线偏光；与此相似，能使 o 光和 e 光产生相位差 $\varphi = (2k+1)\pi/2$（相当于光程差为 $\lambda/4$ 的奇数倍）的波片称为 1/4 波片，偏振光垂直入射到 1/4 波片后偏振态一般为椭圆偏振光或圆偏振光。

下面具体分析偏振光透过不同波片后的偏振状态。

当一束振动方向与光轴成 α 角的线偏振光垂直入射到 1/4 波片后，产生振动方向相互垂直的 o 光和 e 光，如图 4.11-4 所示。设入射光的振幅为 A，则 o 光（振动方向垂直于光轴）和 e 光（振动方向平行于光轴）的振幅大小分别为 $A_o = A\sin\alpha$，$A_e = A\cos\alpha$，所以偏振光通过 1/4 波片后合成的偏振状态也随角度 α 的变化而不同。

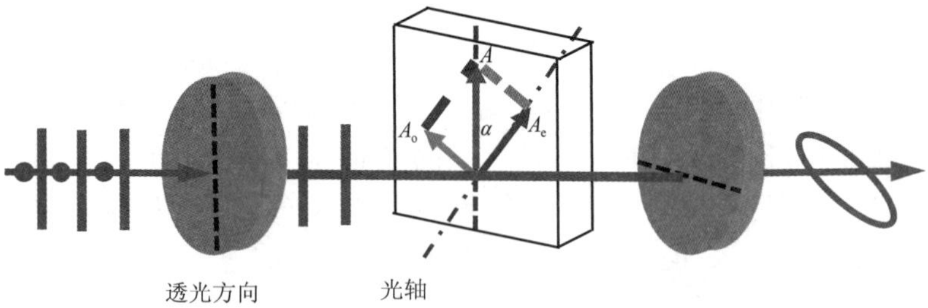

图 4.11-4　偏振光通过 1/4 波片

（1）当 $\alpha = 0$ 时，获得振动方向平行于光轴的线偏振光。

（2）当 $\alpha = \pi/2$ 时，获得振动方向垂直于光轴的线偏振光。

（3）当 $\alpha = \pi/4$ 时，则 $A_e = A_o$，获得圆偏振光。

（4）当α为其他值时，经过 1/4 波片后获得椭圆偏振光。

线偏振光垂直入射到半波片分解为互相垂直的 o 光和 e 光，由前面分析可知，透射光合成运动的轨迹为直线，故偏振态为线偏振光，但偏振方向发生改变。设初始光振动方向为P_1，在波片内分解的 e 光沿光轴 X 方向振动，o 光沿光轴 Y 方向振动，两者垂直，如图 4.11-5（a）所示。设 e 光振动方程为 $X = A_e \cos \omega t$，由于半波片产生相位延迟 π，o 光振动方程为 $Y = A_o \cos(\omega t + \pi) = -A_o \cos \omega t$，则 o 光此时振动沿 Y 轴负方向，此时合成振动方向如图 4.11-5（b）中 P_2 所示，即经过半波片的光振动方向由 P_1 转了 2α 角到 P_2，α 角为入射光振动方向与波片光轴的夹角。

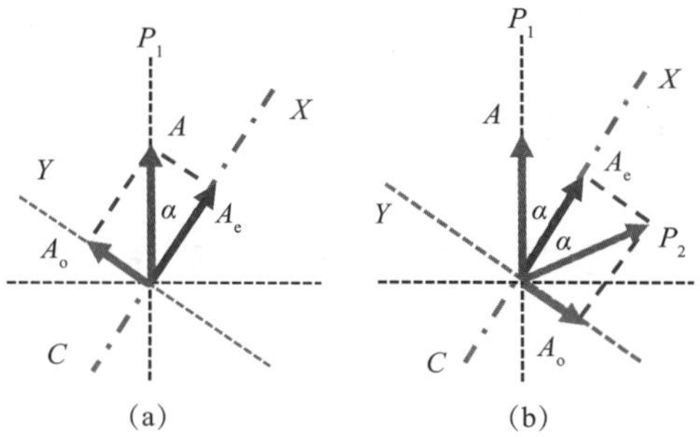

图 4.11-5　入射光通过半波片后振动方向发生改变

【实验内容】

1. 起偏与检偏

（1）在光源至光屏的光路上插入起偏器 P_1，旋转 P_1，观察光屏上光斑强度的变化情况。

（2）在起偏器 P_1 后面插入检偏器 P_2，固定 P_1 方位，旋转 P_2 一周，观察光屏上光斑强度的变化情况。

2. 观察布儒斯特角及测定玻璃折射率

（1）如图 4.11-6 所示搭建实验装置，偏振片 P_1 偏振方向置于水平方向（请思考为什么？），黑玻璃平板竖直固定在光学测角台中央，入射光沿 0° 垂直入射到黑玻璃，使反射光束沿原路返回，记下初始角 φ_1。

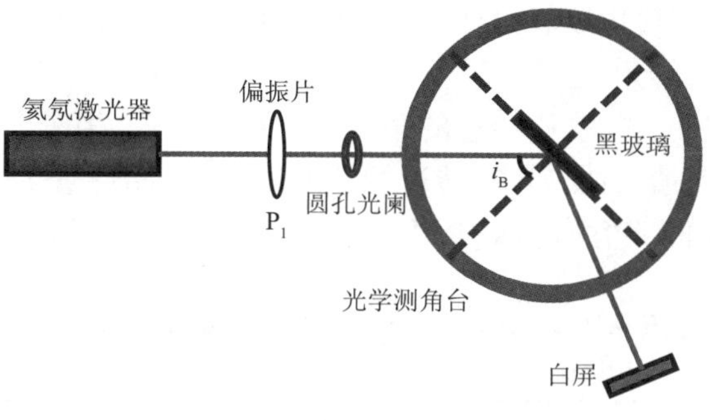

图 4.11-6　布儒斯特角的测量

（2）转动光学测角台，使入射角逐渐变大，调节白屏位置，同时转动起偏器 P_1。反复调节入射角度，直到白屏上反射光基本消失为止，记下此时入射角度 φ_2，重复测量 2 次，求平均值，计算布儒斯特角 $i_B = \varphi_2 - \varphi_1$，计算玻璃折射率 $n = \tan i_B$，数据记入表 4.11-1。

表 4.11-1　测量黑玻璃的布儒斯特角

次数	角度值		布儒斯特角	折射率 n
	φ_1	φ_2	$i_B = \lvert\varphi_2 - \varphi_1\rvert$	$\tan i_B = n_2 / n_1$
1				
2				
平均值	—	—		

（3）不改变入射角大小，在反射光路中插入检偏器 P_2，旋转 P_2，观察反射光的偏振方向，其和入射光偏振方向有什么区别。

3. 研究线偏振光通过 1/2 波片现象与 1/2 波片作用

实验器材安置如图 4.11-7 所示。

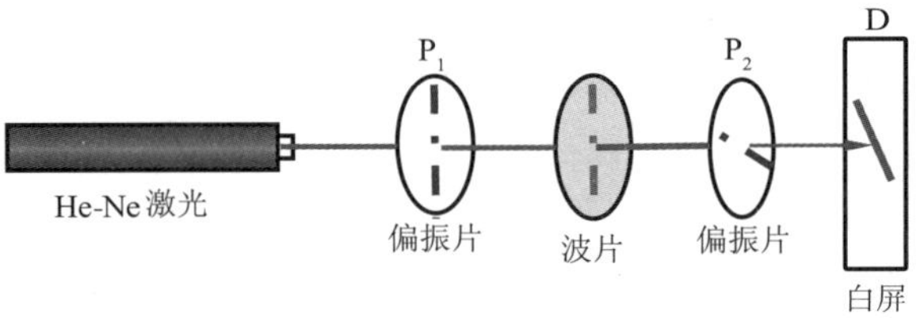

图 4.11-7　演示半波片实验

（1）调节 P_1 与 P_2 至正交位置（即消光位置），中间插入 1/2 波片，观察出射光亮度，将 P_2 转动 360°，光屏上能看到几次消光？记录在表 4.11-2。

（2）P_1 与 P_2 位置同上，将 1/2 波片置于中间位置，转动 1/2 波片 360°，光屏上能看到几次消光？为什么？记录在表 4.11-2。

（3）调节 P_1 与 P_2 至正交位置（即消光位置），转动 1/2 波片，光屏上出现消光现象，记下此时 1/2 波片与检偏器 P_2 的角度位置。

（4）转动 1/2 波片，使其角度转过 15°，再次转动检偏器 P_2 至消光位置，记下检偏器 P_2 的角度值，并计算 P_2 转过的角度。

（5）重复上一步骤，使 1/2 波片转过的角度依次增加 15°，相应地调节检偏器 P_2 至消光位置，记下对应 P_2 的角度值，并计算 P_2 转过的角度（相对初始位置）。

注意：实验过程中沿同一方向转动 P_2 和半波片，方便得到规律。

表 4.11-2　线偏振光通过 1/2 波片数据记录表

初始位置角度：P_2=______度　　　波片 C=______度

P_2 转动一周	消光次数		线偏振光透过 1/2 波片后偏振状态			
半波片转一周	消光次数		原因			
半波片旋转角度	15°	30°	45°	60°	75°	90°

续表

P$_2$ 消光位置						
P$_2$ 转过角度						
结论						

4. 用 1/4 波片观测圆偏振光和椭圆偏振光

(1)用 1/4 波片替换半波片,转动 1/4 波片至消光位置。

(2)将 1/4 波片沿同一方向从消光位置依次转过 15°、45°、75°、90° 角,分别让 P$_2$ 转动 360°,观察光强的变化,根据观察结果画图或文字说明光透过 1/4 波片的偏振态,将结果记入自拟表格。

【思考题】

(1)如何用两个偏振片和一个 1/4 波片正确区分自然光、部分偏振光、线偏振光、椭圆偏振光和圆偏振光?

(2)椭圆偏振光和圆偏振光通过 1/4 波片,出射光的偏振态和光强如何?

(3)偏振片 P$_1$ 与 P$_2$ 处于消光位置,中间插入 1/2 波片,旋转波片至消光位置,如果顺时针转动 P$_1$ α 角,欲重新达到消光,需逆时针转动 P$_2$ 多少角度?

4.12　用波尔共振仪研究受迫振动

振动是一种自然界中普遍存在的运动形式。系统受外界激励会作受迫振动,若激励频率与系统频率接近,系统振动振幅会变得非常大,这种现象称为共振,对应的频率称为共振频率。在日常生产生活中存在很多共振现象,例如乐器的音响共振,夜晚蟋蟀的叫声,建筑工人施工所用的混凝土振捣器、风镐,电路的共振以及医院的核磁共振成像等。共振既有重要应用也具有危害性。前面提到的乐器音响、振捣器、风镐以及核磁共振成像等现象都是利用共振的积极作用;而有些现象,如机器轰鸣引起的声波或者次声波共振、建筑物受外力引起共振而倒塌、电器元件由于电路共振而烧毁等都是共振的消极作用。因此,研究受迫振动具有重要意义。

本实验采用波尔共振仪研究物体在周期性外力作用下作受迫振动的幅频特性和相频特性。

【实验目的】

(1)了解振动的不同运动形式以及阻尼力和强迫力对振动的影响。

(2)理解在振动中的固有周期、固有频率、衰减系数。

(3)研究波尔共振仪中弹性摆轮受迫振动的幅频特性和相频特性。

(4)掌握频闪法测定振动物体相位差的方法。

【实验器材】

波尔共振仪,实物如图 4.12-1 所示,其前面板如图 4.12-2 所示。

图 4.12-1 波尔振动仪

1—光电门;2—长凹槽;3—短凹槽;4—铜质摆轮;5—摇杆;6—蜗卷弹簧;7—支承架;8—阻尼线圈;9—连杆;10—摇杆调节螺钉;11—光电门;12—角度盘;13—有机玻璃转盘;14—底座

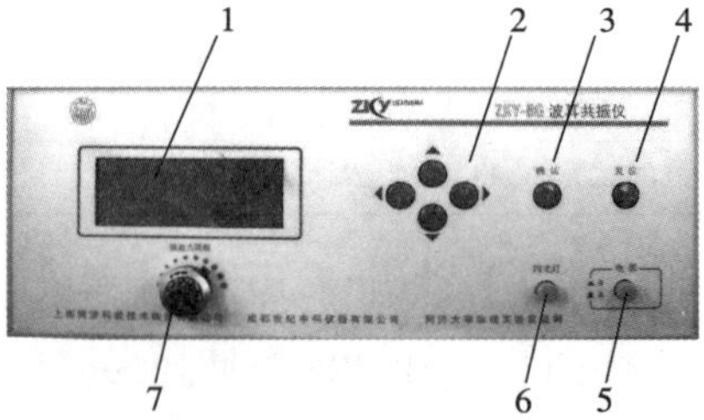

图 4.12-2 波尔共振仪前面板

1—液晶显示屏幕;2—方向控制键;3—确认按键;4—复位按键;5—电源开关;6—闪光灯开关;7—强迫力周期调节电位器

【实验原理】

物体在周期外力的持续作用下发生的振动称为受迫振动,这种周期性的外力称为强迫力。外力按简谐振动规律变化,稳定状态时的受迫振动也是简谐振动,此时振幅保持恒定,振幅的大小与强迫力的频率和原振动系统无阻尼时的固有振动频率以及阻尼系数有关。在受迫振动状态下,系统除受到强迫力的作用外,还受到回复力和阻尼力的作用。在稳定状态时,物体的位移、速度变化与强迫力变化不是同相位的,存在一定相位差。当强迫力频率与系统的固有频率相同时产生共振,此时振幅最大,相位差为 90°。

本实验采用摆轮在弹性力矩作用下自由摆动,在电磁阻尼力矩作用下作受迫振动来研究受迫振动特性,可直观地显示机械振动中的一些物理现象。

当摆轮受到周期性强迫外力矩$M = M_0 \cos \omega t$的作用,在有空气阻尼和电磁阻尼的媒质中运动时(阻尼力矩为 $-b\dfrac{\mathrm{d}\theta}{\mathrm{d}t}$),其运动方程为

$$J\frac{\mathrm{d}^2\theta}{\mathrm{d}t^2} = M_0 \cos \omega t - k\theta - b\frac{\mathrm{d}\theta}{\mathrm{d}t} \tag{4.12-1}$$

式中:J为摆轮的转动惯量;$-k\theta$为弹性力矩;M_0为强迫力矩的幅值;ω为强迫力的圆频率。

令$\omega_0{}^2 = \dfrac{k}{J}, 2\beta = \dfrac{b}{J}, m = \dfrac{M_0}{J}$,则式(4.12-1)变为

$$\frac{\mathrm{d}^2\theta}{\mathrm{d}t^2} + 2\beta\frac{\mathrm{d}\theta}{\mathrm{d}t} + \omega_0{}^2\theta = m\cos \omega t \tag{4.12-2}$$

当$\beta = 0$,$m\cos \omega t = 0$时,式(4.12-2)即为简谐振动方程,有

$$\frac{\mathrm{d}^2\theta}{\mathrm{d}t^2} + \omega_0{}^2\theta = 0 \tag{4.12-3}$$

方程(4.12-3)的解为

$$\theta = \theta_2 \cos(\omega_0 t + \varphi_0)$$

当$m\cos \omega t = 0$时,式(4.12-2)即为阻尼振动方程,有

$$\frac{\mathrm{d}^2\theta}{\mathrm{d}t^2} + 2\beta\frac{\mathrm{d}\theta}{\mathrm{d}t} + \omega_0{}^2\theta = 0 \tag{4.12-4}$$

方程（4.12-4）的解为

$$\theta=\theta_1 e^{-\beta t}\cos(\omega_f t+\alpha)$$

则方程（4.12-2）的通解为

$$\theta=\theta_1 e^{-\beta t}\cos(\omega_f t+\alpha)+\theta_2\cos(\omega t+\varphi_0) \tag{4.12-5}$$

由式（4.12-5）可见，受迫振动可分成两部分：第一部分，$\theta_1 e^{-\beta t}\cos(\omega_f t+\alpha)$ 和初始条件有关，经过一定时间后衰减消失；第二部分，说明强迫力矩对摆轮做功，向振动体传送能量，最后达到一个稳定的振动状态，其振幅为

$$\theta_2=\frac{m}{\sqrt{(\omega_0{}^2-\omega^2)^2+4\beta^2\omega^2}} \tag{4.12-6}$$

它与强迫力矩之间的相位差为

$$\varphi=\arctan\frac{2\beta\omega}{\omega_0{}^2-\omega^2}=\arctan\frac{\beta T_0{}^2 T}{\pi(T^2-T_0{}^2)} \tag{4.12-7}$$

由式（4.12-6）和式（4.12-7）可以看出，振幅 θ_2 与相位差 φ 的数值取决于强迫力矩 m、频率 ω、系统的固有频率 ω_0 和阻尼系数 β 四个因素，而与振动初始状态无关。

由 $\frac{\partial}{\partial\omega}[(\omega_0{}^2-\omega^2)^2+4\beta^2\omega^2]=0$ 的极值条件可以得出，当强迫力的圆频率 $\omega=\sqrt{\omega_0{}^2-2\beta^2}$ 时，产生共振，θ 有极大值。若共振时圆频率和振幅分别用 ω_r、θ_r 表示，则

$$\omega_r=\sqrt{\omega_0{}^2-2\beta^2} \tag{4.12-8}$$

$$\theta_r=\frac{m}{2\beta\sqrt{\omega_0{}^2-2\beta^2}} \tag{4.12-9}$$

式（4.12-8）和式（4.12-9）表明，阻尼系数 β 越小，共振时圆频率越接近于系统固有频率，振幅 θ_r 也越大。图 4.12-3 和图 4.12-4 所示为在不同 β 时受迫振动的幅频特性和相频特性。

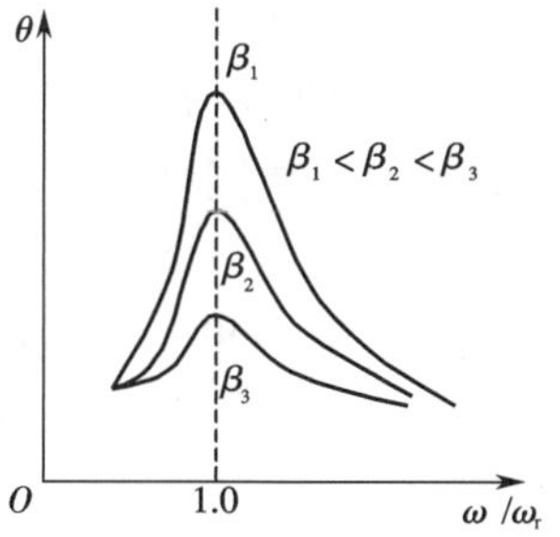

图 4.12-3　受迫振动的幅频特性

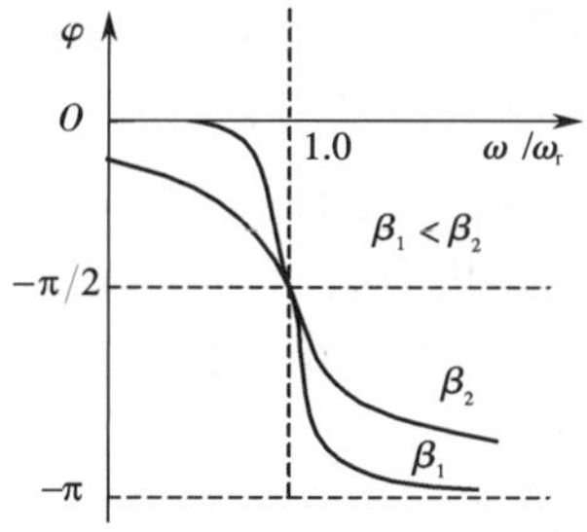

图 4.12-4　受迫振动相频特性

【实验内容】

1. 实验准备

打开电源开关，预热波尔共振仪。过几秒钟后屏幕上显示“按键说明”字样，其中“◀”为向左移动，“▶”为向右移动，“▲”为向上移动，“▼”为向下移动。

2. 自由振荡

选择实验类型为“自由振荡”，再按“确认”键。用手转动摆轮 160° 左右，打开测量，控制箱开始记录实验数据。

测量关闭后，查询实验数据。选中“回查”，然后按“▲”或“▼”键查看所有记录的数据，记录 10 组摆轮周期数值，求出系统固有振动周期T_0和系统固有频率ω_0，数据记入表 4.12-1。

3. 测定阻尼系数 β

选中“阻尼振荡”，按“确认”键显示阻尼。阻尼分三个挡次，阻尼 1 最小，根据实验需要选择阻尼挡（一般选择阻尼 2），按“确认”键。

首先将角度盘指针放在 0° 位置，用手转动摆轮 160° 左右，打开测量并记录数据，仪器记录 10 组数据后，测量自动关闭。

阻尼振荡的回查与自由振荡类似。从液晶显示屏幕读出摆轮作阻尼振动时的振幅数值 θ_1，θ_2，θ_3，…，θ_{10}，读出摆轮 10 个振动周期值，取其平均值得到阻尼振动周期的平均值 $\overline{T}$，最后利用公式 $\ln\dfrac{\theta_0 e^{-\beta t}}{\theta_0 e^{-\beta(t+nT)}}=n\beta\overline{T}=\ln\dfrac{\theta_0}{\theta_n}$ 求出阻尼系数 β 值，数据记入表 4.12-2。

4. 测定受迫振动的幅频特性和相频特性曲线

选中“强迫振荡”，启动电机，调节强迫力矩周期，从而改变电机转动周期，当受迫振动稳定后，读取摆轮的振幅值和电机周期值，并利用闪光灯测定受迫振动位移与强迫力间的相位差，改变电机转动周期多次测量，数据记入表 4.12-3。

以ω/ω_0为横轴，振幅 θ 为纵轴，作幅频特性曲线；以ω/ω_0为横轴，相位差 φ 为纵轴，作相频特性曲线。

需要注意以下事项。

（1）测量前保持周期为 1，待摆轮和电机的周期相同，特别是振幅已稳定（变化不大于 1，表明两者已经稳定），方可开始测量。每次改变强迫力矩的周期，都需要等待系统稳定。

（2）测量前应先把周期由 1 改为 10，打开测量控制箱记录数据。一次测量完成，显示测量关闭后，读取电机周期、摆轮振幅值，并利用闪光灯测定受迫振动位移与强迫力间的相位差。

（3）改变强迫力矩周期，使 $\Delta\varphi$ 每次改变 10° 左右，在共振点（$\Delta\varphi$ =90°）附近测量数据相对密集些。

5. 关机

按住“复位”按钮保持不动，几秒钟后仪器自动复位，此时所做实验数据全部清除，然后按下电源按钮，结束实验。

【数据处理】

相关数据记录于表 4.12-1~表 4.12-3 中。

表 4.12-1　摆轮系统固有周期T_0

	1	2	3	4	5	6	7	8	10	$\bar{T}_0$/s	ω_0
周期 T_0											

表 4.12-2　阻尼系数β的计算

序号	振幅θ	序号	振幅θ	$\ln\frac{\theta_i}{\theta_{i+5}}$
θ_1		θ_6		
θ_2		θ_7		
θ_3		θ_8		
θ_4		θ_9		
θ_5		θ_{10}		
$\ln\frac{\theta_i}{\theta_{i+5}}$ 平均值				
$\bar{T}=$		$\beta=\frac{1}{5T}\ln\frac{\theta_i}{\theta_{i+5}}=$		

表 4.12-3　幅频特性和相频特性测量

频闪法 φ	摆轮振幅θ	电机周期 10T	$\omega=\frac{2\pi}{T}$	频率比例$\frac{\omega}{\omega_0}$

【思考题】

（1）本实验中做简谐振动物体的角度是如何测量的？

（2）自由振荡时的振幅对周期的大小是否有影响？

（3）阻尼系数的物理意义是什么？

（4）相位差测量的原理是什么？

4.13　液晶电光效应实验

液晶是介于液体与晶体之间的一种物质状态，它既有液体的流动性，又有晶体的取向特性。目前，液晶材料都是长型分子或盘型分子的有机化合物，是一种非线性的光学材料。当液晶分子有序排列时，表现出光学各向异性，光通过液晶时会产生偏振面旋转、双折射等效应。液晶分子是含有极性基团的极性分子，在电场作用下，偶极子会按电场方向取向，导致分子原有的排列方式发生变化，从而液晶的光学性质也随之发生改变，这种因外电场引起的液晶光学性质的改变称为液晶的电光效应。

【实验目的】

（1）掌握液晶光开关的基本工作原理，测量液晶光开关的电光特性曲线，根据电光特性曲线获取液晶的阈值电压和关断电压。

（2）测量驱动电压周期变化时液晶光开关的时间响应曲线，根据时间响应曲线获取液晶的上升时间和下降时间。

（3）测量由液晶光开关矩阵所构成的液晶显示器的视角特性以及在不同视角下的对比度，了解液晶光开关的工作条件。

（4）了解液晶光开关构成图像矩阵的方法，学习和掌握这种矩阵所组成的液晶显示器构成文字和图形的显示模式，了解一般液晶显示器的工作原理。

【实验器材】

液晶光开关电光特性综合实验仪，其外部结构如图 4.13-1 所示。

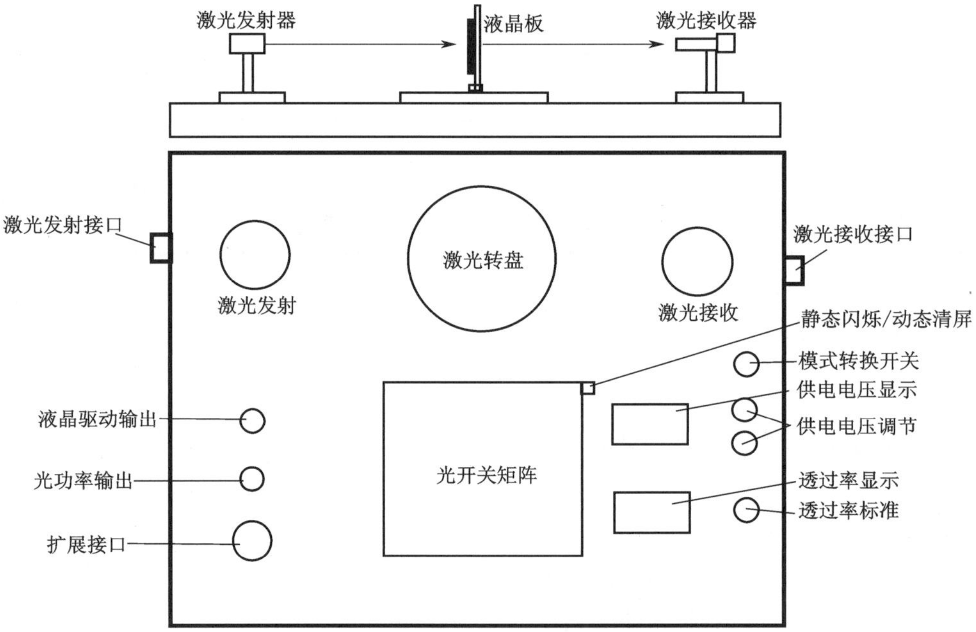

图 4.13-1　液晶光开关电光特性综合实验仪外部结构

【实验原理】

1. 液晶光开关的工作原理

液晶的种类很多，下面仅以常用的 TN（扭曲向列）型液晶为例，说明其工作原理。

TN 型液晶光开关的结构如图 4.13-2（a）所示。在两块玻璃板之间夹有正性向列相液晶，液晶分子长度在十几埃（$1\ \text{Å} = 10^{-10}\ \text{m}$），直径为 4~6 Å，液晶层厚度一般为 5~8 μm。玻璃板的内表面涂有透明电极，电极的表面预先作定向处理（可用软绒布沿固定方向摩擦，也可在电极表面涂取向剂），使液晶分子分布于透明电极表面摩擦所形成的微沟槽里；电极表面的液晶分子按一定方向排列，上、下电极上的定向方向相互垂直。上、下电极之间的液晶分子因范德瓦尔斯力的作用，趋向于平行排列。由于上、下电极上液晶的定向方向相互垂直，从俯视方向看，液晶分子的排列从上电极的沿-45° 方向逐步均匀地扭曲到下电极的沿+45° 方向，即排列扭曲了 90° 。

理论和实验证明，上述均匀扭曲排列起来的结构具有光波导的性质，即偏振光从上电极表面透过扭曲排列起来的液晶传播到下电极表面时，偏振方向会旋转 90° 。

取两个偏振片贴在玻璃的两面，P_1 的透光轴与上电极的定向方向相同，P_2 的透光轴与下电极的定向方向相同，则 P_1 和 P_2 的透光轴相互正交。在未加驱动电压的情况下，自然光经过偏振片 P_1 后只剩下平行于透光轴的线偏振光，该线偏振光到达输出面时，其偏振面旋转了 90°，这时光的偏振面与 P_2 的透光轴平行，因而有光通过。在施加足够电压情况下（一般为 1~2 V），受静电场作用，除基片附近的液晶分子被基片“锚定”外，其他液晶分子趋于平行于电场方向排列，扭曲结构被破坏，结构分布趋于均匀，如图 4.13-2（b）所示。从 P_1 透射出来的光的偏振方向在液晶中传播时不再旋转，保持原来的偏振方向到达下电极，光的偏振方向与 P_2 正交，光被阻断。

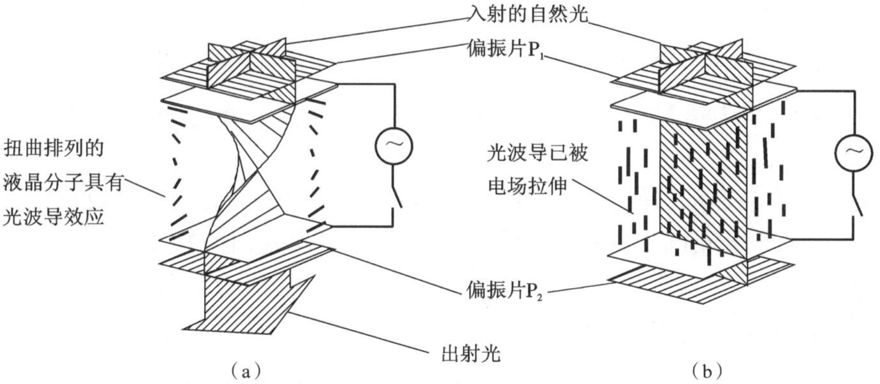

图 4.13-2　TN 型液晶光开关的工作原理

（a）结构　（b）工作原理

上述光开关在没有电场的情况下使光透过，加上电场后光被阻断，因此称为常通型光开关，又称为常白模式。若 P_1 和 P_2 的透光轴相互平行，则构成常黑模式。

2. 液晶光开关的电光特性

图 4.13-3 所示为光线垂直液晶面入射时的相对透射率（以不加电场时的透射率为 100%）与外加电压的关系。由图可见，对于常白模式的液晶光开关，其透射率随外加电压的升高而逐渐降低，在一定电压下达到最低点。根据电光特性曲线，可得出液晶的阈值电压和关断电压。其中，阈值电压为透过率为 90%时的驱动电压；关断电压为透过率为 10%时的驱动电压。

液晶的电光特性曲线越陡，阈值电压与关断电压的差值越小，由液晶光开关单元构成的显示器件允许的驱动路数就越多。TN 型液晶光开关最多允许 16 路驱动，故常用于数码显示。在电脑、电视等需要高分辨率的显示器件中，常采用 STN（超扭曲向列）型液晶，以改善电光特性曲线的陡度，增加驱动路数。

3. 液晶光开关的时间响应特性

加上(或去掉)驱动电压能使液晶的开关状态发生改变,由于液晶的分子排序发生了改变,这种重新排序需要一定时间,反映在时间响应曲线上,用上升时间 τ_r 和下降时间 τ_d 描述。给液晶光开关施加周期性变化的电压,可以得到液晶的时间响应曲线、上升时间和下降时间,如图 4.13-4 所示。

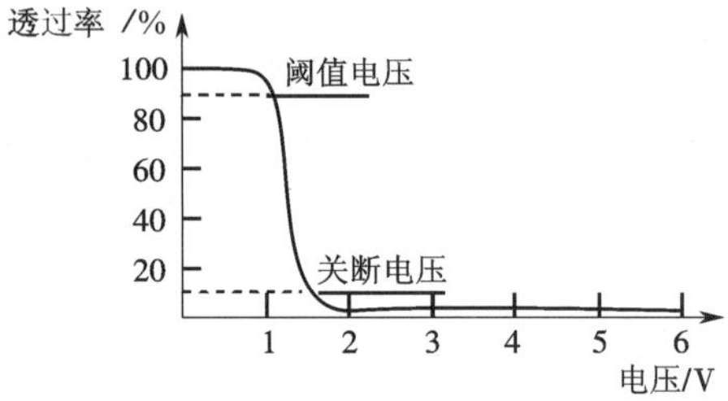

图 4.13-3 液晶光开关的电光特性曲线

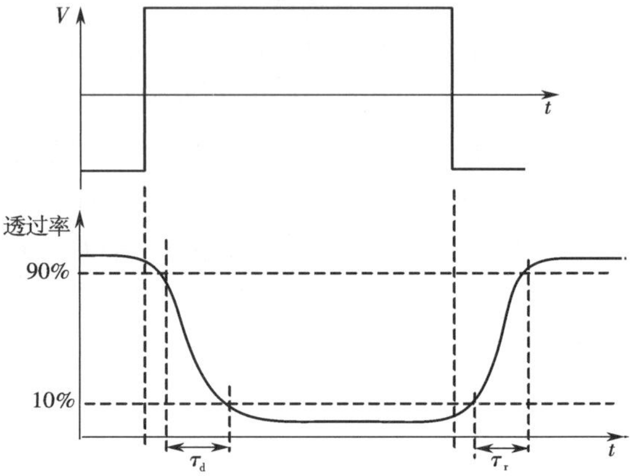

图 4.13-4 液晶驱动电压和时间的响应图

其中,上升时间为透过率由 10%升到 90%所需时间;下降时间为透过率由 90%降到 10%所需时间。

响应时间是液晶显示器的重要指标,响应时间越短,显示动态图像的效果越好。早期的液晶显示器在这方面逊色于其他显示器,现在通过结构方面的技术改进,已达到很好的效果。

4. 液晶光开关的视角特性

液晶光开关的视角特性表示对比度与视角的关系。对比度定义为光开关打开和关断时透射光强度之比,对比度大于 5 时,可以获得满意的图像;对比度小于 2 时,图像就模糊不清。

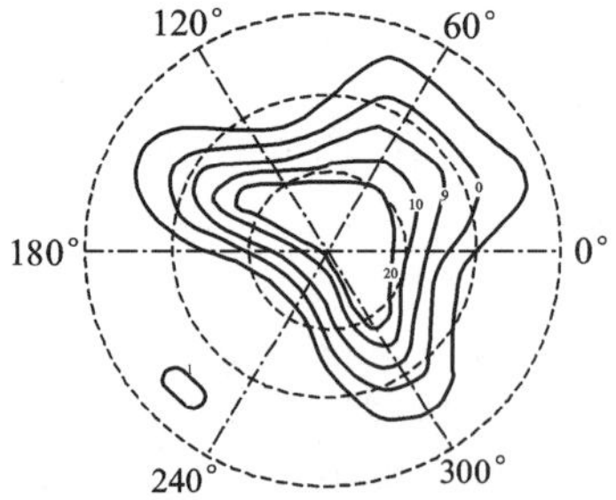

图 4.13-5 液晶的视角特性

图 4.13-5 所示为某种液晶视角特性的理论计算结果。用与原点的距离表示垂直视角(入射光线方向与液晶屏法线方向的夹角)的大小。图中 3 个同心圆分别表示垂直视角为 30°、60° 和 90°,90° 同心圆外面标注的数字表示水平视角(入射光线在液晶屏上的投影与 0° 方向之间的夹角)的大小;闭合曲线为不同对比度时的等对比度曲线。

由图 4.13-5 可以看出,液晶的对比度与垂直及水平视角都有关,具有非对称性。若把具有图中所示视角特性的液晶光开关逆时针旋转,以 220° 方向向下,并由多个显示开关组成液晶显示屏,则该液晶显示屏的左右视角特性对称,在左、右和俯视 3 个方向,垂直视角接近 60° 时对比度为 5,观看效果较好。在仰视方向,对比度随着垂直视角的加大迅速降低,观看效果差。

5. 液晶光开关构成图像显示矩阵的方法

除液晶显示器外，其他显示器靠自身发光来实现信息显示功能，这些显示器主要有阴极射线管（CRT）显示、等离子体显示（PDP）、电致发光显示（ELD）、发光二极管（LED）显示、有机发光二极管（OLED）显示、真空荧光管显示（VFD）、场发射显示（FED）等。

液晶显示器通过对外界光线的开关控制来完成信息显示，是非主动发光型显示装置，其最大的优点是能耗极低。正因如此，液晶显示器在便携式装置的显示方面，如电子表、万用表、手机、笔记本电脑等，具有不可代替地位。下面介绍如何利用液晶光开关实现图形和图像显示。

矩阵显示方式是把图 4.13-6（a）所示的横条形状的透明电极做在一块玻璃片上，称为行驱动电极，简称行电极（常用X_i表示）；而把竖条形状的电极做在另一块玻璃片上，称为列驱动电极，简称列电极（常用S_i表示）。把这两块玻璃片面对面组合起来，把液晶灌注在这两片玻璃之间构成液晶盒。为了画面简洁，通常将横条形状和竖条形状的 ITO 电极抽象为横线和竖线，分别代表扫描电极和信号电极，如图 4.13-6（b）所示。

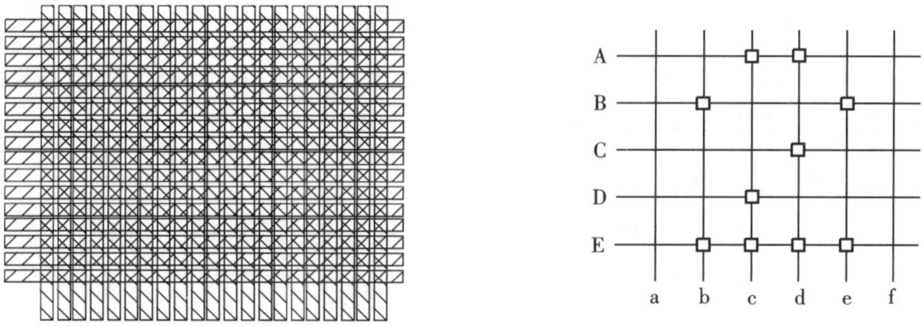

（a）　　（b）

图 4.13-6　液晶光开关组成的矩阵式图形显示器

（a）行电极和列驱动电极　（b）抽象成的横线和竖线

矩阵型显示器的工作方式为扫描方式，显示原理如下，如果要显示图 4.13-6（b）中的方块像素，首先在第 A 行加上高电平，其余行加上低电平，同时在列电极的对应电极 c、d 上加上低电平，A 行带有方块的像素就被显示出来；然后第 B 行加上高电平，其余行加上低电平，同时在列电极的对应电极 b、e 上加上低电平，B 行带有方块的像素被显示出来；之后是第 C 行、第 D 行……，以此类推，最后显示出一整场的图像。这种工作方式称为扫描方式。

这种分时间扫描每一行的方式是平板显示器的共同寻址方式，这种方式可以使每一个液晶光开关按照其上电压的幅值让外界光关断或通过，从而显示出任意文字、图形和图像。

【实验内容】

1. 液晶光开关电光特性测量

将模式转换开关置于静态模式，透过率显示校准为 100%，电压值从 0 V 到 6 V 变化，记录相应电压下的透过率数值。重复以上操作 3 次，计算相应电压下透过率的平均值，依据实验数据绘制电光特性曲线,得出阈值电压和关断电压。

2. 液晶时间响应测量

将模式转换开关置于静态模式,透过率显示调到 100%,然后将液晶供电电压调到 2 V,在液晶静态闪烁状态下,用存储示波器观察此光开关的时间响应特性曲线,根据此曲线得到液晶的上升时间 τ_r 和下降时间 τ_d。

3. 液晶光开关视角特性测量

1)水平方向视角特性的测量

将模式转换开关置于静态模式,透过率显示调到 100%,确定当前液晶板为“金手指 1”(水平方向)插入转盘插槽,在供电电压为 0 V 时,从−85° 到 85° 每隔 5° 调节液晶屏与入射激光的角度,在每一角度下测量光强透过率最大值 T_{max};然后将供电电压置于 2 V,再次调节液晶屏角度,测量光强透过率最小值 T_{min},并计算其对比度。以角度为横坐标,对比度为纵坐标,绘制水平方向对比度随入射角变化的曲线。

2)垂直方向视角特性的测量

关断总电源后,取下液晶显示屏,将液晶板旋转 90°,将“金手指 2”(垂直方向)插入转盘插槽。重新通电,将模式转换开关置于静态模式,按照与水平方向视角特性测量相同的方法和步骤,测量垂直方向的视角特性。

4. 液晶显示器显示原理

将液晶板“金手指 1”(图 4.13-7)插入转盘上的插槽,液晶凸起面必须正对激光发射方向,打开电源开关,点亮激光器,使激光器预热 10~20 min。

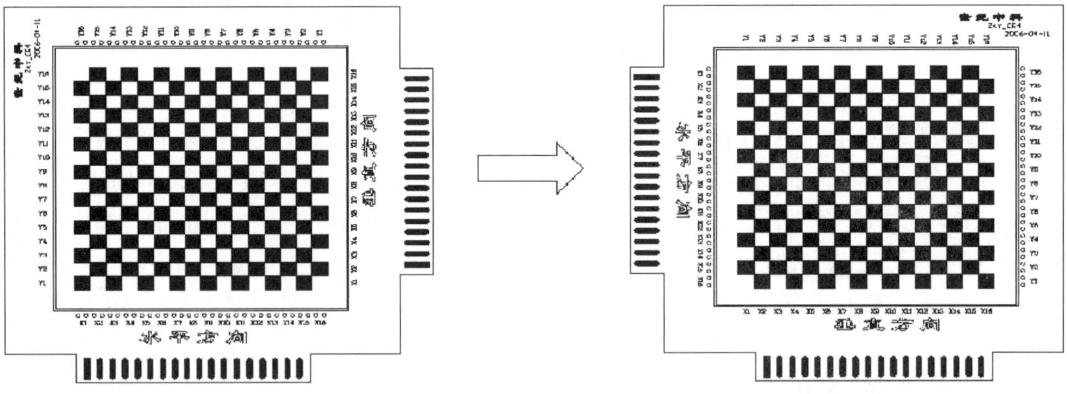

图 4.13-7 液晶板方向(视角为正视液晶屏凸起面)

在正式进行实验前,需要检查仪器的初始状态,查看发射器光线是否垂直入射到接收器;在静态 0 V 供电电压条件下,透过率显示是否为“100%”。如果显示正确,可以开始实验,如果显示不正确,指导教师将仪器调整好再让学生进行实验。

【注意事项】

(1)绝对禁止用光束照射眼睛或直视光束本身,以防伤害眼睛!

（2）在进行液晶视角特性实验中，更换液晶板方向时，务必断开总电源后再进行插取，否则将会损坏液晶板。

（3）液晶板凸起面必须朝向激光发射方向，否则实验记录的数据为错误数据。

（4）在调节透过率 100%时，如果透过率显示不稳定，可能是光路没有对准，或者激光发射器偏振没有调节好，需要仔细检查，调节好光路。

（5）在校准透过率 100%前，必须将液晶供电电压显示调到 0.00 V 或显示大于“250”，否则无法校准透过率为 100%。在实验中，电压为 0.00 V 时，不要长时间按住“透过率校准”按钮，否则透过率显示将进入非工作状态，而产生错误数据，需要重新进行测量。

【数据处理】

自拟表格处理数据。根据数据结果作出液晶光开关的电光特性曲线（透过率与电压关系图），由电光特性曲线求出关断电压和阈值电压。

4.14　电子荷质比的测量

荷质比又称比电荷，其等于一个带电粒子的电荷量（不论电量是正还是负，一律取正值）与它的质量的比值。荷质比为电子的基本常数之一，又称电子比荷。1897 年，汤姆孙（J.J. Thomson）通过电磁偏转的方法测量了阴极射线粒子的荷质比，其约是电解中的单价氢离子的荷质比的 2 000 倍，从而发现了比氢原子更小的组成原子的物质单元，取名为电子。

20 世纪初，考夫曼（W. Kaufmann）采用电磁偏转法测量β射线（快速运动的电子束）的荷质比，发现其随速度增大而减小。这是电荷不变、质量随速度增大而增大的表现，与狭义相对论质速关系一致，是狭义相对论实验基础之一。

【实验目的】

（1）理解电子在磁场中的运动规律。

（2）掌握用磁聚焦法测定电子的荷质比。

【实验器材】

电子荷质比实验仪。

【实验原理】

当一个电子以速度 $\boldsymbol{v}$ 垂直进入均匀磁场时，电子会受到洛伦兹力的作用，力的大小、方向可由公式 $\boldsymbol{f}=e\boldsymbol{v}\times\boldsymbol{B}$ 确定。如图 4.14-1 所示，力的方向垂直于速度的方向，电子的运动轨迹是一个圆，力的方向指向圆心，符合圆周运动的规律，作用力与速度满足：

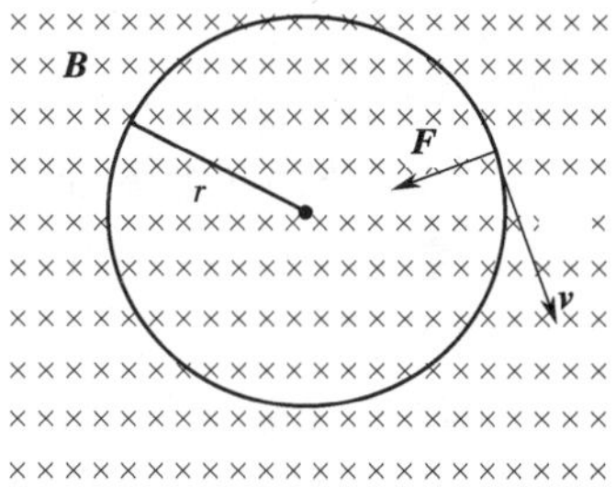

图 4.14-1　电子在磁场中运动

$$f=\frac{mv^2}{r} \tag{4.14-1}$$

式中：r 为电子运动圆周半径。

洛伦兹力提供电子作圆周运动的向心力，因此有

$$evB = \frac{mv^2}{r} \tag{4.14-2}$$

化简式(4.14-2),可得

$$\frac{e}{m} = \frac{v}{rB} \tag{4.14-3}$$

实验装置是用一电子枪在加速电压 U 的驱使下,射出电子流,因此 eU 全部转变成电子的输出动能,因此又有

$$eU = \frac{1}{2}mv^2 \tag{4.14-4}$$

由式(4.14-3)和式(4.14-4),可得

$$\frac{e}{m} = \frac{2U}{(rB)^2} \tag{4.14-5}$$

实验中可固定加速电压 U,通过改变不同的偏转电流,产生不同的磁场,进而测量出电子束的运动轨迹圆半径r,就能测试出电子的荷质比$\frac{e}{m}$。

按本实验的要求,必须仔细调整电子枪发射方向,使电子流与磁场严格保持垂直,产生完全封闭的圆形电子轨迹。按照亥姆霍兹线圈产生磁场的原理,即

$$B = k \cdot I \tag{4.14-6}$$

式中:k 为磁电变换系数,可表达为

$$k = \mu_0 (\frac{4}{5})^{\frac{3}{2}} \times \frac{N}{R} \tag{4.14-7}$$

式中:μ_0 为真空磁导率,等于 $4\pi \times 10^{-7}$ H /m;R 为亥姆霍兹线圈的平均半径;N 为单个线圈的匝数。

由厂家提供的参数可知,R=158 mm,N=130 匝,因此式(4.14-5)可以改写为

$$\frac{e}{m} = \left(\frac{125}{32}\right)\frac{R^2U}{{\mu_0}^2N^2I^2r^2} = 2.474 \times 10^{12}\,\frac{R^2U}{N^2I^2r^2}(\mathrm{C/kg}) \tag{4.14-8}$$

【实验内容】

(1)开启电源,使加速电压定于 130 V ,直到电子枪射出翠绿色的电子束后,将加速电压定于 100 V 。本实验采用固定加速电压,改变磁场偏转电流,测量偏转电子束的圆周半径。注意:如果加速电压太高或偏转电流太大,都容易引起电子束散焦。

(2)调节偏转电流,使电子束的运行轨迹形成封闭的圆,调节聚焦电压,使电子束明亮,缓慢改变亥姆霍兹线圈中的励磁电流,观察电子束曲率半径大小的变化。

(3)测量步骤:

①调节仪器线圈后面反射镜的位置,以方便观察;

②移动测量机构上的滑动标尺,用黑白分界的中心刻度线对准电子枪口与反射镜中的像,采用三点一直线的方法测出电子轨迹圆的右端点,从游标上读出刻度读数 S_0;

③再次移动滑动标尺到电子轨迹圆的左端点，采用同样的方法读出刻度读数 S_1；

④用 $r=\frac{1}{2}|S_1-S_0|$ 求出电子圆的半径，数据记入表 4.14-1。

【注意事项】

（1）实验开始时，应细心调节电子束与磁场方向垂直，形成一个不带任何重影的圆环。

（2）电子束的激发加速电压不要调得过高，容易引起电子束散焦。电子束刚激发时的加速电压需要偏高一些，约 130 V，一旦激发电子束，在 90～100 V 均能维持发射，此时可适当降低加速电压。如不小心把加速电压调得太高，为了保护威尔尼氏管，电路设有自动保护，这时需要把电源关掉，重新开机即可恢复功能。

（3）测量电子束半径时，三点一直线的校对应仔细，避免读数偏离（因人而异），而引入系统误差。

【数据处理】

相关数据记录于表 4.14-1 中。

表 4.14-1　实验数据记录表

n	S_0 /mm	S_n /mm	r /mm	I /A	$\frac{e}{m}$ /（C/kg）	$\frac{1}{n}\sum\frac{e}{m}$ /（C/kg）
1						
2						
…						
15						
16						

求出电子荷质比，将实验值与标准值 $\frac{e}{m}=1.76\times10^{11}$ C/ kg 比较，求相对误差。

【思考题】

（1）除用本实验介绍的方法来确定圆环的大小外，是否还有其他更简捷的方法？

（2）测量电子荷质比还有哪些不同的实验方法？

（3）分析洛伦兹力在不同角度下对电子束的影响。

4.15　光电效应法测普朗克常数

光电效应是指一定频率的光照射在金属表面时会有电子从金属表面逸出的现象。光电效应的实验规律与经典的电磁理论是矛盾的。爱因斯坦以他惊人的洞察力，最先认识到量子假说的伟大意义并予以发展。1905 年，爱因斯坦第一次提出了光子假设，并由光子假设得出了著名的光电效应方程，圆满解释了光电效应的实验结果。

光量子理论创立后，在固体比热、辐射理论、原子光谱等方面都获得成功，人们逐步认识到光具有波粒二象性。后来科学家发现波粒二象性是一切微观物体的固有属性，并发展了量子力学来描述和解释微观物体的运动规律，使人们对客观世界的认识前进了一大步。光电效应实验对于认识光的本质及早期量子理论的发展，具有里程碑式的意义。

【实验目的】

（1）研究光电管的电流与极间电压的关系。

（2）研究光电管的饱和光电流与光强之间的关系。

（3）验证爱因斯坦光电效应方程，求出普朗克常数。

【实验器材】

光电效应测试仪，包括暗匣、光电管、汞灯、滤色片、光阑。

【实验原理】

1. 光电效应和爱因斯坦方程

金属和金属化合物在光的照射下有电子逸出的现象，称为光电效应，逸出的电子称为光电子。光电效应是光的经典电磁理论所不能解释的。按经典电磁理论，电磁波的能量是连续的，电子接收光的能量获得动能，光强越大，能量越大，电子的初速度越大。实验结果显示，电子的初速度与光强无关。按经典电磁理论，只要有足够的光强和照射时间，电子就应该获得足够的能量逸出金属表面，而与光波频率无关。事实是对于特定金属，当照射光波频率高于某一值时，有光电子产生；当照射光波频率低于该值时，无论光强多强，照射时间多长，都不会有光电子产生。

1905 年，爱因斯坦按普朗克的量子假设，提出了光子的概念，认为光是一种微粒——光子，光子的多少由光的强度决定，频率为ν的一个光子具有的能量 $\varepsilon = h\nu$，其中h为普朗克常数。根据光子理论，当金属中的电子吸收一个频率为ν的光子时，便获得这个光子的全部能量$h\nu$，如果这部分能量大于电子摆脱金属表面的约束所需要的逸出功A，电子就从金属表面逸出，成为光电子。根据能量守恒定律，有

$$h\nu = \frac{1}{2}mV_0^{\ 2} + A \tag{4.15-1}$$

式（4.15-1）即爱因斯坦光电方程，其中 $\frac{1}{2}mV_0^{\ 2}$ 是光电子逸出金属表面所具有的最大初动能。

由式（4.15-1）可知，入射到金属表面的光频率越高，逸出的光电子初动能越大，即使光电管两端不加电压或阳极电位比阴极电位低，亦会有光电子运动到阳极形成光电流，直至两极电压低于U_a，光电流才为零，且满足关系：

$$eU_a = \frac{1}{2}mV_0^{\ 2} \tag{4.15-2}$$

U_a 称为遏止电压（也称截止电压），遏止电压与入射光的强度无关。

光电管结构和实验原理如图 4.15-1 所示。

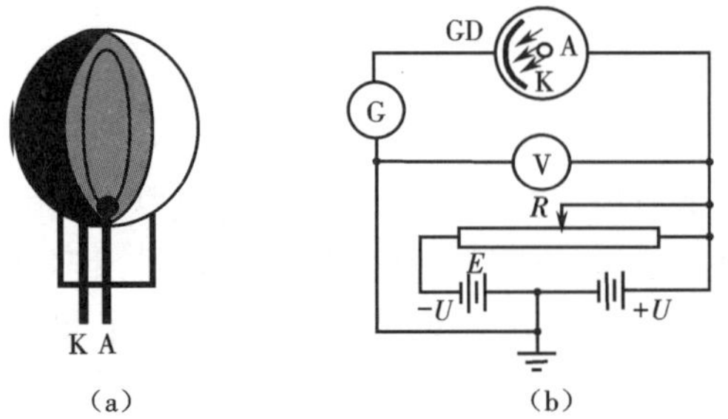

图 4.15-1 光电管结构和实验原理

（a）光电管结构 （b）实验原理

2. 截止频率

根据爱因斯坦光电方程，当光子能量$h\nu$小于A时，电子不能逸出金属表面，不产生光电效应；能产生光电效应的入射光最低频率$\nu_0 = A/h$，称为光电效应的截止频率（又称红限）。

3. 光电管的伏安特性和光照特性

在入射光的强度与频率不变的条件下，单位时间内光电管阴极逸出的光电子个数一定，此时增加光电管两极间电压U，光电流I随之增加，当两极间电压增加到一定值时，逸出的光电子全部被拉到阳极，即使继续增加两极间电压U，光电流I也不再增加，即光电流达到饱和值I_s，与其对应的饱和电压U_s为产生饱和光电流的极间最小电压，如图 4.15-2 所示。光强越大，饱和电压越高，饱和光电流越大，即饱和光电流与光强成正比，此即光电管的光照特性。改变光强P（光强P与光源到光电管的距离r的平方成反比，即$P \propto \dfrac{1}{r^2}$），I_s随P线性增加，如图 4.15-3 所示。

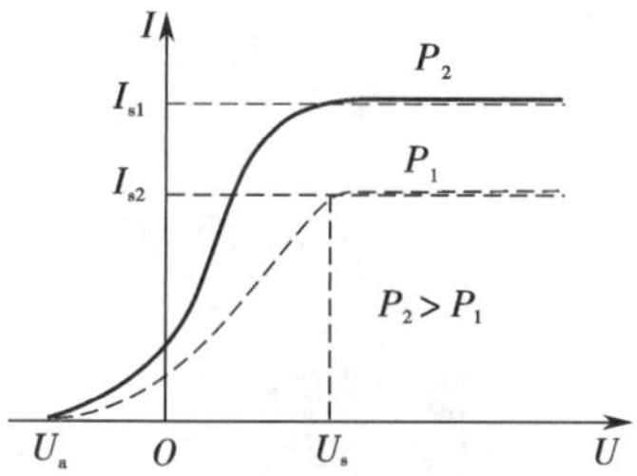

图 4.15-2　光电管的伏安特性曲线

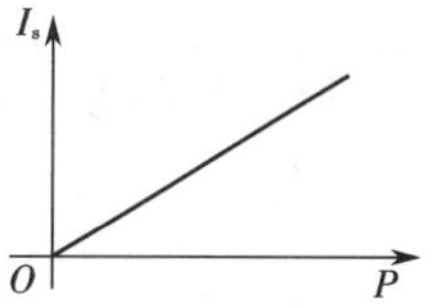

图 4.15-3　光电管的光照特性曲线

4. 测量普朗克常数

将式（4.15-2）代入式（4.15-1），可得

$$U_a = \frac{h}{e}\nu - \frac{A}{e} \tag{4.15-3}$$

式（4.15-3）表明截止电压U_a是频率ν的线性函数，直线斜率$k = h/e$，若改变入射光的频率ν，可测得对应的截止电压U_a，由此可作出截止电压U_a与入射光频率ν的关系曲线，如果得到的是直线，便验证了爱因斯坦方程，而由直线斜率k，则可求得普朗克常数$h = ke$，其中e为电子电量。

与图 4.15-2 所示的理论曲线相比，在实际实验中，由于光电流会附加暗电流、阳极光电流和本底电流，光电管的伏安特性曲线实验结果要更加复杂。

【实验内容】

1. 测试前准备

实验仪器连接如图 4.15-4 所示。

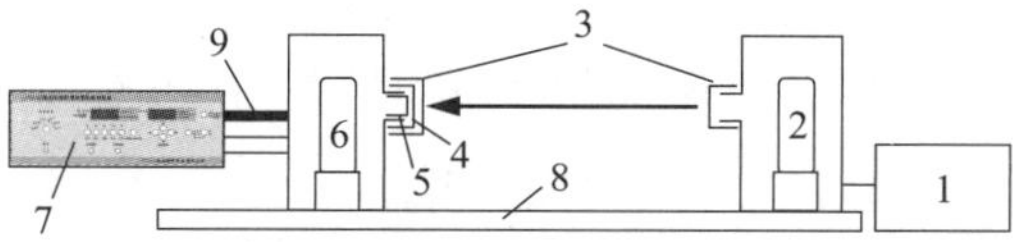

图 4.15-4　实验仪器连接

1—汞灯电源；2—汞灯；3—遮光罩；4—滤色片；5—光阑；6—光电管；7—实验仪；8—导轨；9—电缆

（1）用专用连接导线将光电管暗箱电压输入端与实验仪电压输出端（后面板上）连接起来（红—红，黑—黑），用专用连接电缆连接光电管电流输出至实验仪。

（2）将光电管暗箱遮光盖盖上，打开实验仪及汞灯电源，预热 15 min，预热后避免触摸汞灯罩，以免烫伤。

（3）调整光电管与汞灯距离为约 40 cm，并保持不变。

2. 测光电管的伏安特性曲线（*I-U* 关系曲线）

（1）实验仪面板如图 4.15-5 所示，将“伏安特性测试 / 截止电压测试”状态选为“伏安特性测试”，“手动/自动”模式选为“手动”，“电流量程”开关拨至“$\times10^{-10}$ A”挡；先调零，再测量。

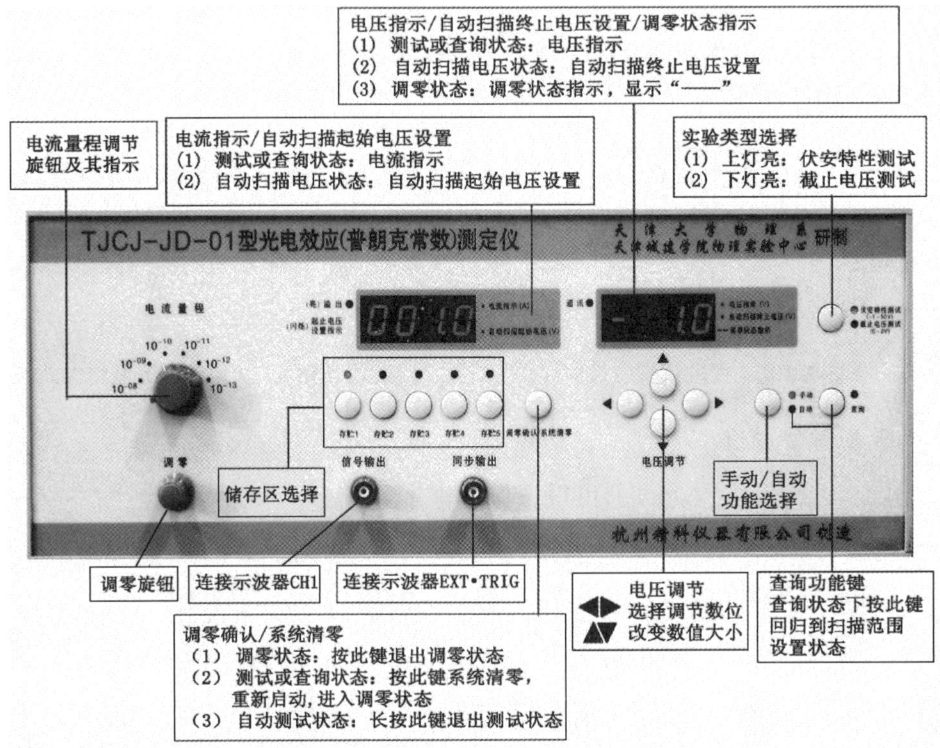

图 4.15-5 实验仪面板

（2）实验仪开机或改变电流量程后，会自动进入调零状态。调零时应先将光电管暗箱电流输出端 K 与实验仪微电流输入端（后面板上）连接电缆断开，旋转“调零”旋钮使电流显示为零。调好后，将电流输入电缆连接起来，按“调零确认/系统清零”键，系统进入测试状态。

（3）去掉光电管遮光盖，将直径 4 mm 的光阑及 $\lambda=436$ nm 谱线的滤色片装在光电管暗箱光输入口上。测伏安特性曲线，电压的最大范围为 $-1\sim+50$ V，右窗口显示光电管两端电压值 U，左窗口显示相应的通过光电管的电流值 I。

（4）利用电压显示窗口下的上、下、左、右四个键调节电压值，从 -1 V到$+50$ V 每隔 2 V 记录一次电流值，数据记入表 4.15-1。

3. 测量光电管的光照特性曲线(I_S –P 关系曲线)

1)遮光光阑不变,改变光电管到光源距离,测量 I_s -P 关系曲线

设置右窗口电压为 50 V,改变光电管到光源距离分别为 400 mm、380 mm、360 mm、340 mm、320 mm 和 300 mm,分别记录各距离时的光电管饱和电流值,数据记入表 4.15-2。

2)保持光电管到光源距离不变,改变遮光光阑孔径,测量 I_s -P 关系曲线

设置右窗口电压为 50 V,改变遮光光阑孔径分别为 2 mm、4 mm、8 mm,分别记录各光阑孔径时的光电管饱和电流值,数据记入表 4.15-3。

4. 测量普朗克常数(U_a 与 ν 的关系)

1)手动法测量

(1)将"伏安特性测试 / 截止电压测试"状态选为"截止电压测试","手动/自动"模式选为"手动","电流量程"开关拨至"$\times10^{-13}$ A"挡;先进行电流调零。

(2)装好 $\lambda=365$ nm 的滤色片,按"调零确认/系统清零"键,则右窗口显示最低电压值−1.998 V,左窗口显示相应的电流值,按电压调节键,使电压从−1.998 V 变化到 0 V,每步 0.01 V,直到左窗口电流为零,记录此时的遏止电压值 U_a,数据记入表 4.15-4。

(3)分别换上其他 4 种滤色片,重复步骤(2)。

2)自动法测量

(1)将"伏安特性测试 / 截止电压测试"状态选为"截止电压测试","手动/自动"模式选为"自动"。

(2)设置自动扫描电压的起始值和终止值,此时左窗口显示电压起始值,右窗口显示电压终止值,仍然使用上、下、左、右四个键调节电压值。各种滤色片所选电压区间如下:365 nm　为−1.90~−1.50 V; 405 nm　为−1.60~−1.20 V; 436 nm　为−1.35~−0.95 V; 546 nm 为−0.80~−0.40 V;577 nm 为−0.65~−0.25 V。

(3)设置完自动扫描电压区间,按任一存储区的"存储"键即可开始自动扫描测量,此时右窗口电压自动变化,左窗口则显示相应的电流值,记下电流为零时的电压值 U_a。

(4)自动扫描测量完成后,系统的"查询"灯亮,按"查询"键,可以把测量过程显示一遍,在右窗口输入电压,左窗口则显示相应的电流值,再次校准记下 U_a 值,数据记入表 4.15-4。

(5)分别换上其他 4 种滤色片,重复步骤(2)至(4)。

【注意事项】

(1)不用时及时盖上光电管的遮光盖;更换、安装光阑时必须将汞灯出光口盖上,以避免强光直接进入暗盒和长时间照射而损坏光电管。

(2)注意保护滤色片和遮光光阑,不要触摸光学面,防止坠落造成破损。

【数据处理】

相应数据记录于表 4.15-1~表 4.15-4 中。

表 4.15-1　I与U的关系

U / V	−1	0	2	4	6	8	10	12	14	16	18	20	22	24
I /×10^{-10} A														
U / V	26	28	30	32	34	36	38	40	41	42	44	46	48	50
I /×10^{-10} A														

表 4.15-2　I_s与 P 的关系（光阑不变，光电管到光源距离改变）

U = ________ V，λ = ________ nm，ϕ = ________ mm

距离 r/mm	400	380	360	340	320	300
I/ ×10^{-10} A						
$P \propto \frac{1}{r^2}$						

表 4.15-3　I_s与 P 的关系（光电管到光源距离不变，遮光光阑孔径改变）

U = ________ V，λ = ________ nm，r = ________ mm

光阑孔 ϕ /mm	2	4	8
I / ×10^{-10} A			

表 4.15-4　U_a与ν的关系

波长 λ_i / nm		365	405	436	546	577
频率 ν_i /×10^{14} Hz		8.214	7.408	5.196	5.490	5.196
截止电压 U_a /V	手动					
	自动					

（1）根据表 4.15-1 数据画出光电管的伏安特性曲线 I-U，在图上标出饱和光电流和遏止电压的位置和数值。

（2）根据表 4.15-2 数据画出光电管的光照特性曲线 I_s -P。

（3）根据表 4.15-4 数据（自动、手动任选一组）画出光电管的 U_a-ν 关系曲线，求出直线的斜率 k，进而由 k 求得普朗克常数 $h=ke$，其中 e 为电子电量。

（4）要求每个图都要坐标规范，写清曲线名称，标出关键物理量及其数值。

【思考题】

（1）测定普朗克常数的关键是什么？怎样根据光电管的特性曲线选择适宜的测定遏止电压 U_a 的方法？

（2）从遏止电压 U_a 与入射光的频率 ν 的关系曲线中，能确定阴极材料的逸出功吗？

（3）本实验存在哪些误差来源？实验中如何解决这些问题？

4.16　密立根油滴实验

为了测量微小油滴上所带的电荷，美国著名物理学家密立根（R. A. Millikan）在 1909—1917 年做了大量工作，最终精确测量了油滴所带的电荷，即为密立根油滴实验。密立根油滴实验证明了电荷的不连续性，测量并得到了元电荷即电子电荷，其值为 1.60×10^{-19}C 。现公认 e 是元电荷，对其值的测量精度不断提高，目前给出最好的结果为 $e=(1.602\,177\,33\pm0.000\,000\,49)\times10^{-19}$ C。正是由于这一实验的巨大成就，密立根荣获了 1923 年的诺贝尔物理学奖。100 年来，物理学发生了根本的变化，而这个实验又重新站到实验物理的前列，近年来根据这一实验的设计思想改进的用磁漂浮的方法测量分数电荷的实验，使古老的实验又焕发了青春，更说明密立根油滴实验的巨大生命力。

【实验目的】

（1）验证电荷的不连续性以及测量基本电荷电量。

（2）了解 CCD 传感器、光学系统成像原理及视频信号处理技术的工程应用。

（3）培养严谨的实验态度和坚韧不拔的科学精神。

【实验器材】

密立根油滴实验仪，由主机、CCD 成像系统、油滴盒、监视器等部件组成。其中，主机包括可控高压电源、计时装置、A/D 采样、视频处理等单元模块；CCD 成像系统包括 CCD 传感器、光学成像部件等；油滴盒包括高压电极、照明装置、防风罩等；监视器是视频信号输出设备，如图 4.16-1 所示。

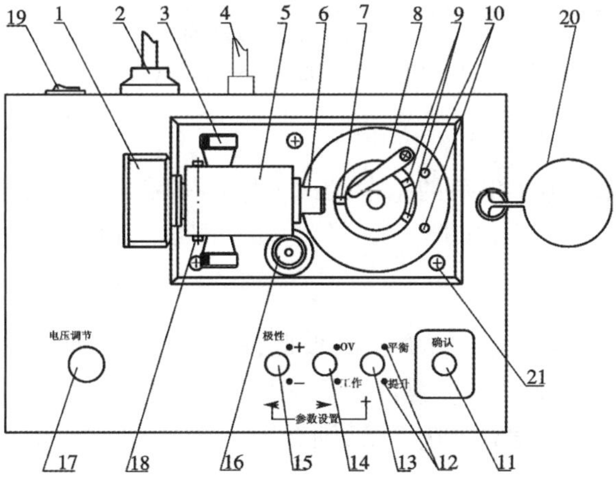

图 4.16-1　密立根油滴实验仪部件示意图

1—CCD 盒；2—电源插座；3—调焦旋钮；4—Q9 视频接口；5—光学系统；6—镜头；7—观察孔；8—上极板压簧；9—进光孔；10—光源；11—确认键；12—状态指示灯；13—平衡-提升切换键；14—0 V-工作切换键；15—定时开始-结束切换键；16—水准泡；17—电压调节旋钮；18—紧定螺钉；19—电源开关；20—油滴管收纳盒安放环；21—调平螺钉（3 颗）

CCD 模块及光学成像系统用来捕捉暗室中油滴的像，并将图像信息传给主机的视频处理模块。实验过程中可以通过调焦旋钮来改变物距，使油滴的像清晰地呈现在 CCD 传感器的窗口内。

电压调节旋钮可以调整极板之间的电压，从而控制油滴的平衡、下落及提升。定时开始-结束切换键用来计时；0 V-工作切换键用来切换仪器的工作状态；平衡-提升切换键可以切换油滴平衡或提升状态；确认键可以将测量数据显示在屏幕上，从而省去每次测量完成后手工记录数据的过程，使操作者把更多的注意力集中到实验本质上。

油滴盒是一个关键部件，其具体结构如图 4.16-2 所示。上、下极板之间通过胶木圆环支撑，三者之间的接触面经过机械精加工后可以将极板间的不平行度、间距误差控制在 0.01 mm 以下，这种结构可消除极板间的“势垒效应”及“边缘效应”，保证油滴室处在匀强电场之中，有效减小实验误差。胶木圆环上开有两个进光孔和一个观察孔，光源通过进光孔给油滴室提供照明，成像系统则通过观察孔捕捉油滴的像。照明由带聚光的高亮发光二极管提供，其使用寿命长、不易损坏；油雾杯可以暂存油雾，避免油雾过早散逸；进油量开关可以控制落油量；防风罩可以避免外界空气流动对油滴的影响。

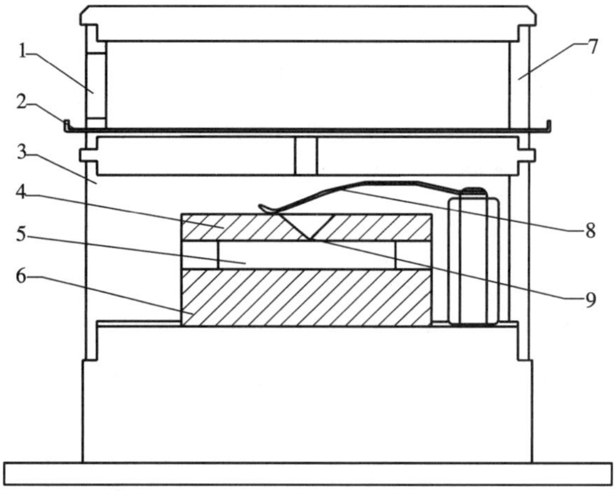

图 4.16-2　油滴盒结构

1—喷雾口；2—进油量开关；3—防风罩；4—上极板；5—油滴室；6—下极板；7—油雾杯；8—上极板压簧；9—落油孔

【实验原理】

密立根油滴实验测定电子电荷的基本设计思想是使带电油滴在测量范围内处于受力平衡状态。按运动方式，油滴法测电子电荷可分为动态测量法和平衡测量法。

1. 动态测量法

考虑重力场中一个足够小油滴的运动，设此油滴半径为r，质量为m_1，空气是黏滞流体，此运动油滴除受重力和浮力外，还受黏滞阻力的作用。由斯托克斯定律，黏滞阻力与物体运动速度成正比。设油滴以速度v_f匀速下落，则有

$$m_1 g - m_2 g = K v_f \tag{4.16-1}$$

式中：m_2为与油滴同体积的空气质量；$m_2 g$即为油滴受到空气浮力的大小；K为比例系数；g为重力加速度。

油滴在重力场中的受力情况如图 4.16-3 所示。

若此油滴带电荷为q，且处在场强为E的均匀电场中，设电场力qE方向与重力方向相反，

如图 4.16-4 所示，如果油滴以速度 v_r 匀速上升，则有

$$qE = (m_1 - m_2)g + Kv_r \tag{4.16-2}$$

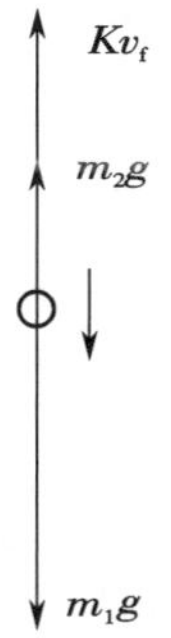

图 4.16-3 重力场中油滴受力示意图

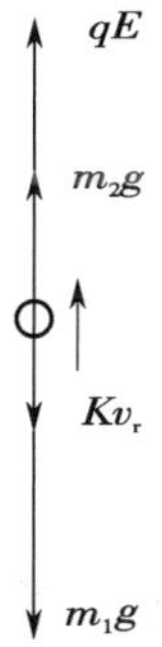

图 4.16-4 电场中油滴受力示意图

由式（4.16-1）和式（4.16-2）消去 K，可解出 q 为

$$q = \frac{(m_1 - m_2)g}{Ev_f}(v_f + v_r) \tag{4.16-3}$$

即要测量油滴上携带的电荷 q，需要分别测出 m_1、m_2、E、v_f、v_r 等物理量。

由喷雾器喷出的小油滴的半径r为微米数量级，直接测量其质量m_1很困难，因此希望消去m_1，而代之以容易测量的量。设油与空气的密度分别为ρ_1、ρ_2，则半径为r的油滴的视重为

$$m_1g - m_2g = \frac{4}{3}\pi r^3(\rho_1 - \rho_2)g \tag{4.16-4}$$

由斯托克斯定律，黏滞流体对球形运动物体的阻力与物体速度成正比，其比例系数 $K = 6\pi\eta r_0$，其中 η 为黏度，r_0 为物体半径。将式（4.16-4）代入式（4.16-1），得

$$v_f = \frac{2gr^2}{9\eta}(\rho_1 - \rho_2) \tag{4.16-5}$$

$$r_0 = \left[\frac{9\eta v_f}{2g(\rho_1 - \rho_2)}\right]^{\frac{1}{2}} \tag{4.16-6}$$

以此代入式（4.16-3），并整理得到

$$q = 9\sqrt{2}\pi\left[\frac{\eta^3}{(\rho_1 - \rho_2)g}\right]^{\frac{1}{2}}\frac{1}{E}\left(1 + \frac{v_r}{v_f}\right)v_f^{\frac{3}{2}} \tag{4.16-7}$$

因此，如果测出 v_r、v_f和η、ρ_1、ρ_2、E等宏观量，即可得到q值。

考虑到油滴的直径与空气分子的间隙相当，空气不能看成连续介质，其黏度η需作相应的修正，即$\eta' = \dfrac{\eta}{1 + b/pr_0}$，其中$p$为空气压强，$b$为修正常数，$b$ =0.008 23 N/m。

将η'代入式（4.16-7），得

$$q = 9\sqrt{2}\pi\left[\frac{\eta^3}{(\rho_1 - \rho_2)g}\right]^{\frac{1}{2}}\frac{1}{E}\left(1 + \frac{v_r}{v_f}\right)v_f^{\frac{3}{2}}\left(\frac{1}{1 + \dfrac{b}{pr_0}}\right)^{\frac{3}{2}} \tag{4.16-8}$$

实验中常固定油滴运动的距离s，通过测量油滴在s内所需要的运动时间来求其运动速度，且电场强度$E=\dfrac{U}{d}$，其中d为平行板间距，时间$t=\dfrac{d}{v}$，U为所加的电压，因此式（4.16-8）可写为

$$q=9\sqrt{2}\pi d\left[\frac{(\eta s)^3}{(\rho_1-\rho_2)g}\right]^{\frac{1}{2}}\frac{1}{U}\left(\frac{1}{t_{\mathrm{f}}}+\frac{1}{t_{\mathrm{r}}}\right)\left(\frac{1}{t_{\mathrm{f}}}\right)^{\frac{1}{2}}\left(\frac{1}{1+\dfrac{b}{pr_0}}\right)^{\frac{3}{2}} \tag{4.16-9}$$

式中：部分量和实验仪器有关，选定之后在实验过程中不变，如d、s、$(\rho_1-\rho_2)$及η等，将这些量与常数一起用C代表，可称为仪器常数，于是式（4.16-9）简化为

$$q=C\frac{1}{U}\left(\frac{1}{t_{\mathrm{f}}}+\frac{1}{t_{\mathrm{r}}}\right)\left(\frac{1}{t_{\mathrm{f}}}\right)^{\frac{1}{2}}\left(\frac{1}{1+\dfrac{b}{pr_0}}\right)^{\frac{3}{2}} \tag{4.16-10}$$

由此可知，测量油滴的电荷只体现在U、t_{f}、t_{r}的不同。对同一油滴，t_{f}相同，U与t_{r}的不同，标志着电荷的不同。

2. 平衡测量法

平衡测量法的出发点是使油滴在均匀电场中静止在某一位置，或在重力场中作匀速运动。当油滴在电场中平衡时，油滴在两极板间受到的电场力qE、重力m_1g和浮力m_2g达到平衡，从而静止在某一位置，即

$$qE=(m_1-m_2)g$$

当油滴在重力场中作匀速运动时，情形同动态测量法，将式（4.16-4）、式（4.16-6）和$\eta'=\dfrac{\eta}{1+b/pr}$代入式（4.16-10），其$t_{\mathrm{r}}\to+\infty$，则有

$$q=9\sqrt{2}\pi d\left[\frac{(\eta s)^3}{(\rho_1-\rho_2)g}\right]^{\frac{1}{2}}\frac{1}{U}\left(\frac{1}{t_{\mathrm{f}}}\right)^{\frac{3}{2}}\left(\frac{1}{1+\dfrac{b}{pr_0}}\right)^{\frac{3}{2}} \tag{4.16-11}$$

3. 元电荷的测量方法

测量油滴上所带电荷的目的是找出电荷的最小单位e。因此，可以对不同的油滴分别测出其所带的电荷值q_i，它们应近似为某一最小单位的整数倍，即油滴电荷量的最大公约数，或油滴带电量之差的最大公约数，即为元电荷。

实验中常采用紫外线、X射线或放射源等改变同一油滴所带的电荷，测量油滴上所带电荷的改变值Δq_i，而Δq_i值应是元电荷的整数倍，即

$$\Delta q_i=n_ie\text{（其中 }n_i\text{ 为一整数）} \tag{4.16-12}$$

也可用作图法求e值，根据式（4.16-12），e为直线方程的斜率，通过拟合直线即可求的

e值。

【实验内容】

选择合适的油滴测量元电荷,学习控制油滴在视场中的运动。要求至少测量 5 个不同的油滴,每个油滴测量 3 次以上。

1. 调整油滴实验仪

1)水平调整

调整实验仪底部的旋钮(顺时针调整仪器升高,逆时针调整仪器下降),通过水准仪将实验平台调平,使平衡电场方向与重力方向平行。极板平面是否水平决定着油滴在下落或提升过程中是否发生前后、左右的漂移。

2)喷雾器调整

将少量钟表油缓慢倒入喷雾器的储油腔内,使钟表油刚好没过提油管(注意:油量不宜过多,避免不慎将油倾倒至油滴盒内堵塞落油孔)。将喷雾器竖起,用手挤压气囊,使提油管内充满钟表油。

3)仪器硬件接口连接

主机接线:电源线接交流 220 V/50 Hz;Q9 视频输出接监视器视频输入(IN)。

监视器:输入阻抗开关拨至 75 Ω, Q9 视频线缆接 IN 输入插座,电源线接 220 V/50 Hz 交流电压。前面板调整旋钮自左至右依次为左右调整、上下调整、亮度调整、对比度调整。

4)实验仪联机使用

(1)打开实验仪电源及监视器电源,监视器出现欢迎界面。按任意键,监视器出现参数设置界面,首先设置实验方法,然后根据该地的环境适当设置重力加速度、油密度、大气压强、油滴下落距离。"←"表示左移键,"→"表示右移键,"+"表示数据设置键。

(2)按"确认"键出现实验工作界面,将工作状态切换至"工作",红色指示灯亮,将平衡、提升按键设置为"平衡"。

5)CCD 成像系统调整

从喷雾口喷入油雾,此时监视器上出现大量运动油滴的像。若没有看到油滴的像,则需调整调焦旋钮或检查喷雾器是否有油雾喷出,直至得到油滴清晰的像。

2. 熟悉实验界面

在完成参数设置后,按"确认"键,监视器显示实验界面。不同实验方法的实验界面有一定差异。

		(极板电压) (经历时间)
0		电压保存提示栏
1.6		(保存结果显示区) (共 5 格)
		(下落距离设置栏)
(距离标志)		(实验方法栏)
		(仪器生产厂家)

图 4.16-5　实验界面示意图

（1）极板电压：实际加到极板的电压，显示范围为 0~9 999 V。

（2）经历时间：定时开始到定时结束所经历的时间，显示范围为 0~99.99 s。

（3）电压保存提示：将要作为结果保存的电压，在每次完整的实验后显示。当保存实验结果后（即按下“确认”键）自动清零，显示范围同极板电压。

（4）保存结果显示：显示每次保存的实验结果，共 5 次，显示格式与实验方法有关。

平衡法：	（平衡电压） （下落时间）	动态法：	（提升电压）（平衡电压） （上升时间）（下落时间）

当需要删除当前保存的实验结果时，按下“确认”键 2 s 以上，当前结果被清除（不能连续删除）。

（5）下落距离设置：显示当前设置的油滴下落距离。当需要更改下落距离时，按住平衡、提升键 2 s 以上，此时距离设置栏被激活（动态法 1 步骤和 2 步骤之间不能更改），通过 + 键（即平衡、提升键）修改油滴下落距离，然后按“确认”键确认修改，距离标志相应变化。

（6）距离标志：显示当前设置的油滴下落距离，在相应的格线上作数字标记，显示范围为 0.2~1.8 mm。

（7）实验方法：显示当前的实验方法（平衡法或动态法），在参数设置画面一次设定。若改变实验方法，只有重新启动仪器（关、开仪器电源）。对于平衡法，实验方法栏仅显示“平衡法”字样；对于动态法，实验方法栏除显示“动态法”外，还显示即将开始的动态法步骤，如将要开始动态法第一步（油滴下落），实验方法栏显示“1 动态法”，同样当完成动态法第一步，即将开始第二步时，实验方法栏显示“2 动态法”。

（8）仪器生产厂家：显示生产厂家。

3. 选择适当的油滴练习控制油滴

1）平衡电压的确认

仔细调整平衡电压旋钮，使油滴平衡在某一格线上，等待一段时间，观察油滴是否飘离格线，若其向同一方向飘动，则需重新调整；若其基本稳定在格线或只在格线上下作轻微的布朗运动，可以认为基本达到力学平衡。由于油滴在实验过程中处于挥发状态，在对同一油滴进行多次测量时，每次测量前都需要重新调整平衡电压，以免引起较大的实验误差。事实证明，同一油滴的平衡电压将随着时间的推移有规律地递减，从而会带来较大的实验误差。

2）控制油滴的运动

选择适当的油滴，调整平衡电压，使油滴平衡在某一格线上，将工作状态按键切换至“0 V”，绿色指示灯点亮，此时上、下极板同时接地，电场力为零，油滴将在重力、浮力及空气阻力的作用下作下落运动，当油滴下落到有 0 标记的刻度线时，立刻按下定时开始键，同时计时器开始记录油滴下落的时间。待油滴下落至有距离标志（如 1.6）的格线时，立即按下定时结束键，同时计时器停止计时。经历一小段时间后，0 V、工作按键自动切换至“工作”（平衡、提升按键处于“平衡”），此时油滴停止下落，可以通过“确认”键将此次测量数据记录到屏幕上。

将工作状态按键切换至“工作”，红色指示灯点亮，此时仪器根据平衡或提升状态分两种情形：若置于“平衡”，则可以通过平衡电压调节旋钮调整平衡电压；若置于“提升”，则极板电压将在原平衡电压的基础上再增加 200 V 的电压，用来向上提升油滴。

3）选择适当的油滴

要做好油滴实验，所选的油滴体积要适中，太大的油滴虽然明亮，但一般所带电荷多，下降或提升太快，不容易测准确；太小的油滴则受布朗运动的影响明显，测量时涨落较大，也不容易测准确。因此，应该选择质量适中而带电不多的油滴；建议选择平衡电压在 150~400 V、下落时间在 20 s（当下落距离为 2 mm 时）左右的油滴进行测量。

具体操作：将定时器置为“结束”，工作状态置为“工作”，平衡、提升置为平衡，通过调节电压平衡旋钮将电压调至 400 V 以上，喷入油雾，此时监视器出现大量运动的油滴，观察上升较慢且明亮的油滴，然后降低电压，使之达到平衡状态。随后将工作状态置为“0 V”，油滴下落，在监视器上选择下落一格的时间约 2 s 的油滴进行测量。“确认”键用来实时记录屏幕上的电压值及计时值。当记录 5 组后，按下“确认”键，在界面的左面将出现$\bar{V}$（表示 5 组电压的平均值）、$\bar{t}$（表示 5 组下落时间的平均值）、$\bar{Q}$（表示该油滴 5 次测量的平均电荷量）的数值，若需继续实验，按“确认”键。

4. 正式测量

实验可选用平衡测量法和动态测量法，实验前必须调整仪器水平。

1）平衡测量法

（1）开启电源，进入实验界面，将工作状态按键切换至“工作”，红色指示灯点亮；将平衡、提升按键置于“平衡”。

（2）通过喷雾口向油滴盒内喷入油雾，此时监视器上将出现大量运动的油滴。选取适当的油滴，仔细调整平衡电压，使其平衡在某一起始格线上，如图 4.16-6 所示。

（3）将工作状态按键切换至“0 V”，此时油滴开始下落，当油滴下落到有“0”标记的格线时，立即按下定时开始键，同时计时器启动，开始记录油滴的下落时间。

（4）当油滴下落至有距离标记的格线时（如 1.6），立即按下定时结束键，同时计时器停止计时（如无人为干预，经过一小段时间后，工作状态按键自动切换至“工作”，油滴将停止移动），此时可以通过“确认”键将测量结果记录在屏幕上。

（5）将平衡、提升按键置于“提升”，油滴将被向上提升，当回到高于有“0”标记格线时，将平衡、提升键置回平衡状态，使其静止。

（6）重新调整平衡电压，重复（3）（4）（5），并将数据记录到屏幕上（平衡电压 V 及下落时间）。当达到 5 次记录后，按“确认”键，界面的左侧出现实验结果。

（7）重复（2）至（6），测出油滴的平均电荷量。至少测 5 个油滴，根据所测得的平均电荷量$\bar{Q}$求出它们的最大公约数，即为基本电荷e值（需要足够的数据统计量）。根据e的理论值，计算出e的相对误差。

2）动态测量法（选做）

（1）油滴下落过程，其操作同平衡测量法。如果对本次测量结果满意，则可以按下“确认”键保存测量结果；如果不满意，则可以删除。

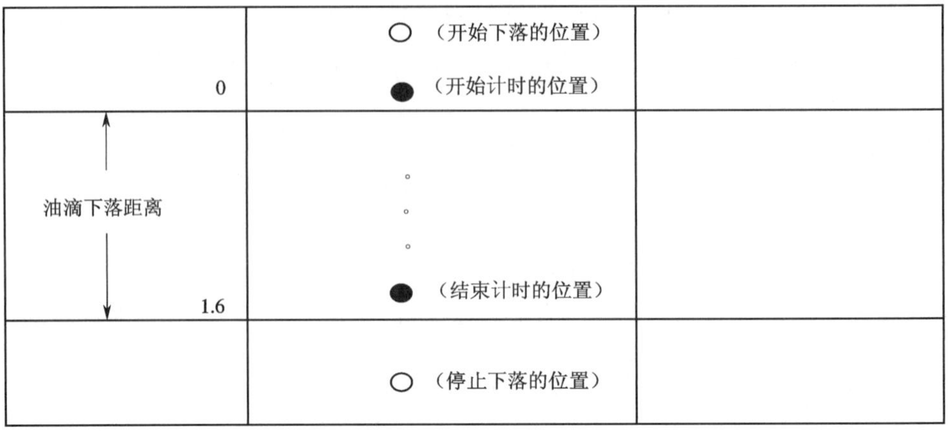

图 4.16-6　平衡法示意图

（2）油滴处于距离标志格线以下，通过 0 V、工作键，平衡、提升键配合使油滴移至标志格线以下一定距离，然后调节电压调节旋钮加大电压，使油滴上升。当油滴到达距离标志格线时，立即按下定时开始键，计时器开始计时。当油滴上升到"0"标记格线时，立即按下定时结束键，计时器停止计时，但油滴会继续上移，然后调节电压调节旋钮再次使油滴平衡于"0"格线以上。如果对本次实验满意，则按下"确认"键保存本次实验结果。

（3）重复以上步骤完成 5 次完整实验，然后按下"确认"键，出现实验结果画面。

动态测量法时分别测出下落时间 t_f、提升时间 t_r 及提升电压 U，并代入式（4.16-11）即可求得油滴带电量 q。

【注意事项】

（1）CCD 盒、紧定螺钉、摄像镜头的位置不能变更，否则会对像距及成像角度造成影响。

（2）仪器使用环境：温度为 0~40 ℃的静态空气中。

（3）调整进油量开关（图 4.16-2），应避免外界空气流动对油滴测量造成影响。

（4）仪器内有高压，实验人员避免用手接触电极。

（5）实验前应对仪器油滴盒内部进行清洁，防止异物堵塞落油孔。

（6）对仪器进行防尘保护。

【数据处理】

1. 平衡法

相关数据记录于表 4.16-1 中。

表 4.16-1　平衡法测油滴实验数据表

测量量	次数					平均值
	1	2	3	4	5	
平衡电压 U/V						

续表

<table>
<tr><td rowspan="2">测量量</td><td colspan="5">次数</td><td rowspan="2">平均值</td></tr>
<tr><td>1</td><td>2</td><td>3</td><td>4</td><td>5</td></tr>
<tr><td>下落时间
t_f/ s</td><td></td><td></td><td></td><td></td><td></td><td></td></tr>
<tr><td>电量 q/C</td><td colspan="2"></td><td>电荷数 n/个</td><td colspan="3"></td></tr>
</table>

平衡法公式为

$$q = 9\sqrt{2}\pi d\left[\frac{(\eta s)^3}{(\rho_1 - \rho_2)g}\right]^{\frac{1}{2}} \frac{1}{U}\left(\frac{1}{t_f}\right)^{\frac{3}{2}}\left(\frac{1}{1+\dfrac{b}{pr_0}}\right)^{\frac{3}{2}}$$

式中：$r_0 = \left[\dfrac{9\eta s}{2g(\rho_1 - \rho_2)t_f}\right]^{\frac{1}{2}}$；$d$ 为极板间距，$d = 5.00\times10^{-3}$ m；η 为空气黏滞系数，$\eta = 1.83\times10^{-5}\,\mathrm{kg/m\cdot s}$；$s$ 为下落距离，默认设置值为 1.6 mm；ρ_1 为油的密度，$\rho_1 = 981\,\mathrm{kg/m^3}$（20 ℃）；$\rho_2$ 为空气密度，$\rho_2 = 1.292\,8\,\mathrm{kg/m^3}$（标准状况下）；$g$ 为重力加速度，$g = 9.8011\,\mathrm{m/s^2}$；$b$ 为修正常数，$b = 0.008\,23\,\mathrm{N/m}$；$p$ 为标准大气压强，$p = 101\,325$ Pa（76.0 cmHg）；U 为平衡电压；t_f 为油滴的下落时间。

注：(1)由于油的密度远远大于空气的密度，即 $\rho_1 >> \rho_2$，因此必要时 ρ_2 可忽略不计；

(2)标准状况指大气压强 $P = 101\,325$ Pa，温度 $t = 20$ ℃，相对湿度为 50% 的空气状态，实际大气压强可由气压表读出。

计算出各油滴的电荷量后，求它们的最大公约数，即为基本电荷 e 值（需要足够的数据统计量）。

2. 动态法

相关数据记录于表 4.16-2 中。

表 4.16-2　动态法测油滴实验数据表

<table>
<tr><td rowspan="2">测量量</td><td colspan="5">次数</td><td rowspan="2">平均值</td></tr>
<tr><td>1</td><td>2</td><td>3</td><td>4</td><td>5</td></tr>
<tr><td>提升电压 $\bar{V}_1$ /V</td><td></td><td></td><td></td><td></td><td></td><td></td></tr>
<tr><td>下落时间 t_f /s</td><td></td><td></td><td></td><td></td><td></td><td></td></tr>
<tr><td>上升时间 t_r/s</td><td></td><td></td><td></td><td></td><td></td><td></td></tr>
<tr><td>电量 Q/C</td><td colspan="2"></td><td colspan="2">电荷数 n/个</td><td colspan="2"></td></tr>
</table>

动态法计算公式为

$$q = 9\sqrt{2}\pi d\left[\frac{(\eta s)^3}{(\rho_1 - \rho_2)g}\right]^{\frac{1}{2}} \frac{1}{U}\left(\frac{1}{t_f} + \frac{1}{t_r}\right)\left(\frac{1}{t_f}\right)^{\frac{1}{2}}\left(\frac{1}{1+\frac{b}{pr_0}}\right)^{\frac{3}{2}}$$

式中：$r_0 = \left[\frac{9\eta s}{2g(\rho_1 - \rho_2)t_f}\right]^{\frac{1}{2}}$，其他参数同上。

【思考题】

（1）哪些因素会对实验结果造成重要影响？

（2）如何判断油滴盒内两平行极板是否水平？未达到水平对实验有何影响？

（3）用 CCD 成像系统观测油滴比直接从显微镜中观测有何优点？

4.17 夫兰克-赫兹实验

1913 年，丹麦物理学家玻尔提出了氢原子模型，指出原子存在能级，该模型成功预言了氢原子光谱。根据玻尔的原子理论，光谱中的每条谱线代表原子从某较高能态向较低能态跃迁时的辐射。1914 年，德国物理学家夫兰克和赫兹改进了测量电离电位的实验装置，采取慢电子（几个到几十个电子伏特）与单元素气体原子碰撞的方法，着重观察碰撞后的电子变化。通过实验测量，电子和原子碰撞时会交换某一定值的能量，使原子从低能级激发到高能级，进一步证明了原子能级存在的正确性，原子发生跃变时吸收和发射的能量是分立的、不连续的，为玻尔的原子理论提供了实验证据。由于夫兰克和赫兹在实验上的卓越成就，他们共同获得了 1925 年的诺贝尔物理学奖。夫兰克-赫兹实验至今仍是探索原子结构的主要手段之一。

【实验目的】

（1）理解夫兰克-赫兹实验的原理和方法。

（2）通过测定氩原子的第一激发电位，证明原子能级的存在。

【实验器材】

智能夫兰克-赫兹实验仪（前面板见图 4.17-1）、数字存储示波器。

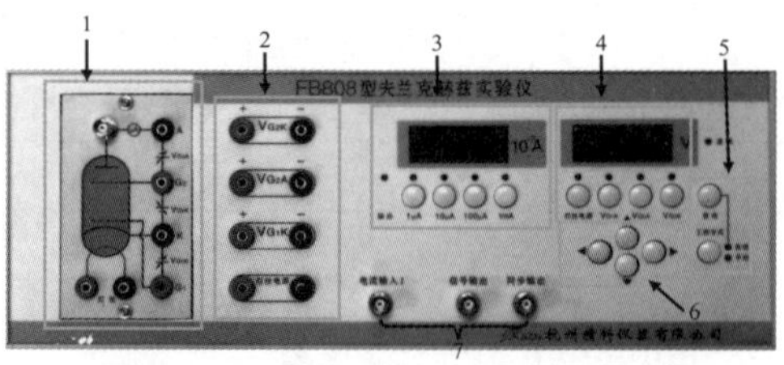

图 4.17-1 夫兰克-赫兹实验仪前面板

1—夫兰克-赫兹管各输入电压插孔及阳极电流输出端；2—各激励电压连接插孔；3—测试电流显示窗口；4—测试电压显示窗口；5—工作状态转换区；6—方向设置键；7—信号输入输出端口

【实验原理】

原子从低能级向高能级跃迁，可以通过具有一定能量的电子与原子相碰撞进行能量交换的方法来实现。设初速度为零的电子在电位差为 U_0 的加速电场作用下，获得能量 $e\cdot U_0$。当电子与稀薄气体的原子发生碰撞时，发生能量交换。以 E_1 代表氩原子的基态能量，E_2 代表氩原子的第一激发态能量，当氩原子吸收从电子传递来的能量恰好为 $e\cdot U_0=E_2-E_1$ 时，氩原子就会从基态跃迁到第一激发态，相应的电位差称为氩的第一激发电位（或称氩的中肯电位）。测出电位差 U_0，就可求出氩原子的基态和第一激发态之间的能量差。其他元素气体原子的第一激发电位亦可依此法求得。

夫兰克-赫兹实验的原理如图 4.17-2 所示。在充氩的夫兰克-赫兹管中，电子由热阴极发出，阴极 K 和第一栅极 G_1 之间的加速电压主要用于消除阴极电子散射的影响，阴极 K 和栅极 G_2 之间的加速电压 U_{G2K} 使电子加速，在板极 A 和第二栅极 G_2 之间加有反向拒斥电压 U_{G2A}。当电子通过 K-G_2 空间进入 G_2-A 空间时，如果有较大的能量（$\geqslant eU_{G2A}$），就能冲过反向拒斥电场而到达板极，形成板极电流，被微电流计检出。

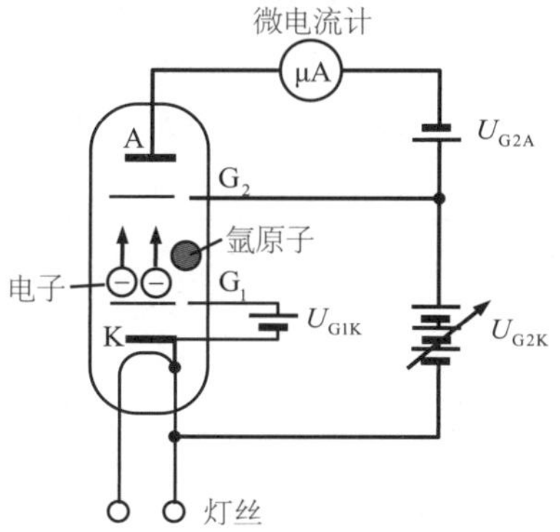

图 4.17-2　夫兰克-赫兹实验原理图

当电子在 K-G_2 空间与氩原子碰撞，将自己一部分能量传给氩原子而使后者激发，由于电子本身所剩余的能量小，通过第二栅极后不足以克服拒斥电场而被折回到第二栅极，此时通过微电流计的电流将显著减小。

当 K-G_2 空间电压逐渐增加时，电子在 K-G_2 空间被加速而取得越来越大的能量。起始阶段，由于电压较低，电子的能量较小，即使在运动过程中它与原子相碰撞也只有微小的能量交换（为弹性碰撞）。穿过第二栅极的电子所形成的板极电流 I_A 将随第二栅极电压 U_{G2K} 的增加而增大。当 K-G_2 空间的电压达到氩原子的第一激发电位 U_0 时，电子在第二栅极附近与氩原子相碰撞，将自己从加速电场中获得的全部能量传递给氩原子，使氩原子从基态激发到第一激发态。而电子本身由于把全部能量给了氩原子，即使穿过第二栅极也不能克服反向拒斥电场，而被折回第二栅极（被筛选掉），板极电流将显著减小。随着第二栅极电压的不断增加，电子的能量也随之增加，在与氩原子相碰撞后还留下足够的能量，可以克服反向拒斥电场而到达板极 A，电流又开始上升。当 K-G_2 空间电压 2 倍于氩原子的第一激发电位时，电子在 K-G_2 空间会因二次碰撞失去能量，造成第二次板极电流的下降。同理，K-G_2 空

间电压满足 $U_{G2K}=n\cdot U_0$，板极电流I_A会相应下降，形成规则起伏变化的 I_A-U_{G2K} 曲线。而每次板极电流I_A达到峰值时相对应的加速电压差 $U_{n+1}-U_n$，即两相邻峰值之间的加速电压差值就是氩原子的第一激发电位值U_0。本实验通过实际测量来证实原子能级的存在，并测出氩原子的第一激发电位（公认值为 U_0=11.61 V）。

处于激发态的原子是不稳定的，受电子轰击跃迁到第一激发态的原子要跃迁回基态，释放能量为$e\cdot U_0$的电磁波，电磁波波长满足：

$$e\cdot U_0=h\cdot\nu=h\cdot\frac{c}{\lambda}$$

对于氩原子：

$$\lambda=\frac{h\cdot c}{e\cdot U_0}=\frac{6.63\times10^{-34}\times3.00\times10^{8}}{1.6\times10^{-19}\times11.61}\,\mathrm{m}=107.1\,\mathrm{nm}$$

如果夫兰克-赫兹管中充以其他元素，用该方法均可以得到它们的第一激发电位及对应的谱线波长见表 4.17-1。

表 4.17-1　几种元素的第一激发电位谱线波长

元素	钠（Na）	钾（K）	锂（Li）	镁（Mg）	汞（Hg）	氦（He）	氖（Ne）
U_0 / V	2.12	1.63	1.84	3.2	4.9	21.2	18.6
λ / nm	589.8/589.6	766.4/769.9	670.78	475.1	250.0	58.43	66.83

【实验内容】

1. 实验准备

1）示波器连接与设置

（1）将夫兰克-赫兹实验仪的信号输出端、同步输出端，分别接示波器 CH1 和 EXT. TRIG 端；开启电源，示波器正常工作后，示波器显示屏右边出现 CH1 的五个菜单，设置“耦合”为[交流]，“带宽限制”为[关闭]，“挡位调节”为[粗调]，“探头”为[X1]，“反向”为[关闭]。

（2）调节垂直 Scale 旋钮，使显示屏左下角指示 CH1 通道灵敏度为 100~500 mV/div。

（3）调节水平 Scale 旋钮，使显示屏右下角指示 Time 约为 200 μs 。

（4）待信号输入（测试开始）调节垂直 Position 旋钮，使波形居中。

（5）待信号输入（测试开始）后，微调触发电平 Level 旋钮，使波形清晰、稳定。

2）开机后的初始状态

开机后，实验仪面板状态显示如下。

（1）实验仪的“1 mA”电流挡位指示灯亮，表明此时电流的量程为 1 mA 挡，电流显示值为 000.0 μA 。

（2）实验仪的“灯丝电压”挡位指示灯亮，表明此时修改的电压为灯丝电压；电压为 0.0 V；最后一位在闪动，表明现在修改位为最后一位。

（3）“手动”指示灯亮，表明仪器工作正常。

2. 氩元素第一激发电位的测量

1）手动测试

（1）设置仪器为“手动”工作状态，按“手动/自动”键，“手动”指示灯亮。

（2）设定夫兰克-赫兹管的各工作参数（设定值参考机箱上提供的数据）。

注意：各电极电压对应关系为 $V_F = U_F$，$V_{G1K} = U_{G1K}$，$V_{G2A} = U_{G2A}$；$V_{G2K} = U_{G2K}$。

①设定电流量程（电流量程可参考机箱盖上提供的数据），按下电流量程键，对应的量程指示灯点亮。

②设定电压源的电压值，用▼/▲和◀/▶键完成，需设定的电压源有灯丝电压 U_F、第一加速电压 U_{G1K}、拒斥电压 U_{G2A}，设定状态参见随机提供的工作条件（具体参数见机箱）。

③按下“启动”键，实验开始，用▼/▲和◀/▶键完成 U_{G2K} 电压值的调节，从 0 V 起，按步长 1 V（或 0.5 V）调节电压源 U_{G2K}，仔细观察夫兰克-赫兹管的板极电流值 I_A 的变化（可用示波器观察），同步记录 V_{G2K} 值和对应的 I_A 值。

切记为保证实验数据的唯一性，V_{G2K} 电压必须从小到大单向调节，不可在过程中反复；记录完成最后一组数据后，立即将 V_{G2K} 电压快速归零。

2）自动测试

自动测试时，实验仪将自动产生 U_{G2K} 扫描电压，完成整个测试过程；将示波器与实验仪相连接，在示波器上可看到夫兰克-赫兹管板极电流随 U_{G2K} 电压变化的波形。

Ⅰ. 自动测试状态设置

自动测试时，U_F、U_{G1K}、U_{G2A} 及电流挡位等状态设置及连线同上。

Ⅱ. U_{G2K} 扫描终止电压设定

进行自动测试，必须设置电压 U_{G2K} 的扫描终止电压。U_{G2K} 设定终止值建议不超过 80 V。

Ⅲ. 自动测试启动与结束

将电压源选择为 U_{G2K}，再按面板上的“启动”键，自动测试开始。在自动测试过程中，面板上除“手动/自动”按键外的所有按键都被屏蔽禁止。当扫描电压 U_{G2K} 的电压值大于设定的测试终止电压值后，测试过程自动终止。

Ⅳ. 自动测试后的数据查询

自动测试过程正常结束后，可进行测试数据查询。用▼/▲和◀/▶键改变电压源 U_{G2K} 的指示值，查阅板极电流值 I_A 的大小，记录 I_A 的峰、谷值和对应的 U_{G2K} 值（为便于作图，在 I_A 的峰、谷值附近需多取几点）。

【注意事项】

（1）参数设置不能超过最大允许值：灯丝电压为 DC 0~6.3 V；第一栅压 U_{G1K} 为 DC 0~5 V；第二栅压 U_{G2K} 为 DC 0~85 V；拒斥电压 U_{G2A} 为 DC 0~12 V。

（2）灯丝电压不宜过高，否则加快夫兰克-赫兹管老化；U_{G2K} 不宜超过 85 V，否则管子易被击穿。

（3）当仪器出现异常时，报警声响，应立即关断主机电源。

【数据处理】

（1）自拟表格记录并处理数据，详细记录实验条件和相应的I_A-U_{G2K}的值。

（2）用 Excel 或 Origin 软件作自动测量及手动测量的I_A-U_{G2K}曲线。

（3）分别用逐差法处理数据，求氩原子的第一激发电位平均值$\overline{V}_0$，并与氩原子的第一激发电位V_0=11.61 V 比较，计算相对误差，并写出结果表达式。

计算相对误差：

$$E=\frac{\left|\overline{V}_0-V_0\right|}{V_0}\times 100\%$$

【思考题】

（1）为什么I_A-U_{G2K}呈周期性变化？

（2）拒斥电压U_{G2A}升高时，I_A如何变化？

（3）灯丝电压U_F改变时，夫兰克-赫兹管内什么参量发生变化？

4.18 塞曼效应

1896 年，荷兰物理学家塞曼（P. Zeeman）发现把产生光谱的光源置于足够强的磁场中，一条谱线将分裂成几条偏振化的谱线，这种现象称为塞曼效应。塞曼效应证实了原子具有磁矩和空间取向的量子化，洛伦兹（H.A. Lorentz）给出了理论解释。1902 年，塞曼因这一发现与洛伦兹共同获得诺贝尔物理学奖。

【实验目的】

（1）掌握一种观察塞曼效应的实验方法，加深对原子磁矩及空间量子化等原子物理学概念的理解。

（2）学习空气隙 F-P 标准具的调节方法以及 CMOS 器件在光学测量中的应用。

（3）观察不同磁场强度下塞曼效应谱线分裂情况。

（4）观察 Hg（546.1 nm）谱线的分裂现象及其偏振状态。

（5）测量分裂谱线的间距，由裂距计算电子荷质比。

【实验原理】

1. 谱线在磁场中的分裂

电子自旋和轨道运动使原子具有一定的磁矩。在外磁场中，原子磁矩与磁场相互作用，使原子系统获得附加磁作用能ΔE，电子轨道和自旋的空间量子化使ΔE只能取有限个分立的值，此时原子系统的总能量为

$$E=E_0+\Delta E=E_0+Mg\frac{eh}{4\pi m}B \tag{4.18-1}$$

式中：E_0为未加磁场时的能量；M为磁量子数；B为外加磁场的磁感应强度；e为电子电量；m为电子质量；h为普朗克常数；g为朗德因子。

朗德因子g的值与原子能级的总角动量J、自旋量子数S和轨道量子数L有关，在L-S

耦合情况下，有

$$g = 1 + \frac{J(J+1) - L(L+1) + S(S+1)}{2J(J+1)} \tag{4.18-2}$$

由于 J 一定时，$M=J, J-1, \cdots, -J$，所以在外磁场中，原子每个能级都分裂为 $2J+1$ 个子能级。相邻子能级的间隔为

$$g\frac{eh}{4\pi m}B = g\mu_B B \tag{4.18-3}$$

式中：玻尔磁子 $\mu_B = \frac{eh}{4\pi m} = 9.2741 \times 10^{-24}\,\text{J}\cdot\text{T}$。

可以看出，分裂的子能级是等间隔的，且能级间隔正比于外磁场磁感应强度 B 和朗德因子 g。

设频率为 ν 的光谱线是由原子的高能级 E_2 跃迁到低能级 E_1 所产生，谱线的频率与能级有如下关系：

$$h\nu = E_2 - E_1 \tag{4.18-4}$$

在外磁场作用下，上、下两能级各获得附加能量 ΔE_2、ΔE_1，因此每个能级各分裂成 $2J_2+1$ 和 $2J_1+1$ 个子能级。上、下两能级之间的跃迁，将发出频率为 ν' 的新谱线：

$$h\nu' = (E_2 + \Delta E_2) - (E_1 + \Delta E_1) = h\nu + (M_2 g_2 - M_1 g_1)\mu_B B \tag{4.18-5}$$

分裂谱线与原谱线的频率差为

$$\Delta\nu = \nu' - \nu = (M_2 g_2 - M_1 g_1)\frac{e}{4\pi m}B \tag{4.18-6}$$

两边同时除以 c，换以波数表示为

$$\Delta\tilde{\nu} = \tilde{\nu}' - \tilde{\nu} = (M_2 g_2 - M_1 g_1)\frac{e}{4\pi mc}B = (M_2 g_2 - M_1 g_1)L \tag{4.18-7}$$

式中：$\frac{e}{4\pi mc}B$ 称为洛伦兹单位，以 L 表示。

Hg 绿线（546.1 nm）是汞原子从[6S7S]$^3S_1$ 到[6S6P]$^3P_2$ 能级跃迁时产生的，因此 $L_2=0$，$S_2=1$，$J_2=1$，$g_2=2$；$L_1=1$，$S_1=1$，$J_1=2$，$g_1=3/2$。

跃迁时 M 的选择定则：$\Delta M = 0$（但当 $\Delta J = 0$ 时，$M_2=0$ 到 $M_1=0$ 的跃迁被禁止），$\Delta M = \pm 1$。

如图 4.18-1 所示，上能级 $^3S_1$ 分裂成三个子能级，下能级 $^3P_2$ 分裂成五个能级，选择定则允许的跃迁共有九种，原来的谱线将分裂成九条谱线。分裂后的九条谱线是等距的，间距都为二分之一个洛伦兹单位，九条谱线的光谱范围为 4 个洛伦兹单位，这种情况称为反常塞曼效应。当 $\Delta M = 0$ 时，产生的偏振光为 π 成分。垂直于磁场观察时（横效应），π 光的振动方向平行于磁场；平行于磁场观察时（纵效应），π 成分不出现。当 $\Delta M = \pm 1$ 时，产生的偏振光为 σ 成分。垂直于磁场观察时，产生线偏振光，其振动方向垂至于磁场；平行于磁场观察时，产生圆偏振光，$\Delta M = 1$ 时，偏振转向是沿磁场方向前进的螺旋方向，磁场指向观察者时，为左旋圆偏振光；$\Delta M = -1$ 时，偏振方向是沿磁场指向观察者时，为右旋圆偏振光，如图 4.18-2 所示。

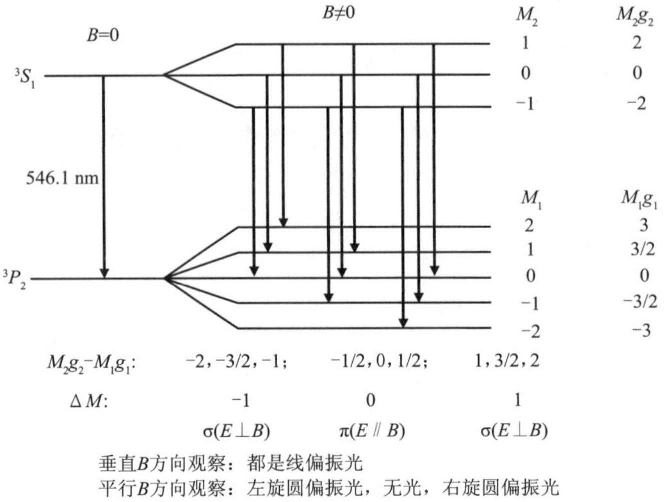

图 4.18-1　Hg(546.1 nm)谱线在磁场中的分裂

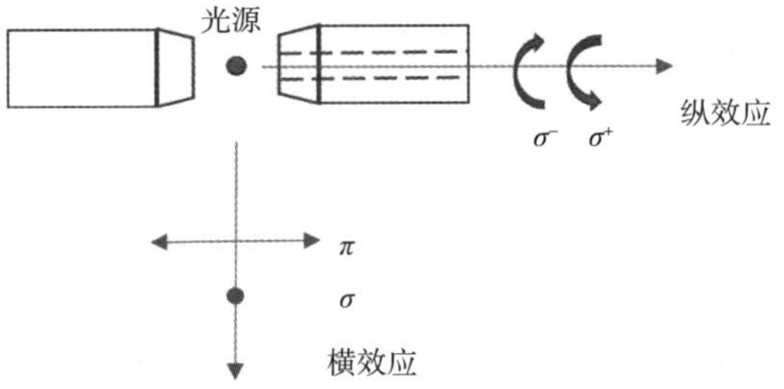

图 4.18-2　光的偏振方向

2.F–P 标准具

塞曼分裂的波长差很小，实验需要具有高分辨本领的分光仪器。实验中一般采用法布里-珀罗（F-P）标准具来分光。按照结构不同，可将标准具分为空气隙 F-P 标准具和固体 F-P 标准具。

空气隙 F-P 标准具是由两块平面玻璃中间夹有一个间隔圈组成的，玻璃板的内表面镀有高反射膜，为消除两平板背面反射光的干涉，每块板都做成楔形。当两内表面严格平行时，光在这两个镀膜面之间的空气层反复反射，形成多光束等倾干涉圆环。间隔圈用膨胀系数很小的材料加工成一定的厚度，以保证两玻璃板的距离不变，再用三个调节螺钉调节玻璃上的压力来达到精确平行，其光路如图 4.18-3 所示。

F-P 标准具是多光束干涉装置，自扩展光源 S 上任一点发出的单色光以φ角入射到标准具后，这束光可以在标准具的两玻璃板内表面之间进行多次反射和透射，透射平行光束经透镜 L 会聚在它的焦平面上产生干涉，设两玻璃板内平面间距为 d，折射率为 n，入射角为φ，则相邻两光束的光程差为

$$\Delta = 2nd\cos\varphi \tag{4.18-8}$$

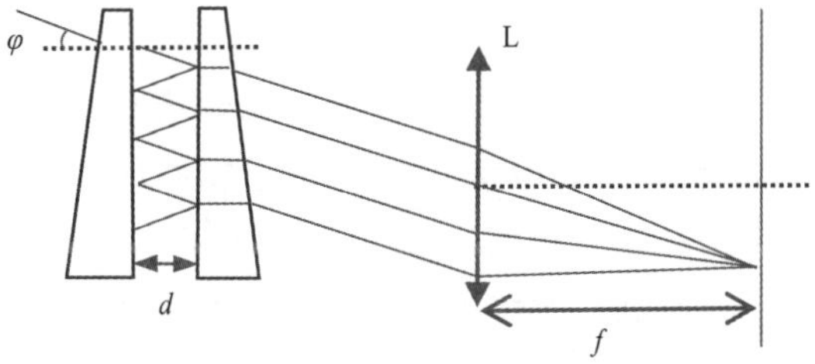

图 4.18-3　F-P 标准具光路图

对空气隙标准具，介质为空气，折射率 $n \approx 1$，对应的相位差为

$$\delta = \frac{2\pi}{\lambda}\Delta = \frac{4\pi}{\lambda} d\cos\varphi \tag{4.18-9}$$

形成亮条纹（干涉极大）的条件为

$$2d\cos\varphi = k\lambda \tag{4.18-10}$$

式中：k 为整数，表示干涉条纹级次。

两个镀膜面是平行的，且所用的光源是扩展光源，所以产生等倾干涉。在有相同入射角的光线所产生的各光束中，相邻光线的相位差相同，而入射角相同的光线在垂直于观察方向的平面上的轨迹是一组同心圆环。中心处 $\varphi = 0$，$\cos\varphi = 1$，级次 k 最大，$k_{\max} = \dfrac{2nd}{\lambda}$，向外依次为 $k-1$，$k-2$。

3. 用塞曼分裂测量电子的荷质比 e/m

用透镜将 F-P 标准具的干涉圆环成像在焦平面上，与圆环相应的光线入射角 φ 与圆环的直径 D 有以下关系：

$$\cos\varphi = \frac{f}{\sqrt{f^2 + \left(\dfrac{D}{2}\right)^2}} = \frac{1}{\sqrt{1 + \left(\dfrac{D}{2f}\right)^2}} = \left[1 + \left(\frac{D}{2f}\right)^2\right]^{-\frac{1}{2}} \tag{4.18-11}$$

因为 $\left(\dfrac{D}{2f}\right)^2 \to 0$，所以 $\left[1 + \left(\dfrac{D}{2f}\right)^2\right]^{-\frac{1}{2}} = 1 - \dfrac{1}{2}\left(\dfrac{D}{2f}\right)^2 = 1 - \dfrac{D^2}{8f^2}$，可将式（4.18-11）改写为

$$\cos\varphi = 1 - \frac{D^2}{8f^2} \tag{4.18-12}$$

式中：f 为透镜的焦距。

将式（4.18-12）代入式（4.18-10），得

$$2d\left(1 - \frac{D^2}{8f^2}\right) = k\lambda \tag{4.18-13}$$

由式（4.18-13）可知，干涉级次 k 与圆环直径的平方呈线性关系，随着圆环直径的增大，圆环越来越密；等号左边的负号表示干涉环的直径越大，干涉级数 k 越小，中心圆环的干涉级数最大。

以同一次级中最中心的三条 π 光为例进行说明，对同一波长的相邻两级次 k 和（k−1），

圆环的直径平方差为

$$\Delta D^2 = {D_{k-1}}^2 - {D_k}^2 = \frac{4\lambda f^2}{d} \qquad (4.18\text{-}14)$$

ΔD^2 是与干涉级数 k 无关的常数。D 的取法示例如图 4.18-4 所示。

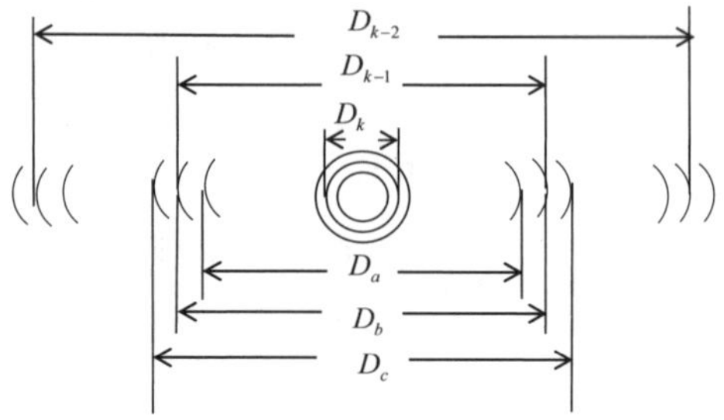

图 4.18-4 D 的取法示例

对同一级次，波长不同的λ_a、λ_b（$\lambda_a > \lambda_b$）的波长差为

$$\Delta\lambda = \lambda_a - \lambda_b = \frac{d}{4kf^2}\left(D_b^2 - D_a^2\right) \qquad (4.18\text{-}15)$$

综合式（4.18-14）和式（4.18-15），可知：

$$\Delta\lambda = \frac{\lambda}{k} \cdot \frac{D_b^2 - D_a^2}{D_{k-1}^2 - D_k^2} \qquad (4.18\text{-}16)$$

测量时所用的干涉圆环只是在中心圆环附近的几个级次。考虑到标准具间隔圈的长度比波长大得多，中心圆环的干涉级数是很大的，因此可以用中心圆环的干涉级数代替被测圆环的干涉级数，即$k = \frac{2d}{\lambda}$，将其代入式（4.18-16），得

$$\Delta\lambda = \frac{\lambda^2}{2d} \cdot \frac{D_b^2 - D_a^2}{D_{k-1}^2 - D_k^2} \qquad (4.18\text{-}17)$$

从式（4.18-17）可以看出，磁场中光谱分裂的波长差只与波长的大小、空气隙间距及直径平方差比值有关。式中的 D_k、D_{k-1}、D_a 和 D_b 可以通过计算机辅助软件进行测量。

波数差为

$$\Delta\tilde{\nu}_{ab} = \frac{1}{\lambda_b} - \frac{1}{\lambda_a} = \frac{\lambda_a - \lambda_b}{\lambda_a\lambda_b} \approx \frac{\Delta\lambda}{\lambda^2} \qquad (4.18\text{-}18)$$

将式（4.18-17）代入式（4.18-18），得

$$\Delta\tilde{\nu}_{ab} = \frac{1}{2d} \cdot \frac{D_b^2 - D_a^2}{D_{k-1}^2 - D_k^2} \qquad (4.18\text{-}19)$$

由式（4.18-19）可知，波数差与相应圆环的直径的平方差成正比。将式（4.18-19）代入式（4.18-7）便得到电子的荷质比：

$$\frac{e}{m} = \frac{2\pi c}{\left(M_2 g_2 - M_1 g_1\right)Bd} \cdot \frac{D_b^2 - D_a^2}{D_{k-1}^2 - D_k^2} \qquad (4.18\text{-}20)$$

【实验器材】

笔形汞灯及电源、磁场、窄带干涉滤光片、扩束透镜、线偏振片、空气隙 F-P 标准具、CMOS 工业相机等。

（1）笔形汞灯：该灯属于冷阴极低压水银放电灯，546.1 nm 作为待观察谱线。

（2）磁场：由永磁铁提供，充磁面积大，中心磁场处磁感应强度最大、最均匀，大小为 1.05 T 左右，不均匀性小于 2%，边缘处强度逐渐降低。可以通过改变笔形汞灯与永磁铁的相对位置来改变光源处所受磁场的大小，从而观察不同磁感应强度下谱线的分裂情况。

（3）窄带干涉滤光片：中心波长为 546 nm，透光率>75%，半高全宽为 13~17 nm，截止带为 320~1 100 nm。

（4）扩束透镜：透镜的作用是对光源发出的光的发散角进行扩充，使整个成像视场均很明亮，焦距 f=159.8 mm。

（5）线偏振片：Hg 546.1 nm 分裂的九条谱线的偏振方向不同，为了区分出这两组偏振方向，需要用到线偏振片作为检偏器使用。

（6）空气隙 F-P 标准具：间隔圈厚度 d 见标贴，中心波长 λ_0=546.1 nm，镀膜面反射率为 95%。

（7）CMOS 工业相机：由变焦镜头及 CMOS 图像传感器两部分组成。变焦镜头在一定的范围内可以改变焦距，从而得到不同宽窄的视场角。滑块座上的螺钉可调节工业相机的俯仰。

【实验内容】

按以下步骤将实验仪器调节好。

1. CMOS 工业相机的等高共轴粗调

先将 CMOS 工业相机靠近磁场组件，调节连接杆的高度，使其与汞灯的中心等高；将工业相机移至 300 mm 左右固定。连接 USB 接口和计算机，打开“我的电脑”根目录下的“USB 视屏设备”和汞灯，调节成像镜头的光圈、变焦环和对焦环，使 U 形磁铁座在横向上尽量占满屏幕，旋转连接杆方向，使笔形汞灯处于整个视场的中心。后续实验中不再改变 CMOS 工业相机的轴向位置和高度，只调节相机在导轨上的位置和俯仰。

2. 其他部件的等高共轴调节

扩束透镜镜框的上表面与磁铁盖板的下表面对齐，调节扩束透镜镜框平行平面与导轨垂直，使笔形汞灯发光区域的中心对准扩束透镜的中心。滤光片和线偏振片按照相同的方法调节。高度调节好后，将偏振片组件及 CMOS 工业相机从导轨上取下。

3. 空气隙 F-P 标准具平行度的调节

调节空气隙 F-P 标准具的高度，使光束通过其中心，按图 4.18-5 顺序放置。调节扩束透镜的位置，使尽可能强的均匀光束落在 F-P 标准具上，重点调节空气隙 F-P 标准具的平行度。

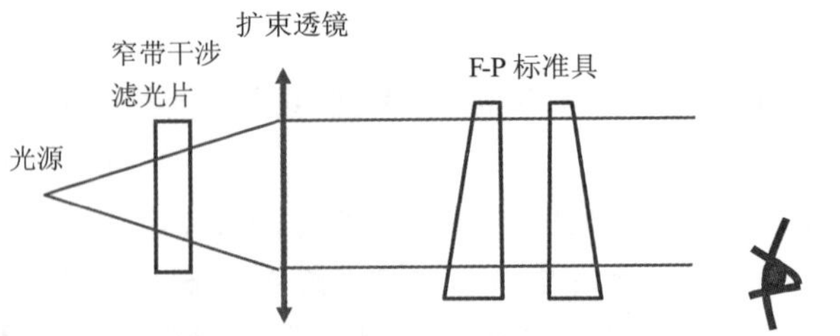

图 4.18-5 空气隙 F-P 标准具的调节示意

用滤光片选取汞灯光源的绿谱线,眼睛向标准具的通光孔看去,应看到一系列等倾干涉同心环。从左至右移动眼睛,若看到干涉环冒出或扩大,表示沿此方向标准具内表面间的间距是增大的,应旋紧右边的调节旋钮,或旋松左边的调节旋钮;若看到干涉环缩小或湮灭,则进行相反的操作。左右旋钮调节好后,再从上至下移动眼睛,若看到干涉环冒出或扩大,表示沿此方向标准具内表面间的间距是增大的,应旋松上面的旋钮;若看到干涉环缩小或湮灭,则拧紧上面的旋钮。整个调试过程旋钮的调节幅度不宜过大,调节时尽量使三个旋钮不要进入太紧或太松状态。耐心细致调节三个旋钮,在一个方向调好后,分别将标准具旋转 120°、240°,眼睛向任意方向移动时都几乎看不出干涉环的大小变化,这时两玻璃板内表面平行,分辨率达到最佳。上述操作务必耐心细致。

以上调节需要在暗室环境进行,以便眼睛观察。为了使眼睛看到的干涉圆环的视场更大,需要适当调节透镜和标准具之间的距离。

4. 各部件在导轨上的分布

将滤光片镜框置于磁铁盖板的下面,调节扩束透镜的位置,使光束均匀落在空气隙 F-P 标准具上。扩束透镜位于导轨上 250~300 mm 范围内,成像效果较好。空气隙 F-P 标准具放置在离扩束透镜 80 mm 左右的位置。为了避免环境光进入镜头对成像效果造成干扰,可以将成像镜头前端尽量靠近空气隙 F-P 标准具的出光面。加载线偏振片时,为了使整个导轨上所有部件的分布看起来比较均匀,应将其放置在滤光片和扩束透镜之间。

5. 图像调节

固定 CMOS 工业相机,调节变焦镜头的变焦环,使在横向视场中观察到 3~4 个完整的干涉级次。调节对焦环和光圈,使整个图像清晰明亮。若干涉圆环的中心左右偏离,需调节空气隙 F-P 标准具的入射角,使圆环的中心位于视场横向上的中心;若上下偏离,调节 CMOS 工业相机滑块座上的俯仰调节装置。

具体实验步骤如下。

(1)运行“塞曼效应实验仪计算机辅助软件”,进入获取实验数据界面。

(2)将笔形汞灯固定在磁铁盖板边缘的位置,调节各部件使图像最清晰,记录此时的图像。

(3)缓慢地将汞灯向磁场中心移动,观察谱线分裂的变化。

(4)将笔形汞灯固定在磁场的中心,将图像调至最清晰,采集此时的图像用作计算。

(5)用特斯拉计测量中心磁场处的磁感应强度,并将其输入软件中的相应位置,计算电子的荷质比。

（6）加载线偏振片，转动角度，观察 π 光和 σ 光分量，π 光和 σ 光角度相差 π/2。

4.19　晶体声光效应

1922 年，布里渊（L. Brillouin）曾预言，当高频声波在液体中传播时，如果有可见光通过该液体，可见光将产生衍射效应，这种现象被定义为声光效应。1932 年，德拜（P. Debye）和席尔斯（F.W. Sears）、卢卡斯（R. Lucas）和比夸特（P. Biquard）分别观察到了这种声光衍射现象，布里渊的理论预测得到了实验验证。后来，人们不仅在液体中，而且在透明的固体中也发现了这种现象。利用压电晶体的逆压电效应激发超声波，产生的超声波将在与压电晶体相连的声光晶体中传播，让光通过声光晶体，将产生光的衍射现象。

20 世纪 60 年代，激光器的问世为声光效应的研究提供了理想的光源，促进了声光效应理论和应用研究的迅速发展。声光效应为控制激光束的频率、方向和强度提供了一个有效的手段。利用声光效应制成的声光器件，如声光调制器、声光偏转器和可调谐滤光器等，在激光技术、光信号处理和集成光通信技术等方面有着重要的应用。

【实验目的】

（1）理解声光互作用的原理。

（2）观察拉曼-奈斯衍射和布拉格衍射现象。

（3）测量声光偏转和声光调制曲线。

【实验原理】

1. 声光效应

当超声波（纵向应力波）通过晶体时，会改变晶体的光学特性，使其折射率n发生改变，形成随超声波强度而变化的分布，整个晶体相当于一个位相光栅，光栅常数等于声波波长 λ_s。光波通过此晶体时，会产生光的衍射，衍射光的强度、频率、方向等都随着超声波的变化而变化，这种现象称为声光效应。通过控制超声波的频率和强度可以达到控制光的偏转方向和强度的目的。

设声光介质中的超声行波是沿y方向传播的平面纵波，角频率为 ω_s，波长为 λ_s，波矢为 k_s。入射光为沿x方向传播的平面波，其角频率为ω，在介质中的波长为λ，波矢为k，（如图 4.19-1 所示）。介质内的弹性应变也以行波形式随声波一起沿y方向传播。由于光速大约是声速的10^5倍，在光波通过的时间内介质在空间上的周期变化可看成是固定的。

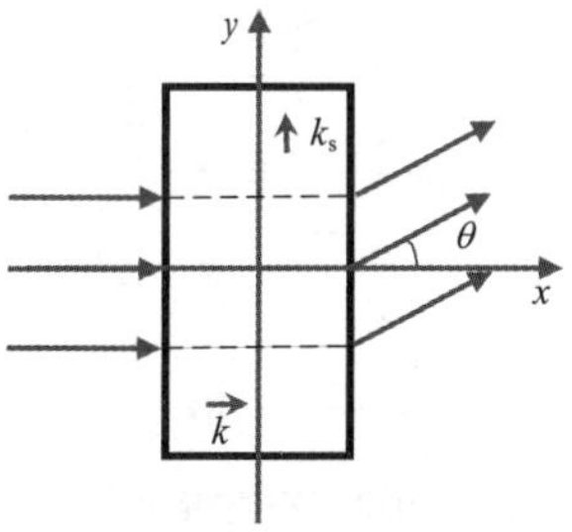

图 4.19-1　声光衍射

由应变引起的介质折射率的变化由下式决定：

$$\Delta\left(\frac{1}{n^2}\right) = P \cdot S \tag{4.19-1}$$

式中：n 为介质折射率；P 为光弹系数；S 为应变。

通常，P 和 S 为二阶张量，当声波在各向同性介质中传播时，P 和 S 作为标量处理，如前所述，应变也以行波形式传播，所以可写成

$$S = S_0 \sin(\omega_s t - k_s y) \tag{4.19-2}$$

式中：S_0为静止时的应变。

当应变较小时，折射率作为y和t的函数可写成

$$n(y,t) = n_0 + \Delta n \sin(\omega_s t - k_s y) \tag{4.19-3}$$

式中：n_0为无超声波时的介质折射率；Δn为声波折射率变化的幅值，且有

$$\Delta n = -\frac{1}{2} n_0^3 P S_0 \tag{4.19-4}$$

声光效应主要有两种不同的分类方式。

（1）根据入射光和衍射光的偏振特性可分为正常声光效应和反常声光效应。正常声光效应中衍射光的偏振方向与入射光相同，折射率也相同，即如果入射光是o光（寻常光），则衍射光也是o光；反之入射光是e光（非寻常光），衍射光也是e光。正常声光效应一般是由超声纵波引起的。反常声光效应中衍射光的偏振方向与入射光不同，折射率也不同，即若入射光是o光，则衍射光变成e光；反之入射光是e光，衍射光变成o光。反常声光效应一般由超声切变波也就是横波引起。本实验讨论的是正常声光效应。

（2）按声光互作用的长度可分为拉曼-奈斯声光效应和布拉格声光效应。拉曼-奈斯声光效应的声光互作用区域比较短，声光晶体相当于平面光栅，它对入射光方向要求不严格，垂直入射或斜入射都可以，能产生多级衍射光。布拉格声光效应的声光互作用区域比较长，整个声光晶体相当于体光栅，对入射光方向要求很严格，只有满足布拉格条件的入射光才能产生衍射光，并且往往只有一级衍射光。

2. 布拉格衍射

当声波频率较高，声光相互作用长度L满足条件$L>2L_0$（L_0为声光衍射的特征长度，定义式表示为$L_0 \approx \frac{\lambda_s^2}{\lambda} = \frac{nv^2}{\lambda_0 f^2}$，$\lambda_0$为真空中光的波长），而且光束相对于超声波波面以某一角度斜入射时，光波在介质中要穿过多个声波面，故介质具有体光栅的性质。当入射光与声波波面间距满足一定条件时，介质内各级衍射光会相互干涉，各高级次衍射光将互相抵消。在理想情况下，除0级外，只出现1级或者-1级衍射，如图4.19-2所示。这种衍射与晶体对X光的布拉格衍射很类似，故称为布拉格衍射，能产生这种衍射的光束入射角称为布拉格角。

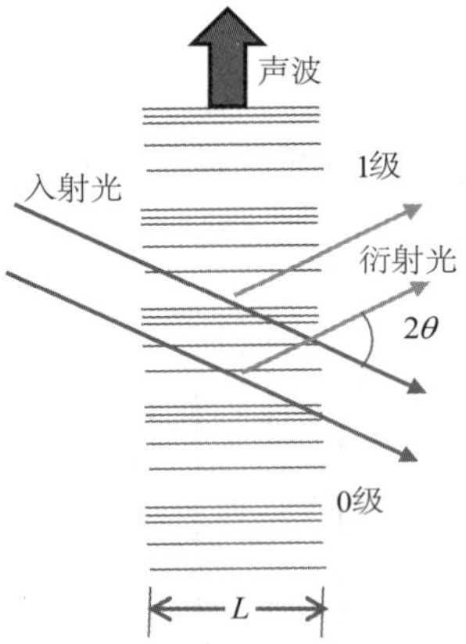

图4.19-2 布拉格衍射

可以证明，布拉格角满足

$$\sin\theta = \frac{\lambda}{2\lambda_s} \tag{4.19-5}$$

式（4.19-5）称为布拉格条件，λ为介质中光的波长。因为布拉格角一般都很小，故衍射光相对于入射光在晶体外的偏转角φ为

$$\varphi = 2\theta \approx \frac{\lambda}{\lambda_s} = \frac{\lambda_0}{v_s} f_s \tag{4.19-6}$$

式中：v_s为超声波波速；f_s为超声波频率；其他量的意义同前。

从式(4.19-6)可以看出，偏转角 φ 随超声频率而变，改变驱动电信号的频率，就可以控制衍射光的偏转方向，这就是声光偏转的原理。

在布拉格衍射情况下，一级衍射光的衍射效率为

$$\eta = \sin^2\left(\frac{\pi}{\lambda_0}\sqrt{\frac{M_2 L P_s}{2H}}\right) \tag{4.19-7}$$

式中：P_s 为超声波功率；L 和 H 分别为超声换能器的长和宽；M_2 为反映声光介质本身性质的常数，称为声光优值，定义为 $M_2 = \frac{n^6 P^2}{\rho v_s^3}$，其中 ρ 为介质密度，P 为光弹系数。

由式(4.19-7)可以得出以下结论。

(1)为了在一定的超声功率 P_s 条件下使衍射效率尽量大，要求选择声光优值 M_2 大的晶体，尽量将换能器制作成长而窄的形状，并选择短波长激光。

(2)当超声功率足够大，使得 $\frac{\pi}{\lambda_0}\sqrt{\frac{M_2 L P_s}{2H}} = \frac{\pi}{2}$ 时，$\frac{I_1}{I_i} = 100\%$。但是，如果继续加大超声功率，衍射效率不但不会继续增大，反而会减小，这在实际工作中是必须避免的。

(3)衍射效率随超声功率而变化，因此通过控制加在换能器上驱动电信号的功率，可以达到控制衍射光强度的目的，这便是声光调制的原理。特别是当弱声光互作用时，一般是在 $\eta < 50\%$ 的条件下，利用泰勒级数近似计算 $\sin x \approx x$，式(4.19-7)可以简化为

$$\eta = \frac{\pi^2 M_2 L}{2\lambda_0^2 H} P_s \tag{4.19-8}$$

即衍射效率与超声功率成正比，也就是衍射光强与驱动电信号功率成正比，这可以保证信号不失真。

由式(4.19-6)和式(4.19-7)可以看出，通过改变超声波的频率和功率，可分别实现对激光束方向的控制和强度的调制。

3. 声光器件

声光器件由压电换能器、声光介质和吸声材料组成，其结构示意图如图 4.19-3 所示。声光器件有两个重要的参量：一是中心频率；二是带宽。定义声光衍射效率从最大值下降一半时的频率宽度为声光互作用 3 dB 带宽，或简称为布拉格带宽。

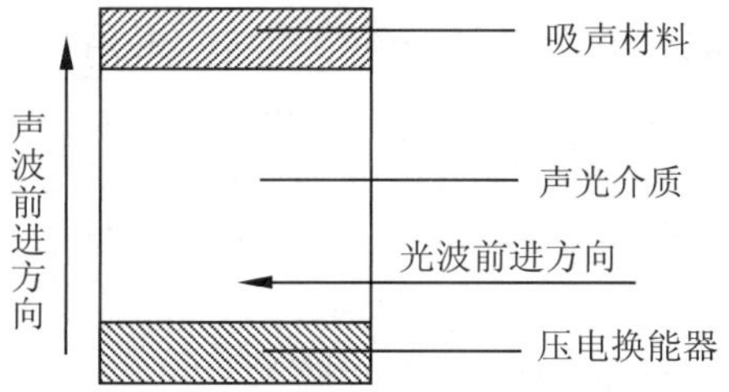

图 4.19-3　声光器件结构示意图

压电换能器又称超声发生器，由铌酸锂晶体或其他压电材料运用逆压电效应制成。它的作用是将电功率转换成声功率，并在声光介质中建立起超声场。压电换能器既是一

个机械振动系统，又是一个与功率信号源相联系的电振动系统，或者说是功率信号源的负载。为了获得最佳的电声能量转换效率，压电换能器的阻抗与信号源内阻应当匹配。压电现象是指当晶体受到压力作用时，会出现电荷或产生电场的现象；逆压电效应则是指在晶体两端加电压，会产生应力或应变的现象。并不是所有的晶体都具有压电、逆压电性质，只有结构上无对称中心的晶体才可能具有这些性质。利用压电晶体的逆压电效应可以实现电能与机械能之间的相互转换，这是声光器件中非常重要的压电换能器的基本工作原理。如果加在压电晶片上下晶面的电压是交变电压，则晶片就会发生方向随时改变的应变，也就是超声波，将超声波引入声光晶体中，就可以与入射激光实现声光互作用，从而通过控制加在换能器上的交流电的参数来控制激光的方向、强度等参数。本实验用到的声光器件中采用的铌酸锂（化学分子式为 $LiNbO_3$）晶体具有非常好的压电性能，是制作声光器件换能器的最佳晶体。

【实验器材】

本实验仪器主要由半导体激光器及相应的激光电源、声光器件、功率信号源、准直屏、线阵 CCD 光电转换器、示波器及导轨等部件构成，其结构示意图如图 4.19-4 所示。

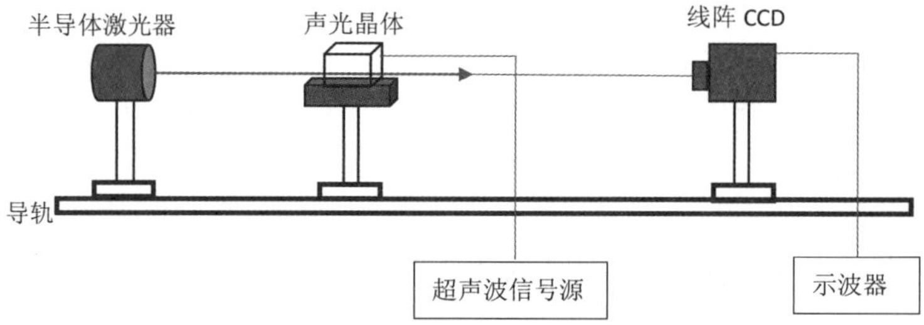

图 4.19-4 晶体声光效应结构示意图

（1）半导体激光器及电源：激光器置于二维调节架上，其输出中心波长为 650 nm，光斑大小可调，激光输出端固定 0.8 mm 孔径光阑；激光电源为可调直流源，电流调节范围为 0~16 mA。

（2）声光器件：采用声光性能好的声光晶体氧化碲（TeO_2）和压电晶体铌酸锂（$LiNbO_3$）高真空铟压焊接而成，工作波长为 650 nm，中心频率为 100 MHz，3 dB 带宽为 50 MHz，有效孔径为 1 mm，衍射效率>85%，驱动功率≤1 W。声光器件置于精密转角平台上，其调节精度<0.5 mrad/转，用于精细地调节光源对晶体的相对入射角。

（3）功率信号源：为声光器件提供一定范围的频率和功率信号，并自带频率和功率显示功能。在“等幅”条件下，输出的信号频率范围为 60~130 MHz，分辨率为 0.1 MHz；输出功率为 0~1 000 mW（可调），分辨率为 1 mW。在“调幅”位置，输出一个 TTL 电平的数字信号，就可以对声功率进行幅度调制，频率范围为 0~20 kHz。

（4）准直屏：用于实验前激光俯仰等维度的调节。

（5）线阵 CCD 光电转换器：采用线阵 CCD 光电传感器，有效感光长度为 34 mm，空间分辨率为 14 μm。

（6）通用双踪示波器：20 MHz。

【实验内容】

1. 光路共轴调节

1）调节半导体激光器

（1）将半导体激光器（未加光阑）固定于导轨一端（刻线参考位置 100 mm），适当调节半导体激光器高度（勿使其处于最高或最低位置，避免后面的部件无高度调节余地），激光出射方向大致沿导轨并朝向导轨另一端；将准直屏置于导轨上激光出射方向一侧，准直屏上带网格一面朝向半导体激光器，调节准直屏的高度，使激光光斑落在准直屏上。

（2）连接半导体激光器与激光电源，打开电源开关，调节电流大小（参考值为 8.0 mA），使准直屏上出现明显的激光光斑；旋转半导体激光器出光孔端的调焦旋钮，调节出射光束，直到激光大致以平行光出射（即沿导轨前后移动准直屏，准直屏上光斑大小始终相等或近似相等）。

（3）在半导体激光器上加光阑，用准直屏辅助调节使激光沿导轨方向平行出射，具体方法是将准直屏沿导轨移近光源，观察并记住光斑在准直屏上的位置，然后将准直屏沿导轨移动尽量远离光源，观察光斑在准直屏上的位置；若两次观察光斑不在同一位置，需要调节激光器上的水平调节螺钉或俯仰调节螺钉。不断重复上述操作，直到准直屏移近和远离光源时，光斑均处于准直屏上同一位置。下面推荐一种较快调节激光水平和俯仰的方法。设激光器在导轨上的 A 处，准直屏在导轨上的 B 处或 C 处，如图 4.19-5 所示。

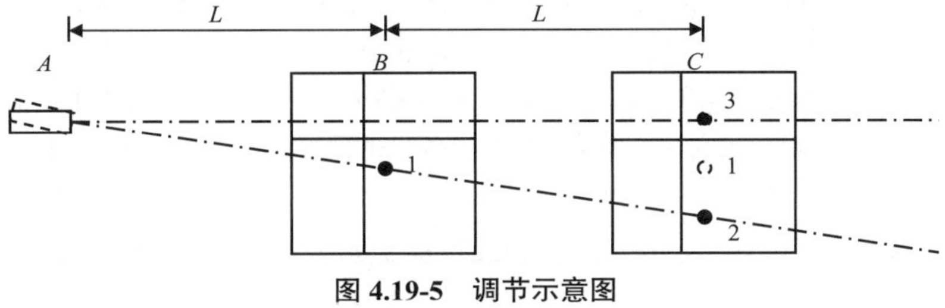

图 4.19-5　调节示意图

将准直屏移到距离激光源较近的 B 处，观察并记住此时光斑在准直屏上的位置 1，然后将准直屏移到距离激光源较远的 C 处，使得 BC 距离等于 AB 距离，观察并记住此时光斑在准直屏上的位置 2，若图示为俯视图，则 1 和 2 水平方向不重合，需要调节激光器上的水平调节螺钉，使准直屏在导轨上 C 处时光斑从位置 2 水平移动到其关于位置 1 对称的位置 3（图 4.19-5），俯仰调节亦采用同样的方法，一般重复 2~3 遍即可调好。

至此，对半导体激光器的调节基本完成，实验过程中除小心加取光阑外，勿再动激光器。

2）调节线阵 CCD 光电转换器

（1）将线阵 CCD 光电转换器固定于导轨上（刻线参考位置 850 mm），机壳大致沿导轨方向，并且进光口朝向激光器一侧。线阵 CCD 光电转换器尾端的电源插孔接 DC12 V 直流电源，“信号”接口连接示波器 CH1 接口，“同步”接口连接示波器 CH2 接口。

（2）打开示波器电源开关，将示波器设置如下。

① CH2 上升沿触发。

② CH1、CH2 的垂直挡位分别为 200 mV/格、10.00 V/格，水平挡位为 100 μs/格（也可根据具体情况作相应调整，最终效果要使后面测量激光峰值有较大的分辨力，但完整的峰又不超过示波器显示屏；触发信号 CH2 不影响 CH1 信号读数；水平挡位使屏幕显示一个完整周期的信号即可）。

③平均 8 次采样。

④ CH2 信号和 CH1 低电平信号在示波器屏幕上居中靠下显示。

（3）取下白屏，仔细同时调节线阵 CCD 光电转换器的高度及水平转角，使 CH1 信号峰位处于示波器屏幕的水平中央，且幅值达到最大。

（4）将声光器件固定在导轨上（刻线参考位置 250 mm），连接声光器件与功率信号源，打开功率信号源电源开关，拨到“等幅”方式，调节频率和功率旋钮，输出“100 MHz、100 mW”信号；然后将准直屏置于导轨上（刻线参考位置 450 mm），准直屏上无网格一面朝向半导体激光器。

（5）小心取下半导体激光器上的光阑，注意不要影响激光的出射状态。仔细调节声光器件的高度及水平转角，使激光大致平行通过晶体，直到准直屏上出现“⊜ ▭”或“▭ ⊜”图像，固定声光器件；然后再在半导体激光器上加光阑，此时准直屏上图像应变为两个小圆光斑。

（6）取下准直屏，应能观察到示波器屏幕上出现两个峰，屏幕中心的为 0 级衍射光，0 级旁边的为+1 或-1 级衍射光。调节声光器件上的水平转角调节螺钉，可观察到两峰幅值发生此消彼长的变化，且+1 或-1 级衍射光在某水平转角下存在最大衍射强度。若螺钉旋转方向正确，还可看到 0 级衍射光逐渐增强，+1 或-1 级衍射光逐渐减弱直至消失，然后在 0 级衍射光的另一侧出现-1 或+1 级衍射光，并逐渐增强的现象。

（7）理论上，+1 级和-1 级衍射光的最大强度是相等的。据此，在晶体均匀、不同 CCD 像元均一致的情况下，可以根据+1 级和-1 级衍射光的最大强度是否相等来判断线阵 CCD 光电转换器的各像元是否在衍射发生面上。具体做法是当+1 级和-1 级衍射光的最大强度不相等时，调节线阵 CCD 光电转换器上的 CCD 微调旋钮，直到+1 级和-1 级衍射光的最大强度相等。

至此，完成对线阵 CCD 光电转换器的调节，实验过程中勿再动线阵 CCD 光电转换器。

2. 测量偏转角与超声频率的关系，并求出晶体中的超声波速

（1）给激光源通一定电流（如 8 mA），产生适当强度的激光，且使 CCD 不至于饱和，同时峰值曲线占据示波器屏幕约四分之三高度。

（2）将超声信号源频率调到 100 MHz 处，驱动功率调到饱和功率以下某值（如 150 mW）。

（3）调节声光器件的转角，使入射角与 100 MHz 的布拉格角匹配，具体调节方法是仔细调节声光器件的水平转角，使从示波器上观察 1 级衍射光强度达到最大，此时入射角等于该频率处的布拉格角（若 1 级衍射光强度较小，不易分辨峰值差异，可适当减小示波器的垂直挡位），水平转角调好后，示波器需恢复到原挡位。

（4）记录 CH2 同步信号高电平占据的横向格数，此即为线阵 CCD 总共占据的水平格

数 Y。

（5）记录 CCD 受光面到晶体中心的距离 D（精确到 1 mm）。

（6）保持功率不变，改变超声频率，记录不同频率下 1 级衍射光对 0 级的偏离格数 X 及 0 级衍射光及 1 级衍射光的强度，数据填入表 4.19-1。

表 4.19-1　声光偏转数据记录表

线阵 CCD 总共占据的水平格数 Y=______div，CCD 受光面到晶体中心的距离 D=______mm

超声频率 f/MHz	60	65	…	95	100	105	…	125	130
1 级光对 0 级的偏离量 X/div									
0 级衍射光强度 I_0									
1 级衍射光强度 I_1									
总强度									
衍射效率 η									

注：总强度为 0 级衍射光强度与 1 级衍射光强度之和。

绘制 X-f 关系曲线，并进行线性拟合，得到斜率 K。

绘制 η-f 关系曲线，衍射效率最大值一半处对应的是该声光器件的带宽。

3. 测量衍射强度与驱动功率的关系

（1）将超声信号源频率调到 100 MHz 处，调节声光器件的转角，使入射角与 100 MHz 的布拉格角匹配（具体调节方法同上）。

（2）保持频率不变，改变驱动功率，记录不同驱动功率下 1 级衍射光强度和 0 级衍射光强度的纵向格数，数据填入表 4.19-2。

表 4.19-2　测量衍射强度与驱动功率的关系

驱动功率 P /mW	0	20	40	60	80	100	120	140	160	180	200	…
0 级衍射光强度 I_0/div												
1 级衍射光强度 I_1/div												
总强度 $I_总$												
衍射效率 η												

绘制 I_1-P、I_0-P 关系曲线，找出衍射强度最大时的驱动功率，计算最大衍射效率 $I_{1max}/I_总$，并据此判断该声光器件在多大功率范围内可实现信号不失真传递。

4.20 巨磁电阻效应及其应用

2007 年诺贝尔物理学奖授予了巨磁电阻(Giant Magneto-Resistive，GMR)效应的发现者——法国物理学家费尔(A. Fert)和德国物理学家格伦贝格尔(P.A. Grünberg)。诺贝尔奖委员会评价说:巨磁电阻效应的发现打开了一扇通向新技术世界的大门——自旋电子学,从此将同时利用电子的电荷以及自旋两个特性。其应用是革命性的,因为它使计算机硬盘的容量从几百兆、几千兆,一跃而提高几百倍,达到几百 G 乃至上千 G。

【实验目的】

(1)了解 GMR 效应的原理。

(2)了解几种 GMR 传感器的结构及特性。

【实验器材】

巨磁电阻效应实验仪。

【实验原理】

根据导电的微观机理,电子在导电时并不是沿电场直线前进,而是不断和晶格中的原子产生碰撞(又称散射),每次散射后电子都会改变运动方向,总的运动是电场对电子的定向加速与这种无规则散射运动的叠加。电子在两次散射之间走过的平均路程称为平均自由程,电子散射概率小,则平均自由程长,电阻率低。在电阻定律$R = \rho l / S$中,把电阻率ρ视为常数,与材料的几何尺度无关,这是因为通常材料的几何尺度远大于电子的平均自由程(如铜中电子的平均自由程约为 34 nm),可以忽略边界效应。当材料的几何尺度小到纳米量级,只有几个原子的厚度时(如铜原子的直径约为 0.3 nm),电子在边界上的散射概率大大增加,可以明显观察到厚度减小、电阻率增加的现象。

电子除携带电荷外,还具有自旋特性,自旋磁矩有平行或反平行于外磁场两种可能取向。早在 1936 年,英国物理学家、诺贝尔物理学奖获得者 N.F.Mott 指出:在过渡金属中,自旋磁矩与材料的磁场方向平行的电子,所受散射概率远小于自旋磁矩与材料的磁场方向反平行的电子。总电流是两类自旋电流之和,总电阻是两类自旋电流的并联电阻,这就是所谓的两电流模型。

在图 4.20-1 所示的多层膜结构中,当无外磁场时,上下两层磁性材料是反平行(反铁磁)耦合的。施加足够强的外磁场后,两层铁磁膜的方向都与外磁场方向一致,外磁场使两层铁磁膜从反平行耦合变成平行耦合。电流的方向在多数应用中平行于膜面。

图 4.20-2 是图 4.20-1 结构的某种 GMR 材料的磁阻特性。由图 4.20-2 可见,随着外磁场增大,电阻逐渐减小,其间有一段线性区域。当外磁场已使两铁磁膜完全平行耦合后,继续加大磁场,电阻不再减小,进入磁饱和区域。磁阻变化率 $\Delta R/R$ 达百分之十几,加反向磁场时磁阻特性是对称的。注意:图 4.20-2 中的曲线有两条,分别对应增大磁场和减小磁场时的磁阻特性,这是因为铁磁材料都具有磁滞特性。

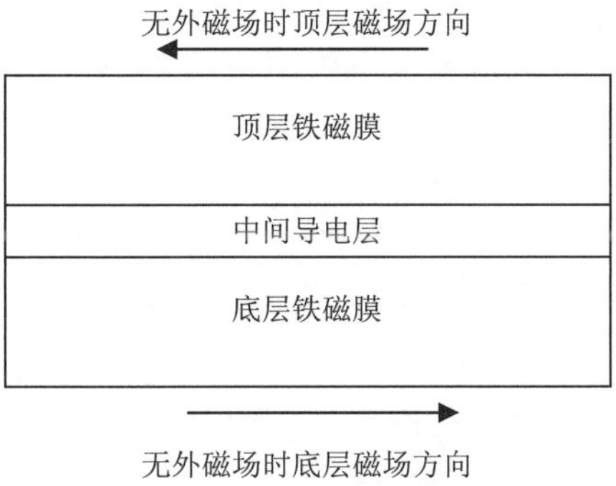

图 4.20-1　多层膜 GMR 结构图

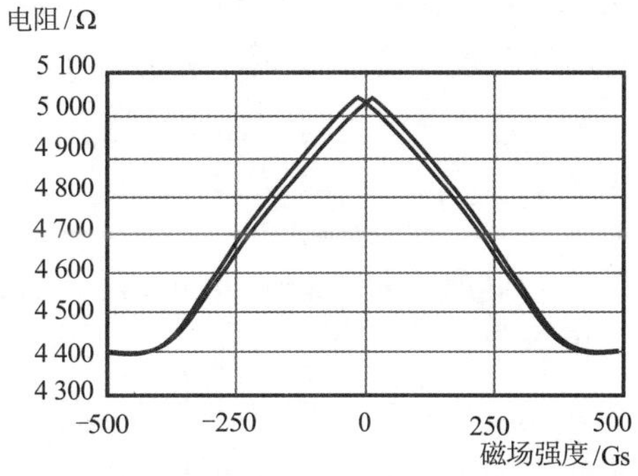

图 4.20-2　GMR 材料的磁阻特性

有两类与自旋相关的散射对巨磁电阻效应有贡献。

(1)界面上的散射。无外磁场时,上下两层铁磁膜的磁场方向相反,无论电子的初始自旋状态如何,从一层铁磁膜进入另一层铁磁膜时都面临状态改变(平行—反平行,或反平行—平行),电子在界面上的散射概率很大,对应于高电阻状态。有外磁场时,上下两层铁磁膜的磁场方向一致,电子在界面上的散射概率很小,对应于低电阻状态。

(2)铁磁膜内的散射。即使电流方向平行于膜面,由于无规律散射,电子也有一定的概率在上下两层铁磁膜之间穿行。无外磁场时,上下两层铁磁膜的磁场方向相反,无论电子的初始自旋状态如何,在穿行过程中都会经历散射概率小(平行)和散射概率大(反平行)两种过程,两类自旋电流的并联电阻相似于两个中等阻值电阻的并联,对应于高电阻状态,如图 4.20-3(a)所示。有外磁场时,上下两层铁磁膜的磁场方向一致,自旋平行的电子散射概率小,自旋反平行的电子散射概率大,两类自旋电流的并联电阻相似于一个小电阻与一个大电阻的并联,对应于低电阻状态,如图 4.20-3(b)所示。

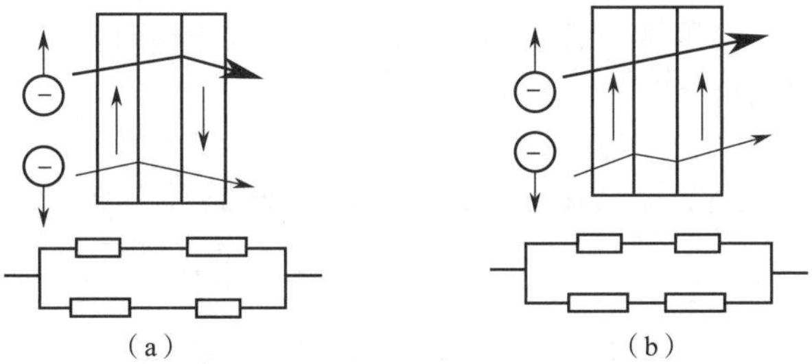

(a)　　(b)

图 4.20-3　两电流模型解释巨磁电阻效应

(a)高电阻状态　(b)低电阻状态

【实验内容】

1.GMR 模拟传感器的磁电转换特性测量

在将 GMR 构成传感器时,为了消除温度变化等环境因素对输出的影响,一般采用桥式结构,如图 4.20-4 所示。

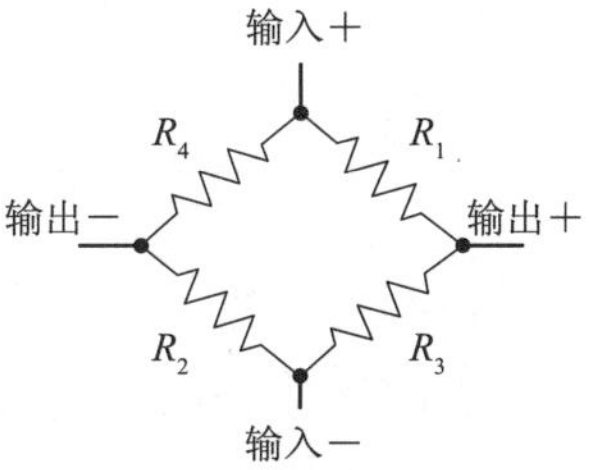

图 4.20-4　GMR 模拟传感器结构图

对于电桥结构,如果 4 个 GMR 电阻对磁场的响应完全同步,就不会有信号输出。在图 4.20-4 中,将处在电桥对角位置的两个电阻R_3、R_4覆盖一层高磁导率的材料如坡莫合金，以屏蔽外磁场对它们的影响，而R_1、R_2阻值随外磁场改变。设无外磁场时 4 个 GMR 电阻的阻值均为R，R_1、R_2在外磁场作用下电阻减小ΔR，简单分析表明，输出电压

$$U_{\text{out}} = U_{\text{in}} \frac{\Delta R}{2R - \Delta R}$$

屏蔽层同时设计为磁通聚集器，它的高导磁率将磁力线聚集在R_1、R_2电阻所在的空间，进一步提高了R_1、R_2的磁灵敏度。

图 4.20-4 中巨磁电阻被光刻成微米宽度迂回状的电阻条，以增大其电阻至 kΩ，使其在较小工作电流下得到合适的电压输出。

将 GMR 模拟传感器置于螺线管磁场中，功能切换按钮切换为“传感器测量”。实验仪的 4 V 电压源接至基本特性组件“巨磁电阻供电”，恒流源接至“螺线管电流输入”，基本特性组件“模拟信号输出”接至实验仪电压表，实验原理图如图 4.20-5 所示。

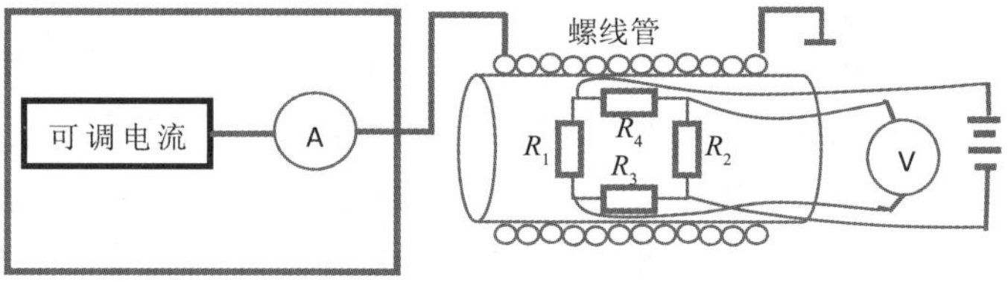

图 4.20-5　GMR 模拟传感器磁电转换特性实验原理图

按表 4.20-1 数据，调节励磁电流，逐渐减小磁场强度，记录相应的输出电压于表格“减小磁场输出电压”列中。由于恒流源本身不能提供负向电流，当电流减至 0 后，交换恒流输出接线的极性，使电流反向。再次增大电流，此时流经螺线管的电流与磁感应强度的方向相反，从上到下记录相应的输出电压。

电流增至 –100 mA 后，逐渐减小负向电流，电流到 0 时同样需要交换恒流输出接线的极性。从下到上记录数据于“增大磁场输出电压”列中。

表 4.20-1　GMR 模拟传感器磁电转换特性的测量　　电桥电压：4 V

励磁电流/mA	磁感应强度/Gs	减小磁场输出电压/mV	增大磁场输出电压/mV
100			
90			
…			
–90			
–100			

根据螺线管上标明的线圈密度，计算出螺线管内的磁感应强度 B 。

以磁感应强度B为横坐标，电压表的读数为纵坐标，作磁电转换特性曲线。

2.GMR 磁阻特性测量

为加深对巨磁电阻效应的理解，对构成 GMR 模拟传感器的磁阻进行测量。将基本特性组件的功能切换按钮切换为“巨磁阻测量”，此时被磁屏蔽的两个电桥电阻R_3、R_4被短路，而R_1、R_2并联。将电流表串联进电路中，测量不同磁场时回路中电流的大小，就可计算磁阻，测量原理如图 4.20-6 所示。

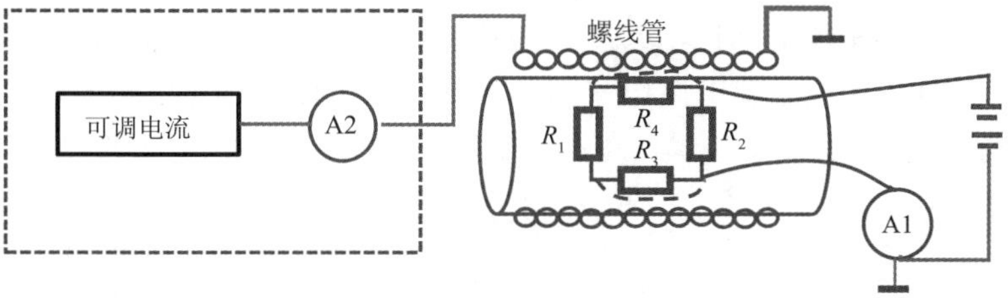

图 4.20-6　磁阻特性测量原理

将 GMR 模拟传感器置于螺线管磁场中，功能切换按钮切换为“巨磁阻测量”，实验仪的 4V 电压源串联电流表后接至基本特性组件“巨磁电阻供电”，恒流源接至“螺线管电流输入”。

按表 4.20-2 数据，调节励磁电流，逐渐减小磁场强度，记录相应的磁阻电流于表格“减小磁场”列中。由于恒流源本身不能提供负向电流，当电流减至 0 后，交换恒流输出接线的极性，使电流反向。再次增大电流，此时流经螺线管的电流与磁感应强度的方向相反，从上到下记录相应的输出电压。

电流增至 −100 mA 后，逐渐减小负向电流，电流到 0 时同样需要交换恒流输出接线的极性。从下到上记录数据于“增大磁场”列中。

表 4.20-2　GMR 磁阻特性的测量　　磁阻两端电压：4 V

磁感应强度/Gs		磁阻/Ω			
		减小磁场		增大磁场	
励磁电流/mA	磁感应强度/Gs	磁阻电流/mA	磁阻/Ω	磁阻电流/mA	磁阻/Ω
100					
90					
…					
-90					
-100					

根据螺线管上标明的线圈密度，计算出螺线管内的磁感应强度 B。由欧姆定律$R = U/I$计算磁阻。

以磁感应强度B为横坐标，磁阻为纵坐标，作磁阻特性曲线。

3.GMR 开关(数字)传感器的磁电转换特性曲线测量

将 GMR 模拟传感器与比较电路、晶体管放大电路集成在一起,就构成 GMR 开关(数字)传感器,其结构如图 4.20-7 所示。

比较电路的功能是当电桥电压低于比较电压时,输出低电平;当电桥电压高于比较电压时,输出高电平。选择适当的 GMR 电桥并结合调节比较电压,可调节开关传感器开关点对应的磁场强度。

图 4.20-8 所示为某种 GMR 开关传感器的磁电转换特性曲线。当磁场强度的绝对值从低增加到 12 Gs 时,开关打开(输出高电平);当磁场强度的绝对值从高减小到 10 Gs 时,开关关闭(输出低电平)。

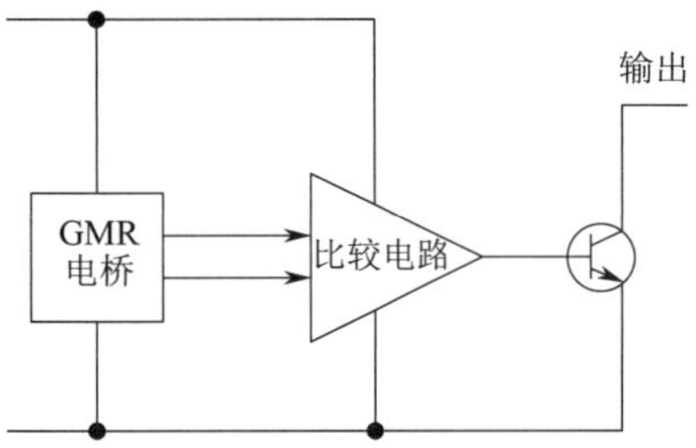

图 4.20-7 GMR 开关传感器结构

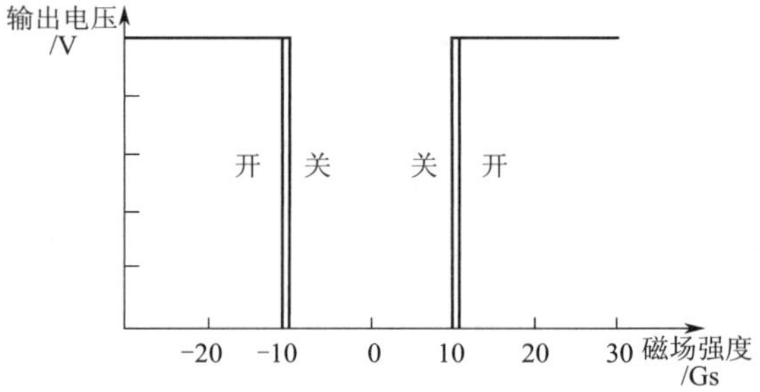

图 4.20-8 某种 GMR 开关传感器磁电转换特性曲线

将 GMR 模拟传感器置于螺线管磁场中,功能切换按钮切换为“传感器测量”,实验仪的 4 V 电压源接至基本特性组件“巨磁电阻供电”,“电路供电”接口接至基本特性组件对应的“电路供电”输入插孔,恒流源接至“螺线管电流输入”,基本特性组件“开关信号输出”接至实验仪电压表。

从 50 mA 逐渐减小励磁电流,输出电压从高电平(开)转变为低电平(关)时记录相应的励磁电流于表 4.20-3“减小磁场”列中。当电流减至 0 后,交换恒流输出接线的极性,使电流反向。再次增大电流,此时流经螺线管的电流与磁感应强度的方向相反,输出电压从低电平(关)转变为高电平(开)时记录相应的负值励磁电流于表 4.20-3 “减小磁场”列中。将电流调至 −50 mA 。

逐渐减小负向电流,输出电压从高电平(开)转变为低电平(关)时记录相应的负值励磁电流于表 4.20-3 “增大磁场”列中,当电流减到 0 时同样需要交换恒流输出接线的极性。输出电压从低电平(关)转变为高电平(开)时记录相应的正值励磁电流于表 4.20-3 “增大磁场”列中。

表 4.20-3 GMR 开关传感器的磁电转换特性测量

高电平 =____V;低电平 =____V

减小磁场			增大磁场		
开关动作	励磁电流/mA	磁感应强度/Gs	开关动作	励磁电流/mA	磁感应强度/Gs
关			关		
开			开		

根据螺线管上标明的线圈密度，计算出螺线管内的磁感应强度 B。

以磁感应强度B为横坐标，电压读数为纵坐标，作开关传感器的磁电转换特性曲线。

利用 GMR 开关传感器的开关特性已制成各种接近开关，当磁性物体（可在非磁性物体上贴上磁条）接近传感器时就会输出开关信号，广泛应用在工业生产及汽车、家电等日常生活用品中，其控制精度高，在恶劣环境（如高低温、振动等）下仍能正常工作。

4. 用 GMR 模拟传感器测量电流

GMR 模拟传感器在一定范围内的输出电压与磁场强度呈线性关系，且灵敏度高、线性范围大，可以方便地将 GMR 制成磁场计，测量磁场强度或其他与磁场相关的物理量。作为应用示例，下面用它来测量电流，如图 4.20-9 所示。

由理论分析可知，通有电流I的无限长直导线，与该导线距离为r的一点的磁感应强度为

$$B = \frac{\mu_0 I}{2\pi r}$$

式中：真空磁导率 $\mu_0 = 4\pi \times 10^{-7}\,\mathrm{N/A^2}$；在 r 不变的情况下，磁场强度与电流成正比。

在实际应用中，为了使 GMR 模拟传感器工作在线性区，提高测量精度，还常常预先给传感器施加一个固定的已知磁场，称为磁偏置，其原理类似于电子电路中的直流偏置。

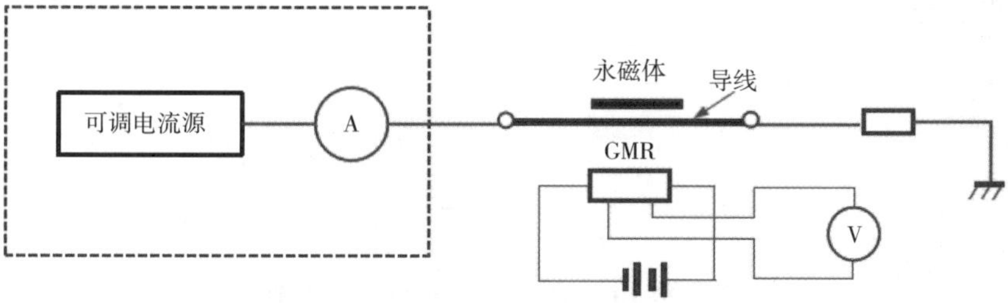

图 4.20-9　GMR 模拟传感器测量电流实验原理

实验仪的 4 V 电压源接至电流测量组件“巨磁电阻供电”，恒流源接至“待测电流输入”，电流测量组件“信号输出”接至实验仪电压表。

将待测电流调节至 0。

将偏置磁铁转到远离 GMR 传感器，调节磁铁与传感器的距离，使输出约为 25 mV。

将电流增大到 300 mA，按表 4.20-4 数据逐渐减小待测电流，从左到右记录相应的输出电压于表 4.20-4“减小电流”行中。由于恒流源本身不能提供负向电流，当电流减至 0 后，交换恒流输出接线的极性，使电流反向。再次增大电流，此时电流方向为负，记录相应的输出电压。

逐渐减小负向待测电流，从右到左地记录相应的输出电压于表 4.20-4“增加电流”行中。当电流减至 0 后，交换恒流输出接线的极性，使电流反向。再次增大电流，此时电流方向为正，记录相应的输出电压。

将待测电流调节至 0。

将偏置磁铁转到接近 GMR 传感器，调节磁铁与传感器的距离，使输出约为 150 mV。

采用低磁偏置时同样的实验方法，测量适当磁偏置时待测电流与输出电压的关系。

表 4.20-4　用 GMR 模拟传感器测量电流

待测电流/mA			300	200	100	0	-100	-200	-300
输出电压/mV	低磁偏置（约 25 mV）	减小电流							
		增加电流							
	适当磁偏置（约 150 mV）	减小电流							
		增加电流							

以电流读数为横坐标，电压表读数为纵坐标作图，分别作出 4 条曲线。

由测量数据及所作图形可以看出，适当磁偏置时线性较好、斜率（灵敏度）较高。由于待测电流产生的磁场远小于偏置磁场，磁滞对测量的影响也较小，根据输出电压的大小就可确定待测电流的大小。

用 GMR 传感器测量电流不用将测量仪器接入电路，不会对电路工作产生干扰，既可测量直流，也可测量交流，具有广阔的应用前景。

5.GMR 梯度传感器的特性及应用

将 GMR 电桥两对对角电阻分别置于集成电路两端，4 个电阻都不加磁屏蔽，即构成梯度传感器，如图 4.20-10 所示。

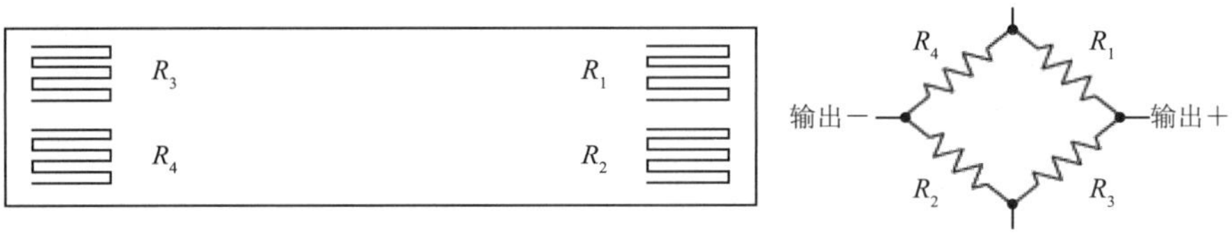

图 4.20-10　GMR 梯度传感器结构图

GMR 梯度传感器若置于均匀磁场中，由于 4 个桥臂电阻的阻值变化相同，电桥输出为零。如果磁场存在一定的梯度，各 GMR 电阻感受到的磁场不同，磁阻变化不一样，就会有信号输出。

将实验仪 4 V 电压源接角位移测量组件“巨磁电阻供电”，角位移测量组件“信号输出”接实验仪电压表。逆时针慢慢转动齿轮，当输出电压为零时记录起始角度，以后每转 3° 记录一次角度与电压表的读数（表 4.20-5），转动 48° 齿轮转过 2 齿，输出电压变化 2 个周期。

表 4.20-5　齿轮角位移的测量

转动角度/°																	
输出电压/mV																	

以齿轮实际转过的度数为横坐标，电压表的读数为纵坐标作图。

第 5 章　设计性实验

5.1　质量与密度的测量

质量是物质的一种基本性质，是七个基本物理量之一，其国际单位为千克（kg）。1889 年，第一届国际计量大会确定了以铂铱合金制成的高度和直径均为 39 mm 的正圆柱体为国际千克原器，其他一切物体的质量均与之比较得来。自 2019 年 5 月 20 日起，千克已启用基于普朗克常数的量子化新定义。

密度是物质的一种重要特性，从客观上表现为大小接近的物体，其质量不一样。密度与物质的种类和状态有关，物理学上把密度定义为物质的质量和物质的体积之比。不同的物质通常其密度不同。工业上通常用密度来对物质成分进行分析，测量液体浓度和纯度。密度测量在化学、计量、冶金、海洋、产品检验等行业中运用也十分广泛。本实验中使用流体静力称衡法测量密度。

【实验任务】

（1）用物理天平测量质量。

（2）学习设计用静力称衡法测定不规则固体及液体的密度。

【可选器材】

物理天平、待测样品、水、烧杯、未知液体（酒精等）、细线、温度计、铅块。

【实验原理】

1. 物理天平的构造及使用

天平是一种等臂杠杆，按其称衡的精确度分不同等级，不同精确度的天平配置不同等级的砝码。本实验中采用的物理天平的结构如图 5.1-1 所示，其中 1 是天平的横梁，上面装有三个刀口，横梁中间一个主刀口 12，其左右两边各一个刀口 13，中间的主刀口 12 置于支柱 2 的刀垫上作为支点，使横梁形成等臂杠杆，左右两边的刀口上各悬挂了一个等重秤盘用以放置物体和砝码；横梁上装有刻度尺，用来表示游码 3 的位置；刻度尺的最小分度值为 50 mg，代表游码每向右移动一格，相当于在右盘中增加 50 mg 的砝码，利用游码可作

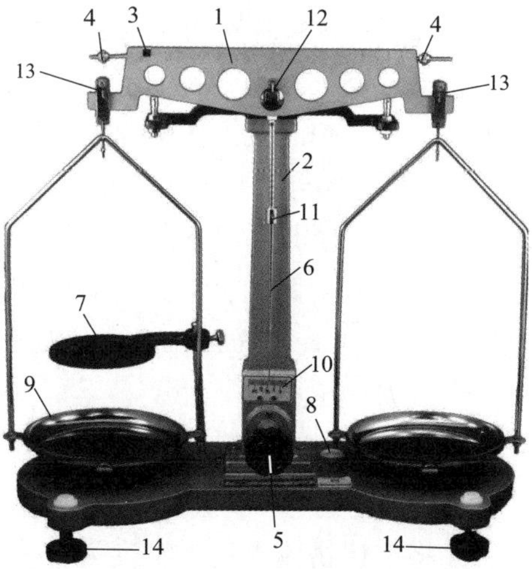

图 5.1-1　物理天平的结构

1—横梁；2—支柱；3—游码；4—平衡螺母；5—制动旋钮；6—指针；7—托盘；8—水平仪；9—秤盘；10—标尺；11—感量砣；12—主刀口；13—刀口；14—底脚调节螺钉

1.0 g 以下的称量;横梁两端的平衡螺母 4 是在使用前调节平衡时用的;制动旋钮 5 可控制横梁的上升和下降,横梁下降时制动架就会把它托住以免使刀口磨损;横梁下端连接一个固定指针 6,当天平平衡时,指针 6 应指示标尺 10 上刻度为 10 的位置(即标尺的中间位置),实验中可根据指针在刻度尺上的读数来判断天平是否平衡;底座左边装有一支架和托盘 7,用来托住不被称量的物体;水平仪 8 用来判断天平底座是否水平,如不水平,可调整底脚调节螺钉 14,使水平仪中气泡位于中心。

物理天平的使用方法和注意事项如下:

(1)调整天平底脚调节螺钉,使水平仪气泡居中,确保天平位于水平桌面。

(2)调整零点。天平空载时将游码置于零刻度处,将吊耳挂在刀口上,转动制动旋钮支起横梁,观察指针是否在标尺刻度 10 附近小幅度对称摆动。如指针偏向一边,可降下横梁,调节横梁上的平衡螺母。反复调整,直至支起横梁后,指针指向中央线或在中央线附近对称摆动为止。

(3)称量物体时,应把被称量物体放在左盘,砝码放在右盘;加减砝码必须使用镊子,严禁手拿。

(4)取放物体和砝码,以及移动游码和天平时,都应将横梁制动以免损坏刀口。

(5)读数。天平平衡时,砝码和游码所示的总质量即为被称量物体的质量,估读到 0.01 g。

2. 密度的测量

若物体质量为 m、体积为 V,则其密度为

$$\rho = m / V \tag{5.1-1}$$

测量形状规则、密度均匀的物体的密度,可用物理天平精确称量其质量,再用长度测量工具(如游标卡尺、螺旋测微器等)测量其几何尺寸并计算出其体积,利用密度的定义计算出物体的密度。对于形状不规则、密度均匀的物体,无法通过几何尺寸的测量确定其体积,通常采用流体静力称衡法间接地测出其体积,这是测量不规则物体密度的常用方法。另外,用流体静力称衡法还可以测量未知液体的密度。

若不计空气浮力,待测物体在空气中的重量 $w=mg$,再把物体全部浸入密度已知的液体(如水)中,物体的视重为 $w_1=m_1 g$,两者之差即为物体在该液体中所受的浮力 F,即

$$F = w - w_1 = (m - m_1)g \tag{5.1-2}$$

式中:m 及 m_1 分别为物体在空气及液体中的视质量。

由阿基米德原理,可知物体在液体中所受的浮力等于它排开液体的重量。若以 ρ_1 表示已知液体的密度,V 表示排开液体的体积亦即待测物体的体积,则

$$F = \rho_1 g V \tag{5.1-3}$$

由式(5.1-1)至式(5.1-3)可解得待测物体的密度为

$$\rho = m\rho_1 / (m - m_1) \tag{5.1-4}$$

如将上述物体再浸入密度为 ρ_2 的待测的未知液体中,测得其视质量为 m_2,则有

$$(m - m_2)g = \rho_2 g V \tag{5.1-5}$$

由联立式(5.1-2)、式(5.1-3)和式(5.1-5),可解得待测液体的密度为

$$\rho_2 = \rho_1 (m - m_2) / (m - m_1) \tag{5.1-6}$$

可知，用流体静力称衡法测定未知固体或液体的密度，利用已知液体（水），最终将密度转化为质量的测量。水在不同温度下的密度，见表 5.1-1。

表 5.1-1　标准大气压下不同温度下水的密度

温度 t/℃	密度ρ/（kg/m³）	温度 t/℃	密度ρ/（kg/m³）	温度 t/℃	密度ρ/（kg/m³）
0	999.841	16	998.943	32	995.025
1	999.900	17	998.774	33	994.702
2	999.941	18	998.595	34	994.371
3	999.965	19	998.405	35	994.031
4	999.973	20	998.203	36	993.68
5	999.965	21	997.992	37	993.33
6	999.941	22	997.770	38	992.96
7	999.902	23	997.538	39	992.59
8	999.849	24	997.296	40	992.21
9	999.781	25	997.044	50	988.04
10	999.700	26	996.783	60	983.21
11	999.605	27	996.512	70	977.78
12	999.498	28	996.232	80	971.80
13	999.377	29	995.944	90	965.31
14	999.244	30	995.646	100	958.35
15	999.099	31	995.340		

【实验提示】

1. 质量的测量

对被测物体的质量进行测量，并设计表格进行数据记录和处理。

2. 密度的测量

（1）设计并测量待测固体的密度。

（2）设计并测量未知液体的密度。

（3）对待测固体和液体密度的不确定度进行评定。

【注意事项】

（1）严格遵守物理天平操作步骤和操作规则，正确使用物理天平。

（2）在液体中称衡时，防止待测液体与已知液体混合。

（3）实验中应注意随时排除附着于待测样品上的气泡，排除方法可以是用细丝轻轻摇振。

（4）把固体从一种液体移到另一种液体中测量时，要擦干表面残留液体。

【思考题】

（1）如果将物体与砝码的位置交换，测得的物体质量是偏大还是偏小？

（2）任何不规则固体的体积都可以用流体静力称衡法进行测量吗？

（3）如果被测液体密度小于水，该如何测量？

5.2 用气垫导轨研究简谐振动

【实验任务】

（1）设计实验，研究弹簧振子的周期和机械能的变化规律。

（2）掌握焦利氏秤、气垫导轨调节与应用。

【可选器材】

气垫导轨装置、数字毫秒计、微音气泵、弹簧、电子天平、焦利氏秤、游标卡尺。

1. 气垫导轨

气垫导轨由导轨、滑块、光电计时系统和气源等组成，整体结构及主要部件如图 5.2-1 所示。

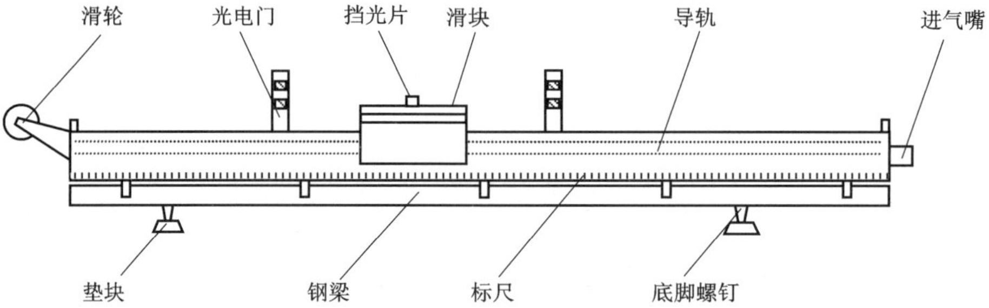

图 5.2-1 气垫导轨示意图

（1）导轨是由一条平直、光滑的，截面为三角形的铝合金制成的密闭空腔，固定在刚性较强的钢梁上。导轨长为 1.5 m，轨面上均匀分布孔径为 0.6 mm 的喷气小孔，导轨一端通过进气嘴和橡胶管与气源气泵相连。当压缩气体由气源经橡胶管连续地充入导轨腔体并由喷气小孔喷出时，在轨面上形成气垫将滑块托起，使滑块与导轨几乎无摩擦。导轨一侧装有毫米刻度的直尺，用于定位光电门位置。

（2）滑块由铝材精密制成，其下表面与轨面严格吻合，滑块上可选择安装不同规格的挡光片、弹簧等附件。

（3）挡光片有多种规格和形状，实验中常用的是 U 形和条形挡光片，如图 5.2-2 所示。当 U 形挡光片滑过一个光电门时，用数字毫秒计测出相距为 Δx 的 A、C（或 B、D）两沿两次挡光的时间间隔 Δt，则可根据 $v=\dfrac{\Delta x}{\Delta t}$ 计算出滑块的运动速度。Δx 越小，v 越接近瞬时速度。当条形挡光片随弹簧振子反复经过一个光电门时，通过设置数字毫秒计状态，可以测出某一挡光沿（如 E）先后两次挡光的时间间隔，即振动周期。当条形挡光片顺次通过两个光电门时，改变数字毫秒计状态亦可测出挡光片经过两个光电门距离 Δx 所用的时间 Δt，从而计算出滑块的速度。

（4）光电计时系统包括数字毫秒计和光电门。光电门由一对光发射和光接收元件组成，将遮光或透光的瞬时信号转换成电信号传给数字毫秒计，数字毫秒计兼具计数功能，可设置不同的功能状态来测量不同的挡光和透光时间间隔及次数。

图 5.2-2　U 形（左）和条形（右）挡光片

2. 焦利氏秤

焦利氏秤是一个具有特殊结构的弹簧秤，其是用来测量铅直方向微小力的一种仪器，其结构如图 5.2-3 所示。带有标尺（主尺）的铜管装入顶部带有游标（副尺）的套筒内，二者一起配合读数组成一只 10 分度的“游标卡尺”，且可以通过调节安装在套筒下部的调节旋钮 M 使铜管上下移动。刻有准线“E”的玻璃指示管通过套夹固定于套筒中部。套筒底部由套夹固定着一个小载物台，载物台的升降可由其下部的螺钉 N 调节。

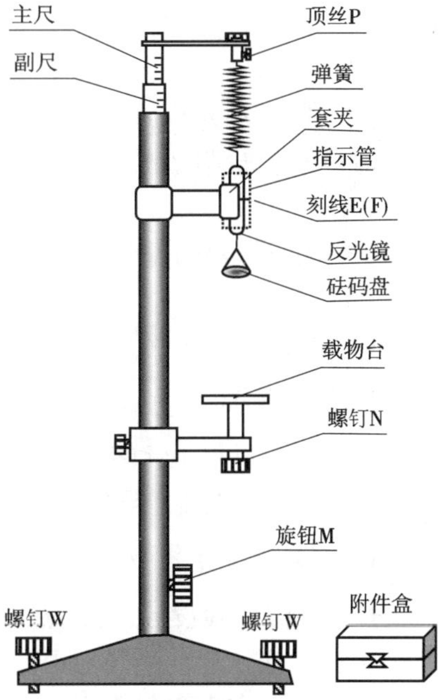

图 5.2-3　焦利氏秤结构

使用时，将仪器专用弹簧用顶丝 P 紧固在铜管顶部伸出的支撑臂上，弹簧下端挂一刻有准线“B”的指示镜，将其套于指示管内，将砝码盘挂在指示镜下端。调节焦利氏秤底部两个底脚螺钉 W，使套筒处于铅直位置（此时指示镜应自由悬于指示管中央）。调节旋钮 M，使准线 B 与刻线 E 及其在指示镜中的像 E′ 三线重合，将此位置定为弹簧的平衡位置 l_0。当在砝码盘施以力 f 时，弹簧伸长，指示镜准线 B 下移。再度调节升降旋钮 M，使准线 B 重新上升至三线重合，通过此时游标尺上的读数 l 求出弹簧的伸长量 $\Delta l = l - l_0$。若 f 为已知，根据胡克定律 $f = k\Delta x$ 可求出弹簧的劲度系数。

【实验提示】

水平方向做简谐振动的弹簧振子，设 A 为振子振幅，ω 为圆频率，且 $\omega^2 = \dfrac{k_1 + k_2}{m} = \dfrac{k}{m}$，$T$ 为周期，则有

$$T = 2\pi\sqrt{\frac{m}{k_1 + k_2}} \tag{5.2-1}$$

系统的机械能为

$$E = E_K + E_P = \frac{1}{2}mv^2 + \frac{1}{2}kx^2 = \frac{1}{2}kA^2 \qquad (5.2\text{-}2)$$

式(5.2-2)说明简谐振动系统的机械能守恒,可通过测量不同位置 x 上滑块的速度 v,求得动能 E_K 及势能 E_P,研究二者之间的相互转换并验证机械能守恒定律。

【实验内容】

利用气垫导轨搭建弹簧振子,研究其周期和能量转化规律。

(1)用焦利氏秤测量弹簧的劲度系数。

(2)气垫导轨水平调节。

①滑块装 U 形挡光片,不挂弹簧。

②按"功能"钮,选择"a"挡(右侧的指示灯点亮)。

③推动滑块后放手,使之自由滑行,依次经过两个光电门(顺序分前 1、后 2)。

④数字毫秒计屏幕显示时间。

"1":U 形挡光片通过前一个光电门所用时间(显示右红灯亮),单位为 s 或 ms。

"2":U 形挡光片通过两个光电门之间距离所用时间。

"3":U 形挡光片通过后一个光电门所用时间。

⑤调节导轨调平螺钉,直至挡光片通过先、后两个光电门的时间(近似)相等,则认为导轨水平。

(3)测量滑块的振动周期。

(4)测量速度。

(5)测量质量。

【注意事项】

(1)实验过程中,弹簧拉伸不得超过其弹性范围,以免弹簧劲度系数发生变化。

(2)滑块不能碰撞导轨两侧挡板,须用手挡住。

【数据处理】

(1)根据实验设计,自拟表格,完成数据记录,用逐差法计算弹簧劲度系数 k,计算周期 T,研究弹簧振子运动过程是否能量守恒。

(2)注意:计算时注意单位间的换算,建议全部统一为国际单位制再计算。

【思考题】

(1)在实验中光电门的作用是什么?

(2)实验中调整与判断气垫导轨是否水平的依据是什么?

5.3 传感器应用实验

本实验提供了一个多种传感器综合应用平台,借助此平台可设计出一系列功能丰富的测试装置,集设计性、趣味性、开放性和可扩展性于一体,对于培养学生动手能力、创新能力具有一定意义。

传感器实验装置主要由五部分组成：传感器实验台（图 5.3-1，装有双平行振动梁、测微头及支架、振动盘等，传感器有霍尔传感器、光电传感器、气敏传感器等）、九孔板接口平台、频率振荡器、双路直流稳压电源、处理电路模块（电桥、差动放大器、电压放大器等）。

整套实验平台可做多个实验，由于篇幅所限，本书只提供两个实验供师生参考。

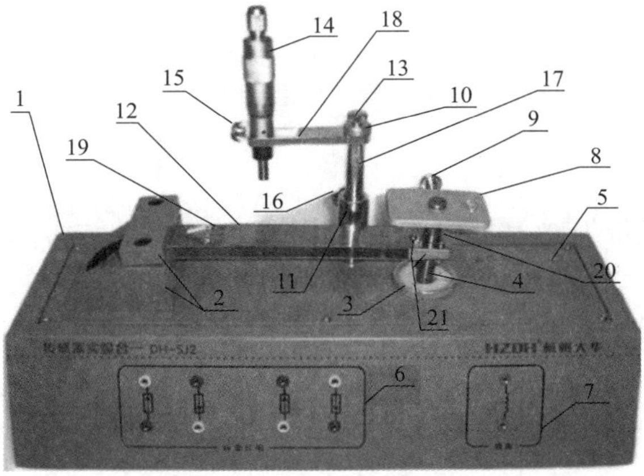

图 5.3-1　传感器实验台部件结构

1—机箱；2—平行梁压块及座；3—激励线圈及螺母；4—磁棒；5—器件固定孔；6—应变片组信号输出端；7—激励信号输入端；8—振动盘；9—振动盘锁紧螺钉；10—垫圈；11—测微头座；12—双平行梁；13—支杆锁紧螺钉；14—测微头；15—连接板锁紧螺钉；16—支杆锁紧螺钉；17—支杆；18—连接板；19—应变片（中间一片为备用）；20—磁棒锁紧螺钉（在隔块后面）；21—隔块及固定螺钉

实验 1　利用霍尔式传感器设计电子秤

【实验任务】

用霍尔式传感器设计电子秤，并测量待测物体的质量。

【可选器材】

霍尔式传感器及磁场装置、霍尔片、差动放大器、直流恒压源、测微头及连接件、电桥模块、砝码、万用表、九孔板和传感器实验台。

【实验原理】

1. 霍尔效应

霍尔效应在 1879 年被物理学家霍尔发现，它定义了磁场和感应电压之间的关系，这种效应和传统的电磁感应完全不同。当电流通过一个位于磁场中的导体时，磁场会对导体中的电子产生一个垂直于电子运动方向的作用力，从而在导体的两侧面产生霍尔电势差（霍尔电压），详细原理见“4.4　霍尔效应及其应用”实验。

2. 霍尔式传感器

霍尔式传感器是由两个环形磁钢组成梯度磁场和位于梯度磁场中的霍尔元件组成，如图 5.3-2 所示。当通电的霍尔元件在梯度磁场中上下移动时，输出的霍尔电压 U_H 取决于其在磁场中的位移量 x，测得霍尔电压的大小，便可获知霍尔元件的静位移量。

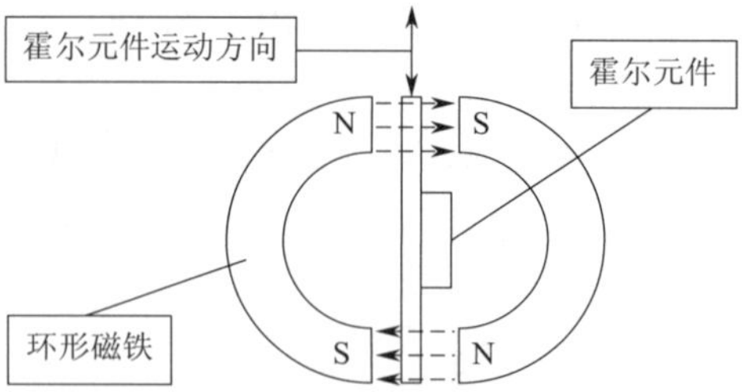

图 5.3-2 霍尔传感器结构图

3. 差动放大器

差动放大器是通频带为 0~10 kHz,可接成同相、反相差动结构,增益为 1~100 倍的直流放大器。如图 5.3-3 所示电路中差动放大器可以把 V_p-V_n 两端电压放大至 V_o。

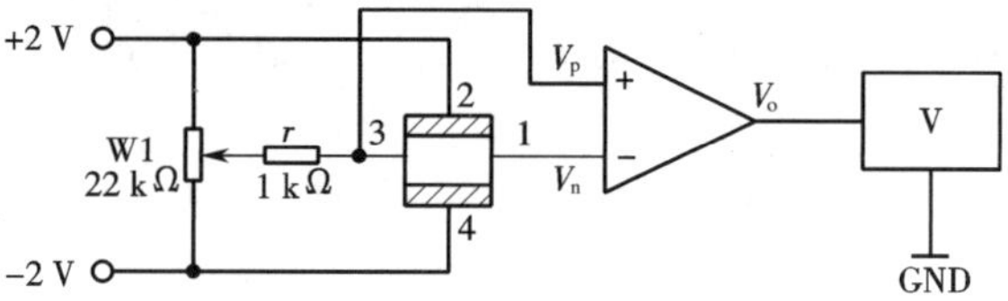

图 5.3-3 实验电路及连线

(1)霍尔式磁场和霍尔片的相对高度与砝码的质量成正比:$mg = kx$。

(2)霍尔片处磁场强度与霍尔片在梯度磁场中的相对位移成正比:$B = f(x)$。

(3)产生的霍尔电动势(U_H)与霍尔片处磁场强度成正比:$U_H \propto B$。

(4)通过差动放大器放大以后的电压 V_o 与霍尔电动势(U_H)成正比:$V_0 \propto U_H$。

因此用万用表测得的 U_0 与砝码的质量 m 成正比,即 $U_0 \propto m$,有

$$m \approx \alpha \cdot U_0(g)$$

【实验提示】

电压挡位调节:一台直流恒压源调至 ±2 V 挡,一台直流恒压源调至 ±15 V 挡,万用表 2 V 挡。

(1)将环形磁场固定在振动盘上,调节振动盘与霍尔片之间的位置(不可有任何接触,以免将霍尔传感器损坏),使霍尔片刚好处于磁场的中间位置。

(2)实验设计电路如图 5.3-3 所示,按图接线,霍尔片上的 A、B、C、D 与霍尔式传感器上的标志一一对应;± 15 V 电源正负极和接地端连接差动放大器正负极以及接地端。

(3)差动放大器调零,即将差动放大器的 V_p、V_n 和 GND 短接,差动放大器的输出端,接地端与万用表的红黑表笔分别相连,开启主、副电源,调节差动放大器的增益至适中,然后调整差动放大器的调零旋钮使万用表显示为零,关闭主、副电源。调好后,增益旋钮可以动,但调零旋钮不可再动,并断开 V_p、V_n 和 GND。

(4)电子秤调零,即将差动放大器的 V_p 和 V_n 连接到霍尔式传感器的 1 端和 3 端,开启主、副电源,调 W1 使万用表显示为零。

（5）安装螺旋测微器，上下旋动测微头各 3 mm 左右，每变化 0.5 mm 读取相应的电压值，并记入表 5.3-1 中，指出线性范围，求出霍尔片的位移与显示电压之间的线性关系。

表 5.3-1　霍尔电压与霍尔片位移关系

X/mm	3.0	2.5	2.0	……	−2.5	−3.0
V_0/mV						

（6）卸掉测微头，调节 W1 使电压表指示为零，将一个标准砝码放到托盘上，读出显示电压，并记入表 5.3-2 中，继续加砝码测量。

表 5.3-2　电子天平数据记录

m/g	0.0	20.0	40.0	60.0	80.0	100.0
U/mv	0					

（7）根据表 5.3-2 内的数据，用逐差法求出砝码质量与显示电压读数之间的函数关系 α：

$m=$ ____ $\times U$　　(g)

（8）将待测物体放到托盘上，读出电压表显示数据，并算出待测物体质量。

待测物电压 U=________，质量 m=________。

【注意事项】

（1）此霍尔式传感器的线性范围较小，砝码和重物不宜过重。

（2）砝码应置于振动盘的中间部位，装卸砝码时，不宜用力拉扯。

（3）注意差动放大器电压是（+15 V，−15 V），霍尔式传感器两端电压是（+2 V，−2 V）。

实验 2　光电传感器测转速实验

【实验任务】

了解光电传感器基本原理及运用，并设计实验测量电机转速。

【可选器材】

光电传感器、直流恒压源、示波器、差动放大器、电压放大器、频率计和九孔板接口平台。

【实验提示】

光电传感器由红外发射二极管、红外接收管、达林顿输出管及波形整形电路组成。发射管发射红外光，经电机反射面反射，接收管接收到反射信号，经放大、波形整形输出方波，再经转换测出其频率。

（1）先将差动放大器调零，按图 5.3-4 接线。

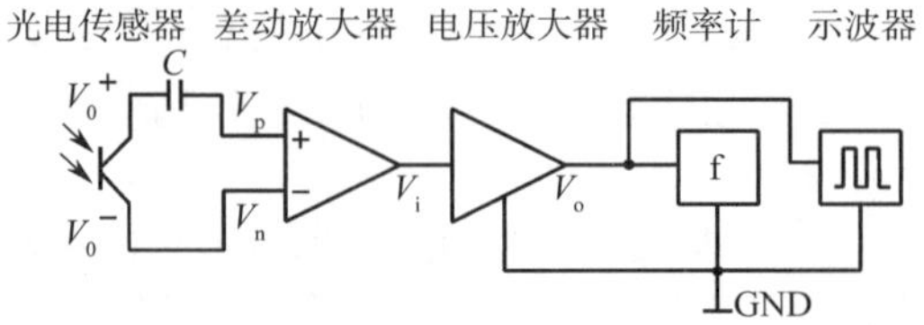

图 5.3-4 实验参考电路

（2）光电传感器+、-端分别接至直流恒压源 0~12 V 的+、-端。

（3）V_i^+、V_i^-分别接直流恒压源的+6 V 和 GND，并与 ±15 V 处的 GND 相连。

（4）调节电压粗调旋钮，使电机转动。

（5）根据测到的频率及电机上反射面的数目，计算出此时的电机转速，即

N=频率计显示值 ÷6×60 r/min

（6）实验完毕，关闭直流恒压源。

【思考题】

（1）光电传感器测转速产生误差大和稳定性差的原因是什么？主要有哪些影响因素？

（2）通过本实验的学习，是否能够对家用电风扇进行测速？如果可行，如何实现？需要注意哪些问题？请给出方案和必要的电路图和文字说明。

5.4 自组显微镜、望远镜和幻灯机

显微镜、望远镜和幻灯机是生产、生活和科研中经常用到的光学仪器，是几何光学应用的典例，本实验目的是利用给定器材自行组装这三种仪器，使学生加深对仪器原理的理解和掌握，创造性地将所学理论知识和实践技能应用到实际中。

【实验任务】

（1）利用给定仪器分别组装显微镜、望远镜和幻灯机。

（2）测量并计算所组装显微镜和望远镜的放大率。

【可选器材】

带有毛玻璃的白炽灯光源 S、1/10 mm 分划板 F_1、凸透镜 L_1（f_1=15 mm）/L_2（f_2=50 mm）/L_3（f_3=190 mm）、调整架、测微目镜 L_E（去掉其物镜头的读数显微镜、f_E=12.5 mm）、读数显微镜架、幻灯底片 P、干板架、白屏 H、毫米尺 F（L=7 mm）、滑座、光具座（导轨）等。

【实验原理】

1. 显微镜原理

显微镜是用来观察近距离微小目标的目视光学仪器，由两个共轴光学系统组成，我们把它们简化为两个会聚透镜，其中向着物方的 L_O 称为物镜，接近人眼的 L_E 称为目镜，光路如图 5.4-1 所示。高度为 Y 的物体首先经短焦距物镜 L_O 在目镜 L_E 的物方焦平面附近（实像与目镜距离略小于其焦距 f_E）成一个倒立高度为 Y' 放大的实像，然后用目镜 L_E 作为放大镜观察这个中间像高 Y'，再经过目镜 L_E 放大后在明视距离以外成一个与物体成倒立高为 Y'' 的放大虚像。

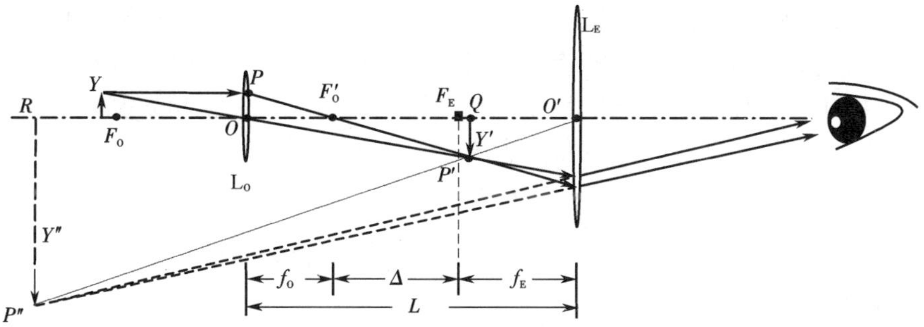

图 5.4-1　显微镜光学系统原理图

设物镜和目镜之间的光学间隔为 Δ，物镜焦距为 f_O，目镜焦距为 f_E，如图 5.4-1 所示，高度分别为 Y'、Y'' 的像在光轴上的相应位置为 Q、R，显微镜中 Q 很靠近目镜的焦点 F_E。$\triangle POF'_O$ 和 $\triangle P'QF'_O$ 为相似三角形，有：

$$\frac{Y'}{Y}=\frac{QP'}{OP}=\frac{QF'_O}{OF'_O}\approx\frac{\Delta}{f_O}$$

式中：$\Delta=L-f_O-f_E$。此外，$\triangle P'QO'$ 和 $\triangle P''RO'$ 为相似三角形，因此有

$$\frac{Y''}{Y'}=\frac{RP''}{QP'}=\frac{O'R}{O'Q}$$

式中：$O'Q$ 近似等于目镜的焦距 f_E，$O'R$ 近似等于正常人眼的明视距离 S_0，一般取 250 mm，则

$$\frac{Y''}{Y'}\approx\frac{S_0}{f_E}$$

显微镜的视角放大率为

$$M=-\frac{S_0\Delta}{f_Of_E} \tag{5.4-1}$$

式中："−"表明像是倒立的。

2. 望远镜原理

望远镜是用来观察远处目标的目视光学仪器，常用的望远镜有伽利略型和开普勒型两种，前者的物镜是会聚透镜、目镜是发散透镜，后者的物镜和目镜都是会聚透镜。本实验要求组装开普勒望远镜。开普勒望远镜光路如图 5.4-2 所示，该望远镜由物镜 L_O 和目镜 L_E 两个共轴光学系统组成，物镜的作用是将无穷远处物体发出的光会聚后在像方焦平面上成一个倒立的实像（中间像），目镜再把该中间像放大成一个与原物倒立的虚像。

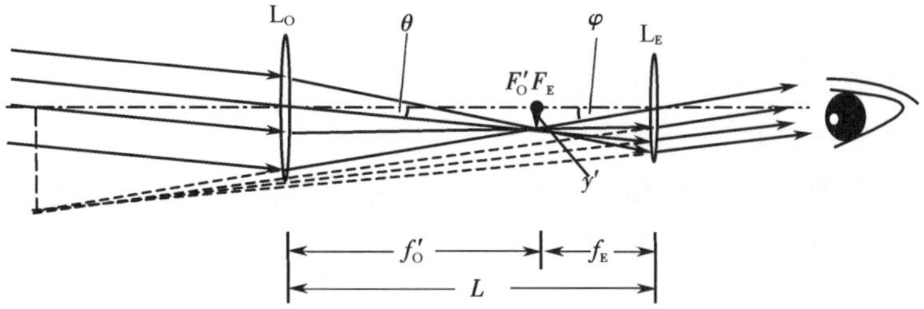

图 5.4-2　望远镜光学系统原理

当观测无限远处的物体时，物镜的焦平面和目镜的焦平面重合，物体通过物镜成像在它的后焦平面上，同时也处于目镜的前焦平面上，因此通过目镜观察时，成像于无限远处。在这种情况下，物体在实际位置所张的视角 θ 和虚像对目镜所张的视角 φ 都变得很小，视角之比可以用正切之比代替，望远镜的视角放大率可以表示为

$$M=-\frac{\varphi}{\theta}\approx-\frac{\tan\varphi}{\tan\theta}=-\frac{y'/f_E}{y'/f_O}=-\frac{f_O}{f_E} \tag{5.4-2}$$

3. 透射式幻灯机原理

电影放映机、印相放大机、投影仪和幻灯机都属于投影仪器，它们的原理相同，这里以幻灯机为例介绍其原理。

幻灯机能将图片的像放映在远处的屏幕上，图片本身并不发光，因此需要用强光照亮图片，幻灯机的构造包括聚光和成像两个主要部分，在透射式幻灯机中，图片是透明的。幻灯机光学系统原理如图 5.4-3 所示，成像部分主要包括物镜 L_O、幻灯片 P 和远处的屏幕 H。为了使物镜能在屏上产生高倍放大的实像，P 必须放在物镜 L_O 的物方焦平面外很近的地方，使物距稍大于 L_O 的物方焦距。聚光部分主要包括强光源（通常采用溴钨灯）和透镜 L_1 构成的聚光镜。未插入幻灯片时，聚光镜能使屏幕上有强烈而均匀的照度，且不出现光源本身结构（如灯丝等）的像；插入幻灯片后，能够在屏幕上单独出现幻灯片清晰的像。要保证从光源发出并通过聚光镜的光束能够全部到达像面，必须使这束光全部通过物镜 L_O。通过"中间像"的方法可以实现上述目标，即聚光镜使光源成实像，成实像后光束继续前进，不超过透镜 L_O 边缘范围。光源的大小以光束完全充满 L_O 的整个面积为限，通常将幻灯片放在聚光镜 L_1 前面较近的地方，光源则置于聚光镜后两倍于聚光镜焦距之外。

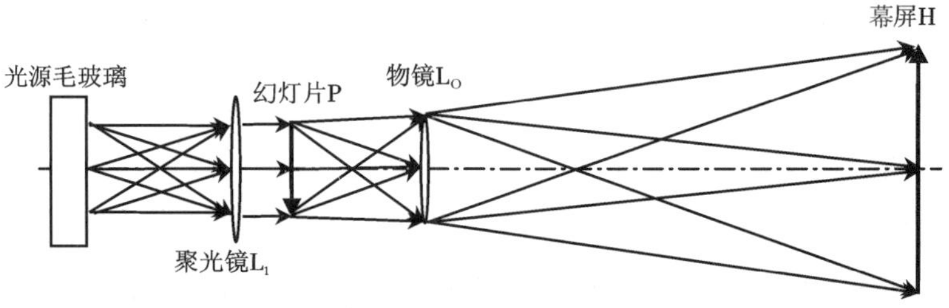

图 5.4-3 幻灯机光学系统原理图

【注意事项】

各透镜的光心或屏幕平面与滑块刻度线之间可能存在一定距离，在测定位置和计算距离时要根据说明书或具体实验条件进行必要的修正。

【思考题】

（1）显微镜和望远镜的结构和功能有何不同？

（2）如何提高显微镜和望远镜的放大率？

（3）在用望远镜观察不同距离的物体时，如何进行"调焦"？试解释其原理。

（4）组装的幻灯机屏幕接收到的像的大小、虚实、亮暗如何调节？

5.5　自组迈克耳孙干涉仪测空气折射率

迈克耳孙干涉仪是利用分振幅法产生双光束而发生干涉的仪器。利用该仪器的原理，借助所需光学器件，在光学平台上搭建干涉光路，即为自组迈克耳孙干涉仪。由于两束相干光沿不同路径传播，如一束中加入空气室，改变气室压强，两束光的光程差发生变化，进而干涉条纹发生"缩冒"变化，观测这种变化情况即可测量空气的折射率。

【实验目的】

1. 学会组装迈克耳孙干涉仪，掌握用其测量气体折射率的原理和方法。

2. 理解产生干涉的条件，掌握调节方法。

3. 在观察干涉条纹随气压变化的现象和规律的基础上，设计测量不同气压变化量引起的干涉条纹的变化数的方法。

【实验仪器】

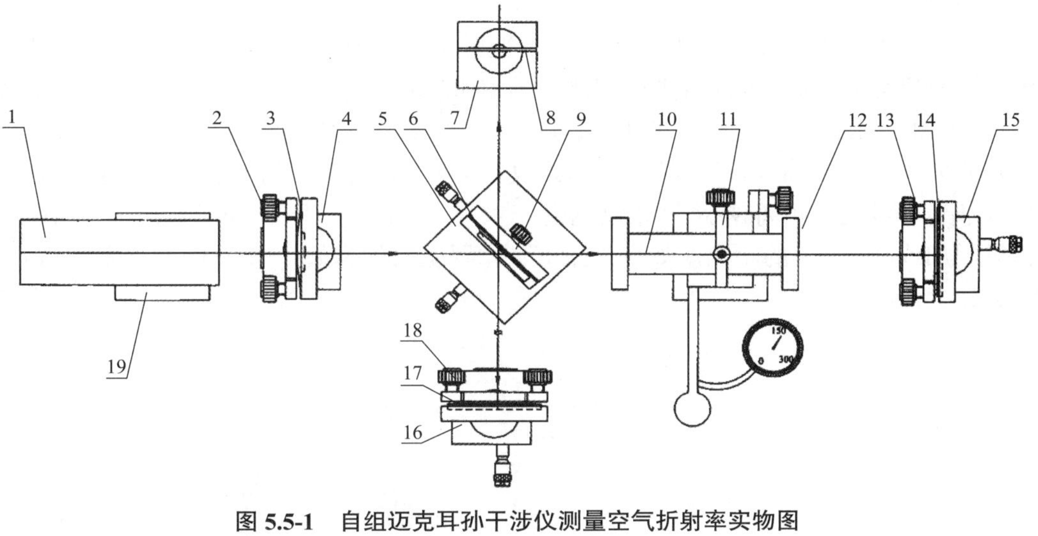

图 5.5-1　自组迈克耳孙干涉仪测量空气折射率实物图

1—激光器；2—二维调整架（SZ-07）；3—扩束镜（f=15 mm）；4—升降调整座（SZ-03）；5—三维平移底座（SZ-01）；6—分束镜（50%）；7—通用底座（SZ-04）；8—白屏（SZ-13）；9—二维调整架（SZ-07）；10—空气室；11—光源二维调节架；12—二维平移底座（SZ-02）；13—二维调整架（SZ-07）；14—平面反射镜（SZ-18）；15—二维平移底座（SZ-02）；16—二维平移底座（SZ-02）；17—平面反射镜；18—二维调整架（SZ-07）；19—升降调整座（SZ-03）

【实验原理】

1. 迈克耳孙干涉仪的典型光路

由图 5.5-2 所示，光源 S 射出的光经过分光板 G_1 被分成强度大致相等、沿不同方向传播的两束相干光束（1）和（2），它们分别经固定反射镜 M_1 和移动反射镜 M_2 反射后，返回分光板射向观察系统，在一定条件下，观察系统（屏、望远镜或人眼）中将呈现出特定的干涉图样。由于分光板的玻璃基板有一定厚度，其折射率随波长而异，因此需要在光路（1）中放入一块与分光板材料、厚度完全相同的平行玻璃补偿板 G_2，这样就可以使（1）、（2）两束光的光程差始终相等，且与入射光波长无关。当入射光为单色光而不需要确定零光程位置时，补偿板可以省略（本实验就是这种情况），如图 5.5-3。但对于需要确定两路光程相等时的位置（又称零光程差位置）的某些实验，如观测白光干涉实验时，补偿板是必不可少的。

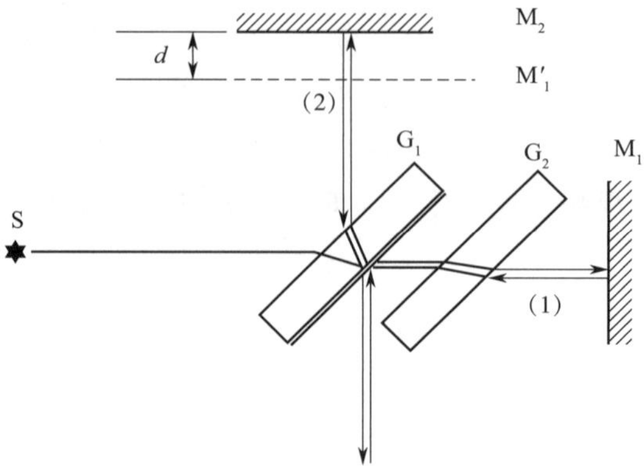

图 5.5-2 迈克耳孙干涉仪典型光路示意图

2. 等倾干涉

当 M_2 与 M_1 严格垂直，即 M_2 与 M_1' 严格平行时，所得干涉为等倾干涉。干涉条纹为位于无限远或透镜焦平面上明暗的同心圆环。干涉圆环的特征是：内疏外密。由等倾干涉理论可知：当 M'_1、M_2 之间的距离 d 减小时，任一指定的 k 级条纹将缩小其半径，并逐渐收缩至中心处消失，即条纹“陷入”；当 d 增大，即条纹“外冒”，而且 M_1' 与 M_2 的厚度越大，则相邻的亮（或暗）条纹之间距离越小，即条纹越密，越不易辨认。每“陷入”或“冒出”一个圆环，d 就相应增加或减少 $\lambda/2$ 的距离。如果“陷入”或“冒出”的环数为 N，d 的改变量为 Δd，则：$\Delta d=N\lambda/2$。

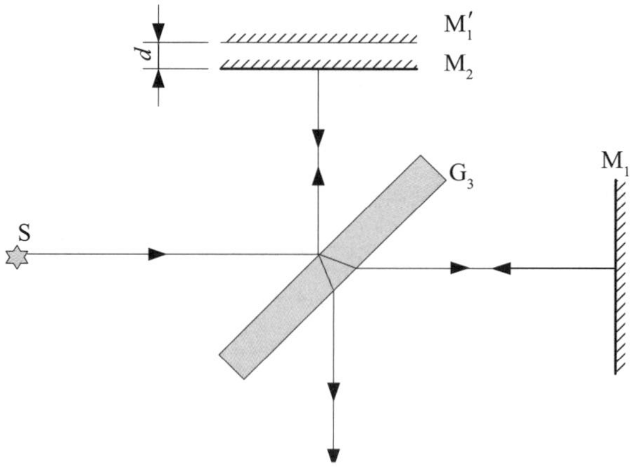

图 5.5-3 自组迈克耳孙干涉仪测空气折射率的光路示意图

3. 非定域干涉

若将短焦距的发散激光束入射至迈克耳孙干涉仪，经 M_1、M_2 反射后，相当于由两个相干性极好的虚光源 S_1 和 S_2 发出的球面波前形成的干涉，见实验 4.6 中图 4.6-4。由于在 M_2 与接收屏之间的空间中传播的光波处处相干，故干涉图像的形状与接收屏的位置和取向有关。当 M_2 平行于 M_1'，接收屏垂直于 $\overline{S'S_2}$ 时，条纹为同心圆环；当接收屏不垂直 $\overline{S'S_2}$ 时，条纹为椭圆簇或直线簇；此外，干涉环的吞吐、移动的规律与等倾干涉时相同。

在调出非定域圆条纹的基础上，将长度为 D 的小气室插入图 5.5-1 所示的位置中，给小气室加压，使气压变化 ΔP，从而使气体的折射率改变 Δn。随气室内压逐渐升高，气室所在范围内光程差变化 $2D\Delta n$，在白屏上可观察到干涉条纹也在不断变化，记下干涉条纹变化的总数 N 条，则有

$$2D|\Delta n| = N\lambda \tag{5.5-1}$$

理论上可以证明，当温度一定时，气压不太高时，气体折射率的变化量与气压的变化量 ΔP 成正比：

$$\frac{n-1}{p} = \frac{\Delta n}{\Delta p} = \text{常数} \tag{5.5-2}$$

故有：

$$n = 1 + \left|\frac{\Delta n}{\Delta P}\right| P \tag{5.5-3}$$

将 Δn 式代入上式可得：

$$n = 1 + \frac{N\lambda}{2D} \cdot \frac{P}{\Delta P} \tag{5.5-4}$$

式 5.5-4 给出了气压为 P 时（实验中如有测量，则以测量为准；如没有测量则以一个标准大气压为准）的空气折射率 n，例如令 P=760 mmHg（即一个大气压）代入上式，就可求出一个大气压下的空气折射率。

【实验步骤】

1. 把全部器件按图 5.5-1 的顺序摆放好，靠拢，目测调制共轴。

2. 调激光器 L 的倾角，使其发出的光束平行于平台面，再按图 5.5-1 放置各元件（扩束镜暂不放）。

3. 将分光镜 G 大致调成 45°，并调其倾角，使光束 2 平行于平台面（注意分光镜与反射镜之间的角度关系）。

4. 调节底座使两路的臂长相等，并保证臂长度足够充许将气室预置于一个光路中（可通过平台上的点格来粗略估计，相差约几个毫米。思考：改变臂长应使用哪种底座？）。

5. 调 M_1 使 1 路光沿原路返回，调 M_2 使 2 路光沿原路返回，并使 1、2 两束光在屏 H 上重合。在这个调节过程中，因为光斑亮度太大人眼不能分辨各自的边界，所以在移动之前应仔细观察两光斑的大小形状便于更好地使两光斑完全重合。

6. 加扩束镜，调节反光镜 M_1 或 M_2 使在屏 H 上出现等倾干涉圆环，并使干涉条纹变粗（改变其中一个光路的长度，为什么？）（视场中的最多不要超过 5 条条纹）。

7. 将气室置于一个光路中，调节反射镜使干涉条纹的中心出现在视野之中。用打气球向空气室充气，关紧气球上方的旋钮，使气室内的气体不外泄，待读数稳定时，练习开启气球旋钮，慢慢放气，能够清楚地观察到条纹的冒出（或缩进）。

8. 用打气球向空气室充气，直到血压表走满刻度（300 mmHg），关紧气球上方的旋钮，使气室内的气体不外泄，待读数稳定，记下气压值 a。

9. 开启气球旋钮，慢慢放气（在步骤 5 之前应先操作旋钮以至于能够熟练地使气体溢出并能够清楚地看到干涉条纹缓慢地冒出/缩进），直到全部气放完，数出冒出（或缩进）的条纹数 Na。

10. 减少充气量，再次充气（如充到 270 mmHg），读数稳定后记下气压值，然后重复步骤 9。

11. 再次减少充气量，重复测量 6~10 组数据并记录。

【数据处理】

实验室条件下空气的折射率应将标准大气压换成实验室所测气压。用毫米方格纸绘制干涉条纹变化数 N 与气室气压改变量 ΔP 的关系曲线。用最小二乘法拟合 N~ΔP 关系，画出拟合曲线；并求得实验室气压下的空气折射率和标准偏差。估计测量的不确定度。求出实验室测量的气压对应的折射率。

表 5.5-1　不同气压值与条纹数关系表

室温：　　长度：D=________mm　　λ=632.8 nm

空气室气压值 mmHg	吐出的条纹数 N
300	
270	
240	
210	
180	
150	
120	

5.6　电表的改装与校准

电表在电学测量中有着广泛的应用，了解电表和使用电表就显得十分重要。电流计一般只能测量较小的电流和电压，如果要用它测量较大的电流或电压，就必须进行改装，以扩大其量程。万用表就是对微安表表头进行多量程改装而来，在电路的测量和故障检测中得到广泛的应用。

【实验任务】

（1）测出所给表头的参数 I_g 和 R_g。

（2）用电阻箱作 R_S，将表头改装成 I=10 mA 的电流表。

（3）掌握把表头改装成电压表的原理和方法，并把表头改装成 1 V 电压表。

【可选器材】

实验线路板、电流表、电压表、表头、电阻箱、滑线变阻器、直流稳压电源等。

【实验提示】

1. 测量量程 I_g、内阻 R_g

电流计允许通过的最大电流称为电流计的量程,用 I_g 表示,电流计的线圈有一定内阻,用 R_g 表示, I_g 与 R_g 是两个表示电流计特性的重要参数。测量内阻 R_g 常用的方法有中值法和替代法。

1)中值法

中值法也称半电流法,当被测电流计接在电路中时,使电流计满偏,再用十进位电阻箱与电流计并联,作为分流电阻改变电阻值,即改变分流程度,当电流计指针指示到中间值,且总电流强度仍保持不变时,分流电阻值就等于电流计的内阻。

2)替代法

当被测电流计接在电路中时,用十进位电阻箱替代它,改变电阻值,当电路中的电压不变,且电路中的电流也保持不变时,则电阻箱的电阻值即为被测电流计的内阻。

替代法是一种运用很广的测量方法,具有较高的测量准确度。

2. 改装为大量程电流表

根据电阻并联规律可知,如果在表头两端并联上一个阻值适当的电阻 R_2,可使表头不能承受的那部分电流从 R_2 上分流通过。这种由表头和并联电阻 R_2 组成的整体(如图 5.6-1 中虚线框住的部分)就是改装后的电流表。如需将量程扩大 n 倍,则不难得出

$$R_2 = \frac{R_g}{n-1} \tag{5.6-1}$$

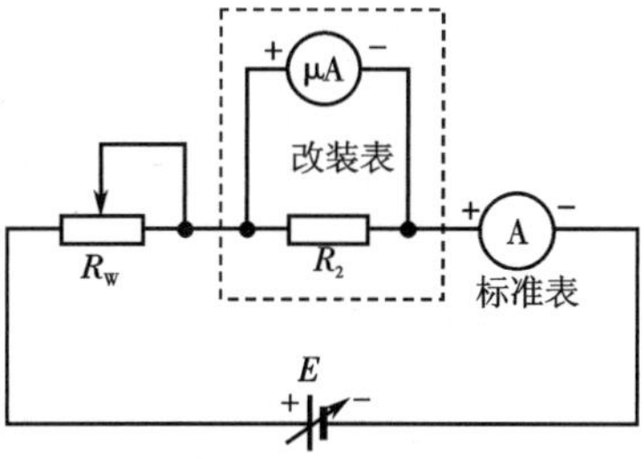

图 5.6-1　改装电流表

图 5.6-1 所示为扩流后的电流表原理图。用电流表测量电流时,电流表应串联在被测电路中,所以要求电流表应有较小的内阻。若在表头上并联阻值不同的分流电阻,便可制成多量程的电流表。

3. 改装为电压表

一般表头能承受的电压很小,不能用来测量较大的电压。为了测量较大的电压,可以给表头串联一个阻值适当的电阻 R_M(如图 5.6-2 中虚线框住的部分,使表头上不能承受部分的电压降落在电阻 R_M 上。由表头和串联电阻 R_M 组成的整体就是电压表, R_M 称为扩程电阻。选取不同大小的 R_M,可以得到不同量程的电压表。扩程电阻值为

$$R_M = \frac{U}{I_g} - R_g \tag{5.6-2}$$

扩展量程后的电压表原理如图 5.6-2 所示。用电压表测电压时,电压表总是并联在被测电路上。为了不改变电路中的工作状态,要求电压表应有较高的内阻。

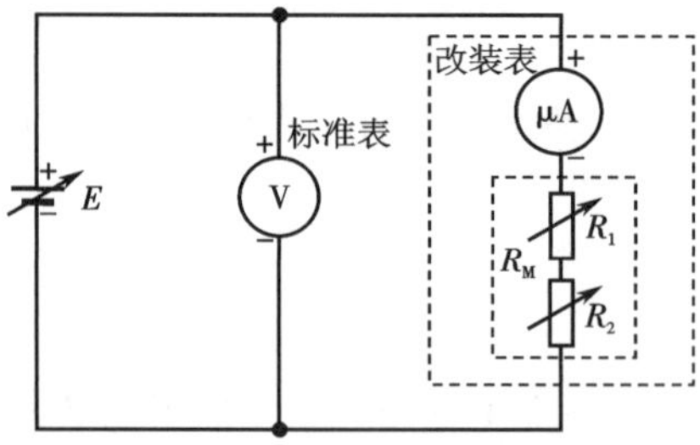

图 5.6-2 改装电压表

4. 改装微安表为欧姆表

用来测量电阻大小的电表称为欧姆表。根据调零方式的不同,欧姆表可分为串联分压式和并联分流式两种,其原理电路如图 5.6-3 所示。

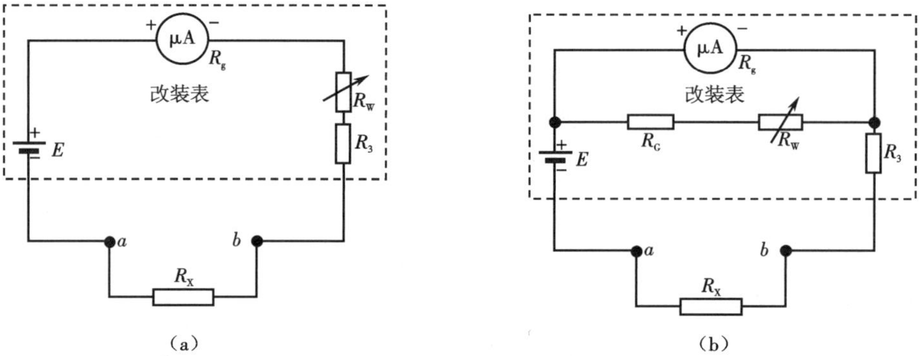

图 5.6-3 欧姆表原理图

(a)串联分压式 (b)并联分流式

图 5.6-3 中,E 为电源,R_3 为限流电阻,R_W 为调“零”电位器,R_X 为被测电阻,R_g 为等效表头内阻,R_G 与 R_W 一起组成分流电阻。

欧姆表使用前要先调“零”点,即将 a、b 两点短路(相当于 R_X=0),调节 R_W 的阻值,使表头指针正好偏转到满度。欧姆表的零点对应表头标度尺的满刻度(即量限),与电流表和电压表的零点正好相反。

在图 5.6-3(a)中,当 a、b 端接入被测电阻 R_X 后,电路中的电流为

$$I=\frac{E}{R_g+R_W+R_3+R_X} \tag{5.6-3}$$

对于给定的表头和线路来说,R_g、R_W、R_3 都是常量。由此可见,当电源端电压 E 保持不变时,被测电阻和电流值有一一对应的关系,即接入不同的电阻,表头就会有不同的偏转读数,R_X 越大,电流 I 越小。短路 a、b 两端,即 R_X=0 时,有

$$I=\frac{E}{R_g+R_W+R_3}=I_g \tag{5.6-4}$$

这时指针满偏。

当 $R_X=R_g+R_w+R_3$ 时,有

$$I=\frac{E}{R_g+R_w+R_3+R_X}=\frac{1}{2}\cdot I_g \tag{5.6-5}$$

这时指针在表头的中间位置，对应的阻值为中值电阻，即 $R_{中}=R_g+R_W+R_3$。

当 $R_X=+\infty$（相当于 a、b 开路）时，$I=0$，即指针在表头的机械零位。

因此，欧姆表的标度尺为反向刻度，且刻度不均匀。电阻 R 越大，刻度间隔越密。如果表头的标度尺预先按已知电阻值刻度，则可以用电流表直接测量电阻。图 5.6-4 所示为欧姆表表头刻度示意图，其中下面刻度对应电流值，上面刻度对应电阻值。

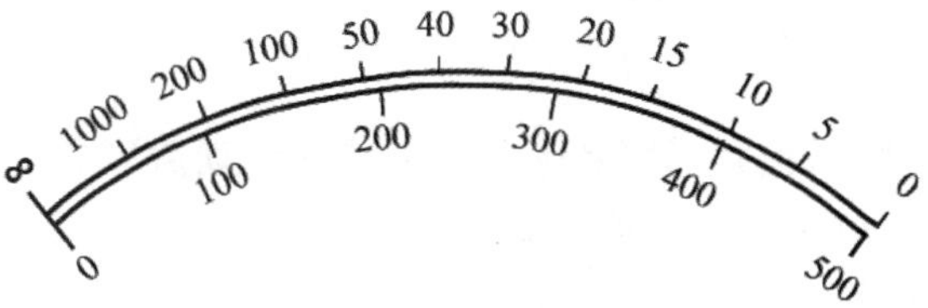

图 5.6-4　欧姆表表头刻度示意图

并联分流式欧姆表利用对表头分流来进行调零，具体参数可自行设计。

欧姆表在使用过程中，电池的端电压会有所改变，而表头的内阻 R_g 及限流电阻 R_3 为常量，故要求 R_W 要跟着 E 的变化而改变，以满足调"零"的要求，设计时用可调电源模拟电池电压的变化，范围取 1.35～1.6 V 即可。

5. 实验线路板电路图

实验线路板电路图参考图 5.6-5。

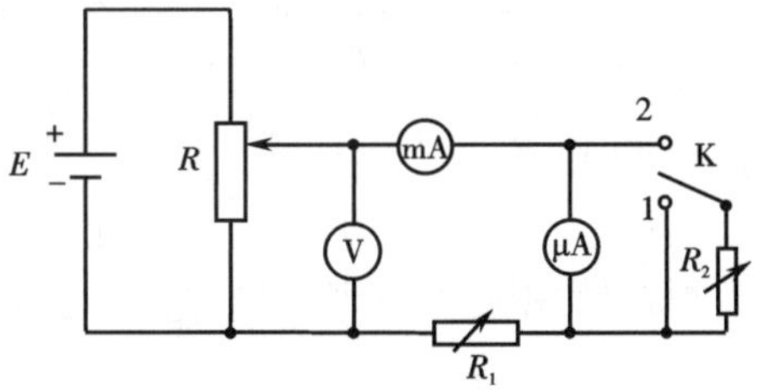

图 5.6-5　实验线路板电路图

【思考题】

（1）替代法测电阻可以消除仪表精度、理论方法等造成的误差，在实验中应注意哪些问题？

（2）请说出测量表头内阻的方法有哪些？

（3）接分压器有什么要领？分压器中滑线变阻器的滑动端滑到什么位置是安全位置？为什么？

5.7　用电位差计测电动势

用电位差计测电动势是将未知电压与电位差计上的直流电压相比较，从而测得电动势大小。其测量结果仅依赖准确度极高的标准电池、标准电阻和高灵敏度的检流计,测量准确度可达到99.9%或更高,是精密测量中应用最广泛的仪器之一。电位差计不但可精确地测定电压、电动势、电流和电阻等,还可以用来校准电表和直流电桥等直读式仪表,在非电参量(如温度、压力、位移和速度等)的测量中也占有重要的地位。

【实验任务】

(1)学习“补偿法”在实验中的应用。

(2)用电位差计测量电池电动势。

(3)用电位差计校准电压表,作校准曲线。

【可选器材】

新型十一线电位差计、检流计、标准电动势与被测电动势装置、滑线式变阻器、甲电池、直流多值十进电阻箱、单刀双掷开关、电压表、导线。

【实验原理】

1. 补偿法原理

在图 5.7-1 所示的电路中,E_X 是待测电源,E_0 是电动势可调电源,E_X 与 E_0 通过检流计并联在一起。当调节 E_0 的大小,检流计指针不偏转,即电路中没有电流时,两个电源的电动势大小相等、互为补偿,即 $E_X = E_0$,电路达到平衡。若已知平衡状态下 E_0 的大小,就可以确定 E_X,这种测定电源电动势的方法称为补偿法。

2. 电位差计

按电位补偿原理构成的测量电动势的仪器称为电位差计。在实际的电位差计中,如图 5.7-2 所示电路中由电源 E、制流电阻 R 和精密电阻 R_{AB} 组成的回路称为辅助回路。当有恒定电流 I_0 流过 R_{AB} 时,从 A 点到 B 点的电位逐点下降,改变滑动端 C 的位置,就可改变 A、C 间的电位差 U_{AC},U_{AC} 就相当于可调电动势 E_0。测量时把 U_{AC} 引出来与未知电动势 E_X 比较,A-K-E_X-C 回路称为补偿回路。使用电位差计应先校准后测量。

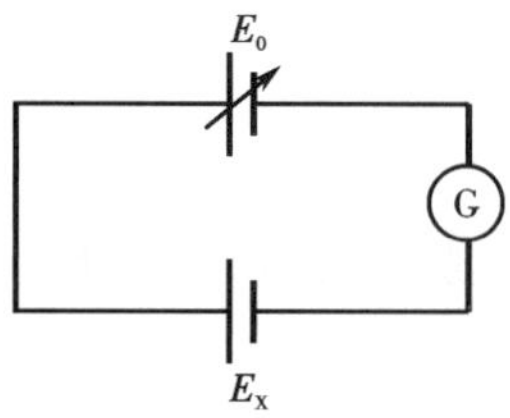

图 5.7-1 补偿法原理图

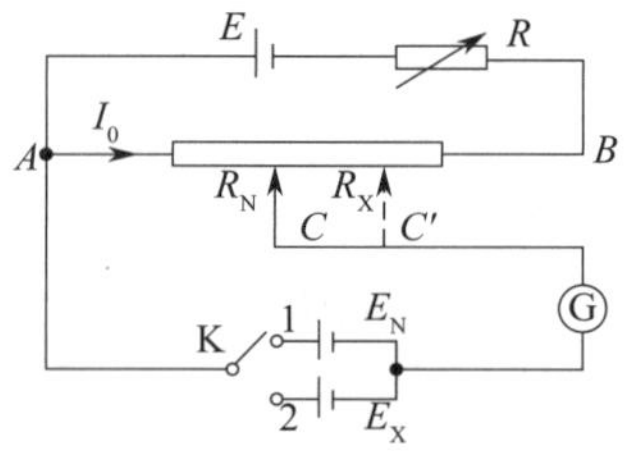

图 5.7-2 电位差计原理

1)校准

把图 5.7-2 中的开关 K 拨向“1”处,即把标准电池 E_N 接入补偿回路,根据标准电池电动势 E_N 的大小选定 A、C 间的电阻 R_N,对应阻丝长度为 L_N。调节制流电阻,即改变辅助回路中的电流 I_0,使

$$I_0R_N=E_N \tag{5.7-1}$$

此时，检流计指针不偏转，此过程称为校准。

2）测量

将开关 K 拨向“2”处，保持 I_0 不变，只要 $E_X \leqslant I_0 R_{AB}$，滑动触头 C 总可以找到使检流计指针指零的一点 C'，这时 A、C' 间的电阻为 R_X，对应阻丝长度为 L_X，且有

$$E_X = I_0 R_X \tag{5.7-2}$$

削去式（5.7-1）和式（5.7-2）中的 I_0，得

$$E_X = \frac{R_X}{R_N} \cdot E_N$$

R_{AB} 为均匀电阻丝，电阻值正比于它的长度 L，所以 $\frac{R_X}{R_N} = \frac{L_X}{L_N}$，因此有，

$$E_X = \frac{L_X}{L_N} E_N = A L_X \tag{5.7-3}$$

式中：$\frac{E_N}{L_N} = A$ 为电阻丝单位长度的电位降；L_X 为平衡时电阻丝 AC' 的长度；E_X 为待测电池的电动势。这样就把电动势测量转换成了长度测量。

3. 用新型十一线电位差计测一节干电池的电动势

选择合适的 A 值测量干电池的电动势，并作误差计算，如图 5.7-3 所示。

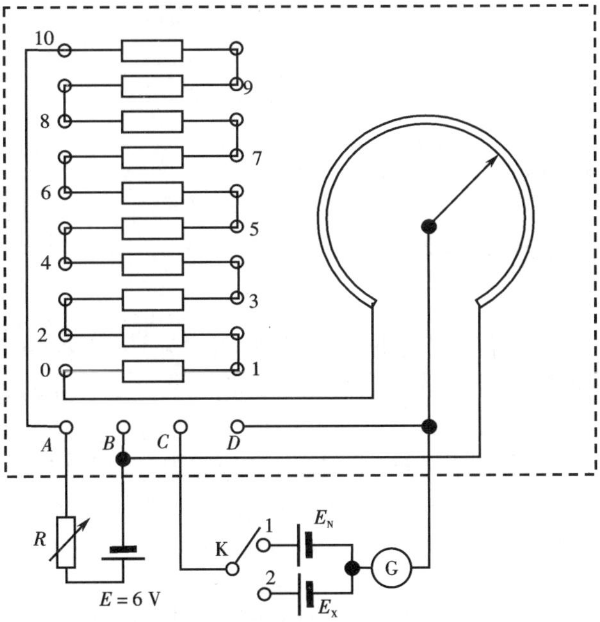

图 5.7-3　用电位差计测干电池电动势

4. 用电位差计校准电压表

由于电位差计的精确度很高，可以将其作为“标准仪器”来校准电压表。图 5.7-4 所示为校准电压表的电路图。用电压表和电位差计同时测量一段电阻的电压时，比较两个电压值的大小，可以校准电压表的读数是否准确。

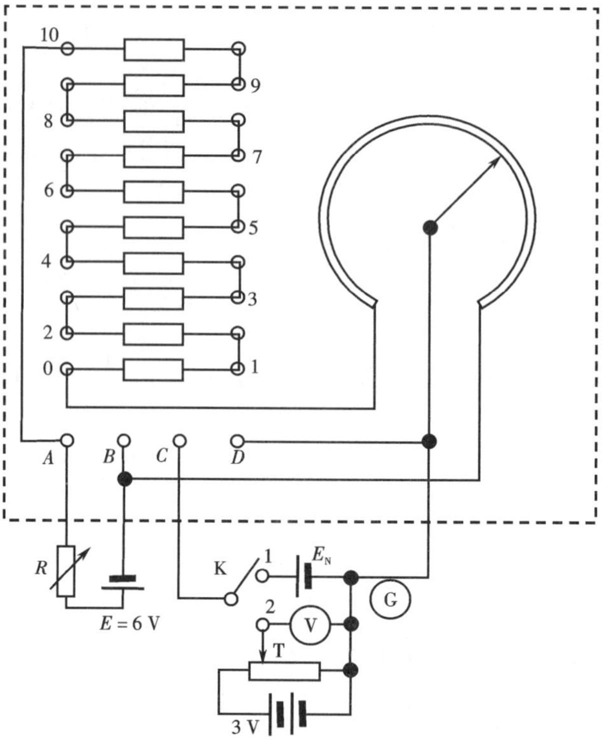

图 5.7-4　用电位差计校准电压表

【思考题】

(1)如何得到辅助回路中的工作电流?

(2)判断两个电动势形成补偿的条件是什么?

5.8　碰撞打靶实验研究

碰撞现象在自然界中是非常普遍的,无论是宏观天体还是微观粒子之间都会发生碰撞现象,碰撞问题也是物理学研究的重要课题。本实验以两个小钢球的碰撞为研究对象,分析两个小钢球碰撞前后的单摆运动和平抛运动,应用力学定律分析碰撞过程中的物理规律,分析理论与实践结果差别,研究实验过程中能量损失的原因,通过自行设计实验分析各种损失的相对大小,从而更深入地理解力学原理,提高分析问题、解决问题的能力。

【实验任务】

(1)观察小钢球的运动情况,从动力学与运动学角度分析两个小钢球的运动规律。

(2)测定碰撞中能量损失的大小。

【可选器材】

碰撞打靶实验仪(图 5.8-1,由导轨、单摆、升降架(上有小电磁铁,可控断通)、被撞小球及载球支柱、靶盒等组成)。

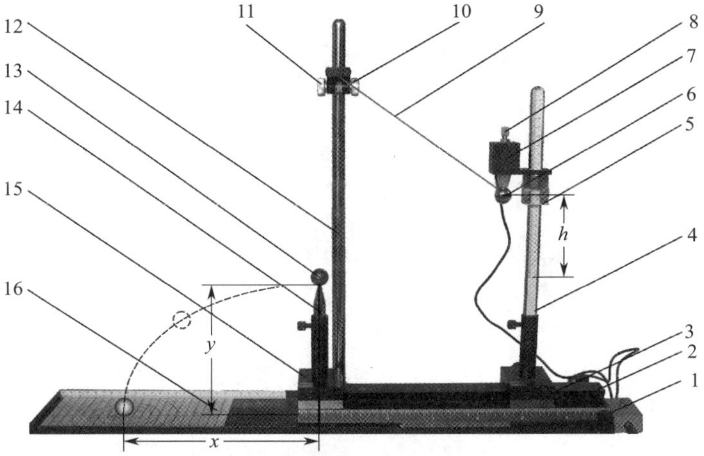

图 5.8-1　碰撞打靶实验仪

1—调节螺钉；2—导轨；3—滑块；4—支柱；5—刻线板；6—摆球；7—电磁铁；
8—衔铁螺钉；9—摆线；10—锁紧螺钉；11—调节旋钮；12—支柱；
13—被撞球；14—载球支柱；15—滑块；16—靶盒

载球支柱上端为圆锥形平头状，以减小钢球与支柱的接触面积，在小钢球受冲击运动时，减少摩擦力做功。载球支柱具有弱磁性，以保证小钢球质心沿着支柱中心位置运动。升降架上装有可上下升降、磁场方向与支柱平行的电磁铁；支柱上有刻度尺及读数指示移动标志。仪器上电磁铁磁场中心位置、单摆小球（钢球）质心与被碰撞小球质心在碰撞前后处于同一平面内。调节两球质心，使之处于同一高度，切断电磁铁电源后，单摆小球自由下摆与被碰撞小球做正碰撞。被碰撞小球将做平抛运动，最终落到贴有目标靶的金属盒内。

【实验提示】

1. 实验所涉及的基本物理运动规律

（1）正碰撞：两运动物体相互碰撞时，两物体的速度都沿着它们质心连线的方向。其他碰撞则为“斜碰撞”。

（2）碰撞过程的动量守恒：两物体碰撞前后的总动量不变。

（3）弹性碰撞：在碰撞过程中系统没有机械能损失。

（4）非弹性碰撞：在碰撞过程中系统机械能不守恒，其中一部分转化为非机械能（如热能）。

（5）由动量守恒和机械能守恒，两个质量相等的小球作完全弹性正碰撞，交换速度。

（6）平抛运动：将物体用一定的初速度 v_0 沿水平方向抛出，在不计空气阻力的情况下，物体所作的运动称为平抛运动，运动学方程为 $x = v_0 t$，$y = \frac{1}{2}gt^2$（其中，t 为从抛出开始计算的时间，x 为物体在时间 t 内水平方向的移动距离，y 为物体在该时间内竖直下落的距离，g 为重力加速度）。

（7）在重力场中，质量为 m 的物体被提高 h 后，其势能增加 $E_p = mgh$。

（8）质量为 m 的物体以速度 v 运动时，其动能为 $E_k = \frac{1}{2}mv^2$。

(9)机械能的转化和守恒定律:任何物体系统,若合外力对该系统所做的功为零,内力都是保守力(无耗散力),则系统的总机械能保持不变。

小球碰撞运动轨迹如图 5.8-2 所示。

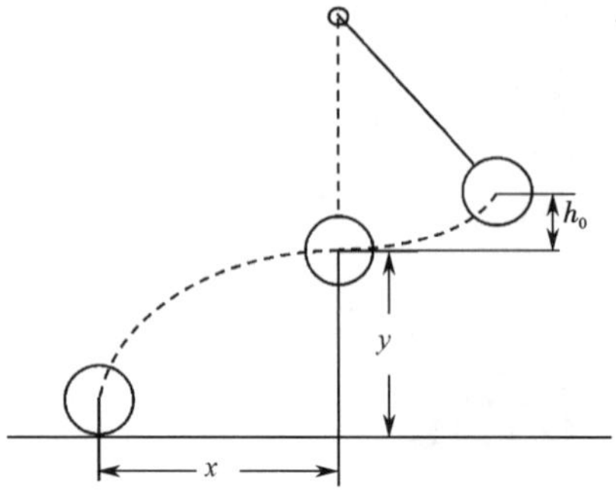

图 5.8-2 小球碰撞运动轨迹示意图

2. 实验过程中公式推导(同质量小球的碰撞)

(1)撞击球下摆至最低点过程,机械能守恒,有

$$mgh_0=\frac{1}{2}mv^2 \tag{5.8-1}$$

$$v=\sqrt{2gh_0} \tag{5.8-2}$$

(2)撞击球与被撞球发生完全弹性碰撞(正碰),动量守恒,机械能守恒,两球交换速度,被撞球获得水平初始速率,有

$$v=\sqrt{2gh_0}$$

(3)被撞球以初始速率 v 做平抛运动,则

$$x=vt,y=\frac{1}{2}gt^2 \tag{5.8-3}$$

由式(5.8-2)和式(5.8-3),得

$$h_0=\frac{x^2}{4y} \tag{5.8-4}$$

式中:x 为被撞球水平射程;y 为被撞球竖直下落的距离;h_0 为撞击球高度的理论值。即在理想状态,若要使被撞球水平射程为 x,则 h_0 必须满足式(5.8-4)。

(4)在实际实验中,当被撞球竖直方向下落的距离为 y,撞击球的高度为理论值 h_0 时,被撞球实际击中靶纸的位置 $x'<x$,由此得碰撞系统在整个运动过程的能量损失为

$$\Delta E=\frac{1}{2}mv^2-\frac{1}{2}mv'^2=\frac{1}{2}m(2gh_0)-\frac{1}{2}m(2gh')=mg(h_0-h')=mg\frac{x^2-x'^2}{4y}$$

$$mg\Delta h=mg\frac{x^2-x'^2}{4y}$$

$$\Delta h=\frac{x^2-x'^2}{4y} \tag{5.8-5}$$

由此,若要使被撞球击中 x 距离,撞击球的初始高度应调至 h_1,使得

$$h_1=h_0+\Delta h=h_0+\frac{x^2-x'^2}{4y} \tag{5.8-6}$$

【注意事项】

(1)避免"衔铁螺钉"位置调节过低,必须保证"摆球"与衔铁口紧密接触。确保"摆球"的定位,重复测量时,尽可能做到摆球和衔铁接触位置相同。

(2)"摆球"定位时,摆臂不得晃动,相关的固定螺钉必须拧紧。

(3)电磁铁吸住小球时,摆线应处于直线状态,摆线不得有明显松弛现象。

【思考题】

（1）按照靶的位置，计算若无能量损失时撞击球的初始高度理想值 h_0（要求切断电磁铁的电源时，撞击球下落与被撞球相碰撞，使被撞球击中靶心）。

（2）以 h_0 值进行若干次打靶实验，确定实际击中的位置（考虑如何确定？提示：可在靶纸上放一张复写纸，被撞球落下处会留下痕迹）；根据此位置，计算 h_0 值应移动多少才可真正击中靶心。

（3）再进行若干次打靶实验，确定实际击中靶心时的 h 值，据此计算碰撞过程前后机械能的总损失为多少。

（4）分析能量损失的各种来源，设计实验以测出各部分能量损失的大小。

（5）改用不同材料、不同大小的撞击球和被撞球进行上述实验，分别找出其能量损失的大小和主要来源。

第6章　仿真实验

6.1　仿真实验系统介绍

6.1.1　仿真实验系统

虚拟仿真实验是基于虚拟现实、人工智能、计算机信息技术、自动控制技术等,由数字化和高度仿真的虚拟模型构建而成。通过设计虚拟仪器,建立虚拟实验环境,学生在虚拟环境中自行设计实验方案、拟定实验参数、操作仪器、模拟真实的实验过程,营造自主学习的环境,达到与真实实验环境同样的效果。仿真系统通过深入解剖教学过程,设计上充分体现"以学生为中心"教学思想的指导,学生必须在理解的基础上通过思考才能正确操作,克服了实际实验中出现的盲目操作和走过场现象。仿真实验不受时间、空间限制,是实际实验的有效补充和延伸,可广泛应用于实验教学的预习、教学、复习、实验操作评估考核等各个教学环节,在大面积开设开放性、设计性、研究性实验教学中发挥着重要的作用,同时为线上线下和虚实结合的混合式教学模式探索和改革提供支持,因此仿真实验是实现数字化实验教学的重要组成。

虚拟仿真实验教学系统为在线仿真教学提供教学环境和支撑服务。该系统有统一的数据访问平台,允许系统管理员、上课教师、学生三类人员同时访问。该系统内包含基础数据、教学资源、仿真实验、教学记录和教学评价模块,主要功能有基础信息管理、教学管理、教学资源学习、在线仿真实验、在线互动讨论、在线资源评价、实验数据管理和实验情况统计等,结构功能如图 6.1-1 所示。该系统实验项目丰富、内容精细、效果突出,提供额外接口,可自主开发对接,是开展大学物理在线仿真实验教学的理想平台。

6.1.2　仿真实验系统的登录与虚拟环境安装

虚拟仿真实验教学云平台包括选排课系统、预习系统和仿真系统,下面介绍该系统的登录与虚拟环境的安装。

1. 仿真实验教学云平台的登录

(1)在浏览器地址栏输入网址,天津城建大学校内访问网址为 http://10.10.77.253:7000/,目前以校内访问为主。

(2)登录首页如图 6.1-2 所示,输入用户名、密码及验证码登录。登录成功之后会提醒修改密码,请及时修改并牢记,如忘记密码请及时联系管理员进行处理。

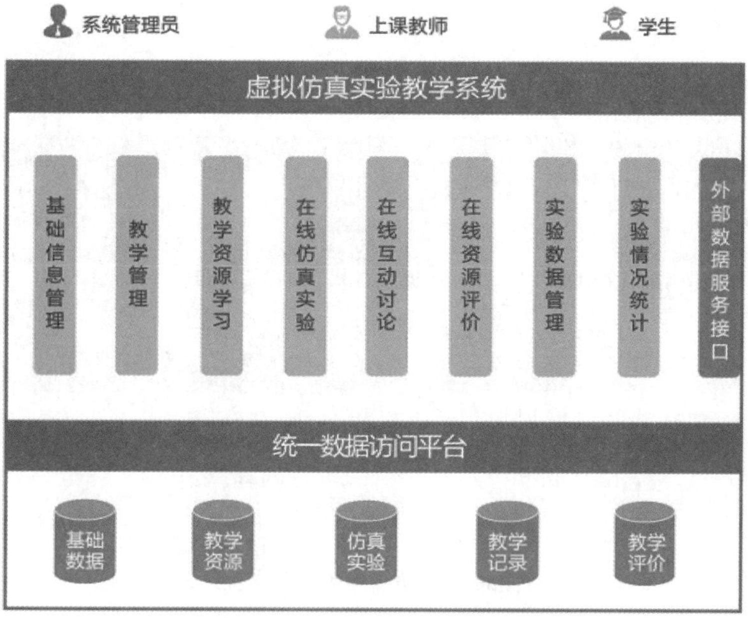

图 6.1-1　仿真实验系统结构功能

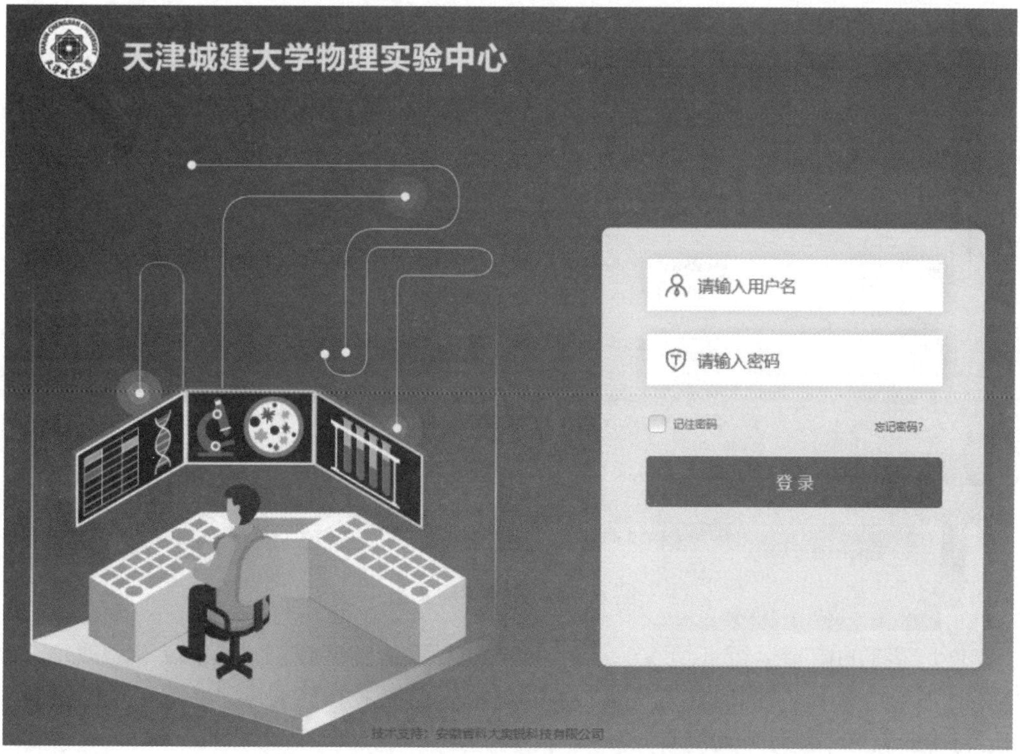

图 6.1-2　虚拟仿真实验教学云平台登录首页

（3）选择页面上的仿真实验 V4.0，进入仿真实验系统主页，包括首页、仿真实验、下载升级、成绩查看共四个栏目，如图 6.1-3 所示。点击“仿真实验”，选择课程和实验项目，进入对应的仿真实验资源页面。

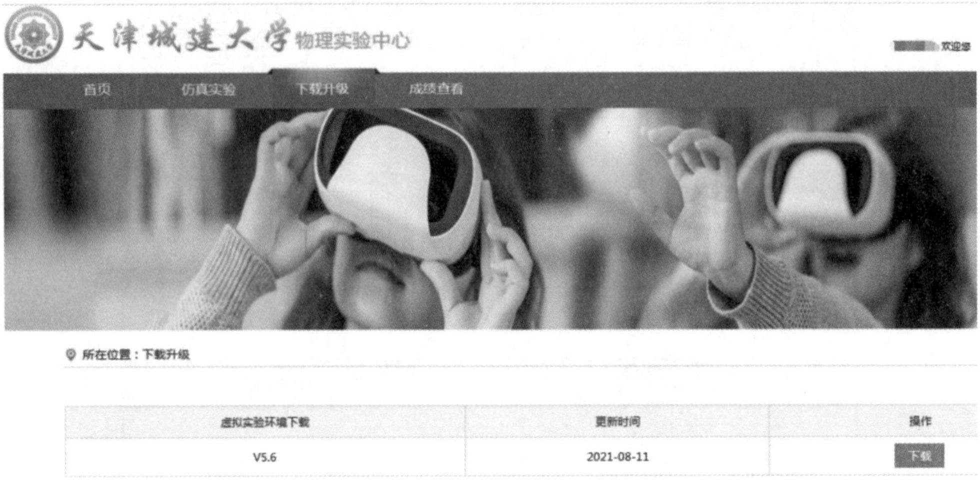

图 6.1-3　仿真实验系统主页

2. 虚拟实验环境的安装与卸载

首次进行仿真实验，需要安装虚拟实验运行环境软件，如图 6.1-4 所示点击此处下载虚拟运行环境，或者在图 6.1-3 中的“下载升级”下载软件，进行安装。

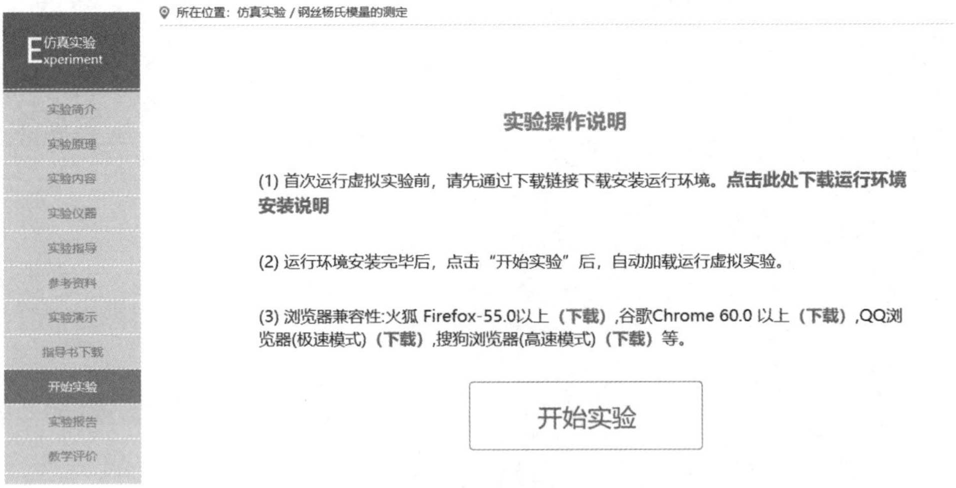

图 6.1-4　开始实验页面

双击下载好的虚拟运行环境 V6 软件进行安装，默认安装在 C 盘，建议不做改变。仿真实验系统需在网页启动，同时注意图 6.1-4 中对浏览器的兼容性要求。点击“开始实验”后，自动运行虚拟环境，启动仿真实验。

完成实验操作，提交数据，点击“成绩查看”，可立即查看实验成绩。

6.1.3　仿真实验项目

本仿真实验系统有仿真实验项目 26 个，其中包含留学生（中英文）仿真实验项目 10 个，供物理实验预习、教学、模拟操作、考核使用，详细实验项目见表 6.1-1。

表 6.1-1　仿真实验项目表

序号	仿真项目名称	语言	序号	仿真项目名称	语言
1	长度的测量	中文	14	法拉第效应	中文
2	示波器实验	中英	15	光纤传感器实验	中文
3	分光计实验	中英	16	霍尔效应	中文
4	干涉法测微小量	中英	17	热敏电阻温度特性研究	中文
5	迈克耳孙干涉仪实验	中英	18	半导体温度计的设计	中文
6	落球法测定液体的黏度	中英	19	整流滤波电路实验	中文
7	声速的测量实验	中英	20	设计万用表实验	中文
8	杨氏模量实验	中英	21	测量锑化铟片的磁阻特性	中文
9	密立根油滴实验	中英	22	椭偏仪测折射率和薄膜厚度	中文
10	光栅单色仪实验	中英	23	塞曼效应实验	中文
11	交变磁场测量	中文	24	拉曼光谱实验	中文
12	模拟法测绘静电场	中文	25	太阳能电池的特性测量	中文
13	三线摆	中文	26	光强调制法测光速	中文

6.1.4　仿真实验系统的教学应用

仿真实验系统提供了力学、热学、电磁学、光学和近代物理等各类实验项目，有相应的虚拟仿真仪器，如游标卡尺、示波器、干涉仪、分光计、三线摆、电压表、电流表、滑线变阻器、单色仪、光谱仪等。学生可根据实验要求完成各类虚拟仿真实验，在实验报告环节完成实验报告，提交服务器或教师批改。

1. 作为实际教学项目使用

对于实验室未开设的项目或设计研究性的实验项目，仿真实验可以提供有效补充和延伸。对于危险性较大、仪器昂贵、条件苛刻的实验项目，如拉曼光谱实验、核物理实验，适合选择仿真实验项目作为实际教学项目使用。

2. 作为实验预习与课程考核使用

大学物理实验不仅是对物理理论知识的应用，更是对实验思想方法和实验技术的学习研究，部分实验仪器设计精妙、结构复杂，实验思想经典实用，通过仿真实验能够直观了解仪器结构，窥探实验设计思想，提高实验教学质量。因此，仿真实验适合实验预习或结课考核使用。

3. 作为开放性实验使用

由于时空、实物仪器限制等因素，开放性实验开设一直受到制约。将仿真实验和线下实验进行结合，融合线上、线下教学资源，满足不同专业学生需求，为学生提供更多选择。

6.2 液体表面张力系数的测定

液体表层指液体与气体、液体与固体以及不相混合的液体之间的界面。液体表层分子有从液面挤入液体内部的倾向，使液体的表面自然收缩，液面变为弹性薄膜，这种沿着表面使液面收缩的力称为表面张力。表面张力在船舶制造、水利学、化学化工、凝聚态物理中均有应用。

测量液体的表面张力系数有多种方法，如最大泡压法、平板法（亦称拉普拉斯法）、毛细管法、焦利氏秤法、扭力天平法等，这里只介绍焦利氏秤法。本实验利用逐差法测量焦利氏秤弹簧的劲度系数（又称倔强系数），利用拉脱法测量液体的表面张力系数。

【实验目的】

（1）了解焦利氏秤的结构、工作原理及使用方法，测量弹簧的劲度系数。

（2）掌握表面张力系数的物理含义和计算方法。

（3）会用拉脱法测液体（水）的表面张力系数。

【实验器材】

焦利氏秤、砝码托盘、金属环、金属框、镊子、砝码盘（实验台上盛放砝码）、游标卡尺、螺旋测微器、烧杯。

【主窗口和菜单】

在系统主界面上单击“液体表面张力系数的测定”，即可进入本实验主窗口。主窗口界面包括“实验简介”“实验内容”“实验仪器”“实验指导”等菜单项。单击菜单中的“开始实验”，将进入实验操作界面，如图 6.2-1 所示。在此界面可以查看“实验台面”“实验仪器”“实验提示”和“实验内容”等项目。鼠标指向“实验仪器”窗口的仪器时，可通过“实验提示”窗口查看相应仪器的名称及功能介绍，如焦利氏秤、游标卡尺等 。

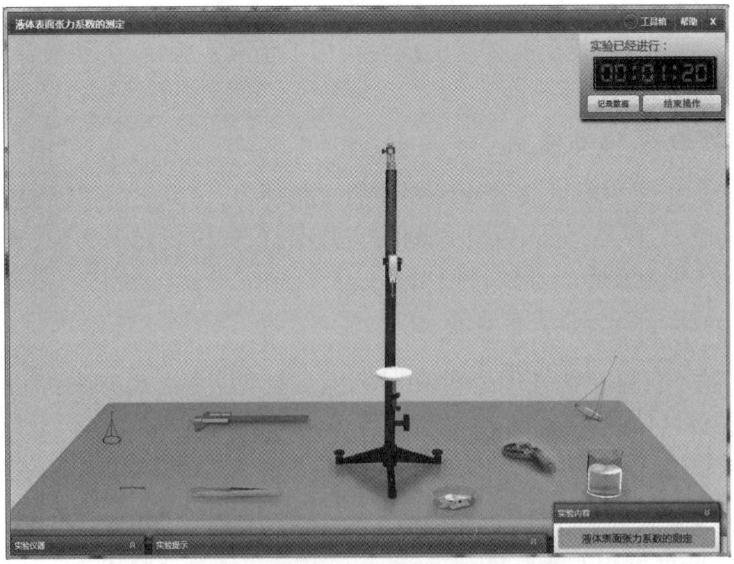

图 6.2-1 “液体表面张力系数的测定”实验操作界面

【实验原理】

1. 液体分子受力情况

液体表面层（厚度等于分子作用半径，约 10^{-10} m）中分子的受力情况与液体内部不同。在液体内部，分子在各个方向上受力均匀，合力为零。而在液体表面层，由于液面上方气体分子数较少，使表面层中的分子受到向上的引力小于受到向下的引力，合力不为零，合力垂直于液体表面指向液体内部，如图 6.2-2 所示。液体表面层分子有从液面挤入液体内部的倾向，使液体的表面自然收缩，直到达到动态平衡（即表面层中分子挤入液体内部的速率与液体内部分子热运动达到液面的速率相等）。此时，整个液面如同拉紧的弹性薄膜，沿着表面使液面收缩的作用力称为液体的表面张力。

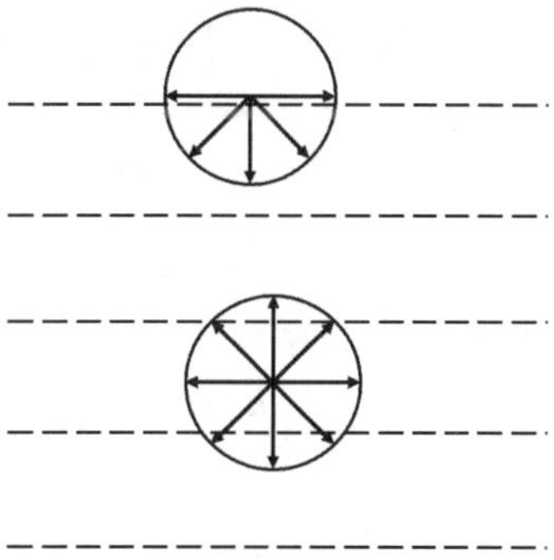

图 6.2-2　液体分子受力示意图

表面张力的大小可用表面张力系数 σ 描述。设想在液面上画一条线，表面张力作用表现为直线两侧的液面以一定的拉力 f 相互作用，而且力的方向垂直于该直线，力的大小与液体接触面周边线的长度 L 成正比，即

$$f = \sigma L \tag{6.2-1}$$

2. 拉脱法测液体的表面张力系数原理

将表面清洁的金属薄片（矩形金属框和金属圆环）分别竖直浸入水中，使其底面水平并轻轻提起。当金属薄片底面与水面相平或略高于水面时，受液体表面张力的作用，金属薄片的四周将带起一部分水，使水面弯曲，呈现如图 6.2-3 所示的形状。液面收缩产生的沿着切线方向的力 f 即为表面张力，角 φ 为接触角。当用力 F 缓慢向上提拉待测物时，接触角逐渐减小并趋近零，待水薄膜撕破瞬间，表面张力竖直向下，设金属薄片质量为 m，由静力平衡条件可知，F 是金属薄片重力 mg 与水薄膜拉引金属薄片的表面张力 f 之和，即

$$F = mg + f \tag{6.2-2}$$

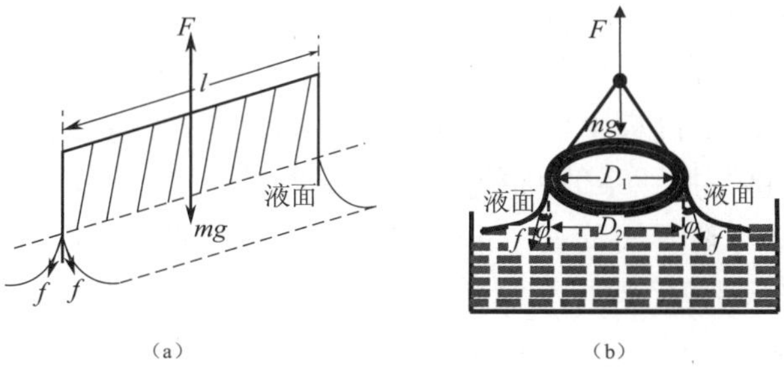

图 6.2-3　金属框和金属圆环模型受力示意图

（a）金属框　（b）金属圆环

将式（6.2-1）代入式（6.2-2），求得到表面张力系数 σ 为

$$\sigma = \frac{f}{L} = \frac{F - mg}{L} \tag{6.2-3}$$

式中：若 L、F 的单位分别为 m、N，重力加速度 g 的单位为 m/s^2，m 的单位为 kg，则 σ 单位是

N/m，可见表面张力系数等于单位长度的表面张力。表面张力系数与液体的性质有关，密度小易挥发的液体σ较小，反之较大；表面张力系数还与杂质、温度有关，在液体中掺入某些杂质可以使σ增大或减小；温度升高，表面张力系数σ将降低。

本实验中选择金属圆环和金属框作为研究对象，拉力利用焦利氏秤测出。设弹簧劲度系数为k，空气中待测物还没浸入液体时位置为h_0，焦利氏秤测出的最大拉力为F，液膜刚破损时位置为h，位置差为$\Delta h=h-h_0$，则表面张力为

$$f = F - mg = k\Delta h = k(h - h_0) \tag{6.2-4}$$

则表面张力系数为

$$\sigma = \frac{k\Delta h}{L} \tag{6.2-5}$$

如图 6.2-3 所示，进行仿真实验时，可用"⊓"形金属框架来代替金属薄片，l为金属框架横梁的长度，d为金属丝的直径，则矩形金属框接触面边界线总长$L = 2(l + d)$；金属圆环内径和外径分别为D_1和D_2，金属圆环接触面边界线总长度$L = \pi(D_1 + D_2)$，分别代入式（6.2-5），则液体的表面张力系数如下。

金属框：

$$\sigma = \frac{k\Delta h}{2(l + d)} \tag{6.2-6}$$

金属圆环：

$$\sigma = \frac{k\Delta h}{\pi(D_1 + D_2)} \tag{6.2-7}$$

测定表面张力系数的关键是测量表面张力，用普通的弹簧秤很难迅速测出液膜即将破裂时的表面张力，而焦利氏秤克服了这一困难，可以方便准确地测量表面张力。随着技术的更新换代，如今更多地采用力敏微拉力传感器测量表面张力。

3. 焦利氏秤

焦利氏秤由固定在底座上的秤框、可升降的金属杆和锥形弹簧秤等部分组成，其结构图详见"5.2　用气垫导轨研究简谐振动"实验。

焦利氏秤和普通的弹簧秤有所不同。普通的弹簧秤是固定上端，通过下端移动的距离来称衡，焦利氏秤是在测量过程中保持下端固定在某一位置，通过上端的位移大小来称衡。为了克服弹簧自重引起的弹性系数的变化，把弹簧做成锥形。使用中保持小镜中的指示横线、平衡指示玻璃管上的刻度线及其在小镜中的像三者对齐，简称为三线对齐，作为弹簧下端的固定起算点。根据胡克定律可测量弹簧的劲度系数。

【实验内容】

1. 用逐差法求弹簧的劲度系数

1）测量前焦利氏秤的安装和调节

双击桌面上焦利氏秤小图标，弹出焦利氏秤调节界面，如图 6.2-4 所示。左击或右击杆高度调节旋钮可分别调节金属杆和弹簧往上或往下移动。调节支架底座的底脚螺钉，使秤框竖直，弹簧自然下垂并与升降杆平行，使小平面镜在玻璃管中心不与管壁相碰。调节弹簧

到适当高度，以便于放砝码托盘。鼠标移到砝码托盘位置，按下鼠标将砝码托盘拖到焦利氏秤位置后松开鼠标，砝码托盘自动挂到挂钩上。

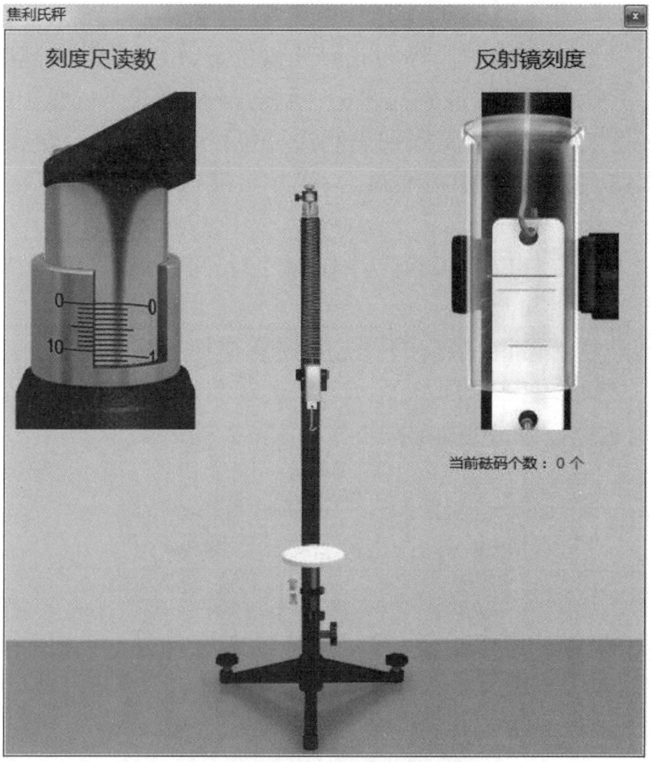

图 6.2-4　焦利氏秤调节界面

2）测量数据

按下鼠标将镊子拖到焦利氏秤上的砝码托盘位置，镊子自动把砝码放到砝码托盘中。逐次向砝码托盘内放入砝码，调节升降钮，使三线对齐，分别记下对应砝码个数为 1、2、3、4、5、6 时的位置读数，再逐次减少砝码，记录刻度尺读数；用逐差法或作图法处理数据，计算弹簧的劲度系数。数据记录及数据处理表格如图 6.2-5 所示。

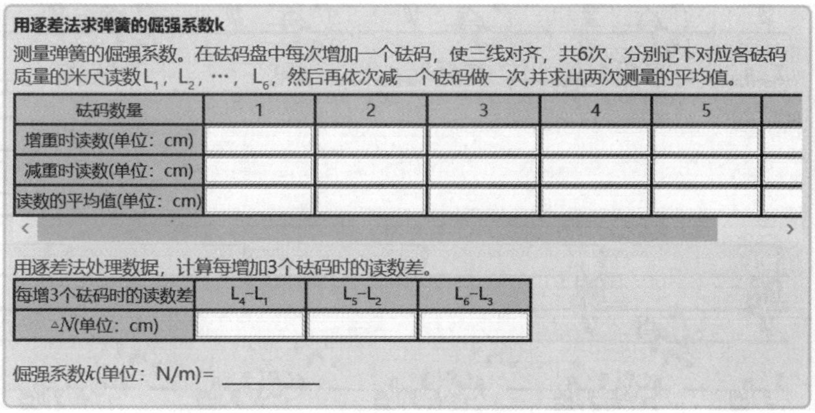

用逐差法求弹簧的倔强系数k

测量弹簧的倔强系数。在砝码盘中每次增加一个砝码，使三线对齐，共6次，分别记下对应各砝码质量的米尺读数L_1，L_2，…，L_6，然后再依次减一个砝码做一次，并求出两次测量的平均值。

砝码数量	1	2	3	4	5	
增重时读数(单位：cm)						
减重时读数(单位：cm)						
读数的平均值(单位：cm)						

用逐差法处理数据，计算每增加3个砝码时的读数差。

每增3个砝码时的读数差	L_4-L_1	L_5-L_2	L_6-L_3
ΔN(单位：cm)			

倔强系数k(单位：N/m)= ________

图 6.2-5　“求弹簧的倔强系数”数据记录窗口

2. 用金属框测量液体的表面张力系数

(1)用游标卡尺测量金属框横梁的长度。

(2)用螺旋测微器测量金属框金属丝的直径。

(3)按下鼠标将镊子拖到焦利氏秤的砝码托盘位置,镊子自动夹起砝码,将镊子拖到桌面上的托盘位置,镊子自动将砝码放到托盘中;重复操作,将砝码托盘中砝码全部移走;鼠标放到金属框位置,按下鼠标拖动金属框到焦利氏秤位置,松开鼠标,金属框自动挂到砝码托盘上;调节杆高度旋钮,使玻璃管中三线重合;记录金属框和砝码托盘在空气中三线对齐时刻度尺的初始读数。

(4)把盛有自来水的烧杯放在焦利氏秤载物台上,调节载物台的微调螺钉和升降钮,使金属框浸入水面以下。

(5)缓慢地旋转载物台微调螺钉和升降钮,注意烧杯下降和金属杆上升时,始终保持三线对齐。当液膜刚破裂时,记下金属杆的读数。重复测量 6 次,取平均值,计算水的表面张力系数。操作界面与数据记录分别如图 6.2-6 和图 6.2-7 所示。

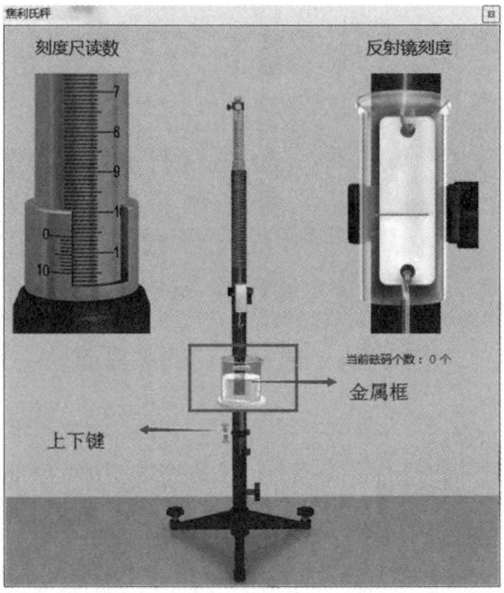

图 6.2-6 “用金属框测量液体的表面张力系数”操作界面

金属框测量液体的表面张力系数

游标卡尺测量金属框横梁的长度L(cm)= ________

螺旋测微器测量金属框金属丝的直径d(cm)= ________

移除砝码，测量金属框和砝码托盘在空气中三线对齐时米尺的初始读数h_0 (cm)= ________

移除砝码盘中的砝码，重复测量金属框脱离液面时米尺的读数数据表格:

测量次数	1	2	3	4	5	6
h_1 (cm)						
h_1-h_0 (cm)						

液体表面张力系数α(N/m)= ________

图 6.2-7 “用金属框测量液体的表面张力系数”数据记录窗口

3. 用金属环测量液体的表面张力系数

用游标卡尺测量金属环外径和内径，其他测量步骤及操作方法参考“用金属框测量液体的表面张力系数”相关内容，数据记录如图 6.2-8 所示。

金属环测量液体的表面张力系数

游标卡尺测量金属环外径D_1 (cm)= ________

游标卡尺测量金属环内径D_2 (cm)= ________

移除砝码托盘，测量金属环在空气中三线对齐时米尺的初始读数h_0 (cm)= ________

重复测量金属环脱离液面时米尺的读数数据表格：

测量次数	1	2	3	4	5	6
h_1 (cm)						
h_1-h_0 (cm)						

液体表面张力系数α(N/m)= ________

图 6.2-8　“用金属环测量液体的表面张力系数”数据记录窗口

6.3　整流滤波电路实验

将交流电转换成直流电的过程称为整流，整流可分为全波整流、半波整流、桥式整流、倍压整流等形式。通常的整流都是利用电子管和晶体二极管的单向导电性将交流电转换成直流电，转换电路就是整流电路。初步整流输出的电流是直流电，但电压是脉冲或涟波状会损伤电器，使用前必须先通过滤波电路予以滤波，将脉冲消除。

【实验目的】

（1）测量二极管的正向和反向伏安特性及玻尔兹曼常数 k。

（2）了解整流滤波电路的基本工作原理。

（3）掌握交流电路基本特性（如用傅氏分析法）及交流电各参数的测量方法。

【实验器材】

交流电源、示波器、数字万用表、电压表、电流表、微安表、二极管、信号发生器、滑动变阻器、标准电阻、电容、整流箱、整流二极管、全波整流实验箱、半波整流实验箱、单刀开关等。该仿真实验界面如图 6.3-1 所示。

【实验原理】

1. 二极管伏安特性

二极管是晶体二极管的简称，也叫半导体二极管，是一种用半导体单晶材料（主要是锗和硅）制成的具有单方向导电特性的无源半导体器件。二极管具有单向导电性，可以将方向交替变化的交流电转换为单一方向的脉冲直流电。其中，整流二极管是将交流电能转变为直流电能的半导体器件之一，硅整流二极管的击穿电压高、反向漏电流小、高温性能良好，主要用于各种低频整流电路。

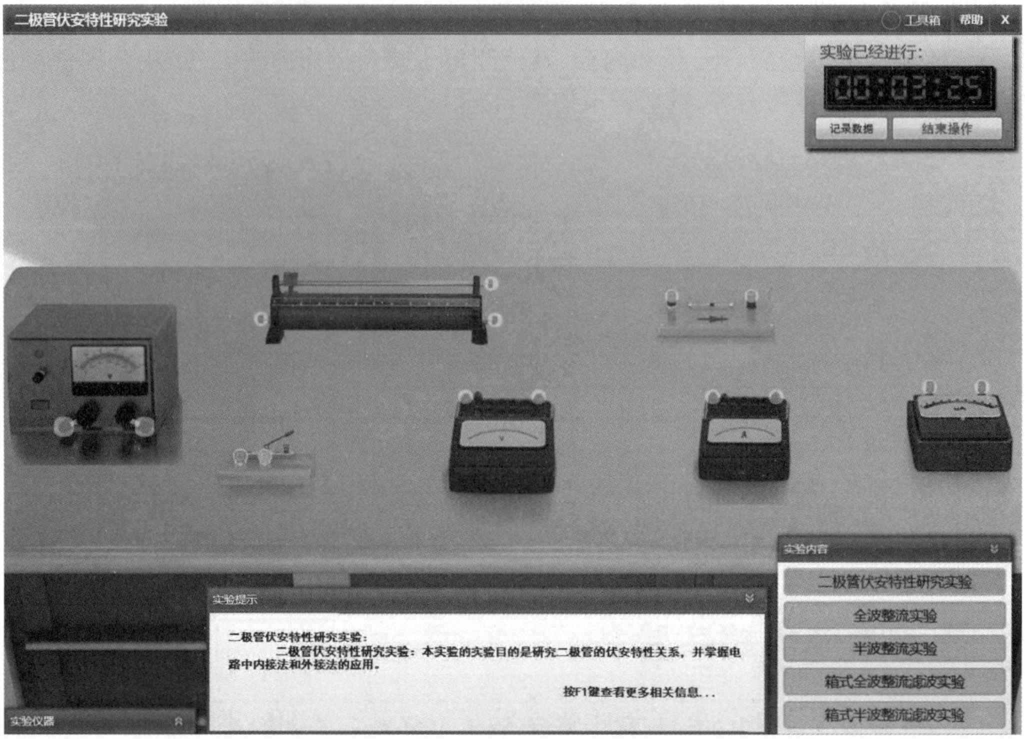

图 6.3-1 该仿真实验界面

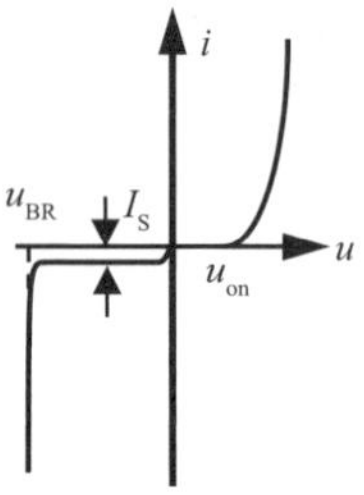

图 6.3-2 二极管伏安特性曲线图

二极管的物质基础是 PN 结。从 PN 结的导电原理可知,只有在正向偏置条件下,二极管才处于导通状态,其伏安特性曲线如图 6.3-2 所示,u_{on} 表示开启电压(即二极管开始导通的临界电压),u_{BR} 表示击穿电压,I_s 表示反向饱和电流。

(1)正向特性是指外加正向偏置电压时的二极管特性,即外加电压 $u>0$。

当 $0<u<u_{on}$ 时,正向电流为零;当 $u>u_{on}$ 时,开始出现正向电流,伏安特性曲线可表示为

$$I = I_0\left(e^{\frac{eu}{kT}} - 1\right) \tag{6.3-1}$$

式中:I_0 可用测量的反向电流 I_s 代替;u 为所加电压;T 为热力学温度;e 为电子电量($1.602\,2\times10^{-19}$ C);k 为玻尔兹曼常数。

硅二极管的击穿电压 u_{BR}=0.6 V 左右;锗二极管的击穿电压 u_{BR}=0.2 V 左右。

(2)反向特性是指外加反向偏置电压时的二极管特性,即外加电压 $u<0$。

当 $u_{BR}<u<0$ 时,反向电流很小,且基本不随反向电压的变化而变化,此时的反向电流也称反向饱和电流 I_s。

当 $u<u_{BR}$ 时,反向电流急剧增加,u_{BR} 称为反向击穿电压。

(3)击穿特性。二极管反向击穿并不一定表示器件完全损坏,击穿分为电击穿和热击

穿。若外电场撤去后，二极管能够恢复正常的击穿称作电击穿，电击穿又分为雪崩击穿和齐纳击穿；如果是热击穿，则意味着器件损坏，不能再使用。在实际电路中，电击穿常常伴随着热击穿。

2. 交流电路

本实验中主要讨论正弦交流电。正弦交流电的电流、电压表达式如式（6.3-2），其曲线如图 6.3-3 所示。

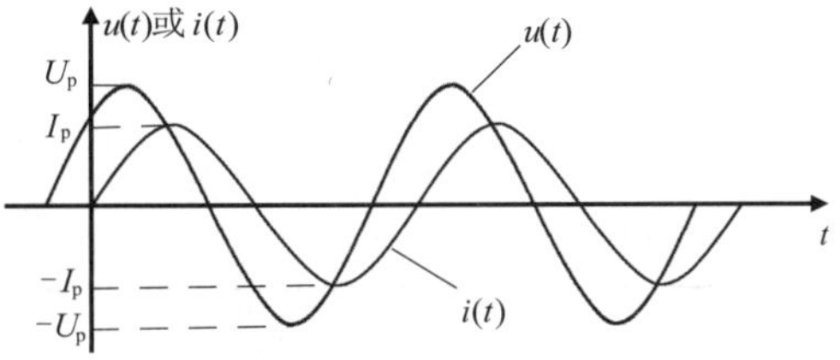

图 6.3-3　正弦交流电的电压或电流曲线图

$$i(t) = I_p \sin(\omega t + \varphi_1) \tag{6.3-2}$$

$$u(t) = U_p \sin(\omega t + \varphi_2) \tag{6.3-3}$$

正弦交流电由幅值（或有效值）、频率（或周期）和初相位确定，故幅值、频率和初相位被称为正弦交流电的三要素。

1）幅值、平均值和有效值

幅值即峰值或最大值，记为 U_p 或 I_p，峰点之差称为“峰-峰值”，记为 $U_{p\text{-}p}$ 和 $I_{p\text{-}p}$，显然 $U_{p\text{-}p}=2U_p$，$I_{p\text{-}p}=2I_p$。

令 $i(t)$，$u(t)$ 分别表示随时间变化的交流电流或交流电压，则它们的平均值分别为

$$\begin{cases} \bar{i} = \dfrac{1}{T}\displaystyle\int_0^{\tau} i(t)\mathrm{d}t \\ \bar{u} = \dfrac{1}{T}\displaystyle\int_0^{\tau} u(t)\mathrm{d}t \end{cases} \tag{6.3-4}$$

式中：T 为周期，平均值实际上就是交流信号中直流分量的大小，所以图 6.3-3 所示的正弦交流电平均值为 0。

有效值的物理含义是指这一交流电通过电阻时产生的焦耳热与数值多大的直流电相当。在实际应用中，交流电路中的电流或电压常常使用有效值，许多交流电流或电压测量设备的读数均为有效值。有效值采用如下定义式：

$$I = \sqrt{\frac{1}{T}\int_0^{\tau} i^2(t)\mathrm{d}t} = \frac{I_p}{\sqrt{2}} \tag{6.3-5}$$

$$U = \sqrt{\frac{1}{T}\int_0^{\tau} u^2(t)\mathrm{d}t} = \frac{U_p}{\sqrt{2}} \tag{6.3-6}$$

在日常生活中，市电的电压是 220 V，表示市电电压的有效值（即 U=220 V），因此它的峰值是 $U_p = \sqrt{2}U \approx 311\ \mathrm{V}$。常见交流电压的幅度、平均值和有效值之间的换算关系见表 6.3-1。

表 6.3-1 常见交流电压的幅值、平均值和有效值的换算关系

名称	幅度（峰值）	平均值	有效值
正弦波	U_p	0	$\frac{U_p}{\sqrt{2}}$
半正弦波	U_p	$\frac{U_p}{\pi}$	$\frac{U_p}{2}$
全波正弦	U_p	$\frac{2U_p}{\pi}$	$\frac{U_p}{\sqrt{2}}$
方波	U_p	$\frac{U_p}{2}$	$\frac{U_p}{\sqrt{2}}$
锯齿波	U_p	$\frac{U_p}{2}$	$\frac{U_p}{\sqrt{3}}$

2）周期与频率

正弦交流电通常用周期 T 或频率 f 来表示交变的快慢，也常用角频率 ω 来表示，这三者之间的关系：$f=\frac{1}{T}$，$\omega=\frac{2\pi}{T}=2\pi f$。

当正弦交流电的电流和电压进行和差运算、求导积分运算时，其频率不变。

3）初相位

当 t=0 时，交流电的相位角 φ 称为初相位或初相位角，其反映了正弦交流电的初始值。在实际电路中，由于电流、电压之间相位的不同，使电器的平均功率 $P=UI\cos\varphi$（$\cos\varphi$ 称为功率因数）会随着初相位发生变化。$\cos\varphi$ 越大，电路能量的利用率越高，损耗越少。在实际电路中，采用电容器补偿电感器件来提高整个电路的功率因数。

3. 整流和滤波

整流电路的作用是把交流电转换成直流电，严格地讲是转换成单方向脉动直流电，而滤波电路的作用是将脉动直流电转变为平滑、脉动小的直流电。

1）整流原理

利用二极管的单向导电性可实现整流。

Ⅰ. 半波整流

半波整流电路及其波形如图 6.3-4 所示。

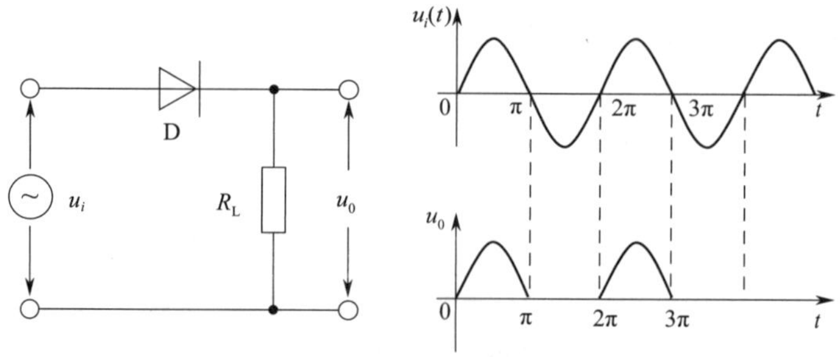

（a） （b）

图 6.3-4 半波整流电路及其波形图

（a）半波整流电路 （b）波形图

图 6.3-4 中 D 是二极管，R_L 是负载电阻。若输入交流电为 $u_i(t)=U_p\sin\omega t$，则经整流后输出电压 $u_0(t)$ 为（一个周期内）

$$u_0(t)=\begin{cases}U_p\sin\omega t & 0\leqslant\omega t\leqslant\pi\\ 0 & \pi\leqslant\omega t\leqslant 2\pi\end{cases}\tag{6.3-7}$$

而其相应平均值（即直流平均值）为

$$\overline{u_0}=\frac{1}{T}\int_0^T u_0(t)\mathrm{d}t=\frac{1}{\pi}U_p\approx 0.318U_p\tag{6.3-8}$$

Ⅱ. 全波桥式整流

半波整流只利用了交流电半个周期的正弦信号，损失了另半个周期的信号，为了提高整流效率，采用全波整流使交流电所有信号都得到利用。

全波桥式整流电路如图 6.3-5 所示。

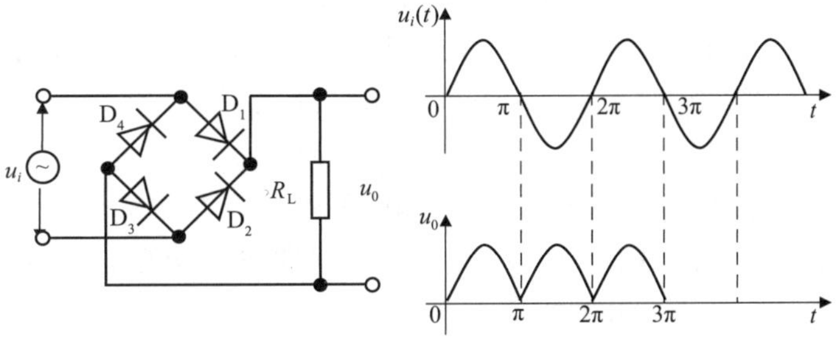

（a）　　（b）

图 6.3-5　全波桥式整流电路及其波形图

（a）全波桥式整流电路　（b）波形图

若输入交流电仍为 $u_i(t)=U_p\sin\omega t$，则经全波桥式整流后的输出电压 $u_0(t)$ 为（一个周期内）

$$u_0(t)=\begin{cases}U_p\sin\omega t & 0\leqslant\omega t\leqslant\pi\\ -U_p\sin\omega t & \pi\leqslant\omega t\leqslant 2\pi\end{cases}\tag{6.3-9}$$

其相应直流平均值为

$$\overline{u_0}=\frac{1}{T}\int_0^T u_0(t)\mathrm{d}t=\frac{2}{\pi}U_p\approx 0.637U_p\tag{6.3-10}$$

由此可见，全波桥式整流后的直流电压脉动大大减少，平均值比半波整流提高了一倍（若忽略整流内阻）。为衡量整流电源这一特性的好坏，常用纹波因数 γ 来衡量整流电源的好坏，其表达式为

$$\gamma=\frac{\text{交流电压分量的总有效值}}{\text{直流电压分量}}=\frac{U_p}{\overline{u_0}}\tag{6.3-11}$$

γ 越小，电路输出的电压脉动越小，整流电源的性能越好。

2）*滤波电路*

正弦交流电经整流后形成直流电，但仍然具有“脉动”成分。为了减少波动，通常要在电路中添加滤波器，常用的滤波电路有电容滤波、电感滤波等，下面介绍几种简单的滤波电路。

Ⅰ. 电容滤波电路

电容滤波利用电容充放电过程使脉动的直流电变成平稳的直流电。电容滤波在带负载电阻后的工作情况如图 6.3-6 所示，其中 C 是滤波电容，R_L 是负载电阻。

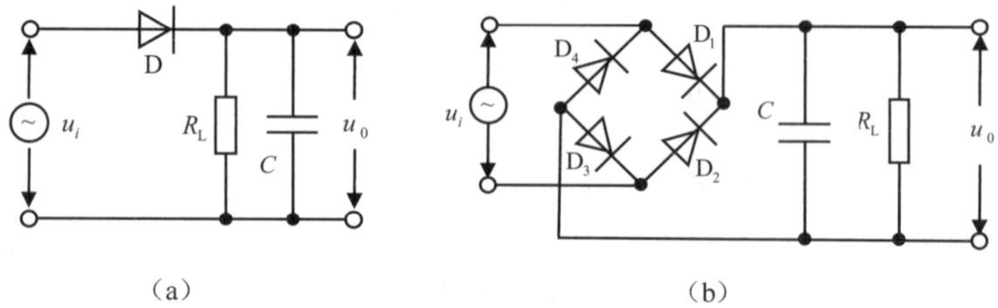

图 6.3-6 整流电容滤波电路

(a)半波整流电容滤波电路；(b)全波整流电容滤波电路

设在 t_0 时刻接通电源，整流元件的正向电阻很小，可忽略不计；在 $t=t_1$ 时刻，u_C 达到峰值为 $\sqrt{2}u_i$。此后，u_i 按照正弦规律下降直到 t_2 时刻，二极管 D 不再导电，电容开始放电，u_C 缓慢下降，直至下个周期。电压 u_i 上升到和 u_C 相等时，即 t_3 后，二极管 D 又开始导通，电容充电，直到 t_4。此后，二极管 D 又截止，u_C 又按照上述规律下降，如此周而复始，形成了周期性的电容器充电放电过程。在这个过程中，二极管 D 并不是在整个半周期都是导通的，从图 6.3-7(a)可以看到二极管 D 只是在 t_3~t_4 内导通并向电容器充电。由于电容器的电压不能突变，故在这一小段时间内，可被看成一个反电动势(类似蓄电池)。因为电容两端的电压不能发生突变，使输出电压波形趋于平滑。经滤波后的输出波形如图 6.3-7(a)所示。若考虑整流元件的正向电阻，则经滤波后的输出电压波形见图 6.3-7(b)。

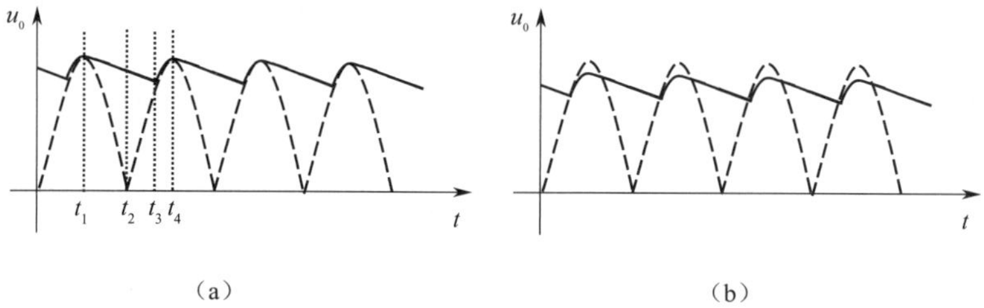

图 6.3-7 全波整流电容滤波电路的输出波形

(a)忽略内阻时的波形 (b)考虑内阻时的波形

Ⅱ. π 型 RC 滤波电路

前述电容滤波的输出波形脉动仍较大，尤其是负载电阻 R_L 较小时，除非增加电容容量(实际应用时难以实现)。在这种情况下，要想减少脉动，可采取多级滤波方法。在原滤波电路中再添加一级 RC 低通滤波电路，如图 6.3-8 所示。这种电路也称 π 型 RC 滤波电路。

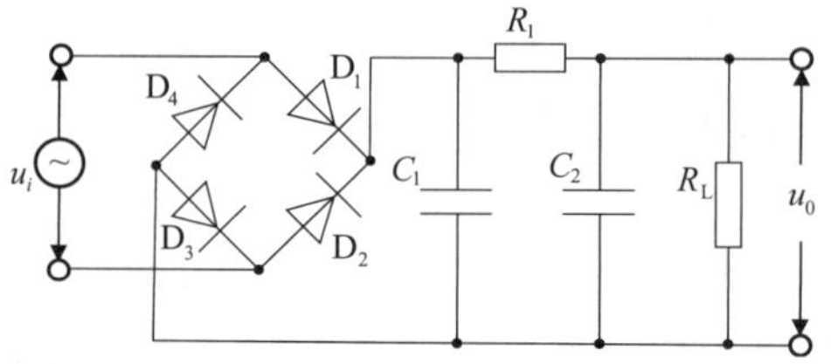

图 6.3-8 π 型 RC 滤波电路

由图 6.3.8 可见，π 型 RC 滤波是在电容滤波之后又加了一级 RC 滤波，使输出电压更平滑（但输出电压平均值会减小）。此整流滤波电路实际上就是一个整流电源。其优点是电路简单，主要缺点是输出的直流电压不够稳定，内阻和纹波较大，只能用在要求不高的场合。

【实验内容】

1. 测量二极管的伏安特性曲线，并求解玻尔兹曼常数值

（1）按图 6.3-9（b）接线，将 R 改用二极管正向接法。从 0.6 V 开始，每隔 0.02 V 测一次，至电流较大（此时二极管上的电压约为 0.8 V）为止。

（2）按图 6.3-9（a）接线，将 R 改为二极管并反向连接。测量电压为 0~5.0 V，每隔 0.5 V 测一个电流值，画出二极管的伏安特性曲线。

（3）测量玻尔兹曼常数。

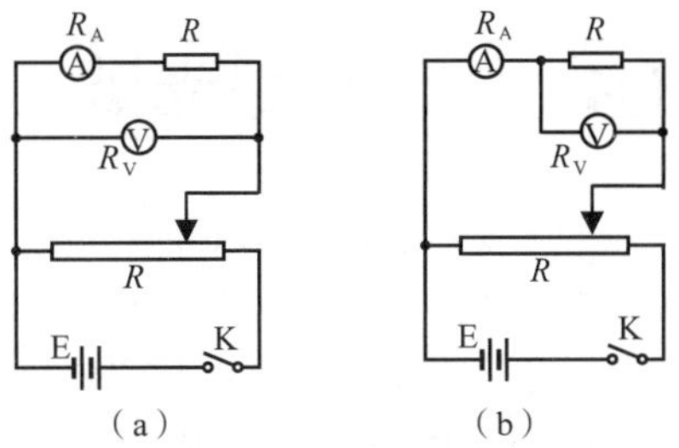

图 6.3-9　测量电路的接法

（a）内接法　（b）外接法

2. 测量半波整流滤波电路中交流电压（或电流）

（1）电路原理图如图 6.3-4（a）所示，整流后，用示波器观察及测量其电压峰峰值 $U_{p\text{-}p}$，计算平均值 $\overline{u_0}$、有效值 U_F，并与用数字万用表测量的电压有效值进行对比。

（2）电路原理图如图 6.3-6（a）所示，加滤波电容 C，对整流后的信号进行滤波，并测量滤波后的信号幅值 U_{0C} 和有效值 U_{FC}。

3. 测量全波整流滤波电路中交流电压（或电流）

调节信号发生器的频率，设置为 1 500 Hz，测出信号发生器 AMPL 调节到实验要求的输出电压。

（1）电路原理图如图 6.3-5（a）所示，整流后，用示波器观察及测量其电压峰峰值 $U_{p\text{-}p}$，计算平均值 $\overline{u_0}$、有效值 U_F，并与用数字万用表测量的电压有效值进行对比。

（2）电路原理图如图 6.3-6（b）所示，加滤波电容 C，对整流后的信号进行滤波，并测量滤波后的信号幅值 U_{0C} 和有效值 U_{FC}。

4. 利用半波整流滤波箱测量整流滤波电路中交流电压（或电流）

电路原理图如图 6.3-6（a）所示，加滤波电容 C，对整流后的信号进行滤波，并测量滤波后的信号幅值 U_{0C} 和有效值 U_{FC}。

5. 利用全波整流滤波箱测量整流滤波电路中交流电压（或电流）

电路原理图如图 6.3-6（b）所示，加滤波电容 C，对整流后的信号进行滤波，并测量滤波后的信号幅值 U_{0C} 和有效值 U_{FC}。

【记录数据】

根据仿真实验数据记录要求，进行数据记录与处理，并提交实验。

【思考题】

(1)测量二极管的正向特性为什么采用直流电路和外接法?

(2)整流的主要目的是什么?

(3)为什么实际电路中要在整流后进行滤波?

6.4 激光拉曼光谱

1928 年,印度物理学家拉曼(C.V. Raman)发现光的非弹性散射效应,即拉曼散射效应,并因此荣获 1930 年的诺贝尔物理学奖。1928—1940 年,拉曼光谱成为研究分子结构的主要手段。1960 年以后,激光技术的发展使拉曼技术得以复兴。由于激光束的高亮度、方向性和偏振性等优点,其成为拉曼光谱的理想光源。此外,在此期间研制成功了由激光器、双联或三联单色仪、光子计数系统和计算机组成的现代拉曼光谱仪器,主要有傅里叶变换拉曼光谱、共聚焦拉曼光谱、共振拉曼光谱、表面增强拉曼光谱、相干反斯托克斯拉曼光谱、拉曼光谱成像技术、针尖增强拉曼光谱以及拉曼光谱与其他技术联用。随着探测技术的改进和对被测样品要求的降低,目前拉曼光谱在物理、化学、医药、生物、工业等各个领域得到了广泛的应用,越来越受研究者的重视。

【实验目的】

(1)掌握拉曼散射的产生机理及拉曼光谱仪的发展与应用。

(2)熟悉激光拉曼光谱仪的基本结构和光路图。

(3)掌握拉曼光谱仪的使用,测定 CCl_4 拉曼光谱图和退偏度。

【实验原理】

1. 拉曼散射

光子与分子作用的散射情况如图 6.4-1 所示,当一束频率为 ν_0 的激光照射到样品上,与作为散射中心的分子发生相互作用时,大部分光子会与样品分子发生弹性碰撞并以相同的频率散射开来,这种光子频率不变的散射称为瑞利散射。在发生瑞利散射的同时,部分光子与样品分子发生非弹性碰撞,光子不仅改变了传播方向,也改变了频率,而频率的变化取决于散射物质的特性,这种散射称为拉曼散射,获得的光谱称为拉曼光谱。最简单的拉曼光谱如图 6.4-2 所示,在光谱图中有三种谱线,中间的强度最强是瑞利散射,其频率与入射光子频率 ν_0 相同;在高频一侧,散射光的频率大于入射光子频率的散射为反斯托克斯散射;在低频一侧,散射光的频率小于入射光子频率的散射为斯托克斯散射。两者对称地分布在瑞利散射的两侧,拉曼光谱强度很弱,大约只有入射光强度的一百万分之一,拉曼效应也可以用能级图来表示,如图 6.4-3 所示,其中 E_0 为基态,E_1 为振动激发态,$E_0+h\nu_0$、$E_1+h\nu_0$ 为激发虚态。当一束频率为 ν_0 的激光照射到样品上时,光子与样品分子相互作用,分子获得能量后,从基态跃迁到激发虚态。激发虚态上的分子会立即跃迁到下一能级而发光,即为散射光。

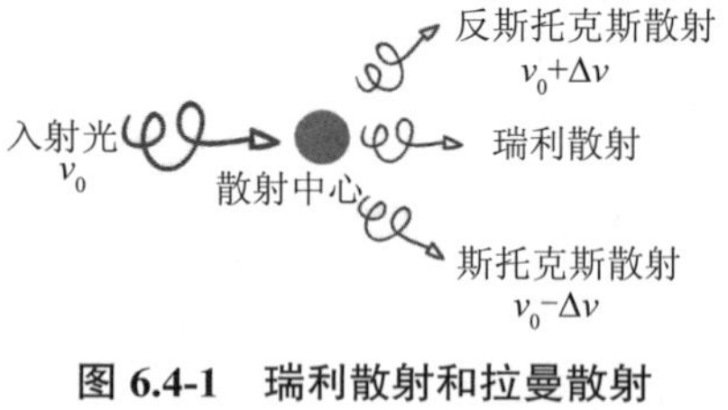

图 6.4-1 瑞利散射和拉曼散射

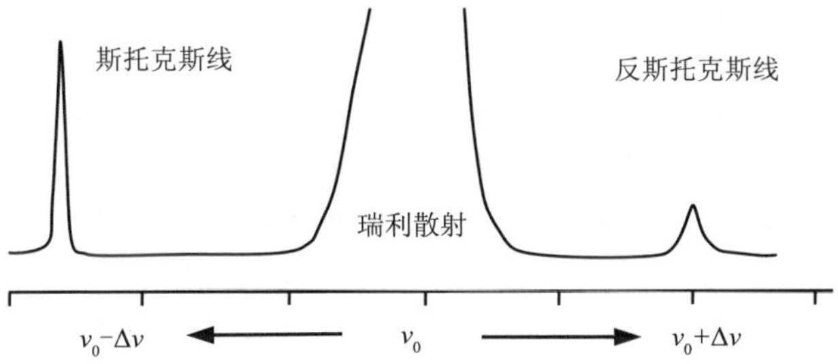

图 6.4-2　拉曼散射光谱图

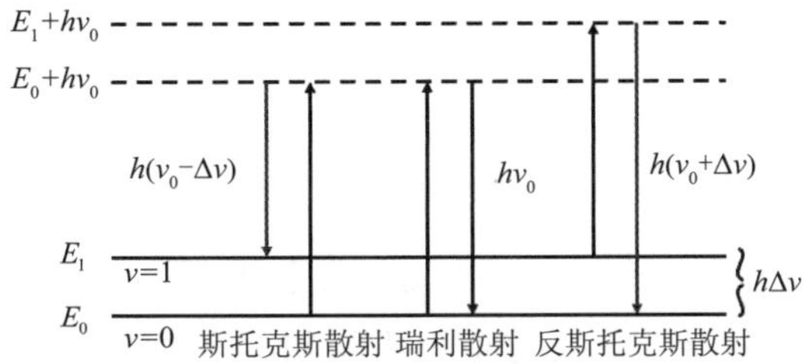

图 6.4-3　拉曼散射和瑞利散射能级图

当处在基态 E_0 的分子吸收一个光子能量后跃迁到激发虚态 E_0+hv_0，并立即回到原来所处的基态而重新发射频率为 v_0 的光子，即发射的光子频率与入射光子频率相同，这种散射为瑞利散射。

如果分子跃迁到激发虚态而不再回到原来所处基态，而落到另一较高能级的 E_1 振动激发态并发射光子，这个发射的新光子能量 hv' 显然小于入射光子能量 hv_0，即发射光子频率小于入射光子频率，两光子能量差 $\Delta E=h\Delta v=h(v_0-v')$，这种散射为斯托克斯散射；反之，若分子返回至较低的能级，发射光子的频率将大于入射光子频率，这种散射称为反斯托克斯散射。

由于振动能级间距较大，由玻耳兹曼分布可知，在常温下，分子大多数处于基态，因此斯托克斯散射远强于反斯托克斯散射，所以在研究拉曼光谱时通常以斯托克斯散射为主。

图 6.4-3 中 Δv 为拉曼频移，即散射光相对于激发光的波数偏移，同一种物质分子，随着激光激发波长的改变，拉曼谱线的频率也改变，但拉曼频移始终保持不变，因此拉曼频移与激光激发波长无关，而仅与物质分子的振动和转动能级有关。可见，拉曼频移是该振动能量的度量。每一种物质有自己的特征拉曼光谱图，其中拉曼光谱“峰的数目”“频移值的大小（即特征峰的位置）”以及“谱峰的强度”等都与物质分子振动和转动能级有关，而与入射光波长无关。

拉曼光谱的特征：

（1）对不同物质，拉曼频移不同；

（2）对同一物质，拉曼频移与入射光频率无关，拉曼频移是表征分子振-转能级的特征物理量，是定性与结构分析的依据；

（3）斯托克斯线与反斯托克斯线拉曼线对称地分布在瑞利线两侧；

（4）斯托克斯线强度比反斯托克斯线强。

2. 用拉曼光谱测退偏度

在拉曼散射中,当电磁波与某一系统相互作用时,该系统的偏振态经常发生变化,这种现象称为退偏,退偏度反映了物质分子振动的对称情况。

由于拉曼散射光的偏振状态取决于入射光的偏振状态、散射系统的取向和观察方向,所以要先定义一个参考平面,通常取入射光传播方向和观测方向组成的平面,称为散射平面。

当入射光为平面偏振光,且偏振方向垂直于散射平面,而观测方向在散射平面内与入射光传播方向成 θ 角时,定义退偏度为 $\rho_{\perp}(\theta)$;当入射光偏振方向平行于散射平面时,定义退偏度为 $\rho_{//}(\theta)$,具体形式为

$$\begin{cases}\rho_{\perp}(\theta)=\dfrac{{}^{\perp}I_{//}(\theta)}{{}^{\perp}I_{\perp}(\theta)}\\[2ex]\rho_{//}(\theta)=\dfrac{{}^{//}I_{\perp}(\theta)}{{}^{//}I_{//}(\theta)}\end{cases}\tag{6.4-1}$$

式中:光强 I 左上标表示入射光的电矢量与散射平面的关系,I 的右下标表示散射光的电矢量与散射平面的关系。

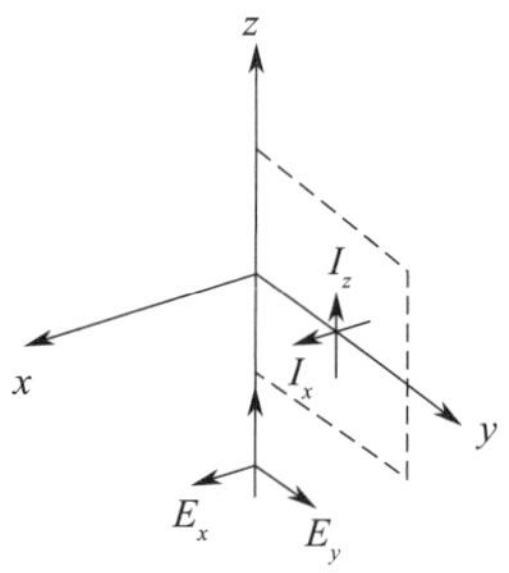

图 6.4-4　Z 轴入射退偏度示意图

例如,入射光沿 z 轴入射,沿 x 轴方向偏振时,散射平面为 y-z 平面,沿 y 轴观察时,如图 6.4-4 所示,其退偏度为

$$\rho_{\perp}(\pi/2)=\frac{{}^{\perp}I_{//}(\pi/2)}{{}^{\perp}I_{\perp}(\pi/2)}$$

当入射光沿 y 轴方向偏振时,散射光的退偏度为

$$\rho_{//}(\pi/2)=\frac{{}^{//}I_{\perp}(\pi/2)}{{}^{//}I_{//}(\pi/2)}$$

当入射光为自然光时,有

$$\rho_{\mathrm{n}}(\theta)=\frac{{}^{\mathrm{n}}I_{//}(\theta)}{{}^{\mathrm{n}}I_{\perp}(\theta)}=\frac{{}^{//}I_{\perp}(\theta)+{}^{//}I_{//}(\theta)}{{}^{\perp}I_{//}(\theta)+{}^{\perp}I_{\perp}(\theta)}$$

经理论计算可以证明,对于入射光为线偏光的情况,有

$$\rho_{\perp}(\pi/2)=\frac{3\gamma^2}{45\bar{a}^2+4\gamma^2}$$

$$\rho_{//}(\pi/2)=1$$

对于自然光,则有

$$\rho_{\mathrm{n}}(\pi/2)=\frac{6\gamma^2}{45\bar{a}^2+7\gamma^2}$$

式中:$\bar{a}$ 为平均极化率,是平均极化率的度量;γ 为各向异性率,是极化率各向异性率的度量,它们是研究分子振动对称性的重要参数。

经理论计算,CCl_4 在几种特殊情况下退偏度的计算结果见表 6.4-1。

表 6.4-1　CCl_4 退偏度的理论计算结果

振动模式	$\rho_{\perp}(\pi/2)$	$\rho_{//}(\pi/2)$	$\rho_{\mathrm{n}}(\pi/2)$
A_1	0	1	0
E / E_1 / E_2	3/4	1	6/7

CCl_4 退偏度详细的理论计算过程见仿真实验网站该项目相关资料。

【实验器材】

激光拉曼光谱仪实验装置（仿真仪器），如图 6.4-5 所示。

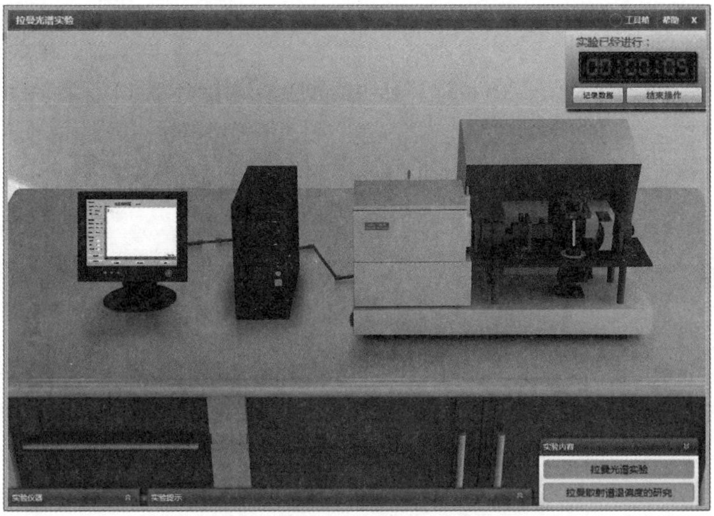

图 6.4-5　激光拉曼光谱仪仿真仪器

激光拉曼光谱仪的基本结构如图 6.4-6 所示。

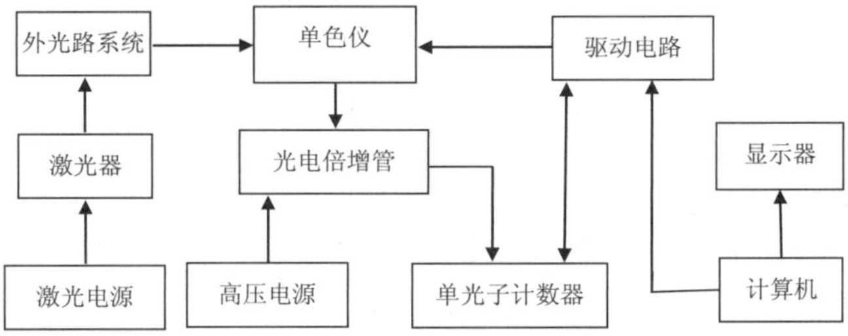

图 6.4-6　激光拉曼光谱仪的基本结构

（1）本仪器采用 40 mW 半导体激光器，该激光器输出的激光为偏振光。

（2）外光路系统主要由激发光源、五维可调样品支架 S、偏振组件 P_1 和 P_2 以及聚光透镜 C_1 和 C_2 等组成，如图 6.4-7 所示。激光器射出的激光束被反射镜 R 反射后，照射到样品上。为了得到较强的激发光，采用一聚光透镜 C_1 使激光聚焦，在样品容器的中央部位形成激光束腰。为了增强效果，在容器的另一侧放一凹面反射镜 M_2。凹面反射镜 M_2 可使样品在该侧的散射光返回，最后由聚光透镜 C_2 把散射光汇聚到单色仪的入射狭缝上。

调节好外光路是获得拉曼光谱的关键。首先应使外光路与单色仪的内光路共轴，一般情况下，它们都已调好并被固定在一个刚性台架上，然后调节样品架，使激光正好照射在样品的束腰且恰好成像在单色仪的狭缝上，是否处于最佳成像位置可通过单色仪扫描出的某条拉曼谱线的强弱来判断。

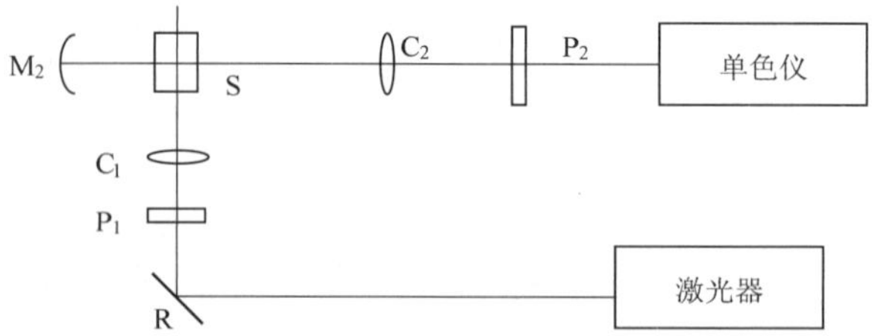

图 6.4-7 外光路系统示意图

（3）如图 6.4-8 所示为单色仪光学结构图，S_1 为入射狭缝，M_1 为平面反射镜，M_2 为准直物镜，G 为平面衍射光栅，衍射光束经成像物镜 M_3 汇聚，直接照射到出射狭缝 S_2 上，在 S_2 外侧有一光电倍增管（PMT），当光谱仪的光栅转动时，光谱信号通过光电倍增管转换成相应的电脉冲，并由光子计数器放大、计数，进入计算机处理，在显示器的荧光屏上得到光谱的分布曲线。

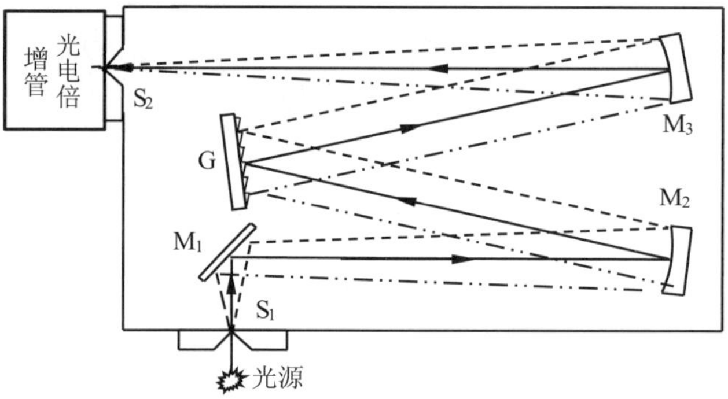

图 6.4-8 单色仪的光学结构示意图

（4）退偏度测量实验时，应在外光路中放置 1/2 波片与偏振片。

（5）拉曼散射光是一种极微弱的光，比光电倍增管本身的热噪声水平还要低，采用通常的直流检测方法已不能把这种淹没在噪声中的信号提取出来，需要使用光电倍增管和单光子计数器及甄别系统。光电倍增管是一种噪声小、增益高的光传感器。弱光入射时，阴极发射的光电子经过光电子倍增系统的倍增后在阳极回路形成一个电压脉冲，放大器把光电子脉冲和噪声脉冲放大，光子计数器利用弱光下光电倍增管输出电流信号自然离散的特征，采用脉冲高度甄别和数字计数技术将淹没在背景噪声中的弱光信号提取出来。光子计数的工作流程如图 6.4-9 所示，它输出的是脉冲信号，不用经过 A/D 变换，可直接送到计算机处理。

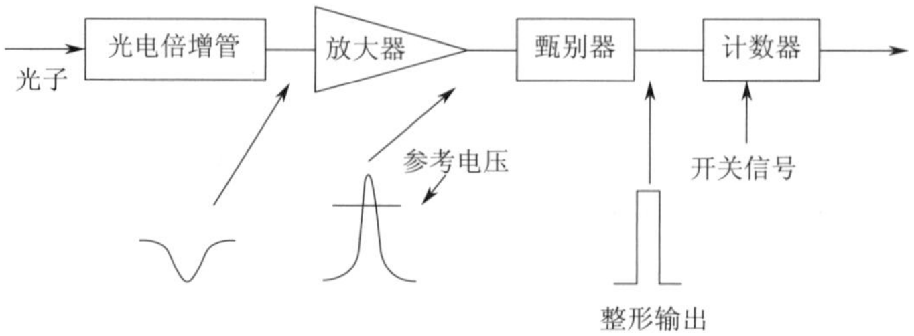

图 6.4-9 单光子计数器框图

【实验内容】

1. 测量 CCl_4 分子的拉曼光谱

（1）分别打开激光器的电源开关和光谱仪开关。

（2）选择待测样品，并调节光谱仪样品支架。

（3）调节光谱仪外光路系统，使散射光能顺利进入单色仪。

（4）完成光路调节后，闭合光谱仪箱体。

（5）进行阈值分析扫描，选择适当的阈值。

（6）选择合适的光谱扫描参数，扫描光谱图，进行谱线自动检峰。

（7）保存光谱图和数据，将测量数据填入表 6.4-2。

表 6.4-2　CCl_4 拉曼光谱特征谱线记录表

特征谱线	第 1 条	第 2 条	第 3 条	第 4 条	第 5 条	第 6 条	第 7 条	第 8 条	第 9 条	第 10 条
波长 / nm										
波数差/cm^{-1}										
强度										

2. 拉曼散射谱退偏度的研究

选择待测样品 CCl_4 进行实验。

（1）分别打开激光器的电源开关和光谱仪开关。

（2）选择待测样品，并调节光谱仪样品支架。

（3）调节光谱仪外光路系统，使样品管绿色亮线处于正中间，使散射光能顺利进入单色仪。

（4）将 1/2 波片放置到入射孔支架上，并将检偏器放置到出射孔支架上，分别调节合适的角度（到底如何调节角度合适，请思考？）。

（5）完成光路调节后，闭合光谱仪箱体。

（6）进行阈值分析扫描，选择适当的阈值。

（7）设置合适的光谱扫描参数，扫描光谱线，进行自动检峰。

（8）将 CCl_4 的 5 条斯托克斯线强度填入表 6.4-3 内，并计算相应退偏度。

表 6.4-3　CCl_4 斯托克斯线退偏度测量记录表

斯托克斯线	1/2 波片角度/(°)	检偏器角度/(°)	第 1 条	第 2 条	第 3 条	第 4 条	第 5 条
特征波长/nm	—	—					
波数差/cm^{-1}	—	—					
A：${}^{\perp}I_{//}(\pi/2)$	0	0					
B：${}^{\perp}I_{\perp}(\pi/2)$	0	90					
C：${}^{//}I_{\perp}(\pi/2)$	45	90					

续表

斯托克斯线	1/2 波片角度/(°)	检偏器角度/(°)	第 1 条	第 2 条	第 3 条	第 4 条	第 5 条
D: $^{\prime\prime}I_{//}(\pi/2)$	45	0					
$\rho_{\perp}(\pi/2)$ =A/B	—	—					
$\rho_{//}(\pi/2)$ =C/D	—	—					

【思考题】

(1)拉曼光谱中峰位的强弱一般是由什么因素造成的?

(2)分析拉曼光谱的特点及其应用。

6.5 法拉第效应实验

1845 年,法拉第(M. Faraday)在探索电磁现象和光学现象之间的联系时,发现了一种现象:当一束平面偏振光穿过介质时,如果在介质中沿光的传播方向加上一个磁场,就会观察到光经过样品后偏振面转过一个角度,即磁场使介质具有了旋光性,这种现象称为法拉第效应。法拉第效应第一次显示了光和电磁现象之间的联系,促进了对光本性的研究。法拉第效应有许多重要的应用,尤其在激光技术发展后,其应用价值越来越受到重视,如用于光纤通信中的磁光隔离器;在磁场测量方面,利用法拉第效应弛豫时间短的特点制成的磁光效应磁强计可以测量脉冲强磁场、交变强磁场;在电流测量方面,利用电流的磁效应和光纤材料的法拉第效应,可以测量几千安培的大电流和几兆伏的高压电流。本实验的目的是学习法拉第磁致旋光效应的基本原理,学习利用消光法测量旋光角并测量几种不同材料的维尔德常数。

【实验目的】

(1)了解磁光效应现象和法拉第效应的原理。

(2)测量磁致旋光角,并利用维尔德定律计算重火石玻璃的维尔德常数。

(3)熟悉磁光调制的原理,利用倍频法精确测定消光位置。

(4)利用调制解调原理,观察调制输入信号和调制输出信号倍频点时的李萨如图形。

【实验器材】

直流稳压电源、激光器、偏振片、螺旋线圈、特斯拉计、光屏、信号发生器、光敏电阻、示波器、电阻箱。

【实验原理】

1. 法拉第效应

实验表明,在磁场不是非常强时,如图 6.5-1 所示,偏振面旋转的角度 θ 与光波在介质中走过的路程 L 及介质中的磁感应强度在光的传播方向上的分量 B 成正比,即

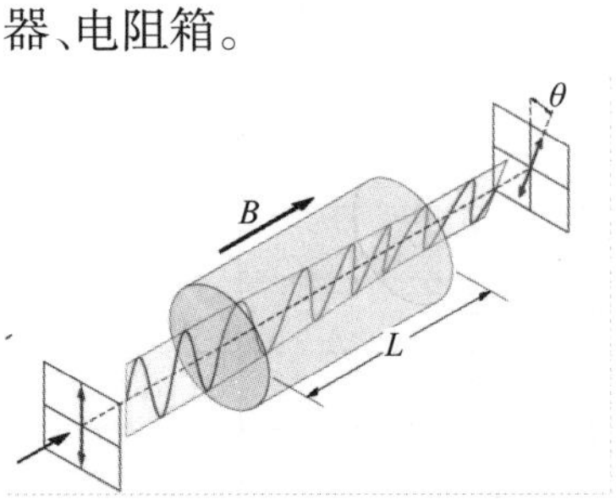

图 6.5-1 法拉第磁致旋光效应

$$\theta = VBL \qquad (6.5\text{-}1)$$

式中：比例系数 V 由物质特性和工作波长决定，表征物质的磁光特性，这个系数称为维尔德常数。

维尔德常数 V 与磁光材料的性质有关，对于顺磁、弱磁和抗磁性材料（如重火石玻璃等），V 为常数，即 θ 与磁场强度 B 有线性关系；而对铁磁性或亚铁磁性材料（如 YIG 等立方晶体材料），θ 与 B 不是简单的线性关系。表 6.5-1 为几种物质的维尔德常数。几乎所有物质（包括气体、液体、固体）都存在法拉第效应，不过一般都不显著。

表 6.5-1　几种物质的维尔德常数

物质	λ/nm	V（弧分/特斯拉·厘米）
水	589.3	1.31×10^2
二硫化碳	589.3	4.17×10^2
轻火石玻璃	589.3	3.17×10^2
重火石玻璃	589.3	$8 \times 10^2 \sim 10 \times 10^2$

对于每一种给定的物质，法拉第旋转方向仅由磁场方向决定，而与光的传播方向无关（无论传播方向与磁场同向或者反向），固有旋光效应的旋光方向与光的传播方向有关，即沿着顺光线或逆光线的方向观察，线偏振光的偏振面的旋转方向是相反的，因此当光线往返两次穿过固有旋光物质时，线偏振光的偏振面没有旋转。而法拉第效应则不然，在磁场方向不变的情况下，光线往返穿过磁致旋光物质时，法拉第旋转角将加倍。利用这一特性，可以使光线在介质中往返数次，从而使旋转角度加大。这一性质使磁光晶体在激光技术、光纤通信技术中获得重要应用。

与固有旋光效应类似，法拉第效应也有旋光色散，即维尔德常数随波长而变，一束白色的线偏振光穿过磁致旋光物质，则紫光的偏振面要比红光的偏振面转过的角度大，这就是旋光色散。实验表明，磁致旋光物质的维尔德常数 V 随波长 λ 的增加而减小（图 6.5-2），旋光色散曲线又称为法拉第旋转谱。

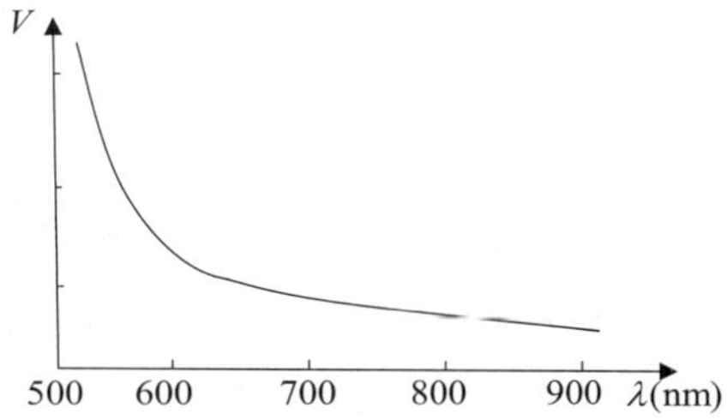

图 6.5-2　磁致旋光色散曲线

根据电磁波与物质相互作用的理论，物质的维尔德常数 V 由以下公式决定：

$$V = \frac{e}{2mc} \cdot \lambda \cdot \frac{\mathrm{d}n}{\mathrm{d}\lambda} \qquad (6.5\text{-}2)$$

式中：e/m 为电子的荷质比；c 为真空中光速；λ 为光波长；n 为折射率；$\mathrm{d}n/\mathrm{d}\lambda$ 为介质的色散。

如果介质色散满足柯西公式 $n=a+b/\lambda^2$（a 和 b 为介质的色散常数），则将柯西公式代入式（6.5-2）得到 $V=eb/(mc\lambda^2)$，此时维尔德常数正比于 $1/\lambda^2$，电子的荷质比 e/m 可以根据纯光学测量和已知光速计算得到。在一些物质中用这种方法得到的 e/m 值和理论值符合得很好，说明在这些物质中法拉第效应是由于电子的本征振动引起的。

式（6.5-2）中，左旋和右旋只是相对于磁场方向而言的，与光波的传播方向同磁场方向相同或相反无关。因此,法拉第效应便有与自然旋光现象完全不同的不可逆性。

2. 磁光调制原理

根据马吕斯定律,如果不计光损耗,则通过起偏器,经检偏器输出的光强为

$$I = I_0 \cos^2\alpha \tag{6.5-3}$$

式中:I_0 为起偏器与检偏器的透光轴之间夹角 $\alpha=0$ 或 $\alpha=\pi$ 时的输出光强。

若在两个偏振器之间加一个由励磁线圈(调制线圈)、磁光调制晶体和低频信号源组成的低频调制器(参见图 6.5-3),则调制励磁线圈所产生的正弦交变磁场 $B=B_0\sin\omega t$,能够使磁光调制晶体产生交变的振动面转角 $\theta=\theta_0\sin\omega t$,$\theta_0$ 称为调制角幅度,此时输出光强由式(6.5-3)变为

$$I = I_0 \cos^2(\alpha+\theta) = I_0 \cos^2(\alpha+\theta_0\sin\omega t) \tag{6.5-4}$$

由式(6.5-4)可知,当 α 一定时,输出光强 I 仅随 θ 变化,由于 θ 受交变磁场 B 或信号电流 $i=i_0\sin\omega t$ 控制,从而使信号电流产生的光振动面旋转,转化为光的强度调制,这就是磁光调制的基本原理。

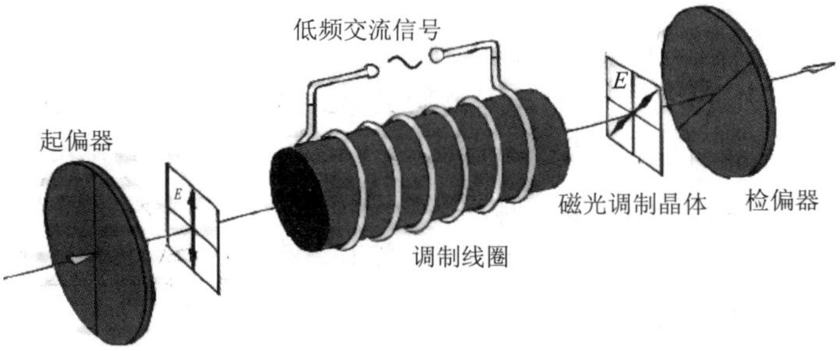

图 6.5-3　磁光调制装置

【实验内容】

1. 测量线圈的磁感应强度随电流的变化关系

(1)根据实验原理,将螺旋线圈的正、负极分别与示波器 CH1、CH2 的正、负极相连,点“确定状态”,保存连线状态。

(2)打开直流电压源,将特斯拉计调零,选择合适的励磁电流(I=0 A,0.25 A,0.5 A,0.75 A,1.0 A),利用特斯拉计在线圈的左右两侧测量磁感应强度的大小,并利用 $B_{管内}=0.9\times(B_{左管口}+B_{右管口})$计算螺旋线圈管内的磁感应强度,并将测量和计算的结果填入表 6.5-2。

2. 在线圈中恒定磁场条件下,测量不同波长激光的重火石玻璃的维尔德常数

(1)从场景中删除检偏器,鼠标双击激光器,打开激光器的电源;双击打开起偏器,调整起偏器的角度,当光屏上显示光强值最大时,此时起偏器的角度即为激光的初始偏转角。将检偏器放到实验台上,调整检偏器的角度,使其与起偏器成消光角度(屏幕上光斑消失,光强值为 0),点“确定状态”,保存光路状态。

(2)选择合适的励磁电流($I=\pm0.5$ A,±1 A),选择样品为“重火石玻璃”,将检偏器重新调至消光(即光强值为 0),记录磁致旋光的角度 θ_+,改变电流方向记录磁致旋光的角度

θ_-,并利用维尔德定律计算重火石玻璃的维尔德常数,将测量和计算的结果填入表 6.5-3。

3. 测量液体的维尔德常数

将线圈中的样品换成纯水、乙醇或者食盐水,重复 2 的操作,测量出激光波长为 405 nm、励磁电流为 1 A 时液体的维尔德常数,并将测量和计算的结果填入表 6.5-4。

4. 磁光调制和解调

(1)示波器校准。校准信号为频率 1 kHz,峰峰值 4 V 的对称方波信号。将示波器的标准输出信号连接到 CH1 通道的接线柱上,打开示波器的电源,调节电平旋钮,使 CH1 通道的信号稳定,调节 CH1 幅度调节旋钮和微调旋钮,使 CH1 的波形在显示器上显示的峰峰值为 4 V。调节示波器时间灵敏度旋钮和扫描微调旋钮,使 CH1 的波形在显示器上显示的频率为 1 kHz。CH2 通道的校准方式与 CH1 通道的校准方式相同。

(2)实验连线如图 6.5-4 所示,点“确定状态”,保存连线状态。

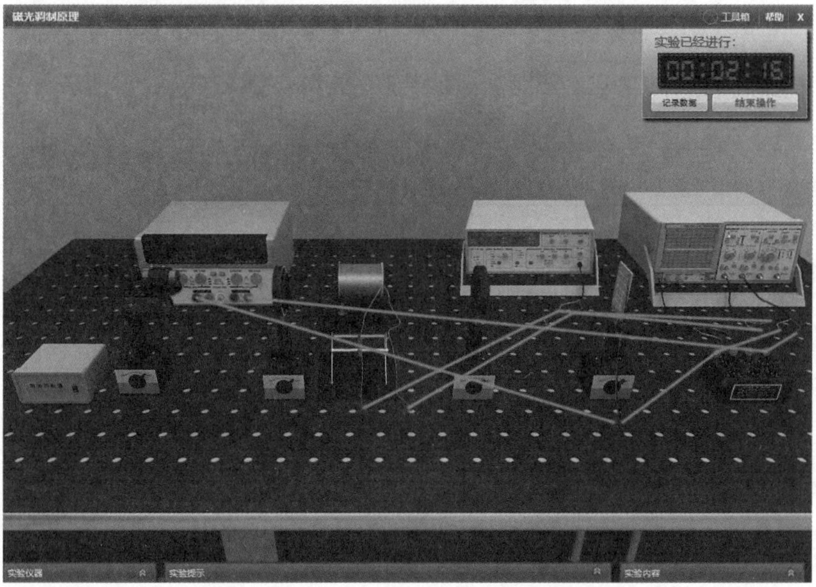

图 6.5-4　磁光调制与解调实验连线图

(3)打开直流电源、信号发生器和示波器的电源;调节直流电源至适当的电压(如 15 V)、信号发生器 $V_{p\text{-}p}$=20 V、频率为 1 kHz;调节电阻箱的阻值为一个较大的阻值(如 90 kΩ);调节起偏器和检偏器的角度,使二者成消光角度;打开激光器开关,打开螺旋线圈视图,选择重火石玻璃样品。

(4)示波器波形显示方式选择 CH2,并且按下“X-Y”按钮,调节示波器的幅值和频率,此时示波器显示器上出现李萨如图形。

【数据处理】

数据记录与处理见表 6.5-2 至表 6.5-4。

表 6.5-2 螺线管管口磁感应强度随电流变化数据记录表

电流 I/A	0	0.25	0.5	0.75	1
B_+(电流正向管口磁场)/mT					
B_-(电流反向管口磁场)/mT					
B(管内磁场)/mT					

设磁感应强度 B 与励磁电流 I 之间的关系表示为 $B=k\cdot I$,则 k(mT/A)=__________。

表 6.5-3 重火石玻璃维尔德常数测量数据记录表

波长/nm	405	532	650
检偏器角度 θ_+(电流 0.5 A)/(°)			
检偏器角度 θ_-(电流 0.5 A)/(°)			
维尔德常数 V(电流 0.5 A)/(arcmin/(T·cm))			
检偏器角度 θ_+(电流 1 A)/(°)			
检偏器角度 θ_-(电流 1 A)/(°)			
维尔德常数 V(电流 1 A)/(arcmin/(T·cm))			
维尔德常数 V 平均值/(arcmin/(T·cm))			

设维尔德常数表示为 $V=k/\lambda^2$,则 k($\times 10^{-6}$ arc min·cm/T)=__________。

表 6.5-4 液体维尔德常数测量数据记录表

样品	纯水	乙醇	食盐水
检偏器角度 θ_+(电流 1 A)/(°)			
检偏器角度 θ_-(电流 1 A)/(°)			
维尔德常数 V(电流 1 A)/(arcmin/(T·cm))			

【思考题】

(1)磁致旋光和自然旋光之间有什么区别和联系?

(2)维尔德常数与哪些因素有关?

(3)调制和解调过程中为什么会出现倍频现象?

(4)对于本实验的两个实验内容,误差的主要来源有哪些?这些因素在实验过程中如何处理,以减少误差和提高实验精度?

6.6 光纤传感器实验

2009 年,华裔科学家高锟因在“有关光在纤维中的传输以用于光学通信方面”的突破性成就,获得诺贝尔物理学奖。高锟发表于 1966 年的题为《光频率介质纤维表面波导》的论文，开创性地提出了光导纤维在通信上应用的基本原理。该文章称只要解决好玻璃纯度和成分等问题，就能够利用玻璃制作光学纤维，从而高效传输信息。这一设想引发了广泛的争论，而后高锟的设想逐步变成现实：利用石英玻璃制成的光纤应用越来越广泛，在全世界掀起了一场光纤通信的革命。

传感器是信息技术的三大技术之一。随着信息技术进入新时期，传感技术也进入新阶段。光纤传感器应运而生，由于其具有体积小、质量轻、抗电磁干扰强、防腐性好、灵敏度高等优点，被广泛应用于测量温度、压力、应变、微小折射率变化、微振动、微位移等诸多领域。

【实验目的】

(1)理解光纤的结构与传光原理。

(2)理解光纤干涉仪的原理。

(3)掌握光纤干涉仪的使用方法。

【实验器材】

激光器及电源、光纤夹具、透镜、光纤剥线钳、光纤切割刀、激光功率计、五维调整架、显微镜、光纤传感实验仪、CCD 及显示器。

【实验原理】

1. 光纤的基础知识

光纤的基本结构如图 6.6-1 所示，它主要包括三层（工程上有时有四层或五层，图中是四层结构）。

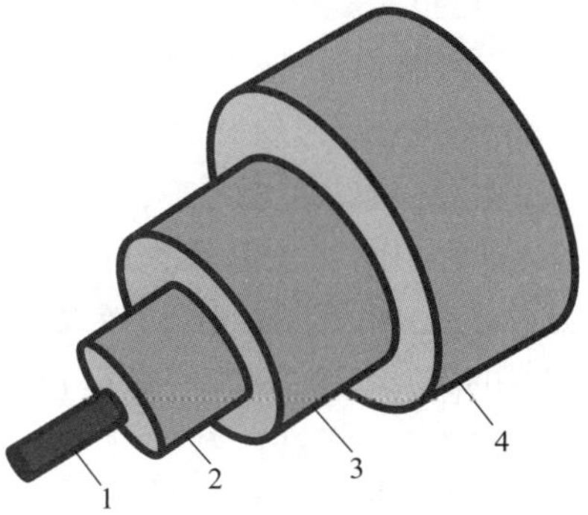

图 6.6-1　光纤结构图

1—纤芯；2—包层；3—涂敷层；4—保护层

如图 6.6-2 所示，空气、纤芯和包层的折射率分别是 n_0、n_1 和 n_2，为了使光线在光纤中传播，纤芯的折射率 n_1 必须比包层的折射率 n_2 大，这样才会产生全反射。光线 1 以 θ 角入射到光纤端面上，光线经折射后进入光纤，以 φ 角入射到纤芯和包层间的光滑界面上。只要选择适当的入射角 θ，总可以使 φ 角大于临界角 φ_m，φ_m 的大小由公式 $\varphi_m = \arcsin(n_2/n_1)$ 决定，使光线 1 在界面上发生全反射。全反射光线 1 又以同样的角度 φ 在对面界面上发生第二次反射。最终，入射光线经无数次反射后从光纤的另一端以和入射角相同的角度射出。

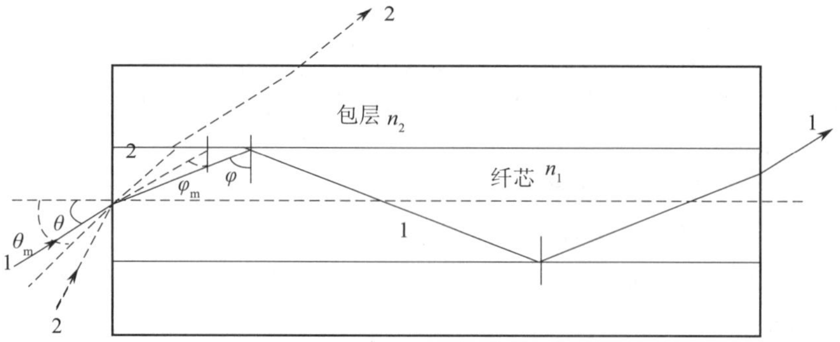

图 6.6-2　光纤传光原理

在光纤端面上，当光线入射角小于一个定值 θ_m 时，折射光线在纤芯和包层界面上的入射角 φ 才会大于临界角 φ_m，光线才能在光纤内多次全反射而传递到另一端。在光纤端面上，入射角 $\theta > \theta_m$ 的那些光线，折射后在界面上的入射角小于临界角 φ_m，光线将射出界面，如图 6.6-2 中光线 2。这个入射角 θ_m 称为光纤的孔径角，它的数值由光纤的数值孔径决定。光纤的数值孔径 NA 定义为

$$NA = n_0 \sin\theta_m = \sqrt{n_1^2 - n_2^2} \tag{6.6-1}$$

由式（6.6-1）可见，纤芯和包层的折射率相差越大，θ_m 越大，光纤的数值孔径就越大。数值孔径是表示光纤集光能力的一个参量，其值越大就表示光纤接收的光通量越多。

2. 光纤的耦合

光纤与光源的耦合有直接耦合和间接耦合两种形式。

直接耦合是使光纤直接对准光源输出的光进行的“对接”耦合。其操作过程是用光纤剥线钳剥去保护层和涂敷层，清理干净光纤包层，然后用光纤切割刀进行切割，制备出平整的光纤端面；调整激光器和纤芯的相对位置，使光纤输出端的输出光强最大。如果光源输出光束的横截面面积大于纤芯的横截面面积，将引起较大的耦合损耗。

间接耦合是经聚光器件（多为透镜）将光源发出的光聚焦到光纤端面上，并将聚光器件调整到适当的位置，使光纤输出端的输出光强最大。光耦合效率与光纤端面质量和耦合透镜的数值孔径有关，当光纤端面处理的质量较好，数值孔径与耦合透镜数值孔径相匹配时，可得到最大的耦合效率。耦合效率 η 的计算公式为

$$\eta = -10\lg\frac{p_1}{p_2}\,(\text{dB}) \tag{6.6-2}$$

式中：p_1 为耦合进光纤的光功率（近似为光纤的输出光功率）；p_2 为光源输出的光功率。

3. 光纤干涉仪的相位调制机制

当真空中波长为 λ_0 的光入射到长度为 l、纤芯折射率为 n 的光纤上时，若以其入射端面为基准，则出射光的相位为

$$\varphi = k_0 n l = kl \tag{6.6-3}$$

式中：$k_0 = 2\pi/\lambda_0$，$k = k_0 n$。

显然，k、n 及 l 的变化都会导致光波相位的变化，即实现相位调制，由式（6.6-3）有

$$\Delta\varphi = \Delta(kl) = k_0 l\Delta n + k_0 n\Delta l \qquad (6.6\text{-}4)$$

以温度传感器为例，环境温度变化会引起光纤长度和直径的变化以及折射率的变化，从而产生相位调制。温度变化的相位调制，可由式（6.6-4）得到，即

$$\frac{\Delta\varphi}{\Delta T} = k_0(l\frac{\Delta n}{\Delta T} + n\frac{\Delta l}{\Delta T}) \qquad (6.6\text{-}5)$$

4. 光纤干涉仪的结构与测温原理

本实验中光纤干涉仪由两臂组成，一个是参考臂，提供相位基准；另一个是传感臂，用于光相位调制，对待测物理量的变化敏感。由氦氖激光器发出的激光经分束器分成两路，分别送入两臂，即两根长度相同的单模光纤。传感臂通过传感区后，两臂的输出端再合并到一起，使输出光斑重叠区出现干涉光场，如图 6.6-3 所示。

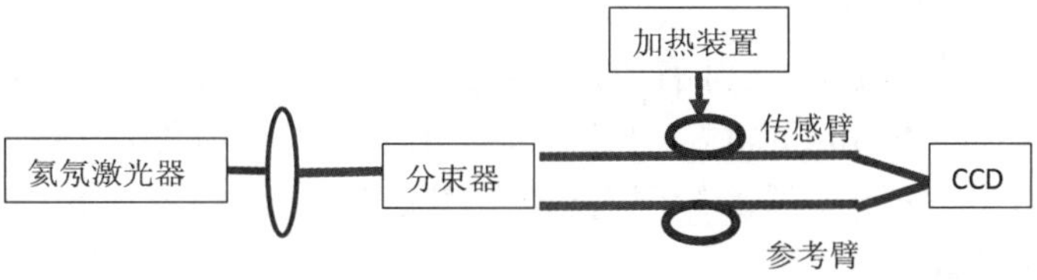

图 6.6-3　光纤干涉仪原理图

传感臂光纤受到温度场作用，纤芯折射率和几何长度会有一微小变化，使沿此臂传播的光波光程发生变化，则两臂输出端光波相位差发生变化，从而引起干涉场干涉条纹的移动。显然，干涉条纹的移动数目反映出温度场温度的变化。

传感臂相位变化是由温度引起的，由式（6.6-6）或式（6.6-7）给出光纤干涉仪的温度灵敏度：

$$\frac{\Delta\varphi}{l\Delta T} = k_0(\frac{\Delta n}{\Delta T} + n\frac{\Delta l}{l\Delta T}) \qquad (6.6\text{-}6)$$

或

$$\frac{\Delta\varphi}{\varphi\Delta T} = \frac{\Delta n}{n\Delta T} + \frac{\Delta l}{l\Delta T} = \frac{1}{n}(\frac{\Delta n}{\Delta T}) + \frac{1}{l}(\frac{\Delta l}{\Delta T}) \qquad (6.6\text{-}7)$$

式中：l 为传感臂置于温度场部分的长度；ΔT 为温度变化量。

当温度变化 ΔT 时，干涉场中任意一点上干涉条纹的移动数目为 Δm，则相位变化量为

$$\Delta\varphi = 2\pi\Delta m \qquad (6.6\text{-}8)$$

当干涉仪所用的单模光纤的规格已知时，光纤的温度灵敏度就是确定的值。例如，剥去护套层的石英玻璃光纤，其折射率膨胀系数 $\frac{1}{n}\left(\frac{\Delta n}{\Delta T}\right) = 0.68\times10^{-5}/°C$，其热膨胀系数 $\frac{1}{l}\left(\frac{\Delta l}{\Delta T}\right) = 5.5\times10^{-7}/°C$，氦氖激光器波长 $\lambda_0 = 632.8\ \text{nm}$，代入式（6.6-7），可计算出裸光纤的温度灵敏度为

$$\frac{\Delta\varphi}{\varphi\Delta T} = 0.74\times10^{-7}/°C \qquad (6.6\text{-}9)$$

或者由 $n = 1.456$，$\lambda_0 = 632.8\ \text{nm}$，$\frac{\Delta n}{\Delta T} = 1.0\times10^{-5}/°C$，$\frac{1}{l}(\frac{\Delta l}{\Delta T}) = 5.5\times10^{-7}/°C$ 及式（6.6-6），

计算出光纤温度灵敏度 $\frac{\Delta\varphi}{l\Delta T}=107\ \text{rad}/(°\text{C}\cdot\text{m})$ 。

由于石英光纤的热膨胀系数极小，其温度灵敏度几乎完全由折射率膨胀系数 $0.68\times10^{-5}/°\text{C}$ 决定。为了提高光纤温度灵敏度，可在石英光纤外包覆一层护套层，使护套层材料的杨氏模量和膨胀系数对光纤的温度灵敏度有较大影响，这种做法称为对光纤进行温度“增敏”。计算表明，有护套层的石英光纤灵敏度可达到

$$\frac{\Delta\varphi}{\varphi\Delta \text{T}}=1.64\times10^{-7}/°\text{C} \tag{6.6-10}$$

比裸光纤的 $0.74\times10^{-7}/°\text{C}$ 大很多。

【实验内容】

1. 光纤端面制作说明

用光纤剥线钳剥去涂敷层，光纤有三层、四层、五层之分，如果是三层光纤，先用剥线钳剥去涂敷层，将剩下的包层和纤芯嵌入光纤夹具，用宝石刀切割端面，制备出完好的光纤端面；如果是四层光纤，应先剥去外保护层，其他步骤同上；如果是五层光纤，应先剥去第五和第四保护层，其他步骤同上。

2. 光纤耦合效率测量

（1）取一根合适长度的光纤，切好端面，将切好端面的光纤固定在五维调整架上，并使光纤大致对准激光器。

（2）打开激光器。

（3）将功率计对准激光器的光出口处，测量激光器的输出功率，记录光功率计读数。

（4）粗调节：调节五维调整架，使激光打在光纤端面上，将光纤的另一端（PC 头）旋入功率计测量端口。

（5）按下“⏻”键打开光功率计；按下“λ”键选择光波长为 650 nm；按“W/dBm”键选择 PW 为测量单位。

（6）细调节：仔细调节五维调整架，使激光与光纤的耦合达到最佳状态，当功率计示数最大时，记录光功率计读数，计算激光与光纤直接耦合的耦合效率。

（7）将透镜放入五维调整架，仔细调节五维调整架，使激光与光纤的耦合达到最佳状态，当功率计示数最大时，记录光功率计读数，计算激光与光纤间接耦合的耦合效率。

（8）实验完毕后，按光功率计“⏻”键关闭光功率计，并关闭激光器电源。

3. 光纤传感实验

（1）打开数显调节仪总电源，打开激光器电源，打开显示器电源。

（2）调节分光装置与聚光装置支架的竖直高度与水平位置，使经过分束镜分开后的光线，再经棱镜聚合照射到 CCD 上时，能在显示器上观察到清晰的干涉条纹，光纤测温干涉条纹调节界面如图 6.6-4 所示。

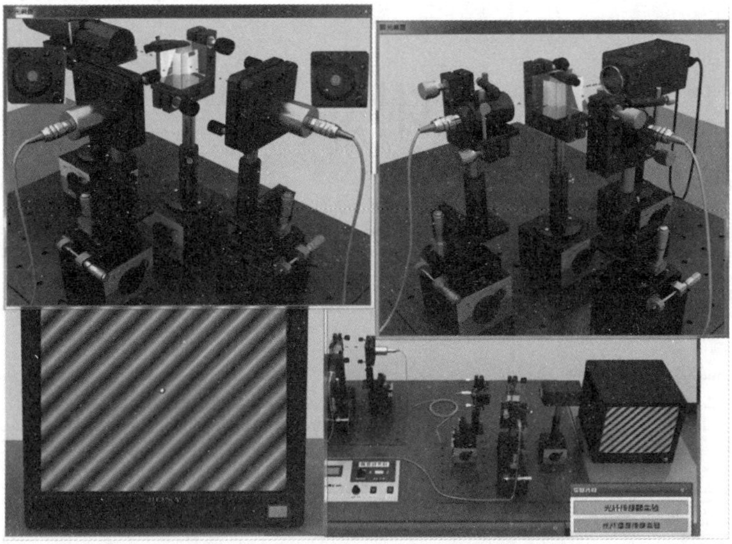

图 6.6-4　光纤测温干涉条纹调节界面

（3）按下数显调节仪上的温度设定按钮，设置最高加热温度为 45 ℃，弹起温度设定按钮，此时数显调节仪上显示的是将被加热的光纤实时温度。

（4）打开加热开关，在显示器上选择合适的参考位置，观察条纹变化，当温度示数为 31 ℃时，开始记录数据，条纹每移动 3 条，记录其对应温度，记录至少 10 组数据；被加热的光纤长度以仪器上显示的长度计算，给出升温时光纤温度灵敏度 $\Delta\varphi/l\Delta T$。

（5）关闭加热电源，加热装置自然降温，在显示器上选择合适的参考位置观察条纹变化，记录降温时的温度变化数据，给出降温时光纤温度灵敏度 $\Delta\varphi/l\Delta T$。

（6）实验完毕后，关闭所有电源，整理好各仪器。

（7）按要求完成实验操作，提交数据和实验报告。

附录

附录 1　物理学常量表

物理量	符号	数值(不确定度)	单位	相对不确定度
真空中的光速	c	$2.997\ 924\ 58 \times 10^{8}$	m/s	准确值
电子的电荷	e	$1.602\ 176\ 487(40) \times 10^{-19}$	C	2.5×10^{-8}
普朗克常量	h	$6.626\ 068\ 96(33) \times 10^{-34}$	J·s	5×10^{-8}
阿伏伽德罗常量	N_A	$6.022\ 141\ 79(30) \times 10^{23}$	mol^{-1}	1×10^{-6}
原子质量单位	u	$1.\ 66\ 053\ 886 \times 10^{-27}$	kg	5×10^{-8}
电子的静止质量	m_e	$9.109\ 382\ 15(45) \times 10^{-31}$	kg	准确值
电子的荷质比	e/m_e	$1.758\ 804\ 7 \times 10^{11}$	C/kg	8.3×10^{-3}
法拉第常量	F	$9.648\ 456 \times 10^{4}$	C/mol	8.5×10^{-8}
氢原子的里德伯常量	R_H	$1.097\ 373\ 1 \times 10^{7}$	m^{-1}	6.6×10^{-12}
摩尔气体常量	R	$8.314\ 472(15)$	J/(mol·k)	1.7×10^{-6}
玻尔兹曼常量	k	$1.380\ 650\ 4(24) \times 10^{-23}$	J/K	1.7×10^{-6}
洛施密特常量	n	$2.686\ 777\ 3(47) \times 10^{25}$	m^{-3}	1.8×10^{-6}
万有引力常量	G	$6.674\ 28(67) \times 10^{-11}$	$m^3/(kg \cdot s^2)$	1×10^{-4}
标准大气压	P_0	101 325	Pa	准确值
冰点的绝对温度	T_0	273.15	K	准确值
理想气体的摩尔体积(标准状态下)	V_m	$22.413\ 83 \times 10^{-3}$	m^3/mol	7.0×10^{-7}
真空中介电常量(电容率)	ε_0	$8.854\ 187\ 817 \times 10^{-12}$	F/m	准确值
真空中磁导率	μ_0	$12.566\ 370\ 614 \times 10^{-7}$	N/A^2	准确值

附录 2　我国部分城市的重力加速度

地名	纬度	重力加速度/(m/s²)	地名	纬度	重力加速度/(m/s²)
北京	39° 56′	9.801 22	宜昌	30° 42′	9.793 12
张家口	40° 48′	9.799 85	武汉	30° 33′	9.793 59
烟台	40° 04′	9.801 12	安庆	30° 31′	9.793 57
天津	39° 09′	9.800 94	黄山	30° 18′	9.793 48
太原	37° 47′	9.796 84	杭州	30° 16′	9.793 00
济南	36° 41′	9.798 58	重庆	29° 34′	9.791 52
郑州	34° 45′	9.796 65	南昌	28° 40′	9.792 08
徐州	34° 18′	9.796 64	长沙	28° 12′	9.791 63
南京	32° 04′	9.794 42	福州	26° 06′	9.791 44
合肥	31° 52′	9.794 73	厦门	24° 27′	9.799 17
上海	31° 12′	9.794 36	广州	23° 06′	9.788 31

附录 3　在 20 ℃时常见固体和液体的密度

物质	密度 ρ/(kg/m³)	物质	密度 ρ/(kg/m³)
铝	2 698.9	石英	2 500~2 800
铜	8 960	水晶玻璃	2 900~3 000
铁	7 874	冰(0 ℃)	880~920
银	10 500	乙醇	789.4
金	19 320	乙醚	714
钨	19 300	汽车用汽油	710~720
铂	21 450	弗利昂-12	1 329
铅	11 350	变压器油	840~890
锡	7 298	甘油	1 260
水银	13 546.2		
钢	7 600~7 900		

附录 4　常见固体的线膨胀系数

物质	温度或温度范围/℃	膨胀系数/(×10^{-6}/℃)
铝	0~100	23.8
铜	0~100	17.1
铁	0~100	12.2
金	0~100	14.3
银	0~100	19.6
钢(0.05%碳)	0~100	12
康铜	0~100	15.2
铅	0~100	29.2
锌	0~100	32
铂	0~100	9.1
钨	0~100	4.5
石英玻璃	20~200	0.56
窗玻璃	20~200	9.5
花岗石	20	6~9
瓷器	20~700	3.4~4.1

附录 5　不同温度下蓖麻油的黏滞系数

温度 /℃	η/(Pa·s)	温度/℃	η/(Pa·s)	温度/℃	η/(Pa·s)	温度/℃	η/(Pa·s)
0	53	16	1.37	23	0.73	30	0.45
10	2.42	17	1.25	24	0.67	31	0.42
11	2.2	18	1.15	25	0.62	32	0.39
12	2	19	1.04	26	0.57	33	0.36
13	1.83	20	0.95	27	0.53	34	0.34
14	1.67	21	0.87	28	0.52	35	0.31
15	1.51	22	0.79	29	0.48	40	0.23

附录 6 不同温度下干燥空气中的声速

m/s

温度 /℃	0	1	2	3	4	5	6	7	8	9
60	366.05	366.6	367.14	367.69	368.24	368.78	369.33	369.87	370.42	370.96
50	360.51	361.07	361.62	362.18	362.74	363.29	363.84	364.39	364.95	365.5
40	354.89	355.46	356.02	356.58	357.15	357.71	358.27	358.83	359.39	359.95
30	349.18	349.75	350.33	350.9	351.47	352.04	352.62	353.19	353.75	354.32
20	343.37	343.95	344.54	345.12	345.7	346.29	346.87	347.44	348.02	348.6
10	337.46	338.06	338.65	339.25	339.84	340.43	341.02	341.61	342.2	342.58
0	331.45	332.06	332.66	333.27	333.87	334.47	335.07	335.67	336.27	336.87
-10	325.33	324.71	324.09	323.47	322.84	322.22	321.6	320.97	320.34	319.52
-20	319.09	318.45	317.82	317.19	316.55	315.92	315.28	314.64	314	313.36
-30	312.72	312.08	311.43	310.78	310.14	309.49	308.84	308.19	307.53	306.88
-40	306.22	305.56	304.91	304.25	303.58	302.92	302.26	301.59	300.92	300.25
-50	299.58	298.91	298.24	397.56	296.89	296.21	295.53	294.85	294.16	293.48
-60	292.79	292.11	291.42	290.73	290.03	289.34	288.64	287.95	287.25	286.55
-70	285.84	285.14	284.43	283.73	283.02	282.3	281.59	280.88	280.16	279.44
-80	278.72	278	277.27	276.55	275.82	275.09	274.36	273.62	272.89	272.15
-90	271.41	270.67	269.92	269.18	268.43	267.68	266.93	266.17	265.42	264.66

附录 7 常见固体的导热系数

物质	温度/K	导热系数/($\times 10^2$ W/(m·K))	物质	温度/K	导热系数/($\times 10^2$ W/(m·K))
银	273	4.18	康铜	273	0.22
铝	273	2.38	不锈钢	273	0.14
金	273	3.11	镍铬合金	273	0.11
铜	273	4	软木	273	0.3×10^{-3}
铁	273	0.82	橡胶	298	1.6×10^{-3}
黄铜	273	1.2	玻璃纤维	323	0.4×10^{-3}

附录 8　在常温下某些物质相对于空气的折射率

物质	H_α 线(656.3 nm)	D 线(589.3 nm)	H_β 线(486.1 nm)
水(18 ℃)	1.331 4	1.333 2	1.337 3
乙醇(18 ℃)	1.360 9	1.362 5	1.366 5
二硫化碳(18 ℃)	1.619 9	1.629 1	1.654 1
冕玻璃(轻)	1.512 7	1.515 3	1.521 4
冕玻璃(重)	1.612 6	1.615 2	1.621 3
燧石玻璃(轻)	1.603 8	1.608 5	1.62
燧石玻璃(重)	1.743 4	1.751 5	1.772 3
方解石(寻常光)	1.654 5	1.658 5	1.667 9
方解石(非常光)	1.484 6	1.486 4	1.490 8
水晶(寻常光)	1.541 8	1.544 2	1.549 6
水晶(非常光)	1.550 9	1.553 3	1.558 9

附录 9　常用光源的谱线波长

nm

一、H(氢)	红	656.28		蓝	447.15	四、Na(钠)	黄	589.592 (D_1)
	绿蓝	486.13		蓝紫	402.62		黄	588.995 (D_2)
	蓝	434.05		蓝紫	388.87	五、Hg(汞)	橙	623.44
	蓝紫	410.17	三、Ne(氖)	红	650.65		黄	579.07
	蓝紫	397.01		橙	640.23		黄	576.96
二、He(氦)	红	706.52		橙	638.30		绿	546.07
	红	667.82		橙	626.25		绿蓝	491.60
	黄	587.56(D_3)		橙	621.73		蓝	435.83
	绿	501.57		橙	614.31		蓝紫	407.78
	绿蓝	492.19		黄	588.19		蓝紫	404.66
	蓝	471.31		黄	585.25	六、He-Ne 激光	红	632.8

附录 10 不同温度下水的表面张力系数

t/℃	σ/(10^{-3} N/m)	t/℃	σ/(10^{-3} N/m)	t/℃	σ/(10^{-3} N/m)
0	75.64	19	72.9	30	71.18
5	74.92	20	72.75	35	70.38
10	74.22	21	72.59	40	69.56
11	74.07	22	72.44	45	68.74
12	73.93	23	72.28	50	67.90
13	73.78	24	72.13	60	66.17
14	73.64	25	71.97	70	64.41
15	73.49	26	71.82	80	62.60
16	73.34	27	71.66	90	60.74
17	73.19	28	71.50	100	58.84
18	73.05	29	71.35		

参考文献

[1] 教育部高等学校物理学与天文学教学指导委员会,物理基础课程教学指导分委员会. 理工科类大学物理课程教学基本要求 理工科类大学物理实验课程教学基本要求(2010年版)[M]. 北京:高等教育出版社,2011.

[2] 杨广武. 新编物理实验[M]. 天津:天津大学出版社,2014.

[3] 霍剑青, 吴泳华,刘鸿图. 大学物理实验(第三期)[M]. 北京:高等教育出版社,2005.

[4] 张志东, 魏怀鹏, 展永. 大学物理实验(修订本)[M]. 北京:科学出版社, 2015.

[5] 成正维,牛原. 大学物理实验[M]. 北京:北京交通大学出版社,2010.

[6] 张书敏, 许景周, 李冀. 普通物理实验[M]. 北京:科学出版社,2011.

[7] 李学慧, 刘军, 部德才. 大学物理实验[M]. 北京:高等教育出版社,2018.

[8] 李保春. 近代物理实验[M]. 2版. 北京:科学出版社,2019.

[9] 徐建强,韩广兵. 大学物理实验[M]. 3版. 北京:科学出版社,2020.